- “十四五”时期国家重点出版物出版专项规划项目
- 现代土木工程精品系列图书
- 黑龙江省优秀学术著作

超高性能混凝土的材料组成、制备与性能调控

Ingredient Composition，Manufacture and Performance Modification of Ultra-high Performance Concrete

高小建　苏安双　高士军　著

哈爾濱工業大學出版社
HARBIN INSTITUTE OF TECHNOLOGY PRESS

内 容 简 介

本书详细介绍了超高性能混凝土(UHPC)的材料组成、制备与性能调控,具体包括UHPC的流变特性、纤维取向、后期水化、耐久性以及植物纤维混杂增强UHPC和多功能UHPC。本书的特色在于采用了试验研究与理论分析相结合的方法,使读者能够深入且清晰地了解UHPC。本书涉及的知识面与适应面较广,注重理论与工程实际相结合,反映了当今UHPC的最新进展。

本书可作为高等院校土木工程专业以及建筑、水利和交通等相关专业的学习用书,还可供土木工程领域的科研、设计和施工人员参考。

图书在版编目(CIP)数据

超高性能混凝土的材料组成、制备与性能调控/高小建,苏安双,高士军著. —哈尔滨:哈尔滨工业大学出版社,2025.6. —(现代土木工程精品系列图书).

ISBN 978－7－5767－1734－1

Ⅰ.TU528.31

中国国家版本馆CIP数据核字第2025C1D618号

策划编辑　王桂芝
责任编辑　林均豫　佟　馨
出版发行　哈尔滨工业大学出版社
社　　址　哈尔滨市南岗区复华四道街10号　邮编150006
传　　真　0451－86414749
网　　址　http://hitpress.hit.edu.cn
印　　刷　哈尔滨博奇印刷有限公司
开　　本　787 mm×1 092 mm　1/16　印张23.5　字数543千字
版　　次　2025年6月第1版　2025年6月第1次印刷
书　　号　ISBN 978－7－5767－1734－1
定　　价　78.00元

前 言

超高性能混凝土(UHPC)以其优异的力学性能和耐久性被认为是当今世界最具发展潜力的建筑材料之一。近年来,UHPC 被逐渐应用于建筑工程、桥梁工程、市政工程、机场地坪、海洋工程、隧道工程、军事防护工程以及混凝土结构的修复和加固工程等领域。在此背景下,本书的研究得到了国家自然科学基金委联合基金重点项目(U2106220)的资助,书中从 UHPC 的材料组成到制备,再到性能调控展开了详细介绍,主要内容如下:

绪论详细介绍了 UHPC 的发展历史、配制原理、纤维的增强作用以及储热水泥基材料等相关知识理论,为后续章节的展开铺垫了基础。

第 2 章着重介绍了 UHPC 的流变性以及气泡含量与流变性之间的关系,还介绍了 UHPC 的真空搅拌技术以及所采取的不同养护制度。

第 3 章介绍了 UHPC 的纤维取向及调控方法,分析了不同纤维取向对 UHPC 基体裂缝的桥联作用,得出纤维取向对 UHPC 抗弯性能的影响机理;基于纤维取向的影响因素,介绍了纤维取向的调控方法;并利用纤维取向受 UHPC 浆体流动影响的特性,针对流动诱导纤维定向技术及其模拟等展开介绍。

第 4 章系统介绍了不同水胶比、不同纤维长度和掺量、流动诱导浇筑装置不同水平开口高度对 UHPC 抗弯性能的影响,分析了纤维长度与定向对 UHPC 抗弯性能的协同增强作用。为提高利用 L 形浇筑装置定向纤维的效果,同时为避免纤维在该装置出口发生堵塞,给出了合适的纤维长度/水平出口高度比值。基于不同纤维长度和掺量定向的抗弯强度结果,建立了纤维定向 UHPC 抗弯强度预测模型。另外,本章还介绍了纤维定向 UHPC 的抗冲击性能和高温后力学性能。

第 5 章介绍了不同碳纳米管(CNT)和纳米石墨片(GNP)掺量对纤维拔出性能以及纤维定向 UHPC 抗弯性能的影响,揭示了 CNT、GNP 和钢纤维定向对 UHPC 的协同增强作用。

第 6 章内容介绍了 UHPC 的后期水化性能，包括单掺偏高岭土、复掺偏高岭土与石灰石粉系列的 UHPC 基体获得后期再水化的力学性能及水化过程，揭示了偏高岭土和石灰石粉对基体再水化的影响规律。

第 7 章内容介绍了 UHPC 的水分传输、气体传输以及离子传输，通过对 UHPC 内部纤维的分布进行评价，获得了纤维分布对 UHPC 力学性能以及孔隙率的影响。

第 8 章内容介绍了植物纤维与钢纤维混杂对 UHPC 自收缩和抗高温性能的调控机理，针对植物纤维与 UHPC 基体间黏结性能较差的缺点，提出了利用溶胶—凝胶法在纤维表面原位沉积纳米二氧化硅的改性技术，有效提高了植物纤维与 UHPC 间的黏结性能。

第 9 章内容介绍了相变储热 UHPC、电热除冰 UHPC 以及阴极保护用 UHPC。

由于作者水平有限，书中疏漏及不足之处在所难免，恳请读者批评指正。

作　者

2025 年 3 月

目　　录

第1章　绪　论

1.1　超高性能混凝土发展历史

超高性能混凝土(ultra-high performance concrete,UHPC)作为全球近30年来创新性和应用前景均较为优越的水泥基工程材料,具有超高的力学强度(抗压强度一般大于120 MPa)和韧性以及优异的耐久性[1,2]。相对于普通混凝土,UHPC一般是由高掺量的水泥和硅灰(SF)等胶凝材料、石英砂等细骨料、钢纤维等在较低水胶比下(0.2左右)配制而成的[3]。UHPC的耐冻融循环次数大于300次,电通量小于100 C,氯离子扩散系数为10^{-14} m^2/s,均明显好于普通混凝土[1,2]。由于UHPC具有致密的结构、优异的抗压强度和耐久性,目前已经被广泛应用于公路桥梁、抗爆抗冲击、沿海水工结构以及建筑装饰等领域[4]。

20世纪60年代,美国的T. C. Powers通过对浆体微观结构的系统描述和建立的硬化水泥浆体结构模型,对其物理结构和性能进行了机理上的分析,并提出了对结构和性能的改善方法[5-7]。Powers的理论为现代超高性能混凝土的研究和发展奠定了理论基础,在此之后,提高UHPC性能的基本方法都是针对水泥浆体孔结构展开。

1.1.1　MDF材料

20世纪80年代,英国的Birchall[8]首次提出了无宏观缺陷水泥(macro-defect-free cement,MDF)材料,并用MDF制成了世界上第一根水泥弹簧。MDF的主要成分包括铝酸盐水泥、水溶性高分子聚合物、外加剂、拌合水,水胶比为0.1～0.2,其中铝酸盐水泥和水溶性高分子聚合物的质量分数分别为90%以上和4%～7%,后者的添加是为了促进流动性和结构的形成。MDF的制备过程包括在高效剪切搅拌机中进行强剪切拌和,特制设备辊压、热压成型(4～10 MPa,80～100 ℃)等步骤,其中最重要的环节就是加压成型,经此过程去除内部气体,使浆体内的孔隙度降低,进而提高材料强度。

MDF也存在一些缺陷,由于材料中的聚合物遇水容易发生水解软化,因此在潮湿环境下或水中,材料的强度和弹性模量降低,耐湿性较差。MDF在实际工程中应用较少,在材料中添加硅烷耦联剂可以改善其耐湿性。

1.1.2 DSP 材料

1982 年，Bache[9] 首次提出了含均匀超细粒子的致密化水泥（densified system containing homogeneously ultrafine particles，DSP）材料。DSP 主要由 70% ～ 80% 的水泥、20% ～ 30% 的超细掺合料、高效减水剂和水组成，其中超细掺合料的平均粒径只有 0.1 ～0.2 μm，水胶比为 0.12 ～ 0.22。DSP 的制备过程应用了颗粒学原理中的最大密实度理论来降低材料的孔隙率。首先，根据紧密堆积理论模型，使材料通过颗粒堆积达到最紧密堆积状态，令硅灰等超小粒径掺合料以凝胶粒子形态填充于水泥颗粒之间，进而发生火山灰效应，生成致密的水化硅酸钙，进一步降低内部孔隙，得到均匀致密的高密实材料。DSP 的制备过程比 MDF 简单，并解决了 MDF 耐湿性较差的问题，然而 DSP 的脆性较大，在基层材料上的附着效果较差、易剥落，也不适合于实际工程应用。

1.1.3 RPC 材料

基于 DSP 的研发过程，最早于 1993 年，法国布依格（Bouygues）公司的 Richard 和 Cheyrezy 等研发了抗压强度高达 200 ～ 800 MPa 的纤维增强水泥基材料，即活性粉末混凝土（reactive powder concrete，RPC）[10]。RPC 由水泥、硅灰、石英砂、高效减水剂和钢纤维等拌和而成，需经过严格的成型及养护过程。选择适合的组分是 RPC 获得优异性能的关键，保证原材料的均匀性和颗粒的密实度是配制 RPC 的基础，钢纤维的添加则提高了材料抗拉强度和韧性。1994 年，Larrard 和 Sedran[1] 正式提出了超高性能混凝土（UHPC）的概念，并在实验室获得了抗压强度高达 236 MPa 的水泥基材料。近 30 年，国内外在超高性能混凝土材料的配比设计、制备工艺、力学性能和耐久性等方面进行了大量研究，并在一些国家逐渐形成了相关标准和规范体系。

1.2 超高性能混凝土配制原理

典型的 UHPC 是以水泥和硅灰为主要胶凝材料，石英砂为主要骨料，通过钢纤维增强和通过高性能减水剂获得流动性，在较低水胶比下经过严格的成型和养护过程配制而成[3]。硅灰等具有火山灰活性的胶凝材料，一般含有 90% 以上的非晶态 SiO_2，颗粒细小且活性极高，很容易与水泥水化产生的 $Ca(OH)_2$ 反应生成 C—S—H 凝胶，并能与高钙硅比的 C—S—H 凝胶反应生成强度更高的低钙硅比 C—S—H 凝胶，细化孔隙结构，降低孔隙率[11]。从原材料选择、成型养护以及微观结构的角度，UHPC 的制备主要包括以下几个方面。

1.2.1 原材料的最紧密堆积

最紧密堆积理论是 UHPC 配制的基本原理。混凝土的孔隙率越低，则其强度越高。

如图 1.1 所示，在三相体系中，小颗粒可以依次填充大颗粒留下的空隙，从而有效降低体系的孔隙率。因此，基于最紧密堆积模型，水泥颗粒填充砂子堆积留下的空隙，而硅灰颗粒则可以填充水泥和砂子堆积留下的空隙，由此可最大程度地降低 UHPC 孔隙率，从而获得强度的大幅提升。

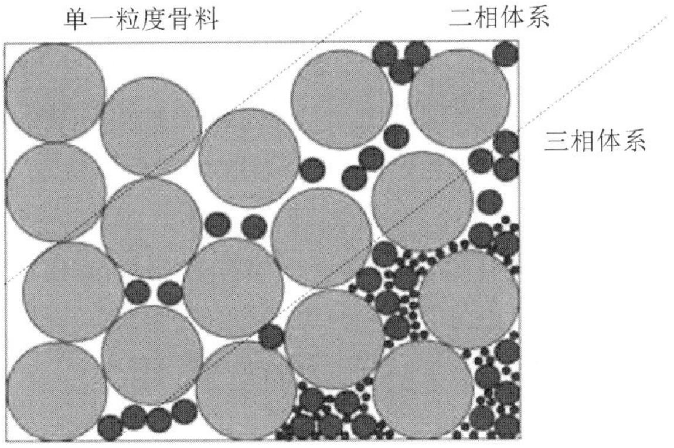

图 1.1　单相、二相和三相体系堆积示意图[12]

1.2.2　增加整体匀质性

普通混凝土内部骨料与水泥砂浆的界面会形成界面过渡区。界面过渡区一般具有比基体更高的孔隙率和水胶比，在外力作用下，界面过渡区则成为了混凝土内部的薄弱区域，裂缝的产生和扩展也最先在界面过渡区进行。微观层面上，强度较低的钙矾石和 $Ca(OH)_2$ 容易富集在骨料与浆体之间的界面过渡区，针棒状的钙矾石和片状的 $Ca(OH)_2$ 晶体依附在骨料表面，削弱了界面过渡区的强度[13]。UHPC 中由于剔除了粗骨料，而选用直径较小的细砂，显著降低了界面过渡区的尺寸，并可有效减少由界面过渡区引入的缺陷，增加了整体匀质性。此外，高火山灰活性的辅助胶凝材料（如硅灰），可与水泥水化生成的 $Ca(OH)_2$ 反应，改善界面过渡区，优化 UHPC 的微观结构。

1.2.3　蒸汽或蒸压养护，改善微观结构

蒸汽或蒸压养护，可以提高 UHPC 中硅灰等辅助胶凝材料的火山灰活性，使其火山灰效应得到充分发挥。硅灰等辅助胶凝材料与 $Ca(OH)_2$ 反应生成的 C—S—H 凝胶可进一步改善界面过渡区，改善 UHPC 的微观结构和力学性能，显著降低孔径大于 100 nm 的有害孔体积，从而细化材料的孔隙结构，降低材料的孔隙率[14]。此外，研究表明通过蒸压养护，UHPC 内部的细骨料与水化产物可形成较为匀质的整体结构，两者之间并无明显的界面过渡区，材料的密实度显著提高[15]。

1.2.4 钢纤维增强增韧

韧性是材料吸收能量的能力，可以通过对相应的荷载－位移取向进行积分获得。未加钢纤维的 UHPC 砂浆是典型的脆性材料，在荷载作用下开裂后迅速呈现脆性破坏，相应的强度和韧性也都较低。钢纤维在基体开裂后，可以有效桥联基体产生的裂纹，抑制裂缝的扩展，并将基体上的应力转移到钢纤维上，从而将脆性破坏转换成延性破坏。因此钢纤维可显著提高 UHPC 的强度和韧性[16]。此外，由于钢纤维桥联裂缝，抑制裂缝扩展的能力随纤维长度的增加而提高，纤维掺量的提高也使可发挥桥联作用的纤维数目显著增加，因此 UHPC 的强度和韧性随着纤维长度和掺量的增加而增加[17,18]。

1.3 纤维增强作用

钢纤维由于其抗拉强度高，弹性模量大，因此被广泛应用于 UHPC 中。用于 UHPC 中的钢纤维直径一般为 0.15 ～ 0.22 mm，长度为 12 ～ 60 mm，体积分数①一般为 1% ～ 3%，最高分数可达 6%。钢纤维的掺入，可以显著提高 UHPC 的抗压强度和抗拉强度，且钢纤维掺量越高，提高比例越大，这正是钢纤维阻止裂缝扩展的结果。除了纤维掺量，UHPC 力学性能还和纤维的长度与形状密切相关。Yoo 等人[17] 研究了 13 mm、16.3 mm 和 19.5 mm 3 种不同长度的钢纤维对 UHPC 弯曲性能的影响。与 13 mm 长的纤维相比，使用 19.5 mm 的长纤维可以将 UHPC 的弯曲强度和韧性分别提高 20% 和 125%。这是因为纤维长度越长，受力时使其完全拔出的拔出力和拔出能越大。Wu 等人[19] 研究了端钩形和波浪形钢纤维对 UHPC 抗压和抗弯性能的影响。相对于直钢纤维，端钩形和波浪形钢纤维与水泥砂浆基体间具有更好的黏结性能，因此制备的 UHPC 具有更高的抗压和抗弯性能。相同掺量下，相对于直钢纤维，端钩形和波浪形钢纤维可将 UHPC 抗压强度提高 8%，抗弯强度分别提高 27% 和 10%。

除了钢纤维，其他种类纤维，如聚合物纤维、植物纤维、纳米碳纤维（CNF）等也能用作 UHPC 增强材料。Zhang 等人[20] 在 UHPC 中加入聚丙烯纤维，发现聚丙烯纤维在高温下融化留下孔洞，可以降低 UHPC 内部水蒸气压力，从而显著改善 UHPC 的抗高温爆裂性能。Ren 等人[21] 研究了剑麻纤维对 UHPC 抗弯强度和韧性的影响，发现剑麻纤维的掺入可以显著改善 UHPC 的韧性。相对于未掺入纤维的 UHPC，2% 体积分数的剑麻纤维可将 UHPC 的抗弯强度和韧性分别提高 15% 和 520%。Chen 等人[22] 研究了碳纳米管对 UHPC 抗弯强度的影响，发现相对于未加入碳纳米管的 UHPC，加入 0.067% 水泥质量的碳纳米管后，UHPC 抗弯强度被提高 70%。同时，纳米碳纤维的加入还能显著提高 UHPC 的导电、导热和电磁屏蔽性能[23,24]。

① 本书中所有涉及的钢纤维体积分数均指钢纤维在混凝土中所占的体积百分比。

此外，纤维－基体黏结性能的差异也会影响其对 UHPC 的增强效果。大量研究[16-19]表明：UHPC 试件的断裂失效仍然是以纤维拔出的破坏形式为主，因而改善纤维－基体黏结性能可以提高 UHPC 的抗拉和抗弯性能。纤维－基体黏结性能主要取决于摩擦黏结力、机械内锁力（如波浪形和端钩形钢纤维）和化学黏结力。一方面，使用波浪形和端钩形钢纤维可以提高 UHPC 抗弯性能，正是由于波浪形和端钩形钢纤维与基体间具有更强的界面黏结性能。另一方面，通过化学处理对钢纤维表面进行化学改性，同样可以改善纤维－基体黏结性能，从而提高 UHPC 的抗拉和抗弯性能。季韬等[25]利用磷酸锌(ZnPh)对普通钢纤维进行改性，改性后钢纤维在 UHPC 基体的拔出力和拔出能分别提高 13% 和 39%。张丽辉等人[26]发现普通钢纤维经过 ZnPh 改性，其在 UHPC 基体的拔出力和拔出能可以分别提高 45% 和 49%，从而使抗拉强度提高 14%。

纤维的分布和取向也会显著影响其对 UHPC 抗拉和抗弯性能的增强效果。倘若钢纤维在新拌浆体中发生沉降，则试件不同高度的纤维含量不同，从而直接影响试件的最终强度。王睿[27]系统地研究了不同的纤维分布对 UHPC 劈裂抗拉强度的影响，发现当钢纤维在 UHPC 内部由于振捣发生沉降时，UHPC 底部与顶部的纤维含量可相差 8 倍以上，从而导致底部 UHPC 劈裂抗拉强度几乎为顶部 UHPC 的 2 倍。

纤维取向对水泥基材料力学性能的影响可以归因于不同取向的纤维对裂缝的桥联能力不同。当纤维取向与水泥基材料受荷载作用后内部产生的主拉应力方向一致时，纤维对裂缝的桥联能力最强，此时纤维可有效限制裂缝扩展，从而提高水泥基材料力学性能。而当纤维取向与水泥基材料受荷载作用后内部产生的主拉应力方向垂直时，纤维对裂缝的桥联能力最弱，此时纤维对限制裂缝扩展几乎无作用，对水泥基材料的力学性能改善也比较有限。

混凝土在受压时，由于泊松膨胀效应使得垂直受压方向产生拉应力，当拉应力大于混凝土的抗拉强度时，混凝土内部开始产生裂缝[28]。因此当纤维取向与混凝土受压方向垂直时，即与内部拉应力方向平行，可以改善混凝土的抗压强度。而当纤维取向与混凝土受压方向平行时混凝土抗压强度最低。Mansur 等人[29]在研究高强混凝土时也发现，相对于纤维取向与混凝土受压方向平行，当纤维取向与受压方向垂直时，可以将混凝土抗压强度提高 4%。

相比于抗压强度，纤维取向对水泥基材料抗拉和抗弯强度的影响更加明显。王强[30]利用 3 种不同的浇注方式，即随机浇注、顺拉伸方向浇注和垂直拉伸方向浇注，来改变 UHPC 抗拉试件的纤维取向。研究发现相比于随机浇注，顺拉伸方向浇注可以将纤维取向系数提高 30%，从而使 UHPC 抗拉强度提高 20%，相对应的拉应变增量达到 90%；而当浇注方向与拉伸方向垂直时，纤维取向系数降低 46%，导致 UHPC 抗拉强度降低 21%，相应的拉应变也降低 50%。Zhang 等人[31]研究了不同的纤维取向对 UHPC 抗拉和抗弯强度的影响，发现当沿主拉应力方向的纤维取向系数从 0.52 提高至 0.64 时，UHPC 的抗拉和抗弯强度可以分别提高 66% 和 71%。由于纤维在混凝土中流动时会发生转向，Duque 和 Graybeal[32]在浇筑的板上沿着与混凝土流动方向成 0°、45° 和 90° 切取抗拉试件,如图 1.2 所示,进行抗拉强度试验。结果显示,与混凝土流动方向成 0°、45° 和 90° 切取的试件的纤维取向系数分别为 0.72、0.57 和 0.37,由于与混凝土流动方向成 0° 切取的试件具有最大的纤维取向系数,因此其抗拉强度也最高,为 11.4 MPa,而与混凝土流动方向成 90° 切取的试件抗拉强度最低,为 5.6 MPa。

图 1.2

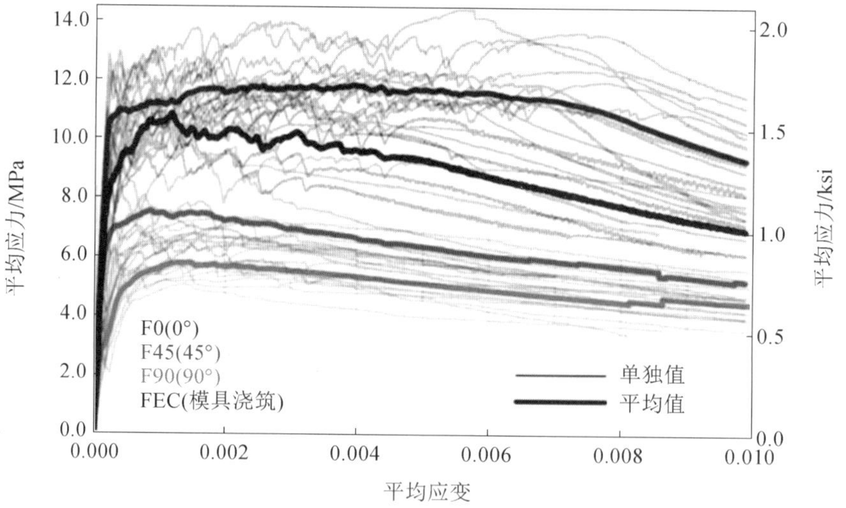

图 1.2　不同纤维取向试件抗拉性能[32]

Kang 等人[33] 分别沿着梁长度方向和垂直于梁长度方向浇注 UHPC,研究了纤维取向对梁抗弯性能的影响。结果显示,沿着梁长度方向浇注的 UHPC 纤维取向系数比垂直于梁长度方向浇注的提高约 0.33,从而使成型的梁的抗弯强度提高 61%。Teng 等人[34] 通过调节 UHPC 砂浆的塑性黏度来改变纤维取向,发现当 UHPC 砂浆塑性黏度从 10 Pa·s 提高至 66 Pa·s 时,纤维取向系数可提高约 0.1,从而导致 UHPC 抗弯强度和韧性提高 35%。Yoo 等人[35] 分别从圆板中心和边缘浇注 UHPC,研究了纤维取向对圆板抗弯性能的影响。结果显示,从圆板中心浇注的 UHPC 纤维取向系数比从圆板边缘浇注的提高约 0.1,从而导致抗弯强度和韧性分别提高 21% 和 50%。

除了静态力学性能,纤维取向对水泥基材料动态力学性能也有显著影响。Park 等人[36] 研究了 0°、15° 和 30° 等不同纤维取向角对 UHPC 内纤维动态拔出性能的影响。结果表明,在相同拔出速率下,30° 和 0° 取向角的纤维分别具有最高和最低的动态拔出性能,相应的黏结强度和拔出能分别相差 23% 和 86%。Yoo 等人[37] 分别从梁的一端浇注和多点随机浇注 UHPC,从而使 UHPC 具有不同的纤维取向,进而研究了纤维取向对 UHPC 抗冲击性能的影响。UHPC 梁的抗冲击性能测试采用落锤抗冲击试验,如图 1.3 所示,结果表明从梁的一端浇注 UHPC,相比于多点随机浇注,其纤维取向系数可由 0.55 提高至 0.64,从而使动态抗弯强度由 21 MPa 提高至 69 MPa。

众所周知,水泥基材料具有多相多尺度的特征,其宏观力学和耐久性能由微观结构决定。在微观尺度上,具有胶凝能力的 C—S—H 凝胶和其他水化产物(如 $Ca(OH)_2$ 和钙矾石等)形成水泥基材料的微观结构。水泥等胶凝材料包裹粗细骨料,最终形成水泥基材

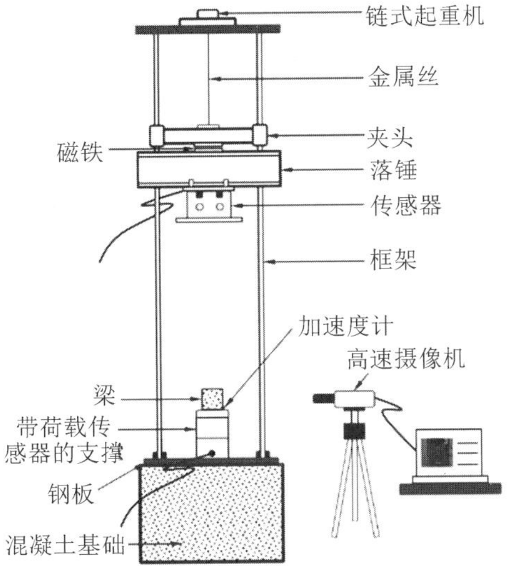

图 1.3　落锤抗冲击试验[37]

料的微观和宏观结构。通常，在水泥基材料中加入纤维，可以限制裂缝的扩展，提高水泥基材料的力学性能、抗裂能力和韧性。考虑到水泥基材料的多尺度特征，其整个破坏过程也是多尺度的，基体内部的裂缝随着破坏的加深逐渐由微观向宏观发展。因此，使用单一尺度的纤维只能改善单一层次上的性能，并不能多层次、多阶段地发挥桥联的作用。

如图 1.4 所示，短纤维可以桥联微观裂缝，而长纤维可以桥联宏观裂缝，不同尺度纤维的组合则可以在不同尺度上桥联裂缝[38]。只有多尺度的纤维组合，才能与水泥基材料多层次的裂缝发展过程相匹配，实现对水泥基材料的有效增强。总而言之，加入纳米级、微米级的纤维可以在微观层面上控制裂缝的形成与发展，实现对水泥基材料的微观增强；加入毫米级、厘米级纤维可以抑制基体产生的微裂缝的贯穿和扩大，限制其向宏观裂缝发展，从而改善水泥基材料的力学性能，提高其韧性[39,40]。

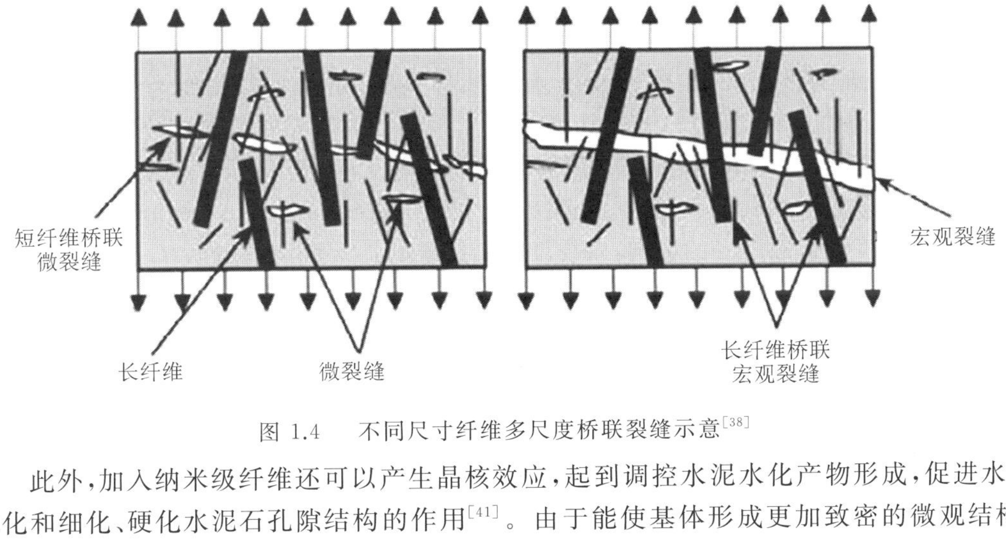

图 1.4　不同尺寸纤维多尺度桥联裂缝示意[38]

此外，加入纳米级纤维还可以产生晶核效应，起到调控水泥水化产物形成，促进水泥水化和细化、硬化水泥石孔隙结构的作用[41]。由于能使基体形成更加致密的微观结构，加入的纳米级纤维还能改善与之搭配使用的毫米级或厘米级纤维（如钢纤维）与基体的黏结性能，从而增大这些毫米级和厘米级纤维的拔出阻力，实现对水泥基材料的有效增强。

纤维可根据其不同的尺寸和弹性模量大致分为4类：① 大尺寸、高弹性模量，如钢纤维；② 大尺寸、低弹性模量，如合成纤维；③ 小尺寸、高弹性模量，如碳纤维；④ 小尺寸、低弹性模量，如聚乙烯醇纤维。同一种纤维不同尺寸或者不同种类纤维的组合使用，可实现水泥基材料力学性能的多尺度纤维增强。在已有的研究中，多尺度纤维的组合多为以下方式：不同长度的钢纤维；钢纤维与聚合物纤维，如聚丙烯、聚乙烯醇纤维；不同种类聚合物纤维；钢纤维和纳米碳纤维。

Wu等人[42]研究了6 mm和13 mm两种长度钢纤维组合对UHPC动、静态力学性能的影响。结果显示，在总纤维体积分数为2%时，将1.5%的13 mm纤维与0.5%的6 mm纤维组合使用，相对于全部使用6 mm的短纤维或者13 mm的长纤维，UHPC的抗弯强度可以分别提高45%和8%，而动态抗压强度可以提高约15%。由于长纤维可以提高混凝土的抗弯性能，Yoo等人[43]将1.5%的19.5 mm钢纤维与0.5%的30 mm钢纤维组合使用，相对于全部使用30 mm钢纤维，UHPC的抗弯强度和韧性可以提高15%左右。

由于钢纤维弹性模量较高，使用时可以提高混凝土的强度，而聚合物纤维弹性模量较低，使用时可以提高混凝土的韧性，因而通过钢纤维与聚合物纤维的合理搭配，可以在不显著降低混凝土强度的前提下提高其韧性，从而改善混凝土的整体力学性能[44,45]。对于高强混凝土，由于其结构致密，在受到高温作用时会因其内部产生巨大的水蒸气压力而使混凝土爆裂；而聚合物纤维熔点低，在高温时融化产生的孔洞可以减小混凝土内部的水蒸气压力，从而降低混凝土爆裂的风险。Li等人[45]在UHPC内加入不同长度和掺量的聚丙烯纤维，发现聚丙烯纤维在高温下融化，可以提高UHPC的气体渗透性，且聚丙烯纤维长度越长，掺量越高，UHPC气体渗透性的提高越明显。因此聚丙烯纤维的加入可降低UHPC内水蒸气压力，从而降低UHPC在高温下爆裂的风险。

Ahmed和Mihashi[46]研究了不同长度（6 mm、8 mm、12 mm、24 mm）和直径（0.04 mm、0.1 mm）的聚乙烯醇纤维组合对水泥基材料抗拉性能和韧性的影响。结果表明，增加粗纤维的掺量可以有效改善水泥基材料的韧性，2%长度为12 mm（或者24 mm）、直径为0.1 mm和1%长度为6 mm、直径为0.04 mm的纤维组合具有最高的抗拉强度、最宽的裂缝开口位移以及最好的韧性。Lin等人[47]研究了聚乙烯醇纤维和聚丙烯纤维的不同组合方式对工程水泥基复合材料（engineered cementitious composite，ECC）抗拉强度和极限应变的影响，发现聚丙烯纤维的加入可以提高ECC的抗拉强度和极限应变，相对于只添加聚乙烯醇纤维，0.5%、1%和1.5%的聚丙烯分别可以使ECC的抗拉强度提高9%、21%和58%，而使ECC的极限应变提高22%、59%和69%。

Meng和Khayat[48,49]在含0.5%体积分数钢纤维的UHPC中加入不同掺量的纳米碳纤维，研究了CNF掺量对UHPC抗拉强度、抗弯强度和韧性的影响。结果表明，当CNF体积分数由0提高至0.3%时，UHPC抗拉强度、抗弯强度和韧性分别可以提高55%、45%和175%。并且，CNF的掺入可以显著改善UHPC的孔结构，当CNF体积分数由0提高至0.3%时，UHPC毛细孔体积减小了76%，而凝胶孔体积增加了68%。Alrekabi等人[50]发现通过0.025%CNF与2%钢纤维的组合使用，相对于不加CNF的对照组，水泥基材料的抗拉强度、抗弯强度和韧性可以分别提高45%、40%和85%；通过电镜扫描也观察到，CNF可以有效限制纳米尺度裂缝的扩展，验证了CNF和钢纤维的多尺度增强作用。

1.4　植物纤维增强水泥基材料

人类在土木工程中使用植物纤维的历史来源已久，早在六千多年前，半坡遗址的居民便利用草和泥拌和来制成墙壁。20世纪70年代，为了代替对人体有害的石棉纤维，人们开始使用植物纤维来增强水泥基材料。经过几十年的发展，植物纤维增强水泥基材料取得了丰硕的成果，也逐渐被应用于实际工程中。然而，植物纤维目前多用于增强普通水泥砂浆或混凝土，在UHPC中应用的研究较少，在此仅对植物纤维增强普通水泥基材料的性能做如下概述。

1.4.1　植物纤维的基本性质

植物纤维作为一种天然聚合物，其细胞壁的主要化学成分为纤维素(cellulose)、半纤维素(hemicellulose)和木质素(lignin)，其中纤维素和半纤维素均由碳水化合物组成，木质素为芳香族化合物[51]。此外，植物纤维中还有少量的果胶、蜡和蛋白质等物质。Brethauer等人[52]通过3D模型较为形象地描述了纤维素、半纤维素和木质素在植物纤维细胞壁(cell wall)中的形态与组成，如图1.5所示。纤维素是植物纤维中含量最高且最重要的化学组分，它是植物纤维细胞壁的骨架物质，决定了植物纤维的整体性能。纤维素有较高的结晶度，从而使其具有良好的化学和热稳定性，纤维素同时也包含分子链松弛且排列不规则的无定形区，结晶区和无定形区两者相互交织，无明显的界线。此外，纤维素富含羟基，因此具有较好的亲水性，但是不溶于水。半纤维素是一种无定形物质，其聚合度相比纤维素要低很多，因此其化学稳定性和热稳定性较差，可溶于稀碱溶液。半纤维素能够增加植物纤维的吸水润胀性能和弹性。木质素同样是一种无定形物质，主要起到将纤维素和半纤维素黏结起来的作用，赋予植物纤维一定抵抗外界环境侵蚀的能力。

植物纤维为多细胞纤维，每根纤维(technical fiber)由数十乃至上百根单纤维(elementary fiber)组成。单纤维由中空的内腔(lumen)和环绕在内腔周围的细胞壁组成，其中内腔负责植物生长过程中水分和营养物质的运输。细胞壁为层级结构，如图1.6所示。细胞壁由初生壁(primary wall)和次生壁(secondary wall)组成，其中次生壁又分为外层次生壁S_1、中层次生壁S_2和内层次生壁S_3这3层。S_2层是最主要的子层，其厚度约占细胞壁总厚度的80%以上[53]。植物纤维细胞壁的这种中空层次结构有助于植物纤维吸水，并将所吸收的水分储存在内腔中。

常见的植物纤维有亚麻纤维、剑麻纤维、竹纤维、苎麻纤维、黄麻纤维、大麻纤维、棕榈纤维和椰壳纤维等。不同种类植物纤维之间的力学性能和化学组分有较大差异，表1.1列出了典型植物纤维的力学性能和主要化学组成。

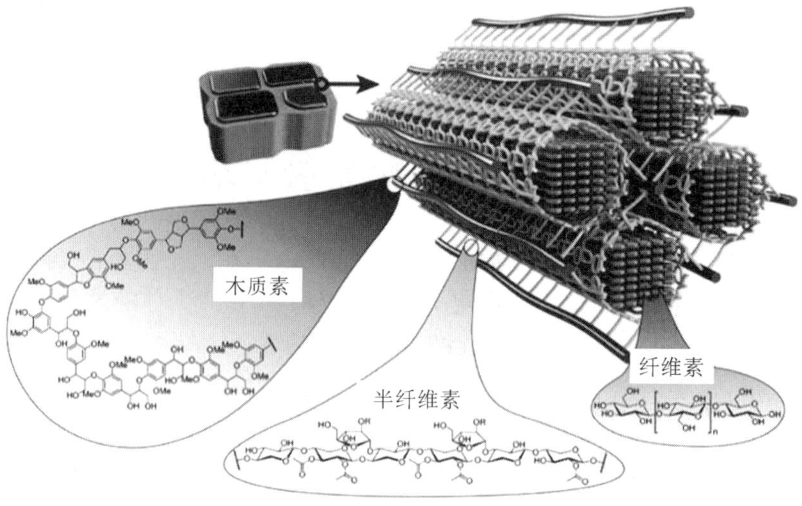

图 1.5　植物纤维细胞壁中纤维素、半纤维素和木质素的三维模型[52]

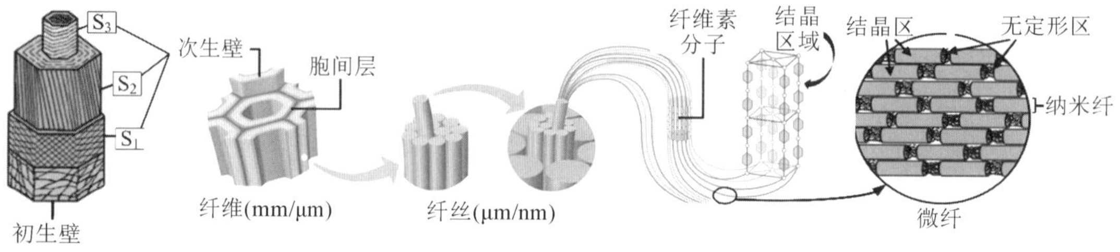

图 1.6　植物纤维细胞壁的结构示意图[54]

表 1.1　典型植物纤维的力学性能和主要化学组成

纤维	抗拉强度 /MPa	杨氏模量 /GPa	断裂伸长率 /%	密度 /(g·cm^{-3})	纤维素 /%	半纤维素 /%	木质素 /%
亚麻	345 ~ 1 035	27.6	2.7 ~ 3.2	1.5	72.5	14.5	2.5
剑麻	511 ~ 635	9.4 ~ 22	2 ~ 2.5	1.5	60	11.5	8
竹	140 ~ 230	11 ~ 17	—	0.6 ~ 1.1	34.5	20.5	26
苎麻	560	24.5	2.5	1.5	72	14	0.8
黄麻	393 ~ 773	26.5	1.5 ~ 1.8	1.3	67	16	9
大麻	690	70	1.6	1.48	81	20	4
棕榈	248	3.2	25	0.7 ~ 1.55	65	—	19
椰壳	175	4 ~ 6	30	1.2	46	0.3	45

1.4.2　植物纤维对水泥基材料力学性能的影响

由于植物纤维的种类繁多并且彼此间的力学性能也有较大差异，同时也不像人造纤维一样具有较为统一的规格尺寸，因此植物纤维对水泥基材料力学性能的影响也尚未有统一的定论。但是从大量的试验结果中可以发现，植物纤维能够显著提高水泥基材料的韧性和延性，而植物纤维对水泥基材料抗压强度、弯曲强度和劈裂抗拉强度的影响规律不明显，选择适宜的植物纤维长度和掺量对提高水泥基材料的力学性能尤为重要。例如，Hwang 等人[55] 的研究结果表明：水泥砂浆的抗压强度随着椰壳纤维（17 mm 长）体积分数的增大而显著降低，当体积分数为 4.0% 时，砂浆的 28 d 抗压强度降低了约 49%，但该体积分数下砂浆的弯曲强度和韧性分别提高了 42% 和 302%。此外，植物纤维还能有效改善水泥基材料的抗冲击性能，Ma 等人[56] 利用霍普金森压杆测试了剑麻纤维对珊瑚骨料混凝土抗冲击性能的影响，试验结果表明，剑麻纤维的掺入使混凝土的能量吸收最高增大了 140.3%。

1.4.3　植物纤维对水泥基材料体积稳定性的影响

在水泥基材料中掺加植物纤维的另一个重要目的是提高水泥基材料的体积稳定性，大量的试验研究表明植物纤维对水泥基材料的收缩开裂有着显著的抑制作用。Lee 等人[57] 研究了麻蕉纤维对水泥砂浆自收缩的影响，试验结果表明，掺加 2% 水泥质量的麻蕉纤维使水泥砂浆的 8 d 自收缩量由 346 $\mu\varepsilon$ 降低到 23 $\mu\varepsilon$。刘玉莹[58] 的研究表明，竹纤维的掺入有效延迟了水泥砂浆的塑性收缩开裂时间并降低了水泥砂浆的塑性开裂程度及干缩率。然而，也有研究表明植物纤维的掺入增大了水泥基材料的干燥收缩，例如 Toledo Filho 等人[59] 的研究表明，掺加体积分数为 3.0% 的剑麻纤维使水泥砂浆的干燥收缩增大了 27%，这是由于植物纤维的掺入增加了基体的孔隙率。

1.4.4　植物纤维对水泥基材料耐久性的影响

耐久性是人们在设计水泥基材料时所考虑的一个重要因素，耐久性的优劣直接关系到结构的整体服役寿命。据以往的研究报道可知，植物纤维增强水泥基材料的耐久性并不理想，这与植物纤维在基体中的劣化（包括碱水解和矿化）有着重要关系。普通水泥基材料往往具有一定的渗透性，并且植物纤维的掺入增加了基体内部的孔隙率以及缺陷，这无疑进一步增大了基体的渗透性。例如，Wei 等人[60] 的研究指出，剑麻纤维增强水泥砂浆在遭受 50 次干湿循环作用后的弯曲强度和韧性分别降低了 92.0% 和 97.9%，并且基体内部的剑麻纤维严重劣化。

对于提高植物纤维水泥基材料的耐久性，需要从以下两方面入手：第一，对基体进行改性处理，如掺加矿物掺合料以及纳米材料，不仅能够提高基体的抗渗透性，同时能够降低孔隙溶液的碱度及氢氧化钙的含量，减轻植物纤维的碱水解和矿化；第二，对纤维进行改性处理，以提高纤维自身的尺寸稳定性和抗劣化能力。上述两方面相辅相成，可以有效提高植物纤维水泥基材料的耐久性。例如，Mohr 等人[61] 报道了矿渣、偏高岭土（MK）和硅灰的二元和三元混合物有效提高了干湿循环作用下纸浆纤维增强水泥基材料的耐久性。John 等人[62] 指出，12 年龄期低碱度磨细高炉矿渣水泥基材料中的椰壳纤维几乎没有受损，仅有一些木质素遭到水解。

1.4.5 植物纤维在水泥基材料中的劣化

目前，植物纤维在水泥基材料中的利用主要存在两方面的问题：第一，植物纤维自身的劣化；第二，植物纤维与水泥基材料间的黏结性能较差。针对这两方面问题，主要改善措施是对纤维进行改性以及对水泥基材料进行改性，现分别对相应的改性技术做如下综述：

植物纤维自身的劣化。植物纤维在水泥基材料中的劣化包括碱水解和矿化两方面，现分别对碱水解和矿化进行概述。如前所述，植物纤维细胞壁的主要成分为纤维素、半纤维素和木质素。其中，木质素不仅在细胞壁中起到黏合剂的作用，而且能够保护纤维免受微生物和化学侵蚀；半纤维素起到结合并固定纤维素微纤丝的作用，使纤维更加稳定。然而，半纤维素和木质素均是无定形物质，在水泥基体碱性环境下易于水解。Wei 等人[63]将植物纤维在水泥基体中的碱水解划分为4个阶段，如图1.7所示：在第一阶段，木质素和部分半纤维素的碱水解导致纤维素暴露在基体孔隙溶液中；在第二阶段，半纤维素发生碱水解，导致植物纤维细胞壁的完整性和稳定性下降；在第三阶段，木质素、半纤维素以及分子内氢键水解后，纤维素微纤丝不能结合在一起，导致其分散在基体孔隙溶液中，进而加速了纤维素的碱水解；在第四阶段，由于含有非还原性末端的无定形区发生碱水解使纤维素微纤丝被破坏，导致植物纤维完全水解。

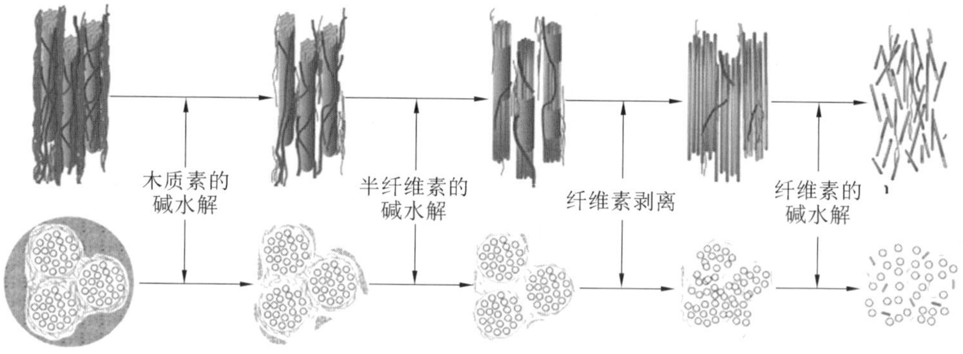

图 1.7 植物纤维在水泥基体中的碱水解过程[63]

植物纤维的矿化是导致其自身劣化的第二个重要原因。由于植物纤维具有较高的吸水性，水化产物会迁移到植物纤维的内腔和胞间层中，水化产物中的氢氧化钙会使植物纤维变脆，大大降低了纤维的强度。为了改善植物纤维在水泥基材料中的劣化问题，目前常采取的措施是在水泥基材料中掺加适量的硅灰、粉煤灰(FA)、稻壳灰、粒化高炉矿渣(GGBS)和偏高岭土等火山灰材料，一方面火山灰材料能够降低水泥基体孔隙溶液的碱度；另一方面火山灰材料能够有效消耗掉氢氧化钙。例如，Wei 等人[64]指出，利用稻壳灰取代质量分数为30%的水泥后有效缓解了剑麻纤维在水泥基体中的碱水解和矿化。此外，对植物纤维进行改性处理也是提高其抗劣化性能的一种方式，如对纤维进行加热处理、Na_2CO_3 浸泡处理以及在纤维表面沉积 ZrO_2 等[65,66]。

植物纤维与水泥基体间的黏结性能差，纤维增强水泥基材料的力学性能与纤维－基体间的黏结性能有着紧密的联系，如果纤维与基体间的黏结较差会使纤维的增强效果大打折扣。植物纤维与水泥基体间的化学不相容性导致两者间的化学黏结力较低；此外，植物纤维在水泥浆体搅拌过程中吸水膨胀，然后随着基体干燥而释水收缩，这导致植物纤维与水泥基体间无法有效黏结。植物纤维与水泥基体间的黏结强度要比钢纤维低10倍左右。目前，提高植物纤维与水泥基体间黏结性能的方式有基体改性和纤维改性两种，其中纤维改性更为常见。基体改性同样是利用硅灰、矿渣和偏高岭土等火山灰材料取代水泥，例如Filho等人[67]指出，利用微硅粉和矿渣部分取代水泥可使植物纤维－水泥基体间的黏结性能得到改善，纤维的最大拔出力可提高9%～20%。对植物纤维改性而言，常用的改性处理方式有物理方式和化学方式。物理方式分为热处理、蒸汽爆破处理、角质化处理、等离子体处理和超声波处理；化学方式分为酸处理、碱处理、涂层处理和纳米接枝处理。例如，本章参考文献[68]利用不同浓度的NaOH溶液（质量分数为1%、5%、10%）来处理剑麻纤维以提高剑麻纤维与水泥基体间的黏结性能，试验结果表明，当NaOH溶液质量分数为5%时对黏结性能最为有利，使得黏结强度和拔出能分别提高了67%和90%。这是因为碱处理去除了剑麻纤维表面的杂质，并且增大了剑麻纤维的表面粗糙度，从而有效提高了纤维与基体间的黏结性能。

1.5　储热与电热功能水泥基材料

随着结构材料的不断发展和改进，其中轻量化、高强度和多功能化成为重要的发展方向。超高性能混凝土具备的轻量化、高强度、优异耐久性、抗裂性以及环境友好性等众多优势，使其成为现代建筑领域的理想选择，其未来发展将朝向更加多功能化的方向。多功能化是通过赋予材料多种功能特性，从而提高材料的利用效率和使用性能，例如，智能材料能够在不同的环境下改变其性质，从而适应不同的应用需求。复合材料集几种单一材料于一身补相互之短，有利于实现构件及制品尺寸大型化、标准化，便于工业化生产，加快施工速度。

相变材料是一种可以应用于建筑节能领域的新兴材料，它能够在特定温度范围内吸收或释放大量热量，用于建筑取暖与制冷系统。当白天环境温度高于人体舒适温度（18～28℃）时，相变材料熔化吸热，阻挡热能从外界环境向室内的传输；相反，当夜间外界环境温度降低时，相变材料凝固放热，使得室温得以保持。相变材料常用于智能调温建筑、太阳能发电系统、供电系统优化、军事工程蓄能、航空航天、食物保鲜等领域。相变材料应用于建筑领域时，最早被加入墙体中以存储能量，可实现电力的调峰填谷、建筑暖通空调的节能、热量的回收。在某些地区，建筑能耗的62%以上都用来保证室内环境舒适度，后来大量学者将相变材料加入地板以及围护结构，发现可明显改善房间温度舒适性。相变材料也可运用于大体积混凝土，以降低早期水化热；用于冬季道路沥青混凝土中，以缓解冻融破坏，目前已有大量针对建筑领域使用相变材料的研究文献。

相变材料可分为固－固、固－液、固－气及液－气4类相变材料。相比于其他3种相变材料，固－液相变材料因其具有储能密度高、体积变化小、易于处理等优点，更适用于建筑围护节能领域。目前已开发的固－液相变材料主要包括脂肪酸、石蜡类、聚乙二醇、水合盐等低温相变材料，它们具有与人体舒适温度相近的熔点，常被应用于围护结构、冬季路面工程、大体积混凝土以及地热储能工程等领域。然而，固－液相变材料的直接使用存在易泄漏的缺点，目前有效的解决方式是对固－液相变材料进行封装定形，经封装定形或制成核壳结构的相变材料，其安全性及应用潜力更高。

目前多种定形相变材料已被开发并添加至建筑物构件中（包括砖、墙板、石膏板和混凝土板等）提升储热性能。例如，Yang 等人[71] 制备了陶粒基定形相变材料，并添加到混凝土中以制备储能混凝土。研究发现，当月桂醇：硬脂酸：氧化铝质量比为 82：18：0.5 时，相变材料能取得较好的储热性能，其相变潜热可达 205.9 J/g，热导率为 0.284 3 W/（m·K）。将定形相变材料以 0%、3%、6%、10%、15% 和 20% 的质量比添加到混凝土中制作储热混凝土薄板，在板的一侧加热，测量板两侧的温度响应以评估储热效益。结果表明，与普通混凝土板相比，储热混凝土薄板的加热侧和冷却侧的温度都更低，且还存在温度响应延迟现象。Lee 等人[72] 开发了用于石膏的定形相变材料，通过 EnergyPlus 8.5 评价了能源消耗。研究发现，通过在石膏板中添加 10% 的定形相变材料，可减少 3.4% 的冷却能耗。Li 等人[73] 开发了石蜡／膨胀石墨／高密度聚苯乙烯定形相变材料，并制成 240 mm×120 mm×90 mm 的相变储热砂浆板，搭建了一个房屋模型，如图 1.8 所示。测试墙尺寸为 1.60 m×2.40 m×0.24 m。结果表明，在 3 月到 5 月，相变储热砂浆板可以将温度响应推迟 2～3 h，提供了更长时间的舒适温度。然而在夏季，环境温度一般高于相变温度，相变储热砂浆板表现出较差的储热性能。Pasupathy 团队[74] 系统分析了在建筑结构中各个部件（混凝土砖、轻质混凝土框架墙、窗户及普通墙体）中添加相变材料的可行性，发现各部件采用相变材料均能达到良好的温控效果。

电热水泥基材料是一种新型复合材料，通过在水泥基材料中添加导电填料并发挥电热效益来实现。电热水泥基材料在室内采暖领域的用途主要包括以下几个方面：作为地板、地下室墙壁；涂到传统的墙壁、地板和顶棚上。电热水泥基材料还可用于寒冷天气需除冰的人行道、车道及机场跑道，其可以对自身进行温度调节。目前导电填料种类较多，主要包括以下 4 类：金属单质类、石墨类、无机化合物类及纳米纤维类，但这些填料并非都适用于混凝土。金属单质类填料造价高，容易在水泥基材料中发生电化学腐蚀，耐久性差；石墨类导电填料对水泥基材料强度影响很大；无机化合物类导电性能较差；纤维类填料的物理化学性能稳定且与水泥基材料相容性较好，是最适合的导电填料。纤维类导电填料主要包括碳纤维（CF）、铝纤维、钢纤维、纳米碳纤维（CNF）及碳纳米管（CNT）等，长径比较大，渗滤阈值掺量低且电热效率非常高。候作富等[75] 利用碳纤维制备导电混凝土进行融雪除冰，通过实验结合计算机模拟推导出适合融雪化冰的电功率，其电热效益明显。Zhao Hongming 等人[76] 提出了一种将碳纤维加热丝（CFHWs）嵌入混凝土板的方法，确定了碳纤维加热丝间距的最大值，在冰冻低温 －25 ℃ 的条件下，输入功率为 1 134 W/m^2 时，混凝土表面温度在 2.5 h 内可以上升到 0 ℃。长安大学武建民[77] 制备了

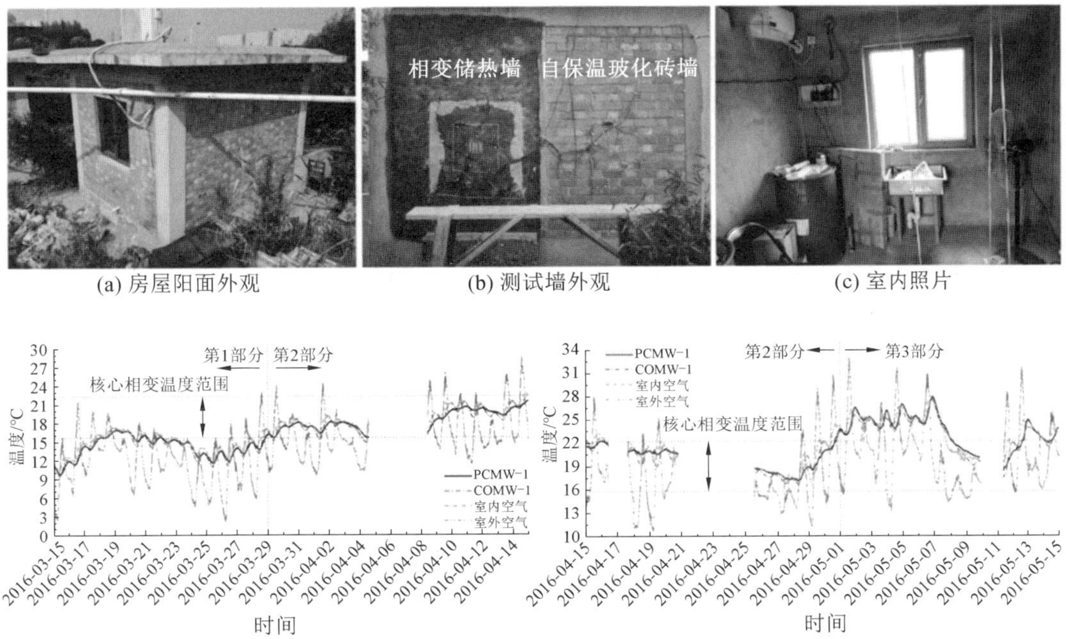

(a) 房屋阳面外观　(b) 测试墙外观　(c) 室内照片

(d) 房屋内墙表面温度随时间发展变化规律

图 1.8

图 1.8　相变储热墙体模型房[75]

三元复合导电混凝土，以钢纤维、碳纤维及石墨填充混凝土，制备的试件电阻值可达到 322 Ω，达到道路除冰的电阻热效应要求。国外的 P. J. Tumidajski[78] 提出了一种用普通波特兰水泥覆盖导电水泥的导电融雪方法，覆盖层的电阻率和厚度影响了电势的衰减以及电流的叠加，试验也验证了覆盖层中因离子导电出现微弱电流及融雪的可行性。在电热除冰领域，除了直接外接电源产热，许多学者还研究了电磁感应放热及太阳能自热设备。哈尔滨工业大学李惠[79] 提出了一种利用太阳能实现自除冰的道路系统，该系统包括碳纳米聚合物热源、AlN 陶瓷绝缘封装层、多壁碳纳米管 / 水泥基导热层及热绝缘基板；同时也提出了该系统融雪化冰性能评价指标及相应指标参数。国外的 Álvaro García 等人[80] 在沥青砂浆中添加石墨和钢丝绒，验证了该材料能通过电磁感应放热，且沥青砂浆的渗透阈值是砂与沥青质量比和纤维含量的函数，不同砂与沥青的质量比对应不同的最优纤维掺量，通过纳米计算机扫描成像监测纤维图，发现其纤维分布均匀并构建了良好的导电网络。J. P. Won 等人[81] 设计了一种早期路面融雪系统，其由铜板层、导电水泥复合层及混凝土保护层组成，铜片间距作为自变量，当间距为 1 000 mm 时，加热性能最好、散热均匀性优良，且在 1 h 后系统表面温度可以达到 4.1 ～ 4.5 ℃，验证了这种复合材料在工程应用中的可行性。

1.6　超高性能混凝土应用现状

UHPC 具有超高的力学性能、韧性和耐久性，能够满足大量的工程结构（特别是桥梁使用）的需求。美国联邦公路管理局报道称，近十年来，在北美已有将近200座桥应用到了UHPC。在我国，UHPC最早的规模化应用是客运专线的电缆沟盖板（RPC盖板），开端性的桥梁应用包括2006年迁曹铁路滦柏干渠大桥RPC预应力T型梁铁路桥、2015年福州大学校园内10 m跨径的UHPC拱桥以及2016年的长沙北辰虹桥。近年来，UHPC在我国建筑工程领域，特别是桥梁结构方向的应用呈现明显增长势头，如今是我国水泥基材料研究、应用、创新和发展最具活力的领域。据不完全统计，过去十余年在中国也有近百座桥梁建设中应用到UHPC。这些应用包括钢－UHPC组合结构中的UHPC桥面板、湿接缝、桥梁纵梁、桥面修复等。此外，UHPC具有良好的可设计性和可观赏性，其致密的结构也保证了较高的防水能力，因此UHPC也被用作建筑幕墙及家具等装饰用品。

1.6.1 UHPC 桥面板

近年来，钢－UHPC组合梁在我国桥梁领域的应用取得了重大进展。图1.9所示为南京长江五桥钢－UHPC组合梁示意图和UHPC桥面板预制生产线。UHPC桥面板在工厂预制完成后，与钢箱梁组成钢－UHPC组合梁，在现场架设安装后，再通过UHPC湿接缝连接。该工程创造了世界上UHPC使用量最大的桥梁工程记录。

图1.9　南京长江五桥钢－UHPC组合梁示意图和UHPC桥面板预制生产线[4]

1.6.2 UHPC 湿接缝

UHPC在桥梁中另一主要应用为连接预制构件的湿接缝。UHPC由于其流动性好，可以减小接缝的宽度，简化接缝的布筋。同时，UHPC具有良好的抗裂和耐久性能，且与普通混凝土间具有良好的黏结性能，能够克服传统方式构件连接节点弱的难题。图1.10所示为采用UHPC湿接缝对宁波一高架的箱梁纵向接缝进行连接施工的实例。

图 1.10　箱梁纵向 UHPC 湿接缝[4]

1.6.3　桥面修复

UHPC 具有致密的结构，用于受损桥面修复时不仅可以使桥面增强增韧，提高桥面抗裂能力，而且可以减少有害粒子对桥面的侵蚀。在冻融环境中，UHPC 可以显著提高桥面抵抗冻融循环的能力。同时，UHPC 具有较高的耐磨性，以及与原始混凝土表面具有良好的黏结能力，因此可以保证修复的桥面具有优异的耐久性。图 1.11 所示为美国爱荷华州一公路桥的 UHPC 桥面修复。

(a) 原始混凝土桥面处理　　(b) UHPC桥面修复

图 1.11　UHPC 修复受损桥面[70]

1.6.4　建筑幕墙

UHPC 用作建筑幕墙时具有自洁能力强、美观、防水效果好的特点。图 1.12 所示为国内 UHPC 作为建筑幕墙的两个典型工程案例:深圳悦彩城展示中心和余杭文化艺术中心。

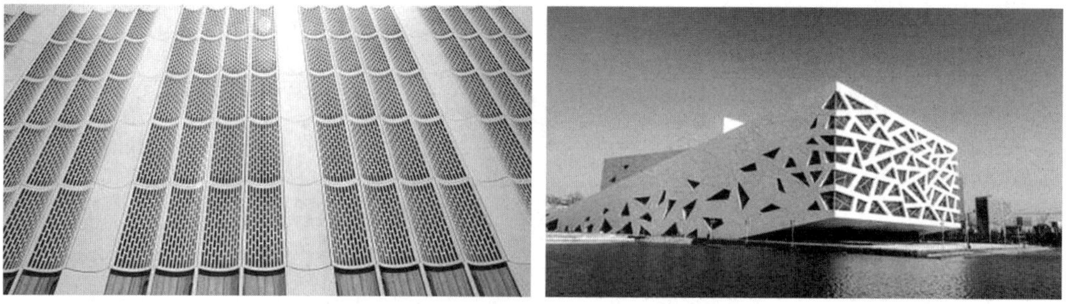

(a) 深圳悦彩城展示中心　　(b) 余杭文化艺术中心

图 1.12　UHPC 建筑幕墙应用案例[4]

本章参考文献

[1]DE LARRARD F,SEDRAN T. Optimization of ultra-high-performance concrete by the use of a packing model[J]. Cement and concrete research,1994,24(6):997-1009.

[2] HABEL K,VIVIANI M,DENARIÉ E,et al. Development of the mechanical properties of an ultra-high performance fiber reinforced concrete (UHPFRC)[J]. Cement and concrete research,2006,36(7):1362-1370.

[3] RICHARD P, CHEYREZY M. Composition of reactive powder concretes[J]. Cement and concrete research,1995,25(7):1501-1511.

[4]中国混凝土与水泥制品协会 UHPC 分会. 2019 年度中国超高性能混凝土(UHPC)技术与应用发展报告[J]. 混凝土世界,2020(2):30-43.

[5] YOO D Y,BANTHIA N,YOON Y S. Recent development of innovative steel fibers for ultra-high-performance concrete (UHPC):a critical review[J]. Cement and concrete composites,2024,145:105359.

[6] LIU J,WEI J,LI J,et al. A comprehensive review of ultra-high performance concrete (UHPC) behaviour under blast loads[J]. Cement and concrete composites, 2024,148:105449.

[7] HANSEN T C. Physical structure of hardened cement paste. A classical approach [J]. Materials and structures,1986,19(6):423-436.

[8] BIRCHALL J D,HOWARD A J,KENDALL K. Flexural strength and porosity of cements[J]. Nature,1981,289:388-390.

[9] JO B W,KIM C H,TAE G H,et al. Characteristics of cement mortar with nano-SiO_2 particles[J]. Construction and building materials,2007,21(6):1351-1355.

[10]BAJABER M A,HAKEEM I Y. UHPC evolution,development,and utilization in

construction:a review[J]. Journal of materials research and technology,2021,10:1058-1074.
[11] 何小芳,卢军太,李小楠,等. 硅灰对混凝土性能影响的研究进展[J]. 硅酸盐通报,2013,32(3):423-428.
[12] STOVALL T,DE LARRARD F,BUIL M. Linear packing density model of grain mixtures[J]. Powder technology,1986,48(1):1-12.
[13] 欧阳利军,安子文,杨伟涛,等. 混凝土界面过渡区(ITZ)微观特性研究进展[J]. 混凝土与水泥制品,2018(2):7-12.
[14] CHEYREZY M,MARET V,FROUIN L. Microstructural analysis of RPC (reactive powder concrete)[J]. Cement and concrete research,1995,25(7):1491-1500.
[15] SHEN P L,LU L N,HE Y J,et al. The effect of curing regimes on the mechanical properties, nano-mechanical properties and microstructure of ultra-high performance concrete[J]. Cement and concrete research,2019,118:1-13.
[16] BANTHIA N,SAPPAKITTIPAKORN M. Toughness enhancement in steel fiber reinforced concrete through fiber hybridization[J]. Cement and concrete research,2007,37(9):1366-1372.
[17] YOO D Y,KANG S T,YOON Y S. Enhancing the flexural performance of ultra-high-performance concrete using long steel fibers[J]. Composite structures,2016,147:220-230.
[18] WU Z M,SHI C J,HE W,et al. Effects of steel fiber content and shape on mechanical properties of ultra high performance concrete[J]. Construction and building materials,2016,103:8-14.
[19] WU Z M,SHI C J,KHAYAT K H. Investigation of mechanical properties and shrinkage of ultra-high performance concrete:influence of steel fiber content and shape[J]. Composites part B:engineering,2019,174:107021.
[20] ZHANG D,DASARI A,TAN K H. On the mechanism of prevention of explosive spalling in ultra-high performance concrete with polymer fibers[J]. Cement and concrete research,2018,113:169-177.
[21] REN G S,YAO B,HUANG H H,et al. Influence of sisal fibers on the mechanical performance of ultra-high performance concretes[J]. Construction and building materials,2021,286:122958.
[22] CHEN Z T,LIM J L G,YANG E H. Ultra high performance cement-based composites incorporating low dosage of plasma synthesized carbon nanotubes[J]. Materials & design,2016,108:479-487.
[23] WANG H,GAO X J,LIU J Z,et al. Multi-functional properties of carbon nanofiber reinforced reactive powder concrete[J]. Construction and building materials,2018,

187:699-707.
[24] JUNG M,LEE Y S,HONG S G,et al. Carbon nanotubes (CNTs) in ultra-high performance concrete (UHPC): dispersion, mechanical properties, and electromagnetic interference (EMI) shielding effectiveness (SE)[J]. Cement and concrete research,2020,131:106017.
[25] 季韬,林晓溁,梁咏宁,等. 钢纤维对掺花岗岩石粉 UHPC 的增强增韧:磷酸锌改性和纤维形状的影响及机理[J]. 材料导报,2017,31(23):66-72.
[26] 张丽辉,刘建忠,刘加平,等. 磷酸锌改性钢纤维对 UHPC 单轴拉伸性能的影响[J]. 混凝土,2016(9):52-55.
[27] 王睿. 基于纤维分布的 UHPC 制备及其渗透性能研究[D]. 哈尔滨:哈尔滨工业大学,2018.
[28] LI V C. A simplified micromechanical model of compressive strength of fiber-reinforced cementitious composites[J]. Cement and concrete composites,1992,14(2):131-141.
[29] MANSUR M A,CHIN M S,WEE T H. Stress-strain relationship of high-strength fiber concrete in compression[J]. Journal of materials in civil engineering,1999,11(1):21-29.
[30] 王强. 钢纤维取向角对超高性能混凝土抗拉强度的影响[J]. 混凝土与水泥制品,2019(1):51-54.
[31] ZHANG Y,ZHU Y P,QU S Q,et al. Improvement of flexural and tensile strength of layered-casting UHPC with aligned steel fibers[J]. Construction and building materials,2020,251:118893.
[32] MAYA D L F,GRAYBEAL B. Fiber orientation distribution and tensile mechanical response in UHPFRC[J]. Materials and structures,2016,50:55.
[33] KANG S T,LEE B Y,KIM J K,et al. The effect of fibre distribution characteristics on the flexural strength of steel fibre-reinforced ultra high strength concrete [J]. Construction and building materials,2011,25(5):2450-2457.
[34] TENG L, MENG W N, KHAYAT K H. Rheology control of ultra-high-performance concrete made with different fiber contents[J]. Cement and concrete research,2020,138:106222.
[35] YOO D Y, ZI G, KANG S T, et al. Biaxial flexural behavior of ultra-high-performance fiber-reinforced concrete with different fiber lengths and placement methods[J]. Cement and concrete composites,2015,63:51-66.
[36] PARK J K,PARK S H,KIM D J. Effect of matrix shrinkage on rate sensitivity of the pullout response of smooth steel fibers in ultra-high-performance concrete[J]. Cement and concrete composites,2018,94:226-237.

[37] YOO D Y,BANTHIA N,KANG S T,et al. Effect of fiber orientation on the rate-dependent flexural behavior of ultra-high-performance fiber-reinforced concrete[J]. Composite structures,2016,157:62-70.

[38] PAKRAVAN H R,LATIFI M,JAMSHIDI M. Hybrid short fiber reinforcement system in concrete:a review[J]. Construction and building materials,2017,142:280-294.

[39] 张聪,曹明莉. 多尺度纤维增强水泥基复合材料力学性能试验[J]. 复合材料学报,2014,31(3):661-668.

[40] 邓双,袁进平,靳建洲,等. 多尺度纤维增强水泥基材料的研究进展[J]. 硅酸盐通报,2016,35(4):1137-1143.

[41] 刘巧玲. 碳纳米管增强水泥基复合材料多尺度性能及机理研究[D]. 南京:东南大学,2015.

[42] WU Z M,SHI C J,HE W,et al. Static and dynamic compressive properties of ultra-high performance concrete (UHPC) with hybrid steel fiber reinforcements [J]. Cement and concrete composites,2017,79:148-157.

[43] YOO D Y,KIM S W,PARK J J. Comparative flexural behavior of ultra-high-performance concrete reinforced with hybrid straight steel fibers[J]. Construction and building materials,2017,132:219-229.

[44] DAWOOD E T,RAMLI M. High strength characteristics of cement mortar reinforced with hybrid fibres[J]. Construction and building materials,2011,25(5):2240-2247.

[45] LI Y,ZHANG Y,YANG E H,et al. Effects of geometry and fraction of polypropylene fibers on permeability of ultra-high performance concrete after heat exposure [J]. Cement and concrete research,2019,116:168-178.

[46] AHMED S F U,MIHASHI H. Strain hardening behavior of lightweight hybrid polyvinyl alcohol (PVA) fiber reinforced cement composites[J]. Materials and structures,2011,44(6):1179-1191.

[47] LIN J X,SONG Y,XIE Z H,et al. Static and dynamic mechanical behavior of engineered cementitious composites with PP and PVA fibers[J]. Journal of building engineering,2020,29:101097.

[48] MENG W N,KHAYAT K H. Mechanical properties of ultra-high-performance concrete enhanced with graphite nanoplatelets and carbon nanofibers [J]. Composites part B:engineering,2016,107:113-122.

[49] MENG W N,KHAYAT K H. Effect of graphite nanoplatelets and carbon nanofibers on rheology,hydration,shrinkage,mechanical properties,and microstructure of UHPC[J]. Cement and concrete research,2018,105:64-71.

[50] ALREKABI S,CUNDY A B,LAMPROPOULOS A,et al. Mechanical performance of novel cement-based composites prepared with nano-fibres,and hybrid nano- and micro-fibres[J]. Composite structures,2017,178:145-156.

[51] 裴继诚. 植物纤维化学[M]. 5 版. 北京:中国轻工业出版社,2020.

[52] BRETHAUER S,SHAHAB R L,STUDER M H. Impacts of biofilms on the conversion of cellulose[J]. Applied microbiology and biotechnology,2020,104(12):5201-5212.

[53] ZHANG Z S,CAI S M,LI Y,et al. High performances of plant fiber reinforced composites—a new insight from hierarchical microstructures[J]. Composites science and technology,2020,194:108151.

[54] 刘晓蓉. 植物纤维增强增韧大豆蛋白胶黏剂及作用机制研究[D]. 北京:北京林业大学,2020.

[55] HWANG C L,TRAN V A,HONG J W,et al. Effects of short coconut fiber on the mechanical properties,plastic cracking behavior,and impact resistance of cementitious composites[J]. Construction and building materials,2016,127:984-992.

[56] MA H Y,YUE C J,YU H F,et al. Experimental study and numerical simulation of impact compression mechanical properties of high strength coral aggregate seawater concrete[J]. International journal of impact engineering,2020,137:103466.

[57] LEE G W,CHOI Y C. Effect of abaca natural fiber on the setting behavior and autogenous shrinkage of cement composite[J]. Journal of building engineering,2022,56:104719.

[58] 刘玉莹. 竹纤维增强水泥砂浆性能研究[D]. 长沙:中南林业科技大学,2016.

[59] TOLEDO F R D,GHAVAMI K,SANJUÁN M A,et al. Free,restrained and drying shrinkage of cement mortar composites reinforced with vegetable fibres[J]. Cement and concrete composites,2005,27(5):537-546.

[60] WEI J Q,MEYER C. Degradation rate of natural fiber in cement composites exposed to various accelerated aging environment conditions[J]. Corrosion science,2014,88:118-132.

[61] MOHR B J,BIERNACKI J J,KURTIS K E. Supplementary cementitious materials for mitigating degradation of kraft pulp fiber-cement composites[J]. Cement and concrete research,2007,37(11):1531-1543.

[62] JOHN V M,CINCOTTO M A,SJÖSTRÖM C,et al. Durability of slag mortar reinforced with coconut fibre[J]. Cement and concrete composites,2005,27(5):565-574.

[63] WEI J Q,MEYER C. Degradation mechanisms of natural fiber in the matrix of cement composites[J]. Cement and concrete research,2015,73:1-16.

[64] WEI J Q, MEYER C. Utilization of rice husk ash in green natural fiber-reinforced cement composites: mitigating degradation of sisal fiber[J]. Cement and concrete research, 2016, 81: 94-111.

[65] WEI J Q, MEYER C. Improving degradation resistance of sisal fiber in concrete through fiber surface treatment[J]. Applied surface science, 2014, 289: 511-523.

[66] BOULOS L, FORUZANMEHR M R, TAGNIT-HAMOU A, et al. The effect of a zirconium dioxide sol-gel treatment on the durability of flax reinforcements in cementitious composites[J]. Cement and concrete research, 2019, 115: 105-115.

[67] FILHO R T, TOLEDO R. Natural fibre reinforced mortar composites: experimental, characterization[D]. Brazil: Federal University of Rio de Janeiro, 1997.

[68] DE SOUZA C R, DE SOUZA L M S, SOUTO F, et al. Effect of alkali treatment on physical-chemical properties of sisal fibers and adhesion towards cement- based matrices[J]. Construction and building materials, 2022, 345: 128363.

[69] GRAYBEAL B, BRÜHWILER E, KIM B S, et al. International perspective on UHPC in bridge engineering[J]. Journal of bridge engineering, 2020, 25(11): 04020094.

[70] HABER Z B, MUNOZ J F, DE LA V I, et al. Bond characterization of UHPC overlays for concrete bridge decks: laboratory and field testing[J]. Construction and building materials, 2018, 190: 1056-1068.

[71] YANG Y Y, WU W D, FU S Y, et al. Study of a novel ceramsite-based shape-stabilized composite phase change material (PCM) for energy conservation in buildings [J]. Construction and building materials, 2020, 246: 118479.

[72] LEE J, WI S, YUN B Y, et al. Development and evaluation of gypsum/shape-stabilization phase change materials using large-capacity vacuum impregnator for thermal energy storage[J]. Applied energy, 2019, 241: 278-290.

[73] LI L, YU H, LIU R. Research on composite-phase change materials (PCMs)-bricks in the west wall of room-scale cubicle: mid-season and summer day cases[J]. Building and environment, 2017, 123: 494-503.

[74] PASUPATHY A, VELRAJ R, SEENIRAJ R V. Phase change material-based building architecture for thermal management in residential and commercial establishments[J]. Renewable and sustainable energy reviews, 2008, 12(1): 39-64.

[75] 侯作富，李卓球，王建军. 碳纤维导电混凝土融雪化冰的实验研究[J]. 混凝土与水泥制品，2004(5): 42-44.

[76] ZHAO H M, WU Z M, WANG S G, et al. Concrete pavement deicing with carbon fiber heating wires[J]. Cold regions science and technology, 2011, 65(3): 413-420.

[77] WU J M, LIU J G, YANG F. Three-phase composite conductive concrete for pave-

ment deicing[J]. Construction and building materials,2015,75:129-135.

[78] TUMIDAJSKI P J,XIE P,ARNOTT M,et al. Overlay current in a conductive concrete snow melting system[J]. Cement and concrete research,2003,33(11):1807-1809.

[79] LI H,ZHANG Q Q,XIAO H G. Self-deicing road system with a CNFP high-efficiency thermal source and MWCNT/cement-based high-thermal conductive composites[J]. Cold regions science and technology,2013,86:22-35.

[80] GARCÍA Á,SCHLANGEN E,VAN DE VEN M,et al. Electrical conductivity of asphalt mortar containing conductive fibers and fillers[J]. Construction and building materials,2009,23(10):3175-3181.

[81] WON J P,KIM C K,LEE S J,et al. Thermal characteristics of a conductive cement-based composite for a snow-melting heated pavement system[J]. Composite structures,2014,118:106-111.

第2章　超高性能混凝土流变性与制备工艺

超高性能混凝土(UHPC)的制备过程与普通混凝土类似,需按适当的比例配合,并经过均匀拌制、密实成型及养护硬化等几个基本过程。超高性能混凝土的拌制成型过程尤为重要,通常用“工作性”来评价超高性能混凝土的新拌性能。新拌混凝土的工作性直接影响到搅拌、运输、浇注和密实的难易程度及施工质量,并对混凝土结构强度与耐久性产生重要影响,因此混凝土生产与制备过程中要随时跟踪混凝土工作性变化,以便及时调整混凝土配合比。普通水泥混凝土指由水泥、颗粒状骨料(砂、石)、水以及化学外加剂和掺合材料/矿物外加剂按适当比例配合,经均匀搅拌、密实成型和养护硬化而成的固体材料。而UHPC制备的材料主要包括水泥、活性火山灰、细骨料、纤维、高效减水剂等。广义来说,UHPC和普通混凝土都是由无机的、有机的或有机无机复合的胶凝材料将散粒状的骨/集料颗粒胶结成整体的一类复合材料。就本质而言,新鲜UHPC和普通混凝土一致,都可被看作一种由不同种类、不同形状和性质的固体颗粒与水构成的高浓度悬浮液,从流变学角度对其进行研究具有科学性,可以揭示相关内在机理。

新拌的UHPC在制备过程中往往会加入纤维,并且由于自身水胶比较低,因此多呈黏滞状态,新拌UHPC的流变性质与气泡含量息息相关,高黏度会导致搅拌过程中卷入的气泡难以排出,气泡含量较高,从而导致混凝土强度降低,因此更加需要合理筛选组成原料,设计配合比,选择适宜的搅拌方法、养护方式,才能制备出工作性良好的自密实新拌浆体及强度和耐久性能都优异的混凝土。从流变学角度寻求优化孔结构、降低气泡含量的方法,有助于深度揭示UHPC的强度影响机制,对工程实践具有一定的借鉴作用。

本章将主要介绍超高性能混凝土材料的流变性、气泡含量与流变性的相互关系、真空搅拌技术和不同养护制度等方面的内容。

2.1　超高性能混凝土流变性

2.1.1　流变学基础

流变学是基于运动学对物质几何变形和流动的处理,通过研究力、时间和变形率三者的相互关系来分析物质在不同情况下流动和形变特征的一门科学。其研究对象十分广泛,包含液体、固体和气体。流动是指流体的运动,主要包括液体和气体的运动,流动的难易程度与物质固有的黏性有关;形变描述了物体在外界压力下,内部产生的形状和体积变化,研究对象主要为固体。因此,物体在外力条件下主要表现为弹性、黏性两种性质。随着外力作用时间变长，二者相互转化，组成物体的物质中，各个质点之间产生相互运动的现象，对这种现象的定量分析过程称为流变学分析。由于物质流动的普遍性，流变学可以与许多不同学科相互重叠、融合，形成交叉学科。在实际应用研究中，流变学也结合了数学思想，涉及众多宏观与微观的现象与性质，其研究具备一定的完整性与系统性。目前，流变学常被用于解决水泥基材料的制备，食品、药品的生产和许多领域的工程问题。流变学理论的简要介绍如下：

在对弹性固体施加荷载时，弹性体会产生变形，二者呈线性关系；卸除荷载后，变形完全恢复。变形过程不随时间变化，无蠕变、无松弛，且不受温度的影响，作用应力 σ 和应变 ε 的关系遵循胡克定律，由材料的弹性模量 E 确定：

$$\sigma = E \cdot \varepsilon \tag{2.1}$$

材料的剪切应力 τ 与剪切应变 γ 之间的关系由剪切模量 G 确定：

$$\tau = G \cdot \gamma \tag{2.2}$$

液体在受到外力时所表现的一个基本参数为黏度，即流动阻力，该参数表达了阻碍流体通过静止障碍物或固体在流体中运动的能力。具有速度差的两个相邻移动层之间的流体，其运动阻力越大，该流体的黏度越大。将流体运动简化为两板块之间流体的流动，其切向力情况如图 2.1 所示。

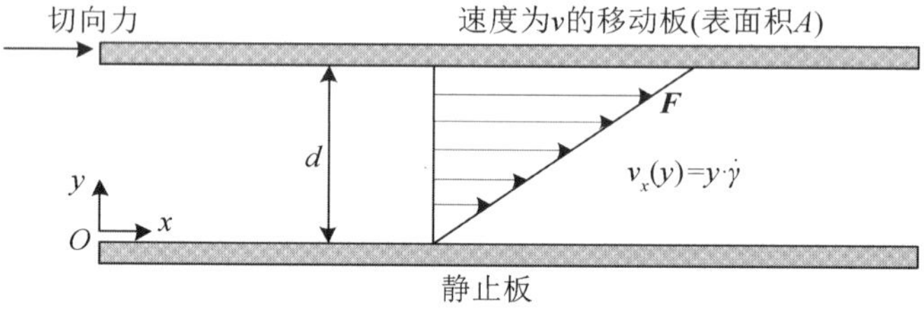

图 2.1　两板之间的剪切流

其中，两板的相对速度为 v，为了方便研究，将一板作为静止板，另一板作为移动速度为 v 的移动板。板表面积为 A，板间距为 d，与运动方向相同的切向力为 F。流动的动态黏度或绝对黏度（以下简称为黏度）与剪切应力和剪切应变率或变形率有关。在图 2.1 所示模型中，作用于移动板的切向力 F 所产生的剪切应力 τ 为

$$\tau = F/A \tag{2.3}$$

则该流体黏度 μ 为剪切应力与速度梯度之比，即

$$\mu = \tau/(\mathrm{d}v_x/\mathrm{d}y) \tag{2.4}$$

在量纲方面，黏度值单位用 Pa·s 表示。牛顿方程可以更直观地描述以上关系，如式(2.5)所示，表示流体流动产生的作用力与黏度成正比关系。

$$\tau = \mu \cdot (\mathrm{d}v_x/\mathrm{d}y) \tag{2.5}$$

在同样的流动模型中，剪切应变有多种表示方法。移动板在作用力下产生水平位移 x，其速度梯度为剪切应变。此外，它也可以用剪切应变 γ 来描述，即

$$\dot{\gamma} = \mathrm{d}\gamma/\mathrm{d}t = \mathrm{d}v_x/\mathrm{d}y \tag{2.6}$$

$$\mu(\dot{\gamma}) = \tau/\dot{\gamma} \tag{2.7}$$

依据流动形式，流体常被分为两类：牛顿流体与非牛顿流体。大多数流体都属于牛顿

流体，即应力与应变成正比，表示该材料的黏度不随剪切速率变化，为常数，即

$$\tau=\mu\cdot\dot{\gamma} \tag{2.8}$$

非牛顿流体的黏度受剪切应力和时间的影响，即

$$\mu=\mu(\dot{\gamma},t) \tag{2.9}$$

水泥基材料一般是按一定比例混合并搅拌均匀而得到的，具有多相多尺度的特点。研究其新拌流变性能时，首先需要考虑的是匀质性，该性质是材料细观性能在宏观尺度的表征，匀质性越好，其组成元素在混合物中的分布越均匀，混合物的工作性越好。在细观尺度上，水泥基材料的各个组分会产生分布不均匀的现象，当不均匀性达到一定程度时会发生离析，积累到更大程度会发生相与相的分离。目前，对于新拌水泥基材料的研究主要集中在流变性、工作性以及硬化对混凝土整体力学性能的影响等几方面，而事实上新拌浆体的流变性能可能直接影响其工作性及硬化后的整体性能。因此可以通过对新拌水泥基材料流变参数的测试（如黏度、剪切应力、剪切速率、屈服应力等），结合所研究的对象进行进一步分析，最终获得流变性对其性能的影响规律，从而对实际工程进行指导。

水泥基材料按照结构与组成成分一般可以分为很多种，其中水泥混凝土的应用较多。水泥混凝土是由水泥、粗骨料、细骨料、水等拌制而成。新拌混凝土的构成如图 2.2(a) 所示，首先水泥遇水发生水化反应生成水泥浆，然后水泥浆中拌和细骨料得到砂浆和 UHPC，最后在砂浆中拌和粗骨料获得混凝土。新拌混凝土及新拌 UHPC 的实物图分别如图 2.2(b)(c) 所示，其中水泥主要起黏结作用，其发生水化反应后，与其他组成成分凝结成密实结构并硬化成具有高强度高耐久性的硬化混凝土。由于混凝土原材料配合比具有多样性和不确定性，如通过传统简易手段（如坍落度法等）控制施工质量，则新拌浆体的工作性不易稳定，由此可以引入流变学参数进行分析，以便更精确、更科学地运用混凝土这一传统材料。

复合材料	=	浆　体	+	颗粒体
混凝土	=	砂　浆	+	粗骨料
砂浆和UHPC	=	水泥浆	+	细骨料
水泥浆	=	水	+	水　泥

(a) 构成

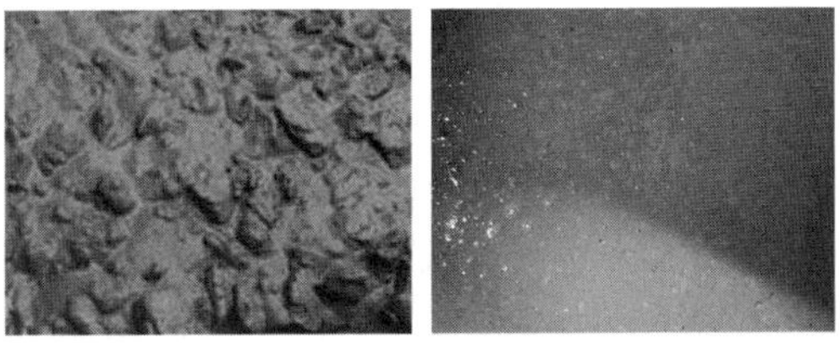

(b) 新拌混凝土　　(c) 新拌UHPC

图 2.2　新拌水泥基材料浆体构成和实物图

2.1.2　水泥基材料流变参数及流变模型

水泥基材料在剪切应力下的剪切应变行为可以采用流变模型曲线来描述。图 2.3 展示了流体材料在剪切应力作用下最常见的流变模型曲线。

牛顿流体的特点是，在准静态理想情况下，剪切应力与剪切应变呈正相关的线性变化，即 $\tau=\mu\cdot\dot{\gamma}$，屈服应力不存在且黏度为主要材料常数。牛顿模型采用最基本的本构方程来描述牛顿流体的流动行为，该模型中材料的屈服剪切应力为 0，剪切应力与剪切应变成正比。但对于一些材料的流动行为，牛顿模型并不能进行准确的表达，由此衍生出许多

不同条件下的流体模型。

幂律模型可以用来描述剪切应力与剪切应变性为幂指数变化的牛顿流体：

$$\tau = a\dot{\gamma}^b \tag{2.10}$$

式中，当 $b > 1$ 时，幂律模型是凹模型，流动曲线表现为剪切变稠；当 $b < 1$ 时，幂律模型是凸模型，表达了材料剪切变稀或伪塑性的特性。

对于部分流体而言，流动仅在作用于流体的应力超过某一特定值时才会发生，这一特定的临界值即为屈服剪切应力（也称屈服强度）。这种流体被称为黏塑性流体，本书主要研究的水泥基材料就是典型的黏塑性材料。屈服剪切应力的概念在混凝土坍落度实验中可以体现出来：新拌浆体受自身重力作用，随着坍落度的不断提升，应力不断增加，一旦应力超过屈服应力，浆体便产生流动；当坍落的浆体累积到一定高度时，由于其内部应力小于屈服剪切应力，则流动停止。

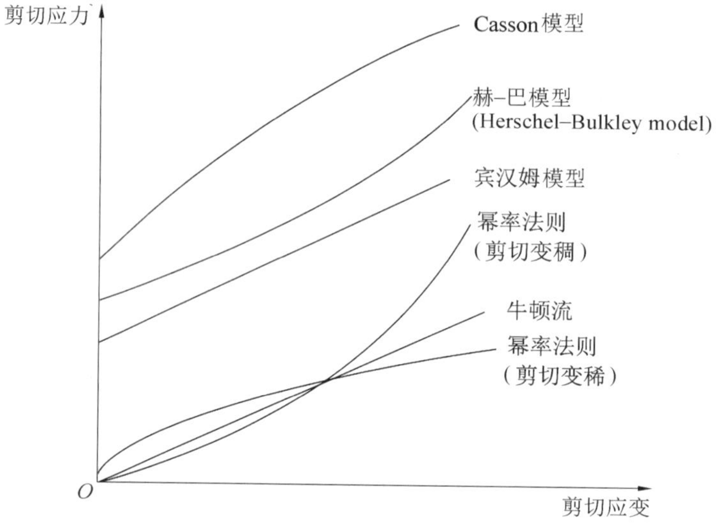

图 2.3　流变模型曲线

一般流动过程可以采用宾汉姆模型来描述：

$$\tau = \tau_0 + \mu\dot{\gamma} \tag{2.11}$$

宾汉姆模型描述了在存在屈服剪切应力 τ_0 的情况下，剪切应力与剪切应变呈线性关系的流变模型。其他常见的流变学模型如下：

(1) Herschel－Bulkley 模型，该模型结合了宾汉姆模型和幂律方程：

$$\tau = \tau_0 + a\dot{\gamma}^b \tag{2.12}$$

(2) Casson 模型：

$$\sqrt{\tau} = \sqrt{\tau_0} + \sqrt{\mu_\infty \dot{\gamma}} \tag{2.13}$$

(3) 修订的宾汉姆模型：

$$\tau = \tau_0 + \mu\dot{\gamma} + c\dot{\gamma}^2 \tag{2.14}$$

(4) De Ke 模型：

$$\tau = \tau_0 + \mu\dot{\gamma}e^{-\alpha} \tag{2.15}$$

（5）Yahia－Khayat 模型：

$$\tau=\tau_0+2\sqrt{\tau_0\mu_\infty\dot{\gamma}e^{-\alpha\dot{\gamma}}} \tag{2.16}$$

以上流动模型的本构方程中，τ 为屈服剪切应力；τ_0 为屈服强度；$\dot{\gamma}$ 为剪切率；μ 为塑性黏度；μ_∞ 为在较高剪切率下的表观黏度；α 为与时间相关的参量；a、b、c 为与材料相关的物理常数。

在选择本构方程描述混凝土的流变行为时，要根据材料来试验数据对模型的拟合度。对于自密实混凝土，牛顿模型、幂律模型或 Herschel-Bulkley 模型能更好地描述其流变行为。

2.1.3　UHPC 的流变性及测试方法

1. UHPC 的流变性

与传统混凝土相比，UHPC 具有优异机械性能和耐用性是由于低水灰比（w/b）和高胶凝材料用量降低了基体的孔隙率，此外，UHPC 中不存在粗骨料，同时，使用纤维改善了混合物的匀质性，并增强了机械性能、抗裂性、拉伸性和延展性。此外，UHPC 中使用的高剂量的高效减水剂（SP）有助于确保高流动性并改善黏合剂体系的分散性。除了 SP，研究人员也使用其他类型的化学外加剂，如黏度改性外加剂（VMA）和消泡外加剂，以改善 UHPC 的机械性能。由于存在这些差异，UHPC 在施工期间和固结阶段的流动行为可能与传统混凝土有所不同，见表 2.1。

表 2.1　不同混凝土的典型屈服应力和塑性黏度范围

流变参数	传统混凝土	自密实混凝土	高性能混凝土	超高性能混凝土
屈服应力 /Pa	500 ～ 2 000	5 ～ 50	50 ～ 2 000	10 ～ 100
塑性黏度 /(Pa · s)	50 ～ 100	100 ～ 400	50 ～ 550	20 ～ 200

研究 UHPC 的流变性，第一步是要充分了解 UHPC 净浆的特性，然后是砂浆（净浆体＋砂）和复合 UHPC（砂浆＋纤维）的特性。Yahia 等人评估了高性能糊状混合物的流变行为，结果表明剪切应力与应变率之间存在非线性关系（即浆体的黏度随施加的剪切率而变化）。UHPC 净浆通常表现出剪切增稠行为。这种非线性关系表明，水泥基材料常用的宾汉姆线性模型不适用于 UHPC 浆体混合物，而非线性模型（例如改良宾汉姆和 Herschel－Bulkley 模型）可用于拟合切应力－应变率数据。

目前，国内外研究者针对 UHPC 的流变性也进行了一些研究。Dils 等人评估了 UHPC 砂浆混合物的流变流动行为，并观察到剪切变稀行为。Artelt 和 Gracia 也观察到在低剪切速率（2 s^{-1}）下砂浆混合物的剪切减薄行为，并注意到当剪切速率超过 5 s^{-1} 时，剪切变稀行为转变为剪切增稠行为，这种从剪切变稀到剪切变稠的行为变化是由剪切速率的增加引起的，颗粒之间的主导力也发生了变化。Martinie 等人观察到砂浆的流变性与 UHPC 的流变性之间的关系与 Krieger－Dougherty 模型类似。此外，与砂浆或净浆相比，UHPC 的流变性能之外的纤维临界浓度增加了几个数量级。Meng 等人和 Choi 等人评估了UHPC混合物的流变流动行为，并观察到剪切应力和应变率之间的线性变化关系。Arora等人和Wang等人也分别报道了UHPC膏体和砂浆混合物的线性流动特性。流变行为（线性和非线性）的差异可以归因于流变试验中材料所受的剪切速率范围的差异以及混合材料的差异。UHPC的流变行为与选用的剪切速率的差异表明，了解特定材料加工过程中预期剪切速率范围对于准确估计流变性和预测流动行为是很重要的。水泥基材料的流变学特性除了随剪切速率进行变化外，还因胶态絮凝和水化成核过程而随时间变化。在早期（水泥水化休止期），流变性的变化大多是可逆的，导致触变行为。触变性直接影响模板压力、静止的稳定性，以及明显影响多层浇筑时层间薄弱区的形成。此外，如果材料在放置过程中长时间处于静止状态，触变性会导致工作性的损失。水泥基材料的触变性通常是通过静态屈服应力及其随时间的变化来测量的。

2. UHPC流变性的简单测试方法

评估UHPC流变性的简单方法对于UHPC的设计和质量控制测试是必需的。用于确定UHPC的屈服应力/塑性黏度的最常用测试方法包括微型坍落度法、最小V形漏斗流动法、修正的坍落度法、便携式叶片法、斜面测试法5种。微型坍落度法多用于UHPC，在此测试中，材料将在超过屈服应力时扩散，并在应力低于屈服应力时停止。屈服应力和坍落度流量之间的关系被证明是曲线为圆锥几何形状的函数图像。Meng和Khayat提出了UHPC黏度和最小V形漏斗流动时间之间的线性关系。Roussel等提出了一种采用微型坍落度试验的最终铺展直径、流体的表面张力以及流体与微型坍落度试验的测试表面之间的接触角来估算水泥浆屈服应力的理论方法。Tregger等在最小坍落度流量和屈服应力之间，以及达到最终扩散的时间和黏度/屈服应力之间建立了良好的相关性。便携式叶片法、斜面测试法有助于确定水泥材料的其余部分的屈服应力。屈服应力随静止时间的变化可用于评估触变性。Farrara等通过微型坍落度流动法获得了基本流变性和现场工作性测量值之间的相关性，但是要确定塑性黏度，需要进行锥形试验，而结果仍显示出差异。Choi等人提出了一种更准确的方法，根据在微型坍落度试验中测量的时间来考虑直径的变化，进而估计流变性。我国则根据混凝土混合料流动性的大小，分别采用适当的流动性评定方法，对流动性的测定方法多达10余种。

（1）坍落度法。

国家标准《普通混凝土拌合物性能试验方法标准》（GB/T 50080—2016）针对坍落度试验规定："本试验方法宜用于骨料最大公称粒径不大于40 mm、坍落度不小于10 mm的混凝土拌合物坍落度的测定。"坍落度值越大，拌合物的流动性越好，同时目测观察混合料的黏聚性和保水性，三者结合起来可综合评价塑性混凝土的工作性。该方法操作简便快捷、实用性强，适用于绝大多数实验室检测和现场施工质量控制。

坍落度法测试所需主要仪器设备：① 标准坍落度筒，其截头为圆锥形，由薄钢板或其他金属板制成，如图2.4(a)所示；② 捣棒，端部应磨圆，直径为16 mm，长度为650 mm；③ 刚性不吸水平板、装料漏斗、钢直尺等。将按要求取得的混凝土试样分3层装入预先润湿好的坍落度筒内，每层均匀插捣25次（图2.4(b)）。装满抹平以后，垂直、平稳地将坍落度筒迅速提起（图2.4(c)）。混凝土拌合物在自重作用下产生坍落现象，测量筒高与坍落后拌合物试体最高点之间的高度差(图 2.4(d)),以单位 mm 表示,即为该拌合物的坍落度值,精确至1 mm,结果表达修约至5 mm。如混凝土发生局部剪坏或崩塌(图 2.4(e)(f)),且重新取样后试验仍出现同样现象,则表示该混凝土的工作性不好,应记录备查。

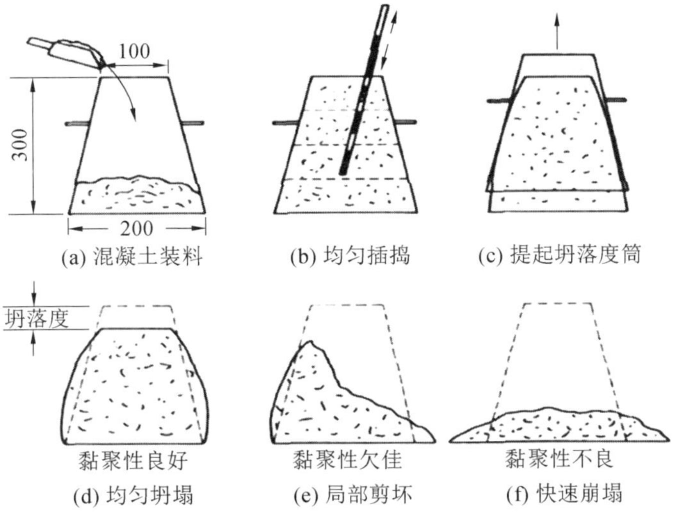

图 2.4　混凝土拌合物工作性测定(单位:mm)

根据流变学原理,混凝土拌合物的坍落度越小,说明屈服剪切应力 τ_0(即塑性强度值) 越大,在(较小的) 应力作用下越不易变形;而坍落度值较大的混凝土拌合物不能支持自重,为了分散由重量所产生的应力,会发生坍落、流动。从拌合物试锥顶部端面开始,深度越大,剪切应力 τ 也越高。变形仅在 $\tau = \tau_0$ 的位置以下才可发生,且随深度的增加而增大,同时由于底面摩擦力的影响,致使试锥呈现如图 2.4(d) 所示的形状。随锥体坍落、高度降低,锥体中 τ 的最大值即底部的剪切应力减小,变形速度随之降低;当剪切应力值等于 τ_0 时,坍落停止。从理论上说,新拌混凝土的坍落度仅仅取决于拌合物的密度和极限剪切应力的大小,黏度系数则与变形速度有关,对坍落度的影响较小。具体分析时还应考虑流动惯性及内摩擦力的影响,流动惯性的存在导致坍落度增大,内摩擦力大则具有减小拌合物流动变形幅度和降低变形速度的作用。

坍落度试验中还可根据所观察到的混凝土状态,评定保水性和黏聚性是否良好。黏聚性评定方法:观察坍落度测试后拌合物所保持的形状,或用捣棒侧面敲打已坍落的拌合物锥体侧面,如锥体逐渐下沉,则表示黏聚性良好;若锥体倒塌、部分崩塌或出现离析现象,则表示黏聚性不良。保水性评定方法:坍落度筒提起后如有较多的稀水泥浆从底部析出,锥体部分的混凝土因失浆而集料外露,则表示保水性不佳;如无稀水泥浆或仅有少量稀水泥浆自底部析出,则表示此混凝土拌合物的保水性良好。

国家标准《混凝土质量控制标准》(GB 50164—2011) 规定:“混凝土拌合物的稠度可采用坍落度、维勃稠度或扩展度表示。”其中,依据坍落度的不同将混凝土拌合物分为 5 级,见表 2.2。

表 2.2　混凝土拌合物的坍落度等级划分

等级	S1	S2	S3	S4	S5
坍落度 /mm	10 ～ 40	50 ～ 90	100 ～ 150	160 ～ 210	≥ 220

实际施工过程中，应根据具体施工条件和使用环境确定混凝土拌合物的流动性，坍落度推荐值见表 2.3，同时应考虑以下因素的影响：

① 构件截面尺寸：截面尺寸大则易于振捣成型，坍落度可适当选小些；反之亦然。

② 钢筋疏密：钢筋较密或结构复杂，则坍落度选大些；反之亦然。

③ 捣实方式：人工捣实，则坍落度选大些；机械振捣则可选小些。

④ 运输距离：从搅拌机出口至浇捣现场运输距离较长，则应考虑途中坍落度损失，坍落度应适当选大些。

⑤ 气候条件：气温高、空气湿度小时，因水泥水化速度加快及水分挥发加速，坍落度损失大，则坍落度宜选大些；反之亦然。

此外，在不妨碍施工操作并能保证振捣密实的条件下，应尽可能采用较小的坍落度，以节约水泥并获得质量高的混凝土。

表 2.3　混凝土浇注时的坍落度推荐值

构件种类	坍落度 /mm
基础或地面等的垫层、无配筋的大体积结构（挡土墙、基础等）或配筋稀疏的结构	10 ～ 30
板、梁和大型及中型截面的柱子等	30 ～ 50
配筋密列的结构（薄壁、斗仓、筒仓、细柱等）	50 ～ 70
配筋特密的结构	70 ～ 90

坍落扩展度试验所需仪器设备包括：① 坍落度筒，平截圆锥状，形状与大小符合现行国标《普通混凝土拌合物性能试验方法标准》(GB/T 50080—2016) 规定；② 光滑钢质平板，表面绘有坍落度筒中心位置和直径为 200 ～ 900 mm 的同心圆环；③ 游标卡尺或钢直尺、水桶等。将混凝土一次性填满预先润湿的坍落度筒，且不施以任何捣实或振动。刮刀刮平后，将坍落度筒沿铅直方向持续向上提起。待混凝土停止流动后，测量展开圆形的最大直径，以及与最大直径呈垂直方向的直径；两者之差如果小于 50 mm，则用两直径的算术平均值作为坍落扩展度值；反之，两直径之差大于等于 50 mm，此次试验无效。如发现粗集料在中央集堆或边缘有水泥浆析出，则表示此混凝土拌合物抗离析性不好，应予记录。坍落扩展度也以单位 mm 表示，精确至 1 mm，结果表达修约至 5 mm。国标《混凝土质量控制标准》(GB 50164—2011) 中，根据坍落扩展度的不同，将泵送高强混凝土和自密实混凝土分为 6 级，见表 2.4。

表 2.4　混凝土拌合物的坍落扩展度等级划分

级别	F1	F2	F3	F4	F5	F6
坍落扩展度 /mm	≤ 340	350 ～ 410	420 ～ 480	490 ～ 550	560 ～ 620	≥ 630

(2) 维勃稠度法。

对坍落度值小于 10 mm 的干硬性混凝土，坍落度值已不能准确反映其流动性大小，可采用施加一定外力的方法促使混凝土拌合物发生变形。国家标准《普通混凝土拌合物性能试验方法标准》(GB/T 50080—2016) 针对维勃稠度试验规定:"本试验方法宜用于骨料最大公称粒径不大于40 mm、维勃稠度在5 s～30 s的混凝土拌合物维勃稠度的测定;"维勃稠度法测试所需主要仪器、设备包括:维勃稠度仪(图 2.5)、标准捣棒、秒表等。将维勃稠度仪置于坚实水平面上,充分润湿后,将新拌混凝土分 3 层均匀装入坍落度筒内,每层插捣 25 次。转离喂料斗,垂直提起坍落度筒;在试体顶面放一透明圆盘,开启振动台、施加振动外力,测试混凝土拌合物在外力作用下完全布满透明圆盘底面所需时间(单位:s) 代表混凝土稠度。时间越短,流动性越好;时间越长,流动性越差。根据维勃稠度值的大小,可将干硬性混凝土拌合物分为 5 级,见表 2.5。

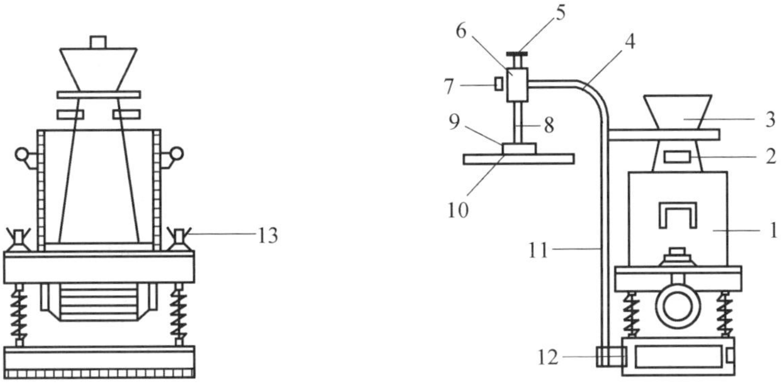

图 2.5　维勃稠度仪

1— 容器;2— 坍落度筒;3— 漏斗;4— 旋转架;5— 螺栓;6— 套筒;7— 螺栓;8— 滑棒;9— 荷重;10— 圆盘;11— 支柱;12— 定位螺丝;13— 元宝螺丝

表 2.5　干硬性混凝土拌合物按维勃稠度的分级

级别	V0	V1	V2	V3	V4
维勃稠度 /s	$\geqslant$ 31	30 ～ 21	20 ～ 11	10 ～ 6	5 ～ 3

(3) 增实因数法。

坍落度不大于 50 mm 的干硬性混凝土和维勃稠度大于 30 s 的特干硬性混凝土拌合物的稠度也可以采用跳桌增实因数法来测定。根据国标《普通混凝土拌合物性能试验方法标准》(GB/T 50080—2016) 规定,增实因数法用于"骨料最大公称粒径不应大于 40 mm、增实因数应大于 1.05 的混凝土拌合物稠度的测定"。试验需用仪器设备包括:① 跳桌,符合标准《水泥胶砂流动度测定仪(跳桌)》(JC/T 958—2005) 之要求;② 钢制圆筒及盖板,形状尺寸如图 2.6(a) 所示;③ 特制量尺,如图 2.6(b) 所示;④ 台秤、圆勺、量筒等。将拌合物装入圆筒,不施加任何振动或扰动,直至装入所需用料量以后,刮平表面。将圆筒轻轻置于跳桌台面的中央,以每秒一次的速度连续跳动 15 次。用特制量尺,读取新拌混凝土增实因数 JC,精确至 0.01。

除了增实因数 JC 外,还可以测量筒内混合料增实后的高度 JH。中华人民共和国铁道行业标准《混凝土拌合物稠度试验方法 跳桌增实法》(TB/T 2181—90) 规定,JC 与 JH 的关系建议为:"JH/JC = 169.8,式中 169.8 为筒内拌合物在理想密实状态下体积等于

3 000 mL 时的高度。”普通混凝土拌合物按跳桌增实法测定的稠度可按表 2.6 划分等级。

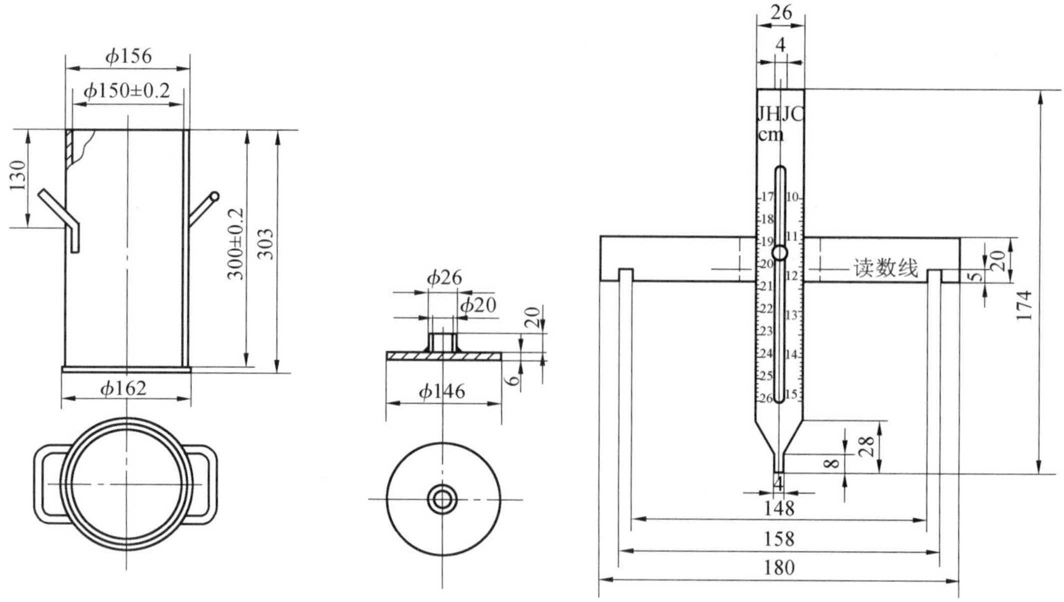

(a) 钢制圆筒及盖板　　(b) 量尺

图 2.6　增实因数法的试验仪器(单位:mm)

表 2.6　跳桌增实法测定的拌合物稠度等级

等级	名称	JC	JH/mm
K0	干硬混凝土	1.400 ~ 1.305	240 ~ 220
K1	干稠混凝土	1.300 ~ 1.185	219 ~ 200
K2	塑性混凝土	1.180 ~ 1.055	199 ~ 180
K3	流态混凝土	⩽ 1.050	< 180

(4) 砂浆坍落度法。

一般来说,国内 UHPC 制备过程中所用的设备并不特殊,UHPC 新拌浆体的流动度测试一般采用《水泥胶砂流动度测定方法》(GB/T 2419—2005)所述的水泥胶砂流动度测定方法。但需要对制备步骤进行设计,不同的原材料添加次序、搅拌时间都会对新拌浆体性能产生影响。

试件制备:① 将特定配合比的水泥、石英砂、硅灰、矿渣粉分别进行称重,再倒入搅拌锅内,并设定一定的搅拌时间;② 将减水剂与水混合均匀,加入搅拌锅内,继续低速搅拌 3 min,对于有钢纤维的配合比,在此时逐步均匀加入钢纤维;③ 继续高速搅拌一定时间,直至获得制备均匀的 UHPC 浆体。

流动性测试步骤:将圆锥形钢模放在轻微润湿的跳桌上。将 UHPC 新拌浆体分两次倒入钢模中,第一次倒至钢模的 2/3 高度处,用捣棒随机插捣 15 次,之后继续倒入浆体,直至倒满。缓缓抬起钢模,使浆体在跳桌上垂直震动 25 次并自由扩展。测量浆体在跳桌上两个方向的直径,平均值记为该配合比 UHPC 新拌浆体的流动度。

(5) UHPC 浆体的流变参数测定。

新拌 UHPC 的塑性黏度和剪切应力可通过 BTRHEOM 流变仪测定，BTRHEOM 流变仪(图 2.7(a)) 为法国 CAD 公司生产，图 2.7(b) 为流变仪转子。

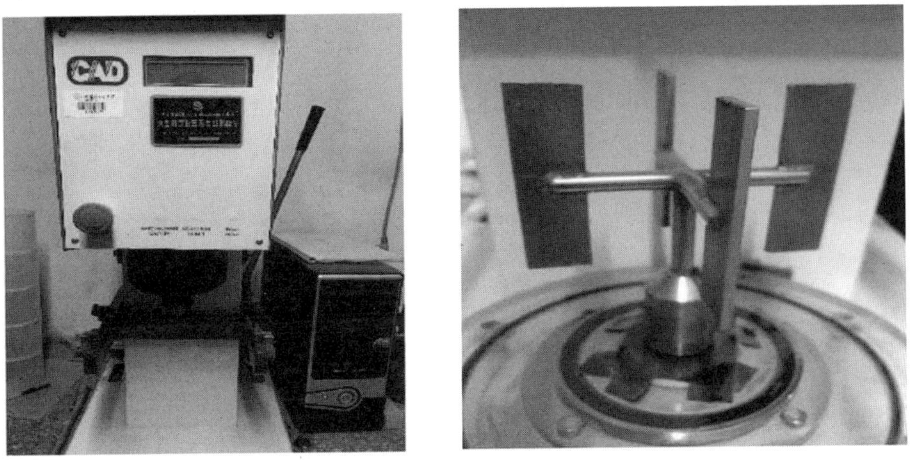

(a) BTRHEOM 流变仪　　(b) 流变仪转子

图 2.7　流变仪

应用BTRHEOM 流变仪测定新拌 UHPC 的流变参数，对 UHPC 的流变性能存在以下假设：

① 新拌混凝土是宾汉姆流体。

② 平行于流变仪圆板的各层混凝土的流速梯度是线性的。

图 2.8 所示为国内贾迪等人测试新拌 UHPC 流变参数时设置的转速变化过程。整个测试过程为 424 s，分为 4 个阶段：① 准静止阶段；② 加速阶段；③ 高速阶段；④ 降速阶段。准静止阶段为 0 ~ 40 s，此时转动速度为 0.1 rad/min；加速阶段为第 40 ~ 184 s，分为 10 层梯度，每层梯度递增 15 rad/min，每层梯度持续 16 s(不包含最后一层加速阶段的 16 s 在内)；高速阶段为第 184 ~ 264 s，转速保持为 150 rad/min，持续时间为 80 s；降速阶段为第 264 ~ 424 s，分为 10 层梯度，每层梯度递减 15 rad/min，每层梯度持续 16 s(不包含最后一层降速阶段的 16 s 在内)。

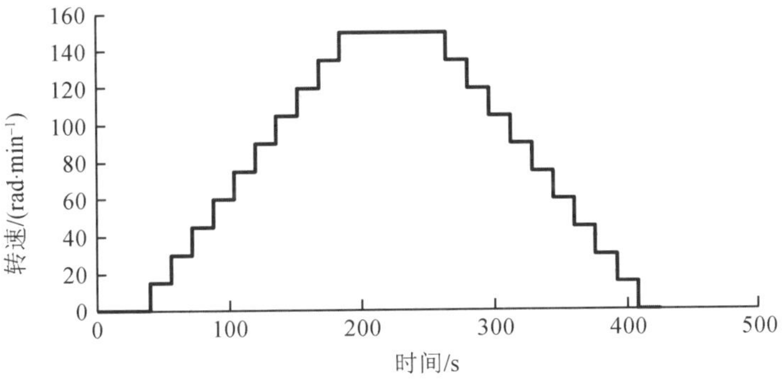

图 2.8　流变仪测试转速变化过程

使用流变仪测定新拌 UHPC 流变参数的具体流程如下：

① 按照配合比配置 UHPC，将搅拌好的 UHPC 倒入流变仪量钵中，使得新拌 UHPC 液面达到标准刻度线。

② 按照图 2.8 预设好流变仪转子转动流程，将流变仪量钵盖上盖子，放入指定位置并固定好，启动流变仪进行测试。

③ 仪器自动记录测试过程中转子转速、剪切应力、剪切率随时间的变化，通过数据处理得出新拌 UHPC 的塑性黏度和屈服剪切应力。

2.1.4 UHPC 的流变性影响因素

UHPC 的流变性与组成材料及各个组分的配合比十分相关。UHPC 混合物的配制需要使用不同类型的水泥、胶凝材料及其他填充剂（纤维和纳米材料）等改善 UHPC 的力学性能和微观结构。除 UHPC 的组分和配比外，其他参数也对其流变性能产生影响，例如：① 影响颗粒与混合物中游离水的接触点的颗粒堆积密度；② 影响吸水率和自由水含量的各组分比表面积；③ 化学外加剂；④ 在水泥水化过程中吸水或放水，随时间发生含水率变化的某些材料；⑤ 混合物的温度。

1. 胶凝材料和填料

胶凝材料的成分及相对含量对 UHPC 的反应性化学成分、游离水含量及其与其他成分材料的相互作用，以及 UHPC 的颗粒堆积有非常重要的影响，国内外学者针对胶凝材料对于 UHPC 系统流变性能的影响效果进行了评价。

Chen 和 Kwan 评估了水泥细度对水泥浆的颗粒堆积、游离水含量和流变性的影响，结果表明，提高水泥的细度（超细水泥）增加了颗粒堆积和自由水含量，使流动性提升。然而，水泥细度对流变性的影响也随水灰比（w/b）进行变化。当 w/b 在 0.24 ～ 0.3 之间时，随着水泥细度的增加，屈服应力和黏度增加；当 w/b 在 0.18 ～ 0.22 之间时，随着水泥细度的增加，屈服应力和黏度降低。Vikan 等评价了水泥的细度和化学组成对浆体流变性的影响，结果表明，对于给定的化学组成，流变性能随水泥细度的增加呈指数增长；但当化学组成随水泥细度而变化时，未观察到以上关系，这表明浆体的流变行为既取决于水泥的细度，也取决于化学组成；另外也观察到，水泥细度和水泥化学组成的影响随减水剂的类型发生变化。

Nanthagopalan 评估了硅灰对水泥浆流变性能的影响，分别设置硅灰用量为胶凝材料体积的 4% ～ 26%，粉煤灰替代胶凝材料体积的 10% ～ 30%。结果表明，硅灰含量的增加提升了屈服应力和黏度，而粉煤灰的掺入降低了屈服应力和黏度。Laskar 和 Talukdar 评价了硅灰（质量分数为 0 ～ 20% 的胶凝材料）和粉煤灰（质量分数为 0 ～ 50% 的胶凝材料）对混凝土流变性能的影响。结果表明，随着硅灰含量的增加，黏度先增加，当含量增加至 20% 时，黏度逐渐下降；相反，随着硅灰含量的增加，屈服应力先降低后增加。另外，屈服应力由逐渐降低到增加的转折点所对应的硅灰含量，会随着骨料含量和减水剂类型不同而变化。同样，对于含粉煤灰的混合物，随着粉煤灰含量的增加，黏度先增加后降低，屈服应力先降低后升高。以上结果表明，仅研究特定的胶凝材料组分对

UHPC 流变性能的影响还不够，相反，应将研究重点放在了解不同成分（包括沙子、纤维和化学外加剂）之间的相互作用上，以制备流变性能优异的 UHPC。

2. 砂

砂的级配和最大粒径对 UHPC 的流变性具有至关重要的作用。UHPC 通常使用最大尺寸为 0.6 mm 的研磨石英砂，这会导致黏合剂含量的增加，可确保适当的流动性。这是因为小砂粒整体具有较大的比表面积，因此需要更多的胶凝材料才能达到所需的流动性。因此，当砂的体积固定时，要获得较低的流变性和较弱的剪切增稠行为，可以采用最大粒径较大的砂；同时砂粒的形状也对黏度起着至关重要的作用。但是，当胶凝材料用量足够高时，可以消除或显著降低分级不佳和机制骨料的负面影响。Bager 等证实：连续级配骨料砂浆的屈服应力比均匀粒径骨料砂浆的屈服应力低。

3 种类型的级配如图 2.9 所示。第一类是由于最大的致密化系统而在颗粒之间具有许多接触点的连续砂粒分级。第三类是间断级配，缺乏一定范围的砂粒尺寸，与第一种系统相比，将导致更大的空隙含量和更少的接触点。第二类中均匀的砂级代表单一尺寸的砂粒，其颗粒之间的接触点最少，从而将导致较低的屈服应力。由于黏度与填充体积比例成反比，因此连续的砂粒分级可以表现出最低的黏度。

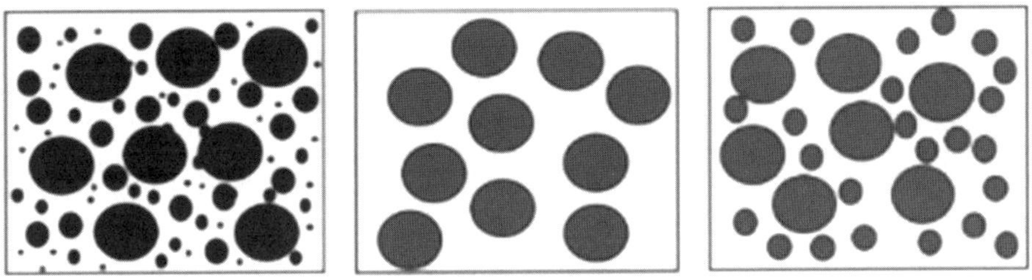

(a) 连续级配　　(b) 均匀粒径　　(c) 间断级配

图 2.9　砂的级配类型

3. 纤维类

纤维的掺入可增加水泥浆体的屈服应力和黏度，这归因于以下几个因素：① 与粗骨料相比，纤维的形状更加细长，说明空间填充能力较差（堆积密度降低）和比表面积较高（吸收更多水）；② 硬质纤维通过推开颗粒降低堆积密度，从而增加了颗粒骨架结构的孔隙率，而柔性纤维则通过填充颗粒之间的空间来降低孔隙率，从而增加了堆积密度；③ 纤维的表面特性 —— 聚合物纤维可以是亲水性或疏水性的（即聚乙烯醇（PVA）纤维的亲水性表面会增大屈服应力和黏度）；④ 作为针状颗粒，纤维增加了纤维与固体材料之间的机械相互作用和纤维互锁的可能性。因此，纤维对于 UHPC 的流变性有重要影响，纤维的形状（直 / 钩 / 波纹）、尺寸（长度 / 直径）、材料（钢 / 聚合物 / 玻璃 / 碳）和类型（宏观 / 细观；亲水性 / 疏水性）等都对流变性影响很大。

（1）纤维体积分数。

由于整个体系固体材料堆积密度的降低和纤维间摩擦力的增加，以及它们与固体材料间相互作用的增加，因此增加纤维含量可显著增加水泥浆体的屈服应力和黏度。另一方面，随着纤维体积的增加，纤维很难均匀地分散开，从而导致更大的纤维互锁的可能性，在纤维含量超过临界纤维浓度值之后，纤维会形成团块和球。因此存在纤维浓度的临界值，超过该临界值会大大降低流动性。

(2) 纤维类型。

UHPC 中主要使用两种类型的纤维：柔性纤维和刚性纤维。通常，刚性纤维的增加往往会增加屈服应力，而使用柔性纤维会增加黏度。常见的刚性纤维形状包括直纤维、端钩形纤维和波浪形纤维。变形的形状具有内聚和锚固作用。与直纤维相比，使用端钩形钢纤维在增加屈服应力方面具有更显著的效果。由于纤维的长径比(等于纤维的长度 L_f 除以直径 d_f) 较大，添加长的刚性纤维会大大降低 UHPC 的流变性。钢纤维长径比的增加可以增加纤维的机械相互作用。柔性纤维(例如聚丙烯和聚乙烯醇纤维) 通过以下原理增加黏度：纤维变形和缠结结构的形成；剪切黏度随着纤维柔韧性的增加而增加，因此柔性纤维能够缠结成 S 形结构并进一步阻止颗粒的运动。

4. 化学外加剂

UHPC 中，减水剂(SP) 的掺入可以增强流动性并降低水灰比。高剂量 SP 的掺入可以保持流动性和延迟水泥水化，在一些情况下，VMA 被用来调整 UHPC 的流变性质，以改善纤维的分散和定向。同时，化学外加剂的流变性会影响复合材料吸附水的动力学特性。因此应当建立胶凝材料与化学外加剂之间的相容性研究，以避免在 UHPC 的生产和制备过程中产生问题。

5. 纳米材料

适量的纳米材料可以从微观角度增强水泥基材料的结构。水泥基材料的宏观性能极大地取决于纳米级颗粒或空隙，如 C—S—H 颗粒、水泥和砂粒之间界面过渡区的纳米级孔隙率。受纳米级颗粒或空隙影响的典型特性是强度、耐久性和收缩率等。鉴于细颗粒较小的尺寸(1 ～ 100 nm) 和高的比表面积，由于其具有优异的物理填充效应和化学反应(促进水化作用) 性能，纳米材料被认为是有前途的材料。从形态学的观点来看，纳米材料可以分为零维(0D) 颗粒、一维(1D) 颗粒和二维(2D) 颗粒。在水泥水化加速期之前，UHPC 的流变行为主要取决于颗粒间的相互作用，而颗粒间的相互作用则受颗粒尺寸分布和颗粒体积分数的影响。当纳米颗粒是水泥基材料中唯一的变量时，纳米材料的作用可分为以下几点：① 由于纳米颗粒的吸收而使游离水减少；② 纳米颗粒的团聚；③ 纳米颗粒填充了水泥颗粒之间的空隙。一方面，第一个和第二个原因导致屈服应力和黏度增加；另一方面，纳米材料的填充作用增加了颗粒堆积密度，从而降低了 UHPC 的屈服应力和黏度。因此，掺入纳米材料后很难定性地预测 UHPC 黏度的变化。通常，当纳米材料的含量较低时，趋于增加堆积密度的效果导致屈服应力和黏度降低。当纳米材料的含量较高时，其所产生的颗粒堆积密度增加作用会被提高的吸水率和微粒的团聚所抹消，从而导致更高的屈服应力和黏度。

除了可逆的触变性外，水泥的水化作用还可以影响 UHPC 随时间变化的流变性。当水泥水化加速期开始时，颗粒间的作用力逐渐被水泥水化产物(CSH) 取代。在存在纳米材料的情况下，水泥基材料的屈服应力和黏度会随时间显著增加。纳米颗粒由于具有高比表面积，可以加速水化反应，因此可以提供更多的成核位点以沉淀水化产物。此外，使用可以参与水化过程的化学活性纳米材料，例如纳米二氧化硅，可以实现更快的水化产物速率与屈服应力和黏度的快速增加。

6. 内养护材料

低水灰比的 UHPC 在水化过程中会发生相当大程度的化学收缩和自干燥，导致硬化过程中的自生收缩相对较高。而内养护材料，如轻质砂土（LWS）和超吸水聚合物（SAP），可有效缓解 UHPC 的自生收缩。两种内部养护材料在混合过程中都用水饱和，并且在自干燥时会在基质中释放水。当使用 SAP 时，其化学结构会极大地影响 UHPC 的流变性，这是因为 SAP 具有独特吸水性；SAP 的粒度分布也会随着时间的推移而影响 UHPC 的流变性。同时，用 SAP 制成的砂浆的流变性还取决于水灰比、减水剂用量和硅粉含量。

2.2　气泡含量与流变性

2.2.1　新拌混凝土中气泡的形成机理及含气量测定

1. 新拌混凝土中气泡的形成机理

新拌混凝土中气泡的形成和稳定是一个复杂的物理化学过程，气泡的形成和稳定可以认为是两个独立的过程，两者对硬化混凝土中气泡结构的形成同样重要。新拌混凝土的气泡主要来源于体系本身含有的空气和搅拌过程中混入的空气。Powers 指出了气泡形成的主要过程：混凝土搅拌过程中物料运动形成旋涡卷入空气，骨料与浆体摩擦碰撞形成立体屏障将气泡包裹，从而形成大量微气泡。

新拌混凝土中的气泡具有固有的不稳定性。分散的气泡和基质界面间存在表面自由能，而热力学规律表明这种表面自由能逐渐趋于 0，因此气泡趋于破裂。D. Myers 总结了气泡破裂的 3 种主要物理过程：

① 小气泡由于扩散作用变为大气泡，或者溶于泡沫周围的大量气体或溶液。

② 由于毛细流动，相邻气泡间的薄膜破裂导致气泡间的合并（通常比过程 ① 要慢，甚至在稳定体系中发生）。

③ 气泡间液体的快速排液导致气泡快速破裂。

新拌混凝土中气泡破裂的形式主要为过程 ①，过程 ② 也可在新拌混凝土中发生，而过程 ③ 基本不可能发生在新拌混凝土中。对于含气量一定的混凝土，气泡直径越大，气泡间距系数和比表面积越低。剪切搅拌、快速搅拌、振动等物理进程能降低混凝土的含气量。

2. 含气量测定

新拌 UHPC 浆体含气量的测定可以使用水泥胶砂含气量测定仪，如图 2.10 所示。

UHPC 的含气量测定按以下流程进行：

① 将新拌 UHPC 加入水泥胶砂含气量测定仪的量钵内，使砂浆充满整个量钵，放在

图 2.10　水泥胶砂含气量测定仪

振动台上振动至表面没有明显气泡冒出，使用抹子将砂浆表面抹平，清理量钵外残余浆体，盖上钵盖，用夹子夹紧。

② 打开水龙头和出气阀，用注水器从小龙头处往量钵中注水直至水从气阀口流出，再关紧小龙头和出气阀。关好所有的阀门，用打气筒打气加压至稍大于 0.1 MPa。

③ 按下阀门杆 2 ~ 3 次，用木槌轻敲量钵的四周，使压力均匀分布于试样各处，再次按下阀门杆，待压力表指针稳定后读出压力表的读数，即为 UHPC 的含气量。

测定含气量可以一定程度上表征超高性能混凝土的内部气体总量，但含气量的值仍无法准确反映气泡对超高性能混凝土流变性、强度和耐久性的影响，应当结合硬化后气孔结构深度揭示流变性对于气泡含量影响的作用与机理。

2.2.2　硬化混凝土中的气孔结构测试

混凝土是一种多孔的不均质材料。通常来说，硬化混凝土中包含 4 种形式的孔。第一种孔是毛细孔，指硬化水泥浆体内没有被水化形成的固相产物填充的空间，其孔径和数量取决于水灰比和水化程度。毛细孔的孔径一般为 5 nm ~ 1 μm，其分布对混凝土的强度和渗透性有显著影响。第二种孔是凝胶孔，水化产物 C—S—H 凝胶成长形成层状结构，凝胶孔是 C—S—H 层间孔，孔径为 1 ~ 3 nm。凝胶孔固定占 C—S—H 固相体积的 28%，这一比例与水灰比和水化程度无关。凝胶孔的孔径较小，不影响水泥浆体的强度和渗透性，但水泥浆体的收缩和徐变主要受凝胶孔的影响。第三种孔为引入孔（entrained air），指使用引气剂（AEA）或其他具有引气效果的物质人为引入的气泡。引入孔一般为球形，直径一般为 5 ~ 1 000 μm。第四种孔为嵌入孔（entrapped air），指搅拌过程中混入的空气困在混凝土中形成的气孔，一般为球形，直径一般大于1 000 μm。本书中主要研究的是直径大于 100 μm 的引入孔和嵌入孔。

混凝土中孔结构的研究主要包括孔隙率、孔级配、孔几何学，主要参数为孔隙率、孔直径及分布和孔形态等。目前混凝土常用的测孔方法为光学显微镜法、压汞法(MIP)、等温吸附法、X射线小角度散射法(XRD)、扫描电子显微镜法(SEM)、透射电子显微镜法(TEM)等。很多学者将数字图像自动化分析技术应用于显微镜法，从而测量混凝土的气孔结构，该方式测量结果快速准确、相关性较好、测试所需周期较短，缺点是对试件表面的光滑程度要求较高，打磨消耗的时间长。

图 2.11 所示为日本奥林巴斯株式会社(Olympus Corporation)生产的DSX－HRSU型超景深显微镜，利用超景深显微镜可以对硬化UHPC试件进行显微观测试验，确定气泡含量、气泡平均孔径、气泡尺寸分布等气泡特征参数。该DSX－HRSU型超景深显微镜观察的视域为3 876 μm×3 876 μm。

图 2.11　DSX－HRSU型超景深显微镜

使用超景深显微镜进行气泡特征参数的测定按照以下流程进行：① 使用双刀锯切割机将硬化UHPC试件进行切割，使用磨平机对切割面进行磨平，磨平分为多个阶段，分别用不同细度的金刚砂作为磨平材料进行磨平，磨平后使用超声波清洗仪对切割面进行清洗作为测试面；② 使用毛笔和墨汁将测试面全部涂黑，然后将纳米 TiO_2 粉末放在表面，使用刀片将白色粉末刮匀使得孔隙中充满白色粉末，用刀片刮去多余粉末；③ 将处理完的试件放在超景深显微镜下进行观察，调整焦距和测试参数得到清晰的测试面图像；④ 测试面图像使用软件 Image Pro 进行处理，通过灰度区分气泡，气泡为黑色，其他混凝土截面为白色。对黑色图像点进行计数，测量其面积占比、平均直径、粗糙度等，通过统计得出气泡总含量、平均直径和孔径分布等气泡特征参数。

2.2.3 流变性对 UHPC 与 UHPC 气泡含量及气泡结构的影响

1. 含气量与流动度的关系

王睿等研究了 4 种不同纤维掺量新拌 UHPC 浆体含气量与流动度之间的关系，得出的结果如图 2.12 所示。从图中可知，拌合物含气量普遍随流动度的升高而降低。由此可以推测，不含引气剂的新拌 UHPC 浆体的含气量主要取决于浆体流变参数。已有研究结果表明，对于自流平混凝土而言，当屈服剪切应力和塑性黏度降低时，浆体的流动半径有所升高，流动所需的时间减少，浆体内的气体更容易逸出，含气量也因此降低。这可以很好地解释试验中新拌 UHPC 浆体含气量随流动度升高而降低的现象。对于素 UHPC，其新拌气体体积分数与流动度几乎呈线性关系(图 2.12(a))。不同的是，随着钢纤维掺量的提高，这种线性关系逐渐被破坏。这可能是由于纤维的加入改变了气体逸出的速度，使含气量随浆体新拌性能变化的关系变得更加复杂。

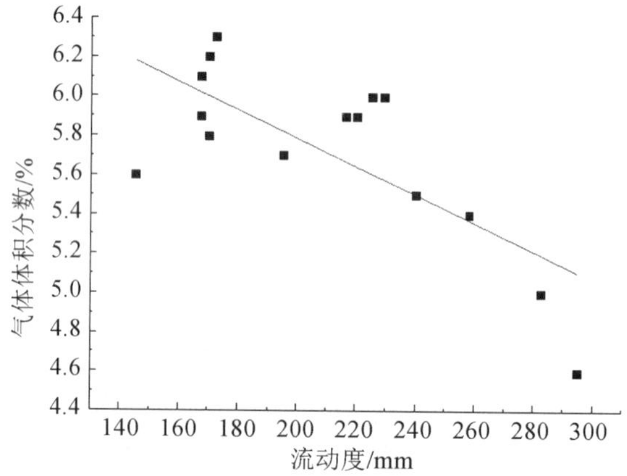

(a) 钢纤维0%

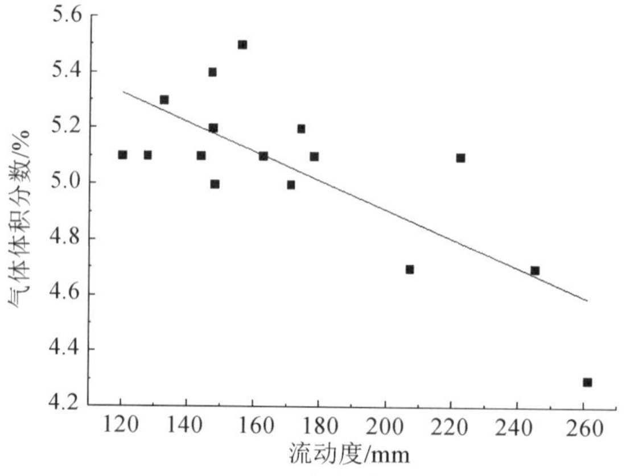

(b) 钢纤维1%

图 2.12 流动度与气体体积分数之间的关系

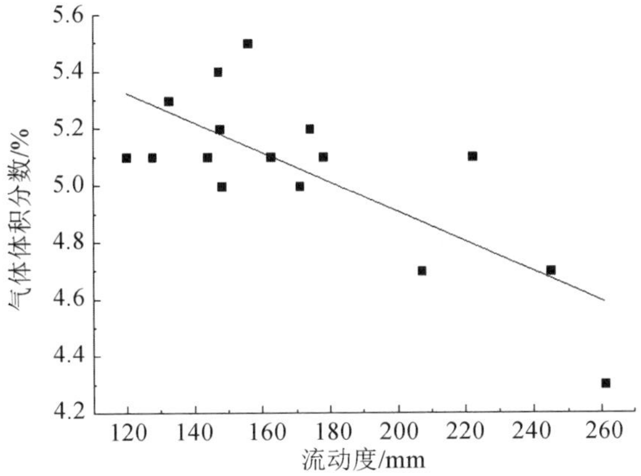

(c) 钢纤维2%

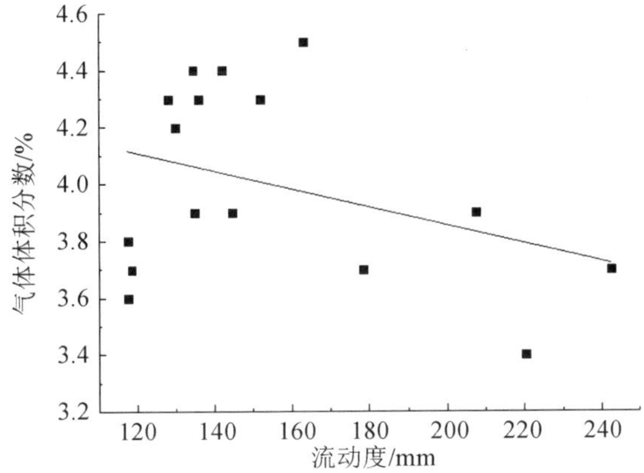

(d) 钢纤维3%

续图 2.12

2. 流变参数对 UHPC 气泡特征参数的影响

使用超景深显微镜对硬化 UHPC 截面进行观测，将观测得到的图像使用 Image Pro Plus 6.0 进行处理。气泡特征参数的测试流程见 2.2.2 节。图 2.13(a) 和图 2.13(b) 分别为超景深显微镜观察的原始图像和软件处理后的图像。

由图可知，图像处理后变为简单的黑白图像，其中气泡为黑色，其他部分为白色。然后对图片黑色部分进行计数和测量，得出每个气泡的面积、平均直径、粗糙度、长宽比等参数，最后统计得出 UHPC 的气泡含量、分级气泡含量、平均孔径、比表面积等气泡特征参数。表 2.7 为研究者总结出的试验中各组 UHPC 的流变参数和气泡特征参数。

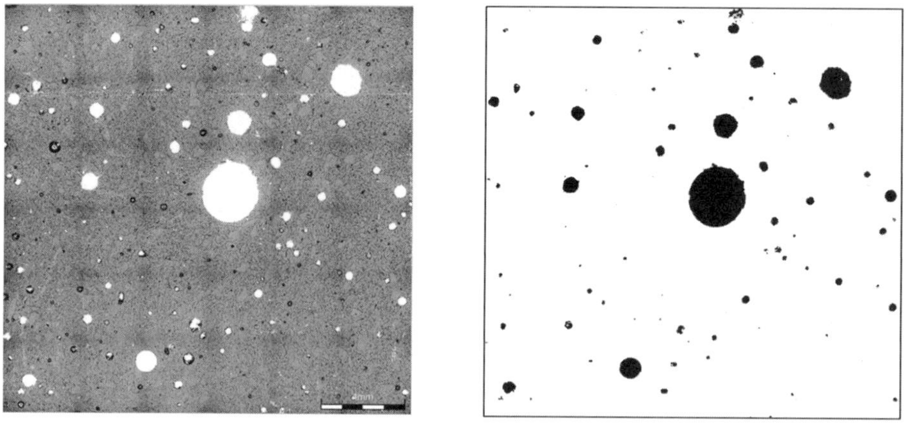

(a) 原始图像　　(b) 处理后的图像

图 2.13　UHPC 试件切割图

表 2.7　各组 UHPC 的流变参数和气泡特征参数

组别	屈服剪切应力 /Pa	塑性黏度 /(Pa·s)	气泡体积分数 /%	气泡平均直径 /mm
A1	182.78	13.41	3.71	0.413
A2	121.06	9.89	1.77	0.613
A3	15.39	6.53	1.42	0.662
A4	1.68	5.02	0.86	0.406
B1	178.33	10.16	4.63	0.600
B2	121.06	9.89	1.77	0.664
B3	31.13	8.49	1.40	0.537
B4	21.15	8.13	1.05	0.607
F1	346.53	13.58	4.67	0.586
F2	487.35	17.36	5.53	0.632
F3	364.26	16.47	5.15	0.629
F4	403.71	16.75	5.86	0.577

画出硬化 UHPC 塑性黏度与气泡体积分数之间的散点图，并进行线性拟合，如图 2.14 所示。塑性黏度和气泡体积分数之间存在明显的正相关，随着塑性黏度的提高，混凝土气泡体积分数增大。根据线性拟合的结果，校正决定系数 $R^2=0.834\ 6$，可以认为塑性黏度和气泡体积分数之间呈线性关系。但同时也发现，有少量点偏离拟合直线，这可能是因为测试面图像的选取具有一定的随机性，存在一些测试面的气泡特征参数不能代表整个试件的气泡特征参数的情况。

同样，画出屈服剪切应力与气泡体积分数之间的散点图，并进行线性拟合，如图 2.15

所示。屈服剪切应力和气泡体积分数之间的关系与塑性黏度和气泡体积分数之间的关系类似。随着屈服剪切应力的提高，气泡体积分数增大。根据线性拟合的结果，校正决定系数 $R^2=0.882\ 6$，可以认为屈服剪切应力和气泡体积分数之间呈线性关系。同时发现，在高屈服剪切应力（>300 Pa）和低屈服剪切应力（<100 Pa）下数据点更接近于拟合直线，而中屈服剪切应力（$100\sim300$ Pa）下数据点更加偏离于拟合直线。

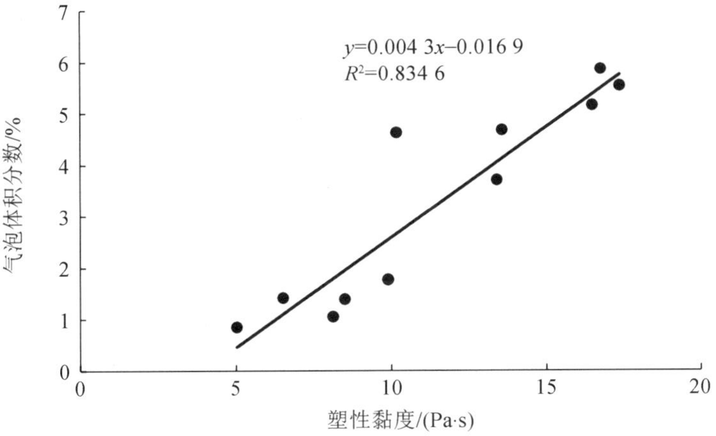

图 2.14　塑性黏度与气泡体积分数间的关系

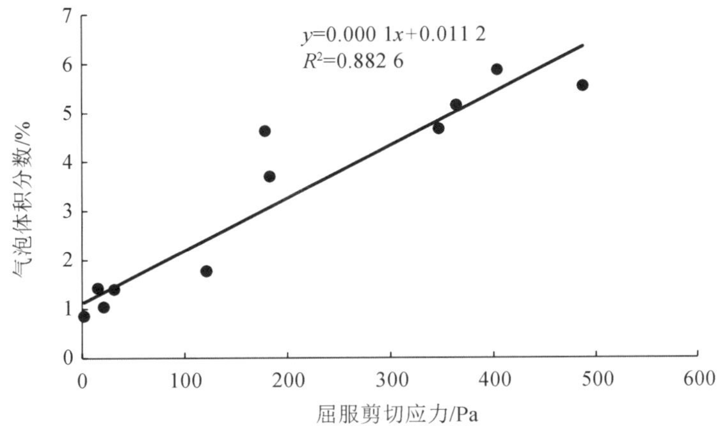

图 2.15　屈服剪切应力与气泡体积分数间的关系

屈服剪切应力和塑性黏度增大，气泡含量随之增大。气泡在高黏度 UHPC 中的运动可以简化认为受到黏滞阻力 F_d 和浮力 F_f 的作用。根据斯托克斯定律和浮力原理得

$$F_d=6\pi\mu Rv \tag{2.17}$$

$$F_f=\frac{4}{3}\pi R^3\rho g \tag{2.18}$$

式中，μ 为塑性黏度；R 为气泡的半径；v 为气泡的上浮速率；ρ 为新拌 UHPC 的密度；g 为重力加速度。

使黏滞阻力 F_d 和浮力 F_f 相等，可以得到气泡稳定运动时速度的表达式：

$$v=\frac{2R^2\rho g}{9\mu} \tag{2.19}$$

由式(2.19)可知，气泡稳定上浮时的速度与R^2成正比，与μ成反比，气泡直径越大，气泡上浮速度越快，越容易逸出；新拌UHPC塑性黏度越高，气泡上浮速度越慢，气泡越难逸出。而气泡受到的浮力F_f小于屈服剪切应力τ_0，则气泡不能破开UHPC进行移动。另外，高黏度UHPC起到了缓冲作用，减少了外界振动或扰动对气泡的影响，可防止气泡的破裂；且高黏度UHPC可以作为屏障，阻止相邻气泡的合并。

在这项研究中，进一步绘出塑性黏度和气泡平均直径间的散点图并进行线性拟合，如图2.16所示。由图可知，数据点的分布较为分散，因此可认为塑性黏度与气泡平均直径间没有明显的关系，可以推测UHPC的流变参数对气泡的孔径分布影响不大。

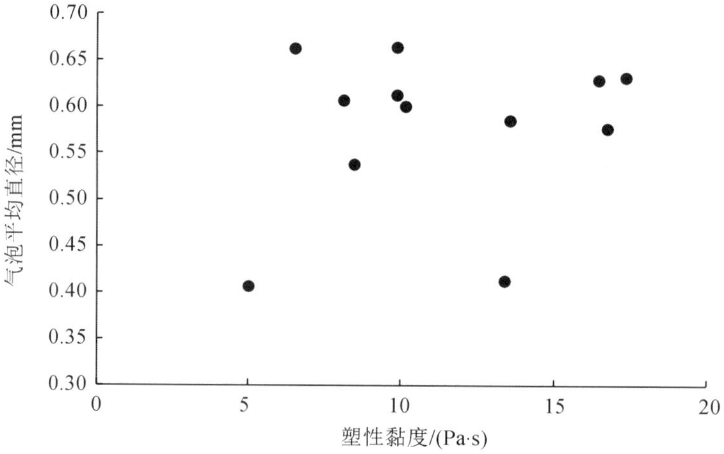

图2.16　塑性黏度与气泡平均直径的关系

将B1～B4组(减水剂质量分数分别为2.5%、3.0%、3.5%及4%)的气泡直径分为小于1 mm和大于等于1 mm两种类型，统计和计算两种类型的孔个数和面积百分比，如图2.17所示。由图中可以看出，B1～B4组直径大于等于1 mm的孔，面积占比约为80%，而个数占比在40%左右。从B1到B4，屈服剪切应力和塑性黏度都逐渐减小，而孔直径大于等于1 mm和孔直径小于1 mm的气泡面积占比和个数占比没有表现出随塑性黏度和屈服剪切应力变化而变化的一致性规律。因此，可以认为UHPC的塑性黏度和屈服剪切应力对气泡的孔径分布影响不大。

总体来说，塑性黏度和屈服剪切应力与气泡总含量间存在正相关关系，可以近似用线性方程进行拟合；而塑性黏度和屈服剪切应力对气泡平均直径和气泡直径分布没有明显影响。

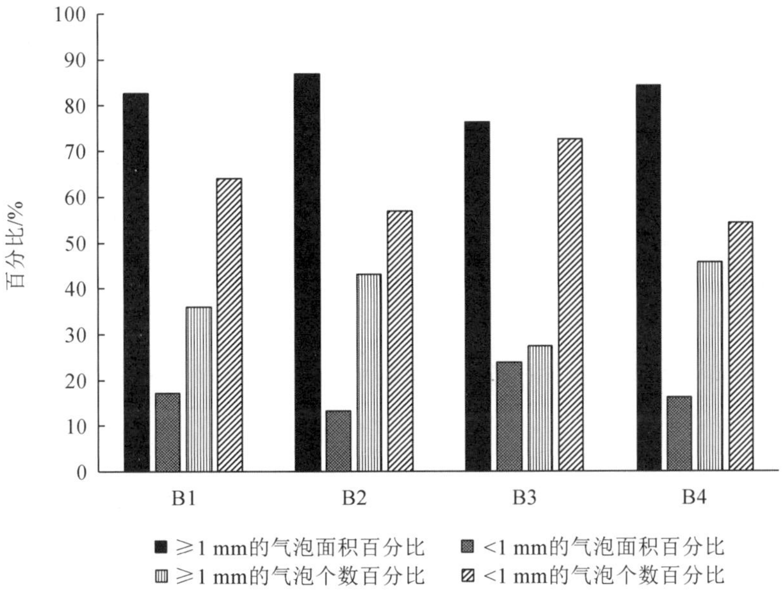

图 2.17　B1 ～ B4 组 UHPC 气泡孔径分布

2.2.4　影响混凝土气泡形成的因素

混凝土是不均匀、复杂的混合体系，影响混凝土气泡结构的因素非常复杂，主要有搅拌过程、混凝土配合比、骨料性质、水泥的物理和化学性质、减水剂性质、水的用量和质量、温度等。

1. 搅拌过程

搅拌过程伴随着新气泡的产生和旧气泡的破裂。搅拌仪器、搅拌时间、搅拌速率等显著影响着气泡的产生和稳定。在原材料、配合比、温度等因素一定的条件下，搅拌效率的提高有利于降低含气量和气泡尺寸。

在国外，J. Dils 等总结了混凝土搅拌器的各种类型，并认为高速旋转搅拌器具有更高的搅拌效率，更适用于高性能混凝土如 UHPC、自密实混凝土（SCC）等的搅拌，并能显著减少搅拌时间，获得更好的搅拌效果。在国内，冯忠绪、付昌会等对普通强制搅拌方式和振动搅拌方式进行了理论分析与试验，认为振动搅拌方式能有效提高引气混凝土的含气量，从而提高混凝土的抗冻性和耐久性。振动强度在一定范围内时，含气量与振动强度成正比关系，而当振动强度超出该范围，则含气量与振动强度成反比关系。Schiessl 等将混凝土的搅拌过程分为 3 个阶段。第一阶段为分散期，水和减水剂等外加剂加入固体混合物中，在搅拌过程中不断分散开来。随着搅拌时间的增加，分散程度逐渐增加，混凝土扩展度随之增大。第二阶段为最佳搅拌期，混凝土各组分得到充分的搅拌和分散，扩展度达到最大值。第三阶段为过搅拌期，对于 UHPC，扩展度基本保持不变，而对于 SCC 或其他混凝土，由于粗骨料磨损，细骨料增多，导致其扩展度降低。对于一种配合比的混凝土，存在一个最优的搅拌时间，称为稳定时间。对于 UHPC，搅拌时间小于稳定时间时，搅拌时间的提高能减少含气量，提高流动性；搅拌时间大于稳定时间时，由于过搅拌，含气量会有所增加。稳定时间受到固体颗粒相对浓度和搅拌速率的影响，可以用于混凝土含气量和强度的预测。Mazanec 等研究了搅拌速率对 UHPC 稳定时间的影响，并得到以下公式：

$$t_s = \frac{13.1 \times v^{-0.114}}{1 - 1.0046 \times \dfrac{\phi}{\phi_m}} \tag{2.20}$$

式中，t_s 为稳定时间；v 为搅拌速率；ϕ 为固体颗粒实际堆积密度；ϕ_m 为固体颗粒最大堆积密度。

由式(2.20)可知，搅拌速率的提高能缩短稳定时间，但过大的搅拌速率则容易导致过搅拌。

搅拌过程中压力对UHPC含气量和强度有明显的影响。J. Dils等使用真空搅拌的方法制备 UHPC，发现低压力搅拌能降低新拌混凝土和硬化混凝土的含气量，UHPC 抗压强度提升 7% ～ 22%，抗弯拉强度最大提高 17%，弹性模量提升 3% ～ 22%。

2. 水泥浆体性质

新拌混凝土的流变性质可以用宾汉姆模型进行描述，宾汉姆模型可用以下公式描述：

$$\tau = \tau_0 + \mu\gamma',\ \tau \geqslant \tau_0 \tag{2.21}$$

$$\gamma' = 0,\ \tau < \tau_0 \tag{2.22}$$

式中，τ 为剪切应力，Pa；τ_0 为屈服剪切应力，Pa；μ 为塑性黏度，Pa · s；γ' 为剪切速率，s^{-1}。

根据以上公式，新拌混凝土所受到的剪切应力 τ 小于屈服剪切应力 τ_0 时，混凝土不流动；当剪切应力 τ 大于屈服剪切应力 τ_0 时，新拌混凝土开始流动。宾汉姆模型反映了新拌混凝土在不同剪切速率下流动和变形的规律，新拌混凝土的流变性能可以用屈服剪切应力 τ_0 和塑性黏度 μ 等流变参数来表征。

Powers 指出，水泥浆体的屈服剪切应力阻止了小气泡的逸出，小气泡的浮力不足以破开水泥浆体向上逸出。根据斯托克斯定律，水泥浆体的塑性黏度和气泡的直径决定着气泡的上升速率。因此，水泥浆体的流变性质直接影响气泡的产生和稳定。

3. 外加剂

混凝土在制备过程中通常会加入减水剂、引气剂、早强剂、增稠剂、消泡剂(AFA)等外加剂满足各种研究和工程需要。外加剂的种类、性质和掺量对混凝土的气泡结构有着深刻的影响。

新拌混凝土中，气泡的形成会产生新的气液界面，增大体系的表面自由能。这种新增的表面自由能由搅拌产生的机械能转化而来，根据热力学 Gibbs－Duhern 方程可知：

$$dG = \sigma dA + \sum \mu_B dn_B \tag{2.23}$$

式中，dG 为恒温恒压下体系自由能；σ 为表面张力；A 为界面表面积；μ_B 为组分 B 的化学势；n_B 为组分 B 的物质的量。

引气剂能在混凝土中引入大量均匀、微小的气泡，改善混凝土的气泡结构，大幅提高混凝土的耐久性。同时，引气剂是一种表面活性剂，能够显著降低气液界面的表面张力。分子结构具有两亲性：一端为亲水基团，另一端为疏水基团。同时，表面活性分子定向排列在气泡表面，形成单分子膜，保证了气泡的稳定性。表面活性分子在气液界面的分布如图 2.18 所示。根据式(2.23)，表面张力的降低使得气泡形成所增加的体系自由能减少，有利于气泡的形成；另一方面，表面张力的降低也降低了液膜内的排液速度，有利于气泡的稳定。气泡本身是热力学不稳定体系，但表面活性物质的存在使得气液界面间的弹性效应、表面黏度、溶液黏度、气体扩散等因素能够维持气泡的稳定。其中，表面张力和表面黏度是气泡稳定存在的关键。

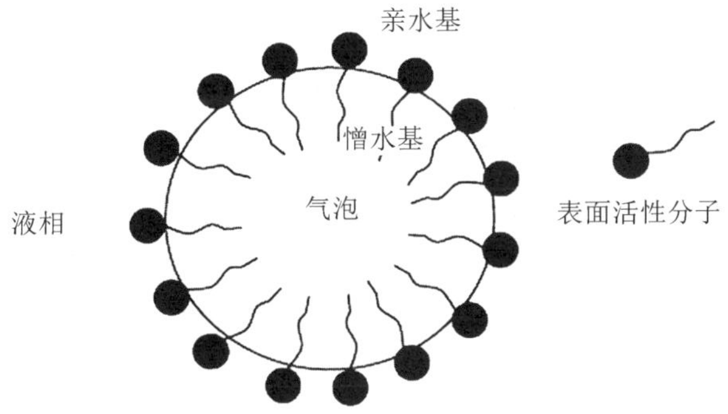

图 2.18　表面活性分子在气液界面的分布

引气剂作用于液膜的形成和存在机理可以用马兰戈尼效应(Marangoni effect)来解释。马兰戈尼效应是指当一种液体的液膜受外界扰动(如温度、浓度)而使液膜局部变薄时，它会在表面张力梯度的作用下形成马兰戈尼对流，使液体沿最佳路线流回薄液面，进行“修复”。气泡本身具有不稳定性，马兰戈尼效应使得气泡表面的表面活性分子存在动态平衡，从而维持气泡的稳定。

气泡的表面形成液膜，而液膜强度是气泡稳定性的关键，决定液膜强度的主要因素是表面黏度。表面黏度是指表面活性分子在气泡表面形成的单分子层的黏度。表面黏度增大，液膜强度提高，气泡就越稳定。在表面黏度达到一定的值时，液膜具有一定的强度，能形成具有规则形状的气泡，因此降低表面张力才有利于提高气泡的稳定性。减水剂是表面活性物质，一般也具有一定的引气作用。

吴方政等研究了 4 种引气剂对混凝土流变参数的影响，发现引气剂的掺入在低流态下可大幅提高混凝土的流动性，在高流态下却略微降低砂浆的流动性；引气剂掺量的提高增大了混凝土的塑性黏度，低流态下屈服应力降低，高流态下屈服应力先增大后降低。杨树荣等研究了不同引气剂对混凝土气泡特征参数的影响，得出结果：掺加不同引气剂的混凝土在含气量相同时，气泡间距系数和孔径分布等存在明显差别；同种引气剂掺量增加，混凝土含气量增大，气泡间距系数先增大后减小，气泡结构会变差。李琴飞研究了盐类外加剂对掺引气剂的混凝土气孔结构的影响，认为 $CaCl_2$ 和 $Ca(NO_3)_2$ 的掺入能减少新拌混凝土的含气量，而 Na_2SO_4、$NaNO_2$ 和乙二醇的掺入可增大混凝土的含气量；随着 $CaCl_2$、$Ca(NO_3)_2$、Na_2SO_4 和 $NaNO_2$ 掺量的增大，气泡间距系数增大，乙二醇掺量的增大则减小了气泡间距系数。Beata Łaz'niewska－Piekarczyk 研究了不同种类引气剂和减水剂对气泡特征参数的影响，掺入具有引气作用的减水剂，含气量不会有明显提高，但气泡间距系数、气泡比表面积、直径 300 μm 以下的气泡含量均会增大；对比不同种类的引气剂，合成树脂类引气剂引入的气泡直径和间距最低，其次是皂化酸树脂类引气剂。

在高性能混凝土的制备过程中，高性能减水剂会引入超量的气泡，而使用消泡剂可以降低气泡含量，提高混凝土性能。有研究提出，消泡剂的工作原理为消泡剂的活性分子会占据气泡液膜表面活性分子的位置，从而降低液膜的强度，导致气泡的破裂或合并。但具体降低液膜强度的化学反应和化学物质尚未得知。而葛成灿、王芸等对消泡剂作用机理进行归纳总结，分析了“架桥－铺展”机理、“架桥－脱湿”机理、“铺展－液体夹带”机理的片面性，认为消泡剂的作用机理目前没有统一的认识，但都是通过破坏气泡的稳定性来实现消泡。Beata Łaz'niewska－Piekarczyk 研究了不同种类消泡剂对高性能自密实混凝土（HPSCC）气泡特征参数和性能的影响，不同种类的消泡剂对 HPSCC 的含气量、气泡尺寸有着不同的影响：降低含气量最有效的消泡剂为烷氧基脂肪醇型消泡剂，效果最差的是多元醇类消泡剂。不同种类的消泡剂对 HPSCC 的强度有着显著的影响，但并不是所有消泡剂都能增大其强度。郭京东研究了消泡剂对混凝土强度的影响，认为消泡剂的掺入能降低气泡含量，提高混凝土的强度。随着消泡剂掺量的增大，其强度先增大后减小，存在最优掺量，不同种类消泡剂的最优掺量不尽相同。段彬等也有类似的研究，此处不再赘述。

2.3　真空搅拌技术

众所周知，混凝土在搅拌和振捣密实过程中或多或少会引入气泡，这些气泡的存在通常来说对混凝土性能不利，要尽可能消除或减少。国内外相关研究者提出的掺加消泡剂、真空搅拌、真空脱水等技术都是为了通过减少混凝土中存在的气泡量实现强度的提高。

2.3.1　真空搅拌技术原理

液体中气泡的产生是一个非常复杂的问题，对于液体中气泡的形成机理，较为普遍认同的观点是空化现象（cavitation），即由于气体具有一定的溶解度，通常以气泡核的形式存在于液体中，当液体在极短的时间内流过一个绝对压强很低的区域时，气泡核会快速蒸发或游离出来的现象。液体中的气泡核尺寸很小，通常其直径为 10^{-3} ～1 mm，用肉眼无法看到。影响气泡产生、生长及逸出的主要因素除了压力外，液体的黏性、表面张力及密度等也是不容忽视的因素。对于脱泡问题，一些文献对其进行了深入的理论分析、仿真计算和实验研究。Vincent F. Chevrier 研究发现，由于液体表面曳力的作用，气泡到达液体界面时，不是立即从液面分离，而是要在界面下停滞一定的时间。Kendoush 给出了在液体流动过程中气泡破裂的曳力系数的预测公式。要想能有效地对高黏度物料进行脱泡，则必须从这些影响因素进行考虑，对高黏度液体中气泡的运动特性进行分析，以便采用相应的脱泡方法进行脱泡。

气泡从液面下上升到近液面,并从近液面逸出到另一种介质中的过程通常可分为 4 个阶段:气泡在外力作用下运动到液面,在界面处形成液膜,薄膜破裂,气泡从液面分离或气泡破裂。对于高黏度液体,气泡依靠自身浮力上升的速度是极其缓慢的,必须依靠外力将气泡带到液面。因此,对于高黏度的液体,目前较为有效的脱泡方式是采用真空搅拌脱泡和真空薄膜脱泡等方法。

2.3.2　UHPC 真空搅拌方法

UHPC 的制备需要良好的搅拌程序,为了尽可能提升混凝土性能,应严格控制搅拌时间、搅拌速度、温度、搅拌顺序和添加方式等参数。空气含量对于 UHPC 混合物的性能起着十分重要的作用。有研究证明,空气含量确实会影响 UHPC 混合物的抗压强度,且空气积聚在纤维或钢筋处可能对其与周围混凝土间的黏结强度产生不利的影响。当进行用于确定粉末的湿堆积密度的需水量测定时,常常会忽略残留的空气量,从而高估填充密度,因此减少搅拌夹杂的空气含量可能更有利于准确地估计粉末的湿堆积密度。

由于这些不利影响,科研及应用领域已经致力于开发各种减少 UHPC 空气含量的方法。其中一种途径是尽可能地在低气压下搅拌混凝土。美国华盛顿特区国家标准局一些较早的工作报告称,通过减小最大空隙尺寸,可以提高振动砂浆的抗弯强度。在他们的研究中,真空室将压力从 1 014 mbar(1 mbar=0.1 kPa) 降低至 800 mbar。密西西比州维克斯堡的另一个研究团队为滚筒混合器配备了真空泵,在混合期间,压力从 1 014 mbar 降低至 630 mbar。他们的研究结论称,真空搅拌对振动的混凝土没有任何有益作用。慕尼黑建筑材料中心汇报了一种在真空中制备 UHPC 的方法,该研究使用了强力真空混合器,将混合锅中的压力从 1 014 mbar 降低至 100 mbar,UHPC 的 28 d 抗压强度从 175 MPa 增加到了250 MPa,空气的体积分数从 8% 降至 1%。

2.4　不同养护制度对比

混凝土养护是指在混凝土浇注完之后,为胶凝材料水化提供所需的介质温度和介质湿度而采取的相应措施,以保证混凝土性能达到预期的要求。混凝土养护条件(即养护过程中湿度和温度条件的控制以及养护时间的长短)对混凝土的水化和硬化速度、微观结构特征、强度发展和耐久性均有重要影响。

2.4.1　养护方法分类

混凝土养护方法总体上可分为两大类:内养护和外养护。

1. 内养护

混凝土内养护是指在混凝土中引入饱水材料,它们均匀地分散在混凝土中,起到内部蓄水池的作用,当混凝土在水化过程中出现水分不足或者离子浓度发生改变的情况时,饱水材料中的水分就向硬化水泥浆体中迁移,形成微养护环境,支持胶凝材料的水化反应继续进行。内养护技术有效改善了混凝土内部的相对湿度，减少了混凝土的收缩，从而起到控制混凝土开裂的目的。但饱水轻集料作为内养护材料容易产生一系列问题，如：新拌混凝土流动性变差，集料上浮，和易性变差，弹性模量和抗压强度大幅下降等。

通常，用于混凝土内养护的材料需具有下列特性：① 接近于1的活度，即吸收的水能全部释放出去；② 内养护水可及时迁移到自干燥发生之处。LWA（陶粒、浮石、膨胀页岩、膨胀黏土骨料、膨胀珍珠岩）、SAP、饱水再生骨、饱水木质纤维、稻谷壳灰、炉渣和膨润土等材料均具有这样的特征，但常用的主要是SAP和LWA。SAP主要分为丙烯酰胺－丙烯酸共聚物与聚丙烯酸聚物两类，而能作为内养护材料的LWA种类较多，陶粒、膨胀页岩、浮石和珍珠岩使用较为广泛。SAP和LWA均可有效减少混凝土自干燥，从而降低混凝土早期开裂的风险。相比于LWA，SAP的优势在于：①SAP吸水较快，可在拌和过程中吸收水，易操作、易控制；②SAP允许对孔结构的形状和大小进行自由设计。但是SAP不能成为混凝土结构的一部分，轻骨料却可以。另外，稻谷壳灰具有介观结构和火山灰活性，能够替代硅灰，并且具有一定的吸水能力，也是目前正在研究的一种内养护材料。

面对各种内养护材料的广泛运用，很有必要对其进行分类，以便进行更加深入的研究。*Internal curing of concrete*（RILEM TC—ICC2003）按养护材料将内养护分为两类：LWA内养护技术和SAP内养护技术。

按照与水的结合方式，可将内养护材料分为化学结合水类、物理吸附水类、物理悬挂水类和自由水类。根据其吸水机理，将内养护材料分为3类：物理结合水类、多孔轻骨料类、多孔超细粉类，见表2.8。

表2.8　内养护材料的分类

类别	吸水机理	实例	主要研究进展
物理结合水类	通过化学键或者范德华力吸附水	膨润土、超吸水聚合物	替代10%水泥，能抑制内部湿度降低，并且具有一定的火山灰活性，能显著抑制自收缩；使干燥收缩略有增加，还有待进一步研究
多孔轻骨料类	吸水能力一般，主要通过物理毛细作用吸附水	陶粒、膨胀黏土骨料、浮石、饱水再生骨料、膨胀页岩、沸石、预润湿珍珠岩、bio－LWA	轻骨料的内养护效果取决于内部孔结构的大小以及连通性，需要对孔结构特征进行量化，进行更深入的研究
多孔超细粉类	吸水能力较弱，有火山灰活性	稻谷壳灰、硼泥酸性浸渣	用于UHPC，部分取代硅灰

2. 外养护

外养护包括蓄水养护、喷雾养护、洒水养护、带模供水养护、蒸汽养护、喷涂养护剂和覆盖塑料薄膜等。

蓄水养护是用砂或者土在平面结构的四周围起一层水对其进行水养的方法。蓄水养护在保持混凝土内部温度的均匀性方面效果显著。蓄水养护用水应与拌和用水相同，不应含有会引发混凝土劣化的侵蚀性离子，且为防止温度应力导致的混凝土开裂，养护用水与混凝土的温差不应大于 11 ℃。但蓄水养护受混凝土硬化程度的制约，需要等混凝土具备一定的强度和硬度后才可使用。此外，蓄水法还存在劳动强度大、需要实时监控的缺点。

在无风或有遮蔽的情况下，喷雾能够保持混凝土表面湿润，可用于混凝土构件的立面或者水平面养护。喷雾间隔期应保证混凝土的表面不过于干燥；喷雾压力不宜过大，避免对早期混凝土的表层造成冲刷。此外，喷雾养护的显著优点是可在混凝土凝结之前实施，受混凝土龄期的限制。

洒水养护是一种很常见的养护方法，根据天气情况确定洒水间隔，以保持混凝土表面潮湿。洒水养护还可与覆盖措施结合使用，覆盖材料应具有吸水保湿功能，如麻袋、草帘和土工布等，同时湿的覆盖物还能起到一定的保温作用。

带模供水养护是指采用内衬憎水塑料绒钢模板代替传统的钢模板，内衬的多孔材料能够吸收大量的水分，同时具有憎水性，极易释放出水分，从而达到在拆模前对与模板接触的混凝土供水养护的目的。这对高性能混凝土来说是一种可行的养护方法，但缺点是需要专门的模板，且费工费时，难以满足高性能混凝土现场施工的要求。

喷洒养护剂是混凝土养护的一项新技术。养护剂是一种能在混凝土表面形成一层连续不透水的密封养护薄膜的乳液或高分子溶液。养护剂留下的薄膜能够减少水分蒸发，从而起到养护的目的。它不受构件形状、施工场地和施工条件的限制，还可以节省人力和水资源，降低工程成本，目前在公路养护中已获得广泛的应用。对于混凝土构筑物的立面、复杂结构、缺水地区和不允许水养护的地方，喷洒养护剂养护具有先天的独特优势。

塑料薄膜通过隔绝空气，阻止混凝土中的水分向环境散失来达到养护效果。同时，可以根据需要选择不同颜色的薄膜来调节养护温度。例如在夏天，浅色的薄膜可以反射很大一部分的阳光，减少混凝土对热量的吸收；而在冬天，深色的薄膜能够有效地利用太阳能，提高混凝土温度。

蒸汽养护利用蒸汽的凝结放热来加速水泥硬化，根据介质压力的不同可分为常压蒸汽养护和高压蒸汽养护。前者主要用于可密封的现浇混凝土结构或预制混凝土构件，后者通常用于小型混凝土构件或产品。

太阳能养护是利用太阳的辐射能对混凝土进行加热养护，它实际上是一种加速养护方式。太阳能养护箱和养护罩构造简单，制造容易，造价低廉，重量轻，移动灵活，较适宜在中小型预制场使用。

由于在终凝前对混凝土进行湿养护会削弱混凝土表面的水泥浆，导致抗渗性降低，李美利建议采取复合养护的方式，即将混凝土的养护过程分为初期养护和湿养护两个阶段。初期养护的目的是在开始湿养护之前减少新拌混凝土的水分散失，待混凝土终凝后开始湿养护。任何传统的养护方法如蓄水养护、潮湿麻袋覆盖养护以及在暴露面上洒水养护等，高性能混凝土及超高性能混凝土均可采用。

2.4.2 高温养护技术

UHPC基体中，由于极低的水灰比，90 d后的水化反应量非常有限，基体内会存在大量未水化的水泥颗粒。但是基体若长期处于有水环境中，随着时间增长，外部水可能会迁移至基体内部使未水化的水泥颗粒发生再水化反应，从而引起水泥基材料性能的变化。而UHPC基体通常具有非常致密的微观结构，若后期基体内发生再水化，则有可能导致基体因体积膨胀而开裂，损伤UHPC基体的力学和耐久性能。

目前对水泥基材料再水化性能的研究主要集中在再水化对基体裂缝愈合的影响。研究表明，混凝土裂缝处再水化的产物与基体内部的水化产物有较大不同，会生成更多比例的$Ca(OH)_2$；矿物掺合料如粉煤灰及矿渣等对再水化的基体裂缝愈合有较大帮助。此外，对高温作用下的基体再水化研究也有一些相关报道：混凝土在600 ℃以上高温下脱水分解后，在有水环境下会发生再水化反应，而且会恢复相应的力学及耐久性能，此外矿物掺合料也有助于再水化基体各项性能的恢复。最常用的混凝土高温养护方式有常压蒸汽养护和高压蒸压养护两种，蒸汽养护的温度不超过100 ℃，蒸压养护的温度通常大于100 ℃。

1. 蒸汽养护对高强混凝土的影响

Tan研究蒸汽和蒸压养护对掺加了不同矿物掺合料的高强度混凝土强度和氯离子渗透性的影响。结果表明，蒸汽养护7 d以前的强度明显高于常温养护；28 d时，纯水泥混凝土蒸汽养护的强度明显低于常温养护，但掺加粉煤灰、粒化高炉矿渣或SF后的混凝土28 d强度降低量明显减小，其中硅灰对混凝土强度的提升最大，并且硅灰对于混凝土氯离子渗透性的降低也有显著效果。此外，蒸压养护下，各组混凝土的抗压强度明显提高。Ba研究了蒸汽养护对高性能混凝土强度和孔结构的影响。结果显示，蒸汽养护的持续时间为5 h、10 h和14 h时，强度都有提高，但蒸汽养护24 h后强度降低显著。由此可知，蒸汽养护也会影响混凝土的孔结构，合理的蒸汽养护往往会细化孔径，改善混凝土的孔结构。Yang研究了蒸汽养护对FA或SF改性砂浆抗压强度的影响，结果表明，养护时间不宜超过24 h，养护温度宜为60 ℃左右。Zhang研究了石灰石粉对混凝土性能的影响，结果表明，蒸汽养护下，石灰石粉改性混凝土的强度和耐久性明显降低，用矿渣替代部分石灰石粉可以减缓这种损伤效应。熊蓉蓉研究了FA、GGBS和SF对蒸汽养护高强度水泥浆体抗压强度微观结构的影响，蒸汽养护温度为60 ℃，养护时间为8 h。结果显示，掺合料改性浆体在蒸汽养护下，28 d后强度均低于对比试样，火山灰效应并没有显著提高，而且蒸汽养护增加了基体的总孔隙率。Yang研究了蒸汽养护对超高性能纤维增强混凝土强度的影响，蒸汽养护温度为90 ℃。结果显示，前7 d蒸汽养护下的混凝土抗压和抗折强度明显高于常温养护，7 d后差距逐渐缩小，但90 d龄期时蒸汽养护的强度仍然最高。

2. 掺不同矿物掺合料的 UHPC 高温养护时的性能

(1) 硅灰改性 UHPC。

Mostofinejad 研究了蒸汽养护对 UHPC 性能的影响，结果表明，蒸汽养护可显著提高 UHPC 的抗压强度，可以明显促进 SF 消耗更多的 $Ca(OH)_2$，产生更密实的微观结构。图 2.19(a)(b) 分别为 Shen 测定的蒸汽养护后的 UHPC 3 d 龄期 SEM 图片和不同龄期 XRD 衍射图，试块浇筑成型经标准养护 24 h 后脱模，随后在 90 ℃ 下蒸汽养护 48 h。图 2.19(a) 表明，蒸汽养护后 3 d 龄期的 UHPC 就已经具有非常致密的微观结构，骨料周围被胶体紧紧包裹。图 2.19(b) 的 XRD 衍射图表明，蒸汽养护后 UHPC 浆体内几乎观察不到有 $Ca(OH)_2$ 的衍射峰存在，表明蒸汽养护极大促进了 UHPC 中 SF 的活性反应。Shen 研究了蒸汽养护对 UHPC 力学性能及微观结构的影响，结果表明，随着蒸汽养护温度提高，UHPC 的力学性能也随之提高，热养护可促进托贝莫来石等高密实的凝胶体生成。

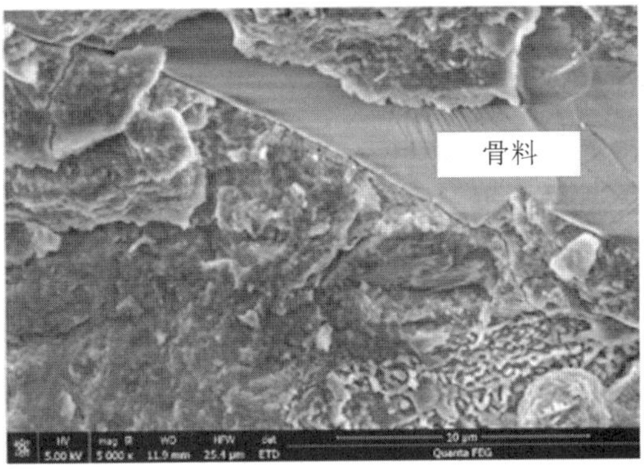

(a) UHPC 3 d龄期SEM图片

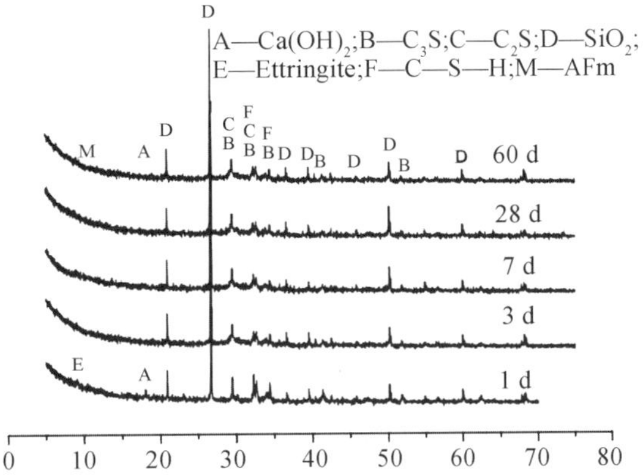

(b) UHPC不同龄期XRD衍射图

图 2.19　UHPC 蒸汽养护电镜图及 XRD 图

He 研究了水泥 − 硅灰、水泥 − 石英粉和水泥 − 石英粉 − 硅灰 3 种浆体在蒸汽和蒸压养护下的水化产物，SF 和石英粉的质量分数均为 30%，水胶比为 0.2。结果表明，90 ℃ 蒸汽养护下的水泥 − 硅灰和水泥 − 石英粉 − 硅灰浆体的水化产物主要为 C—S—H 胶体，而水泥 − 石英粉浆体的水化产物还存在 $Ca(OH)_2$；200 ℃ 和 250 ℃ 蒸压养护下，所有浆体没有明显的氢氧化钙相，而 C—S—H 则转变为一个或多个浆体相，比如托贝莫来石、硅钙石和硬硅钙石。图 2.20 所示为水泥 − 硅灰浆体试样在不同养护制度下的 XRD 图。

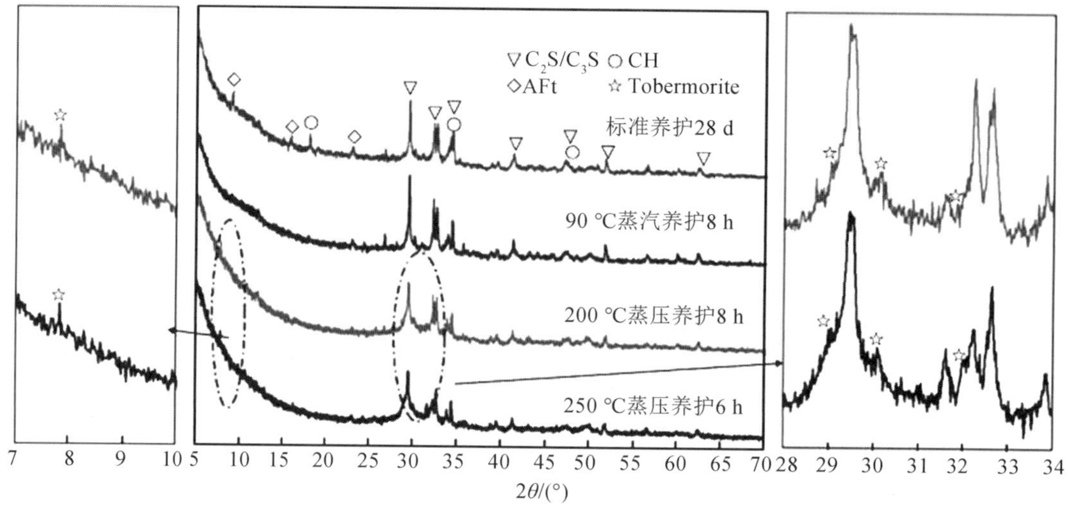

图 2.20　水泥—硅灰浆体试样在各种养护制度下的 XRD 图

(2) 矿渣和粉煤灰改性 UHPC。

Yang 研究了蒸汽养护制度下，GGBS 和 FA 取代部分水泥和 SF，对 UHPC 力学及水化性能的影响。结果表明，与常温水养护 28 d 龄期的 UHPC 抗压强度相比，蒸汽养护后的抗压强度显著提高，而且 GGBS 和 FA 大比例取代水泥和 SF 后，其抗压强度并不会大幅度降低，甚至还会有所提升。但蒸汽养护会增大 UHPC 的脆性，降低抗折强度，而适当增加 FA 的掺量有助于缓解抗折强度的损失。曾俊杰研究了 MK 和 GGBS 对高强度砂浆早期水化和微观结构的影响。结果表明 1 d 龄期时，MK 能够明显提高砂浆的抗压强度，改善孔结构，水化产物中 $Ca(OH)_2$ 数量明显减少，并促进了钙矾石和 C_3ASH_6 等水化产物的形成；而 GGBS 则对 1 d 龄期的砂浆性能影响较小。

Wu 测试了标准养护、蒸汽和热水养护制度下，GGBS 或 FA 分别替代 UHPC 中 0%、20%、40% 和 60% 的水泥，其力学性能的变化规律。结果表明，蒸汽养护和热水养护制度下 UHPC 的力学性能显著提升，但抗压强度随替代比例的提高而降低，而掺加适当比例的掺合料将会提高 UHPC 的抗折强度。在标准养护制度下，UHPC 后期力学性能逐渐提升，特别是 28 d 龄期的抗折强度大小与热养护相当。

通过对以上文献的总结，可知蒸汽养护能够极大促进 UHPC 的早期力学性能发展，主要是通过快速提高活性粉末的反应程度生成更密实的凝胶体产物，进一步细化孔结构等途径实现的。同时可发现，要获得更好的蒸汽养护效果，UHPC 中的活性粉末必须具备足够高的活性，比如 SF 和 MK 改性 UHPC 蒸汽养护后性能提升显著，而蒸汽养护促进 GGBS 和 FA 活性反应的效果则不太显著。熊荣荣的研究也表明，蒸汽养护对加速高性能混凝土中 FA 活性反应的发生帮助不大。另外，Zdeb 的研究表明，蒸汽养护温度对提高 UHPC 的抗压强度有重要影响，而蒸汽养护持续时间对抗压强度的影响则不如蒸汽养护的温度显著。

本章参考文献

[1]刘晓波，张建润，李普，等.高粘度液体真空搅拌脱泡理论分析与计算[J].真空科学与技术学报，2011，31(4)：444-448.

[2] 贾迪.超高性能混凝土搅拌引入气泡控制及其对强度的影响[D].哈尔滨：哈尔滨工业大学，2017.

[3] 李俊毅.硬化混凝土气泡间距系数的临界值[J].港口工程，1997(3)：27-29.

[4] 周伟玲，尚燕，缪昌文，等.振捣方式和引气剂品种对混凝土气泡结构的影响[J].工业建筑，2009(S1)：958-960.

[5] 李炜，陆加越，刘浩，等.消泡剂和引气剂复掺对混凝土气泡参数及外观形貌的影响[J].混凝土，2016(8)：103-106.

[6] 徐华轩.测试龄期对混凝土气孔结构影响的研究[J].铁道工程学报，2010，27(5)：67-71，76.

第 3 章　超高性能混凝土纤维取向及调控方法

通常情况下，不含钢纤维的 UHPC 基体脆性较大，其抗弯性能和阻裂能力较低，而钢纤维的加入可以有效桥联基体中产生的裂缝，限制裂缝进一步扩展，从而显著提高 UHPC 的抗弯强度和韧性[1]；且在一定范围内，钢纤维的长度越长，体积分数越高，对 UHPC 抗弯强度和韧性的提高越显著[2,3]。除了纤维的长度和掺量，纤维的取向也会显著影响其对 UHPC 的增强增韧效果[4-6]：当纤维取向与 UHPC 内主拉应力方向平行时，纤维能够最大限度地发挥增强和增韧效果；而当纤维取向与 UHPC 内主拉应力方向垂直时，纤维对 UHPC 基本无增强和增韧效果。传统的浇注方法制备的 UHPC，钢纤维在基体中是随机分布和取向的。研究表明，这种随机取向的钢纤维在 UHPC 受弯破坏时，沿主拉应力方向能发挥增强增韧效应的纤维利用率仅为 30% 左右[7]。这是因为大量的纤维排布方向与 UHPC 的受力方向不匹配，纤维对 UHPC 的增强和增韧作用并没有得到充分发挥，一定程度上造成了纤维浪费。因此，通过纤维定向，使纤维的取向与 UHPC 受力时的主拉应力方向一致，可大幅提高钢纤维的利用效率，改善 UHPC 的抗弯强度和韧性。本章从单根纤维拔出模型出发，分析了不同纤维取向对 UHPC 基体裂缝的桥联作用，得出纤维取向对 UHPC 抗弯性能的影响机理；基于纤维取向的影响因素，介绍纤维取向的调控方法；利用纤维取向受 UHPC 浆体流动影响的特性，逐一对流动诱导纤维定向技术及其模拟等展开介绍。

3.1　纤维取向与力学性能间的关系

以抗拉抗弯为例，UHPC 在受到荷载作用时，其荷载－位移曲线可分为以下 3 个阶段：弹性阶段、位移－硬化阶段和位移－软化阶段。在弹性阶段时，纤维与基体黏结完好，纤维和基体共同作用，导致 UHPC 荷载－位移曲线中荷载的增长。而进入位移－硬化阶段，UHPC 基体开裂，基体上一部分力转移至纤维，此时纤维依然能有效桥联裂缝，限制裂缝的进一步扩展，导致 UHPC 荷载－位移曲线中荷载的进一步增长。而到了位移－软化阶段，裂缝不断扩展，纤维不断被拔出，最终导致 UHPC 被完全破坏。由此可见，UHPC 在荷载作用下的破坏，是基体与纤维共同失效的结果。从纤维与基体完美黏结到基体开裂、纤维脱黏再到纤维被完全拔出，UHPC 的荷载－位移曲线也相应从弹性阶段变化到位移－软化阶段。因此，UHPC 的抗拉、抗弯性能受到基体强度、单根纤维拔出性能以及纤维长度和掺量的影响。单根纤维的拔出性能决定了基体开裂后纤维对裂缝的桥联能力，最终影响到 UHPC 整体的抗拉、抗弯性能。

3.1.1　单根纤维拔出模型

Naaman 等人[8] 提出了单根纤维拔出模型可分为纤维－基体完全黏结、纤维部分脱黏和纤维完全脱黏 3 个阶段。在纤维－基体完全黏结阶段，拔出力－位移曲线的斜率可由式(3.1) 计算：

$$E_{\mathrm{fm}}=\frac{1}{\beta}\frac{\lambda A_{\mathrm{m}}E_{\mathrm{m}}}{Q-2}\frac{1+\mathrm{e}^{-\lambda l_{\mathrm{e}}}}{1-\mathrm{e}^{-\lambda l_{\mathrm{e}}}} \tag{3.1}$$

式中，E_{fm} 为拔出力－位移曲线斜率；β 为纤维取向角对拔出位移的影响系数；λ、Q 为与基体和纤维特性相关的参数；l_{e} 为纤维嵌入长度；E_{m} 为基体的弹性模量($E_{\mathrm{m}}=40$ GPa)；A_{m} 为基体的有效面积，mm^2。以上可分别由式(3.2) ～ 式(3.5) 计算：

$$\beta=1+\Upsilon\left(\frac{2\theta}{\pi}\right)^{n} \tag{3.2}$$

$$\lambda=\sqrt{KQ} \tag{3.3}$$

$$K=\frac{\pi d_{\mathrm{f}}k}{A_{\mathrm{m}}E_{\mathrm{m}}} \tag{3.4}$$

$$Q=1+\frac{A_{\mathrm{m}}E_{\mathrm{m}}}{A_{\mathrm{f}}E_{\mathrm{f}}} \tag{3.5}$$

式中，θ 为纤维取向角，rad；n 和 Υ 为与纤维滑移相关的参数；d_{f} 为纤维的直径($d_{\mathrm{f}}=0.2$ mm)；E_{f} 为纤维的弹性模量($E_{\mathrm{f}}=210$ GPa)；A_{f} 为纤维的面积，mm^2；k 为假设的拔出力－位移曲线初始斜率。

在纤维部分脱黏阶段，纤维的拔出力和位移可以分别由式(3.6) 和式(3.7) 计算[9]：

$$P_{\theta}=\pi d_{\mathrm{f}}\tau_{\theta}u+\frac{\pi d_{\mathrm{f}}\tau_{\theta}}{\lambda}\frac{1-\mathrm{e}^{-2\lambda(l_{\mathrm{e}}-u)}}{\frac{2}{Q}\mathrm{e}^{-\lambda(l_{\mathrm{e}}-u)}+\left(1-\frac{1}{Q}\right)\left[1+\mathrm{e}^{-2\lambda(l_{\mathrm{e}}-u)}\right]} \tag{3.6}$$

$$\begin{aligned}\delta_{\theta}=\frac{\beta}{A_{\mathrm{m}}E_{\mathrm{m}}}\Bigg\{&P_{\theta}(Q-1)u-\frac{\pi d_{\mathrm{f}}\tau_{\theta}u^{2}}{2}(Q-2)+(P_{\theta}-\pi d_{\mathrm{f}}\tau_{\theta}u)\\&\left[\frac{1-\mathrm{e}^{-\lambda(l_{\mathrm{e}}-u)}}{1+\mathrm{e}^{-\lambda(l_{\mathrm{e}}-u)}}\right]\left(\frac{Q-2}{\lambda}\right)-\pi d_{\mathrm{f}}\tau_{\theta}ul_{\mathrm{e}}\Bigg\}\end{aligned} \tag{3.7}$$

式中，P_{θ} 为纤维拔出力，N；δ_{θ} 为纤维拔出位移，mm；u 为纤维脱黏部分长度($0<u<l_{\mathrm{e}}$)，mm；τ_{θ} 为具有取向角的纤维与基体的黏结强度，MPa，可由下式计算：

$$\tau_{\theta}=h\tau \tag{3.8}$$

式中，h 为考虑纤维取向角对黏结强度的影响系数；τ 为纤维取向与拔出力平行时的黏结强度，MPa。h 系数可由下式计算：

$$h=\mathrm{e}^{j\theta}(\cos\theta)^{m} \tag{3.9}$$

式中，j 和 m 分别为考虑纤维突然拔出和基体爆裂的影响系数。

在纤维完全脱黏阶段，纤维逐渐从基体中拔出，并与基体产生相对位移。此时，纤维拔出力 P_{θ} 可由式(3.10) 计算：

$$P_{\theta}=\pi d_{\mathrm{f}}\tau_{\mathrm{fd}}\chi \tag{3.10}$$

式中，τ_{fd} 为黏结滑移强度，MPa；χ 为纤维残留的嵌入长度，mm。χ 和 τ_{fd} 可分别由式(3.11)和式(3.12)计算：

$$\chi = \frac{(l_e^2 - \delta_\theta l_e)}{l_e - \delta_0} \tag{3.11}$$

$$\tau_{fd} = \tau_\theta e^{-\eta(\delta_\theta - \delta_0)\alpha 0} \frac{1 - e\left[\frac{-4vf\mu f\chi}{EfAf\left(\frac{1+vm}{Em}+\frac{1-vf}{Ef}\right)}\right]}{1 - e\left[\frac{-4vf\mu f le}{EfAf\left(\frac{1+vm}{Em}+\frac{1-vf}{Ef}\right)}\right]} \tag{3.12}$$

式中，δ_0 为部分脱黏阶段结束时的拔出位移，mm；η 和 α_0 为纤维拔出力－位移曲线下降段缓慢程度的影响系数；μ_f 为纤维－基体界面的摩擦系数；v_f 和 v_m 分别为纤维和基体的泊松比。

3.1.2 纤维桥联应力

对于给定配合比的UHPC，在没有对纤维进行表面处理的前提下，纤维与基体的黏结性能一般也不变。因此，在基体开裂以后，UHPC的抗弯性能主要取决于纤维对裂缝的桥联作用，即纤维桥联应力。纤维桥联应力可由单根纤维的拔出性能、纤维掺量以及纤维取向决定，如式(3.13)所示[10]：

$$\sigma_t = \alpha_{nf} \frac{V_f}{A_f} \int_0^{\frac{lf}{2}} \int_0^{\arccos\left(\frac{2z}{le}\right)} P_\theta(\theta, l_e, \delta_\theta) p(l_e) p(\theta) \mathrm{d}\theta \mathrm{d}z \tag{3.13}$$

式中，l_f 和 V_f 分别为纤维长度($l_f=13$ mm)和纤维的体积分数($V_f=2\%$)；α_{nf} 为考虑纤维取向时，截面上实际纤维数目的影响系数；z 为开裂截面与纤维中心的距离，mm；$P_\theta(\theta, l_e, \delta_\theta)$ 为单根纤维拔出力，由纤维取向角 θ、纤维嵌入长度 l_e 和拔出位移 δ_θ 等参数决定；$p(l_e)$ 为纤维嵌入长度的概率密度分布；$p(\theta)$ 为纤维取向角的概率密度分布。α_{nf} 可由下式计算，即

$$\alpha_{nf} = \frac{A_f N_m}{V_f A_c \int_0^{\frac{lf}{2}} \int_0^{\arccos\left(\frac{2z}{le}\right)} p(l_e) p(\theta) \mathrm{d}\theta \mathrm{d}z} \tag{3.14}$$

式中，N_m 为截面上的纤维数目；A_c 为截面面积，mm^2。假设 z 为均匀分布，即

$$p(z) = \frac{2}{l_f} \tag{3.15}$$

对于已开裂截面，如图3.1所示，纤维嵌入长度 l_e 和纤维长度 l_f 与开裂截面到纤维中心的距离 z 有如下关系：

$$l_e = \frac{l_f}{2} - \frac{z}{\cos\theta},\ 0 \leqslant z \leqslant \frac{l_f}{2} \tag{3.16}$$

假设 z 为3 mm时，可得纤维嵌入长度 l_e 最大为3.5 mm。使纤维取向系数 η_θ 由0.54、0.60和0.69依次增大，通过式(3.16)可得到不同 η_θ 值下的 $p(l_e)$，如图3.2所示。根据图3.2可知，纤维取向系数增大，将使更多的纤维具有更长的嵌入长度，而纤维嵌入长度的增加将使纤维具有更大的拔出力和拔出能。

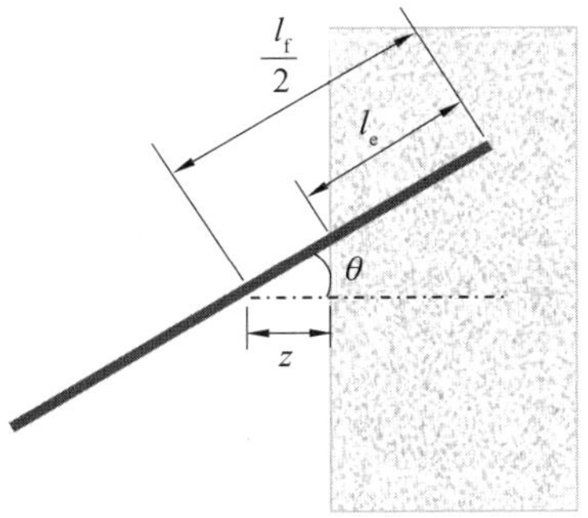

图 3.1　l_e、l_f 和 z 之间关系

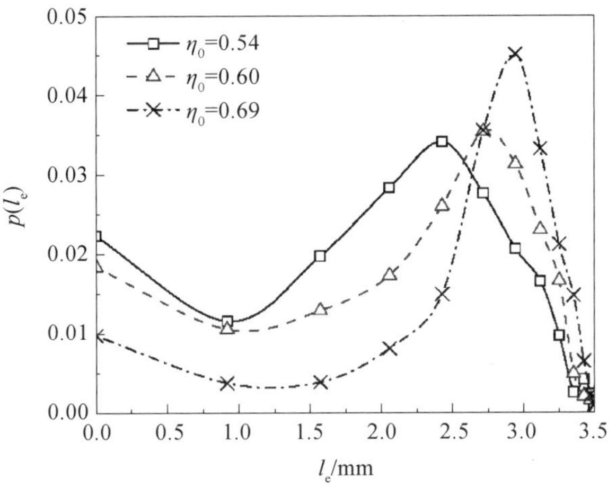

图 3.2　纤维取向对 $p(l_e)$ 的影响

对于 $p(\theta)$，可通过对不同纤维取向系数 η_θ 的截面进行统计分析得到，也可在给定的 η_θ 下，假设 $p(\theta)$ 是对称轴为 θ 的正态分布，可通过求解正态分布函数的各系数得到：

$$p(\theta)=a\mathrm{e}^{\left[-\frac{(\theta-b)2}{2c2}\right]} \tag{3.17}$$

在之前给定的 η_θ 前提下，假设 $p(\theta)$ 服从正态分布，则不同纤维取向系数下的 $p(\theta)$ 如图 3.3 所示。由图可知，纤维取向系数增大时，纤维取向角的概率密度分布曲线 $p(\theta)$ 向左偏，即截面上有更多的纤维具有更小的取向角。将 $p(\theta)$ 代入式(3.13)，可得到不同纤维取向系数下，纤维桥联应力与裂缝宽度的关系，如图 3.4 所示。当纤维取向系数由 0.54 增加到 0.69 时，纤维桥联应力可提高 80%。表 3.1 列出了纤维桥联应力计算相关参数取值。

由此可见，纤维定向对混凝土抗拉、抗弯性能的改善机理在于纤维桥联应力的提高。纤维取向变好，一方面使截面上更多的纤维具有更长的嵌入长度，另一方面使截面上更多的纤维具有更小的纤维取向角，从而改善了纤维的拔出性能，增大了纤维的拔出力和拔出能。因此，纤维桥联应力提高，纤维限制裂缝扩展的能力增大，最终导致混凝土抗拉、抗弯性能提高。

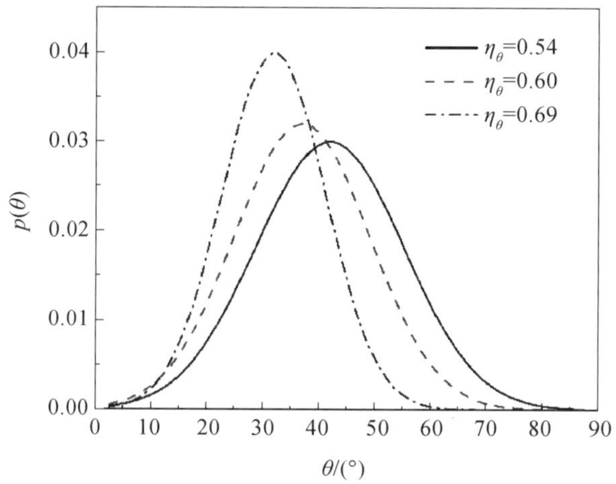

图 3.3 纤维取向对 $p(\theta)$ 的影响

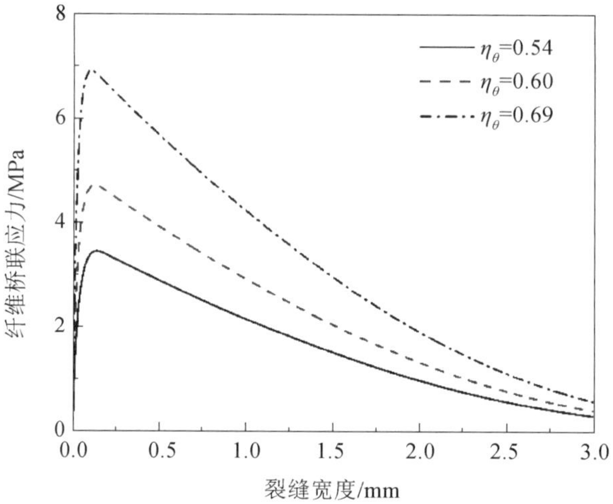

图 3.4 纤维取向对纤维桥联应力的影响

表 3.1 纤维桥联应力计算相关参数取值

参数	n	Υ	k	j	m	η	α_0	μ_f	v_f	v_m
取值	2	30	12 000	1.6	1.8	0.05	2.5	0.3	0.3	0.2

3.2 纤维取向调控方法

纤维取向通常受到浆体流动、流变性能、浇注方法、模具边壁效应、挤出和外部磁场等因素的影响。本章所述纤维一般指钢纤维，其具有足够的刚度以保证其形状的稳定性；而对于柔性纤维，由于其在浆体中容易发生弯曲变形，从而难以评价其纤维取向。

3.2.1　浆体流动

通常，流动度大于 240 mm 的新拌浆体具有自密实的特性。在 UHPC 浆体流动过程中，沿纤维长度方向，浆体流速的差异会在纤维上产生一个使纤维旋转的作用力(τ_s)，如式(3.18) 所示[11]：

$$\tau_s = \mu \frac{dV}{dy} \tag{3.18}$$

式中，μ 为浆体塑性黏度，Pa・s；$\frac{dV}{dy}$ 为浆体速度梯度，s^{-1}。

图 3.5 所示为浆体在不同流动模式下的纤维取向示意图。这些流动模式可通过改变模具形状和尺寸，浇注位置和方向以及浆体流变性能获得[13,14]。例如，在梁的一端浇注 UHPC 浆体，使其自由流动，会产生剪切流，纤维在剪切流内会平行于流动方向取向，并且随着流动距离增加，纤维取向变好；而在板内单点浇注 UHPC 浆体使其自由流动，则会产生径向流，纤维会垂直于流动方向取向。

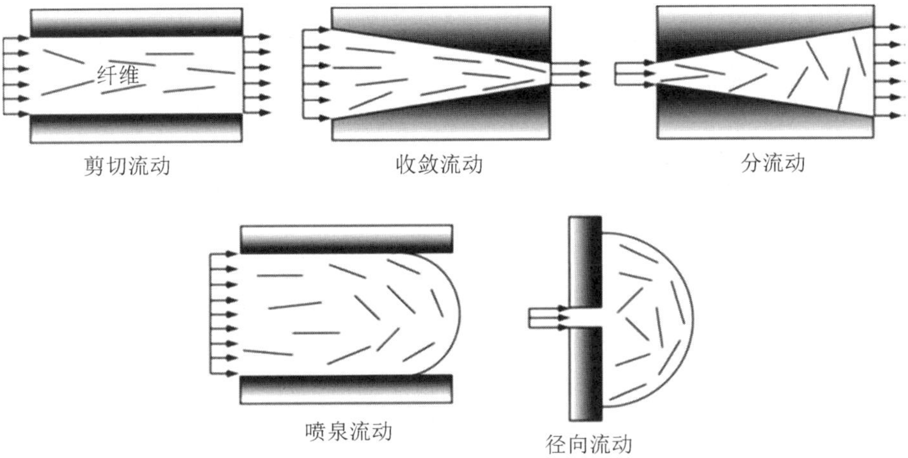

图 3.5　纤维在不同流动模式下的纤维取向示意图[12]

另一方面，两股相反流动汇聚则会降低纤维取向，汇聚点的纤维取向往往最低。Huang 等人[15] 在 630 mm 长的梁两端同时浇注 UHPC，发现梁中部的纤维取向比梁左端或者右端纤维取向系数低 0.2。Barnett 等人[16] 对比了 3 种板的浇注方式，即在板的中心单点浇注，沿板边缘随机多点浇注和在板内随机多点浇注。对于中心单点浇注，纤维取向符合其在径向流动中的变化规律，即垂直于流动方向取向；而对于其他两种浇注方式，由于不同浇注位置 UHPC 浆体流动的互相干扰，纤维取向均低于中心单点浇注。

3.2.2　浆体流变性能

根据式(3.18) 可知，纤维取向受浆体黏度影响。据 Meng 和 Khayat[17] 报道，UHPC

砂浆塑性黏度由 12 Pa·s 提高至 53 Pa·s，纤维取向系数可以从 0.64 提升至 0.72。Teng 等人[18] 也报道了类似研究结果，UHPC 砂浆塑性黏度由 10 Pa·s 提高至 66 Pa·s，使纤维取向系数从 0.6 提高至 0.7；另一方面，浆体黏度增大的同时会降低其流动速度，从而降低纤维取向系数。因此，黏度对纤维取向的影响具有净效应。同时，由于纤维在低黏度液体（如水）中会发生沉降和团聚，所以合适的黏度可以保证纤维在 UHPC 内有效分散和取向[19]。Teng 等人[18] 提出，对于体积分数为 1%、2% 和 3% 纤维掺量的 UHPC，砂浆的最合适黏度分别为 36 Pa·s、52 Pa·s 和 66 Pa·s。

除了塑性黏度，纤维取向也受浆体屈服应力影响。只有当施加的应力大于浆体的屈服应力，浆体才会发生流动[20,21]。低屈服应力的浆体则更容易流动，从而也更容易影响纤维取向。Martinie 和 Roussel[22] 提出了一个适用于自密实混凝土纤维取向与其屈服应力的数学关系：

$$\eta = 0.7 - \frac{\tau}{\rho g e} + 0.05\frac{l_f}{e} \tag{3.19}$$

式中，η 为纤维取向；τ 为浆体的屈服应力，Pa；ρ 为浆体的密度，kg·m^{-3}；l_f 为纤维长度，mm；e 等于模具宽度的一半，mm。由式(3.19) 可知，纤维取向随着浆体屈服应力的增大而减小。并且 Boulekbache 等人[23] 指出，浆体屈服应力增大，导致纤维团聚的可能性变大，从而阻碍了纤维在浆体流动过程中的取向。

3.2.3 浇注方式

UHPC 浆体浇注方式的优化设计同样可以改善纤维取向。如图 3.6(a) 所示，Teng 等人[18] 利用 30° 斜槽浇注自密实 UHPC，使 UHPC 从模具一端流至另一端。随着流动距离增大，纤维取向不断改善，与传统浇注方式（纤维随机取向）相比，该浇注方式可以提高纤维取向 15% ~ 45%。而对于中等流动度或者低流动度 UHPC，Kang 等人[24,25] 分别在平行和垂直于受拉方向浇注，如图 3.6(b) 所示，发现平行于受拉方向浇注的 UHPC 试件纤维取向比垂直于受拉方向浇注的高 50%。Zhang 等人[26,27] 利用一斜槽和振动台浇注低流动度 UHPC，如图 3.6(c) 所示，振动台的作用可以克服 UHPC 高屈服应力，使浆体通过斜槽流入模具。与传统浇注方式相比，该浇注方式可以提高纤维取向 25%。

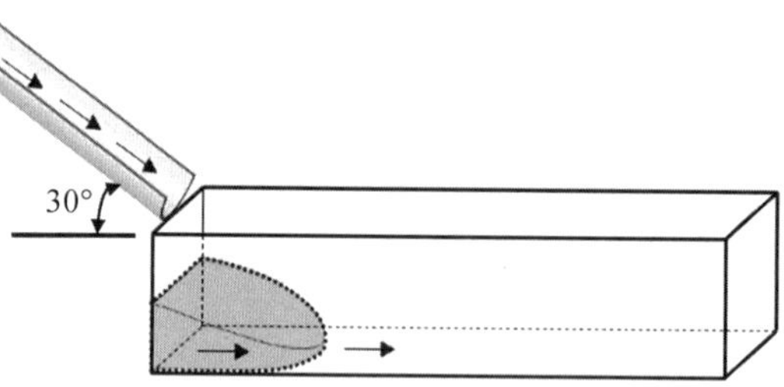

(a) 30°斜槽浇注[18]

图 3.6　不同浇注方式

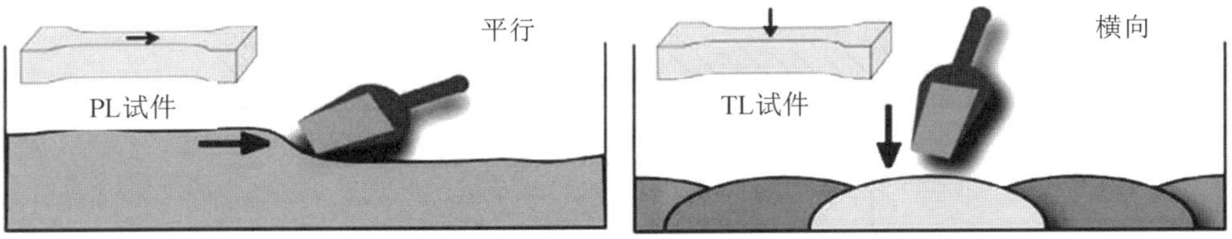

(b) 平行和垂直受拉方向浇注[24,25]

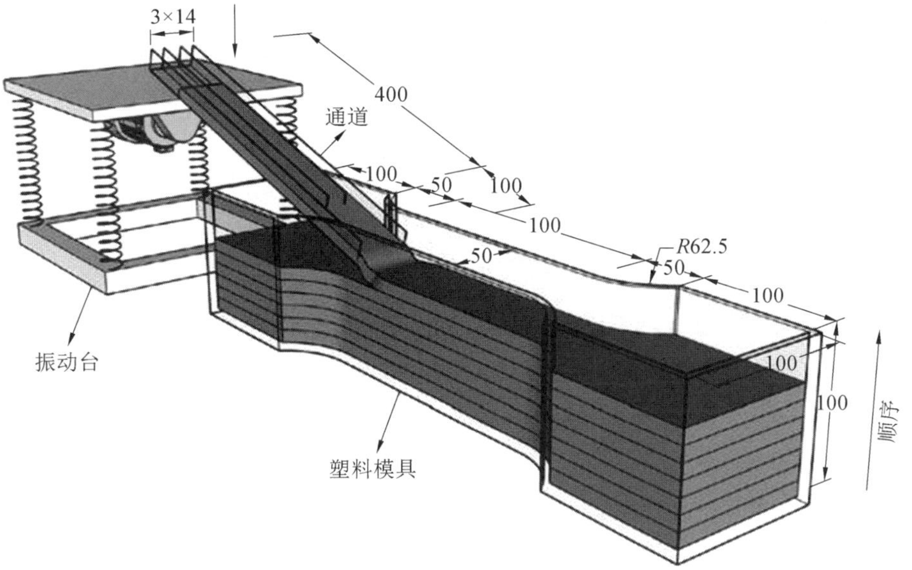

(c) 利用振动台和斜槽浇注[26,27](单位:mm)

续图 3.6

3.2.4　模具边壁效应

在模具边壁附近,纤维取向受到边壁的限制作用,因此模具边壁附近的纤维取向系数通常大于其他不受边壁限制区域。图 3.7 所示为纤维取向受模具边壁限制作用示意图。据 Dupont 等人[22,28] 报道,该限制区域的宽度等于纤维长度的一半。Dupont 等人[28-30] 把梁的横截面划分成 3 个区域,即中间大部分不受模具边壁限制区域、受模具一侧边壁限制区域和受模具互相垂直两侧边壁限制区域,如图 3.8 所示,并分析纤维取向。结果发现 3 个区域的纤维取向系数分别为 0.5、0.6 和 0.8。

对于厚度较小的混凝土构件,模具边壁效应对纤维取向及抗弯性能的影响尤为明显。构件厚度越小,模具边壁效应对整体的纤维取向系数的提高越大。另一方面,模具表面越粗糙,对 UHPC 浆体流动过程中纤维取向的阻碍作用也越大,从而降低纤维取向系数。

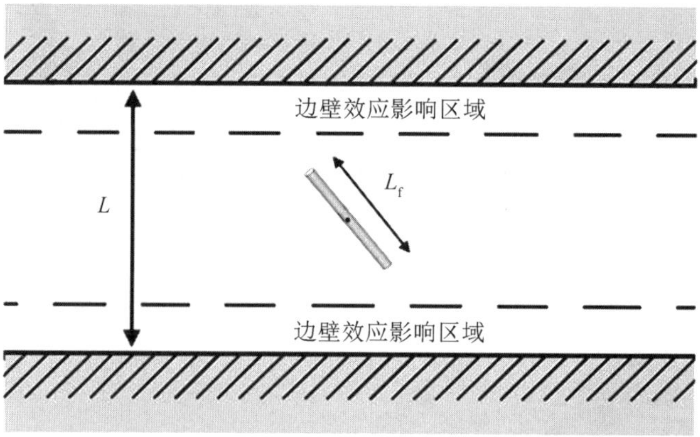

图 3.7 纤维取向受模具边壁限制作用示意图[22]

L_f— 纤维长度；L— 模具宽度

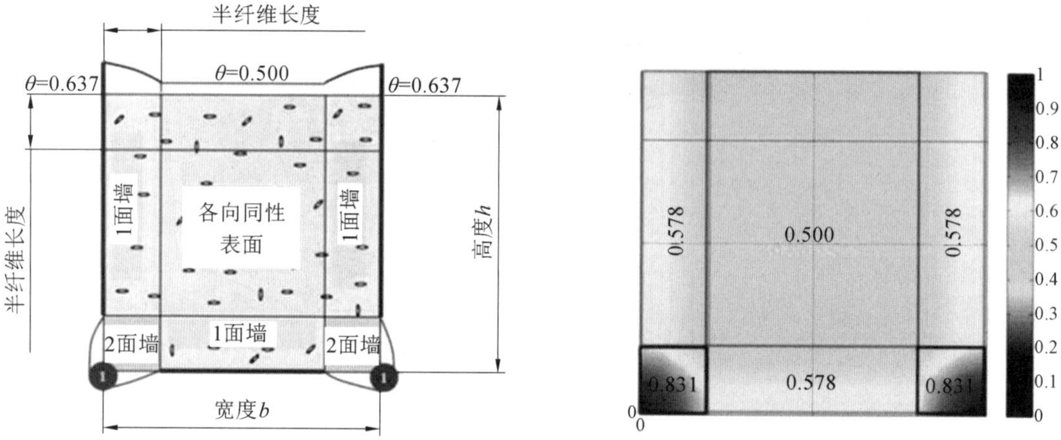

图 3.8

图 3.8 模具边壁对纤维取向的限制作用（θ 单位：°）[30]

3.2.5 挤出

挤出成型是使水泥基材料从一个口径较小的装置挤出，由于纤维长度大于挤出装置的口径，因此水泥基材料在挤出过程中，纤维由于其转动受到限制会沿着浇注方向定向分布，如图 3.9 所示。通过该挤出成型装置，70％ 的纤维能够沿着挤出方向取向。挤出成型对纤维取向的改善效果与挤出口径的大小和纤维长度密切相关。挤出口径小于纤维长度则有利于纤维在挤出成型过程中定向，产生更好的纤维取向改善效果。而对于给定的口径大小，纤维长度增加则会增加纤维在挤出装置内堵塞的风险，从而降低纤维取向改善效果。

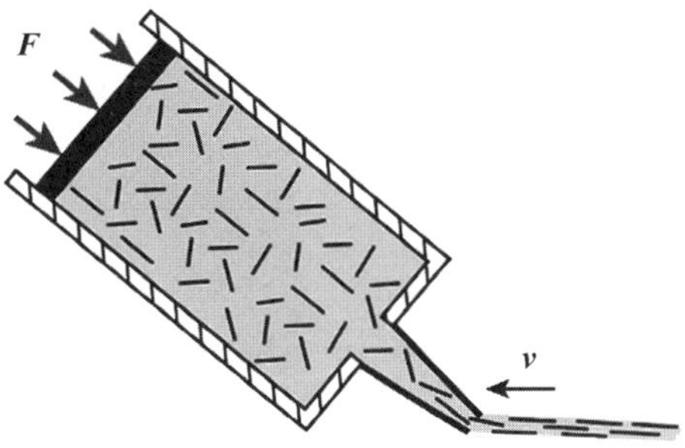

图 3.9　挤出成型示意[31,32]

挤出作为3D打印混凝土中使用最多的成型技术，对于纤维增强水泥基材料，基于挤出的3D打印技术同样会促使纤维在打印时定向，从而改善纤维取向。Pham等[33]分别将体积分数为0.25%和1%的6 mm纤维通过一个9 mm高口径挤出，通过CT扫描研究了不同掺量下挤出对纤维取向的影响。如图3.10所示，对于直接浇注入模的样品，纤维在样品内随机取向，而对于打印的样品，90%以上的纤维都能沿着挤出方向取向。Arunothayan等[34]也报道了类似研究结果，将2%的13 mm纤维通过一个15 mm高口径挤出，纤维取向明显得到改善。

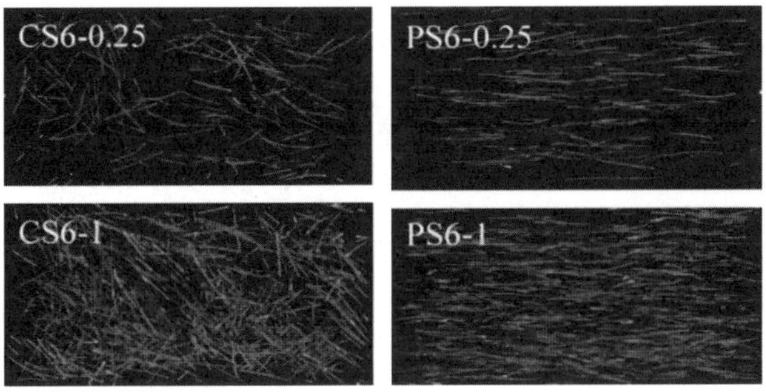

图 3.10　直接浇注入模(CS)和3D打印(PS)样品纤维取向[33]

3.2.6　外部磁场

钢纤维在磁场中有向磁感线方向旋转的趋势，因此，利用磁场也可以诱导纤维取向沿给定方向改善。如图3.11所示[35]，利用透明硅油代替水泥基材料，将其置于磁场中，可明显观察到纤维朝特定方向取向。慕儒等[4,36-38]通过自主设计的磁场定向装置对混凝土中的钢纤维进行定向，与未施加磁场成型的样品相比，该磁场定向装置可以提高80%的纤维取向。Abrishambaf等人[6]利用磁场使纤维沿着抗拉方向定向，与未施加磁场成型的样品相比，纤维取向可以提高50%。

(a) 无磁场下纤维随机取向　　(b) 磁场下纤维定向

图 3.11　磁场诱导纤维定向[35]

3.3　流动诱导纤维取向技术

由 3.2.1 节可知,纤维取向受浆体流动模式影响。本节主要介绍作者实验室研发的 L 形流动诱导纤维定向装置(以下简称 L 形定向装置),该装置具有操作简便、纤维取向改善效果好的特点。

3.3.1　纤维取向评价

图 3.12 所示为 2D 和 3D 空间下纤维取向示意。在 2D 或 3D 空间下,纤维取向可由单位向量 $\boldsymbol{p}$ 通过 θ、α 和 β 等角度来表示。尽管 3D 空间下纤维取向更能反映实际情况下的纤维取向,但是 3D 空间的纤维取向往往难以计算,因此 2D 空间下的纤维取向被研究人员们广泛应用。

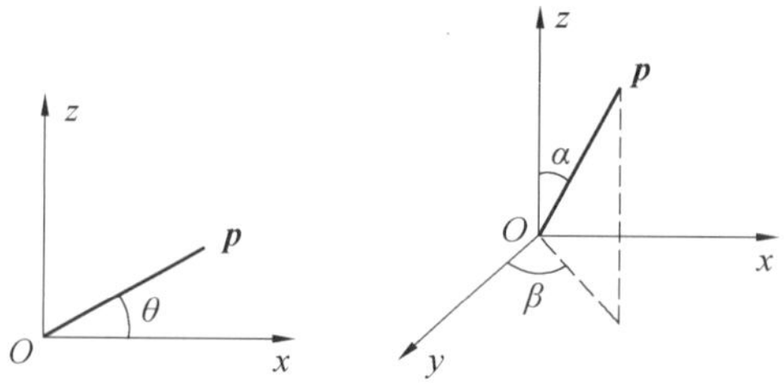

(a) 2D　　(b) 3D

图 3.12　2D 和 3D 空间下纤维取向示意

对于 2D 空间下的纤维取向,沿 x 和 z 轴的纤维取向角 p_x 和 p_z 可分别由式(3.20) 和式(3.21) 计算:

$$p_x = p \ \arccos \theta \tag{3.20}$$

$$p_z = p \ \arcsin \theta \tag{3.21}$$

假设主拉应力的方向与 x 轴平行,则 p_x 减小意味着纤维桥联应力增大,限制裂缝扩展能力提高。当 p_x 等于 0° 时,纤维限制裂缝扩展的能力最大,纤维对基体的增强效率最高。通过统计分析截面内所有纤维的纤维取向角及其分布,可以得到样品的纤维取向。

文献中通常有 3 种方法表征其纤维取向，即纤维取向因子(α_θ)、纤维取向数(ϕ_θ) 和纤维取向系数(η_θ) 分别如式(3.22)[28-30]、式(3.23)[6,39,40] 和式(3.24)[39,41,42] 所示：

$$\alpha_\theta = n_{\mathrm{f}} \frac{A_{\mathrm{f}}}{V_{\mathrm{f}}} \tag{3.22}$$

$$\phi_\theta = \frac{1}{N_{\mathrm{f}}^{\mathrm{T}}} \sum_{n=1}^{N_{\mathrm{f}}^{\mathrm{T}}} \cos \theta_n \tag{3.23}$$

$$\eta_\theta = \int_{\theta_{\min}}^{\theta_{\max}} p(\theta) \cos^2 \theta \mathrm{d}\theta \tag{3.24}$$

其中，n_{f} 为单位截面上的纤维根数；$N_{\mathrm{f}}^{\mathrm{T}}$ 为截面上总的纤维根数；A_{f} 为单根纤维截面面积；V_{f} 为纤维掺量；θ_n 为第 n 根纤维的纤维取向角；$p(\theta)$ 为纤维取向角的概率密度分布。

当纤维在基体内随机取向时，α_θ、ϕ_θ 和 η_θ 的值为 0.5；当基体内所有纤维的取向均与主拉应力平行时，α_θ、ϕ_θ 和 η_θ 的值为 1，此时纤维的增强效果最好；而当 α_θ、ϕ_θ 和 η_θ 的值为 0 时，则表示基体内所有纤维的取向均与主拉应力垂直，此时纤维没有增强作用。

纤维取向的定性和定量评价对纤维增强水泥基材料力学性能的分析极其重要。纤维取向的评价方法可分为有损和无损，以及直接和非直接两种。作为最广泛使用的方法，图像分析方法可提供对纤维取向的直接分析，然而图像分析方法需要切取待分析的截面，是一种有损方法，且局限于 2D 空间。图 3.13 所示为图像分析纤维取向的程序示意。通常使用高分辨率相机获取待分析截面的 RGB 图像，通过专业软件(如 Image Pro Plus) 将 RGB 图像转换为二进制图像，通过设置合适的灰度阈值，将纤维与基体分割出来，再对椭圆形纤维图像的长短轴进行统计，可计算得到单根纤维的纤维取向角：

$$\theta = \arccos \frac{d_{\mathrm{f}}}{a} \tag{3.25}$$

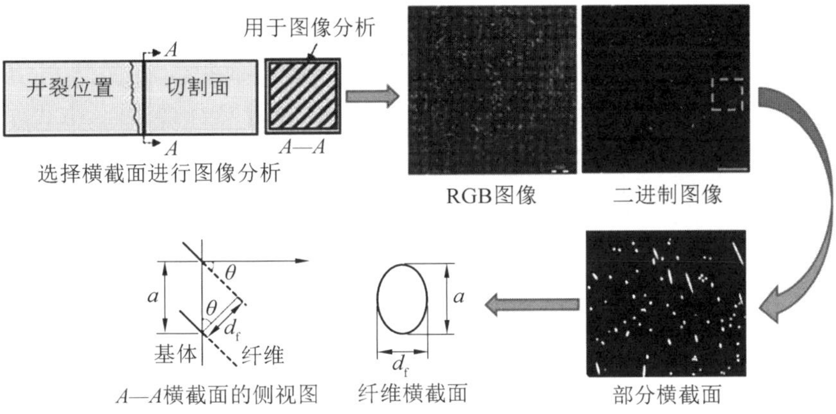

图 3.13　图像分析法评价纤维取向[40]

CT 扫描作为一种无损检测方法，可以满足 2D 和 3D 空间的纤维取向分析，并且不需要切取和抛光截面[43]。X 射线在通过钢纤维、砂浆、孔和裂缝时，由于其衰减系数不同，因此在得到的图像中展示的明暗程度不同，其中最亮的为钢纤维，最暗的为孔和裂缝[44]。图 3.14 包含了纤维与基体的分割图像和只含纤维的 3D 图像重构。在重构的 3D 图像基础上，可以对纤维取向进行定性和定量分析。

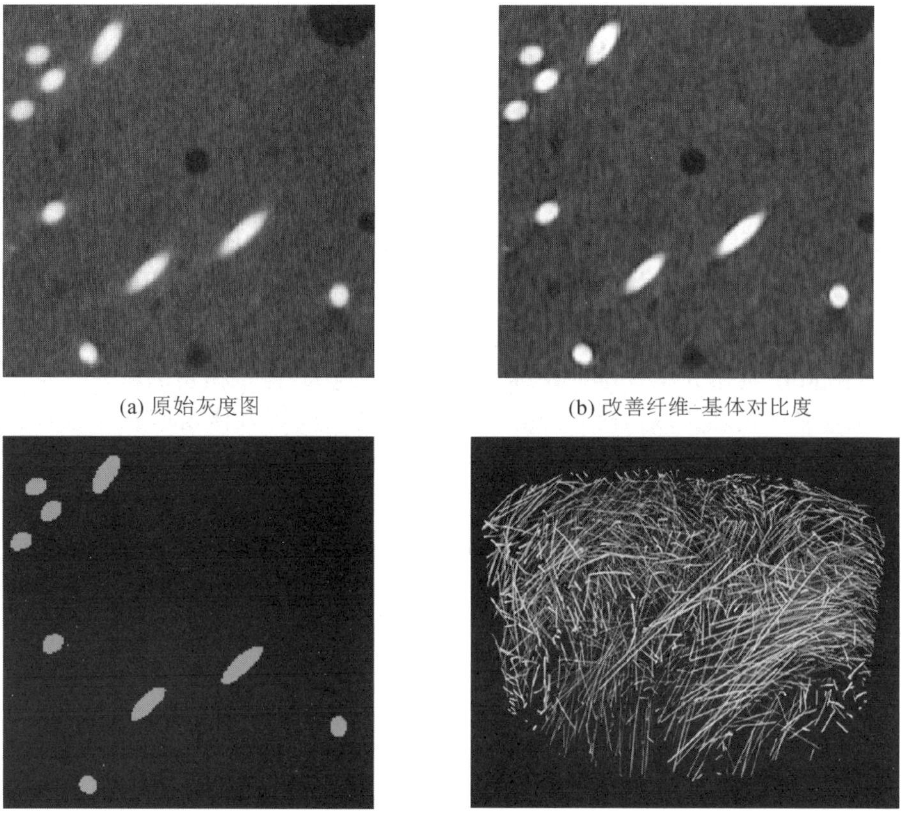

(a) 原始灰度图　(b) 改善纤维–基体对比度

(c) 纤维与基体分割　(d) 3D重构

图 3.14　3D 纤维图像重构过程[45]

由于 UHPC 基体一般纤维掺量较高，纤维相互搭接现象明显，因此，如何有效区分开相互搭接的纤维，是保证对纤维取向准确、有效分析的前提。有文献利用黑塞矩阵(Hessian matrix)[46]，通过每个像素点而不是单根纤维来计算纤维取向，取得了不错的纤维分割效果。

可利用透明黏性液体代替 UHPC 浆体，也可以对内部纤维取向进行直接观测[47-49]。黏性液体具有与 UHPC 浆体类似的流变参数，因此纤维在黏性液体内的取向可视为其在 UHPC 浆体内的真实取向，但该种方法仅限于定性分析。

另有非直接的测试方法，如电阻率法[16,50]和磁导率法[51-54]，如图 3.15 所示，则是根据钢纤维取向对 UHPC 电导率、电阻率以及磁导率的影响，通过测得的电导率、电阻率和磁导率数值上的差异，来分析样品内部纤维取向的不同。这些方法方便快捷、无损，但是其测试精度也随着样品尺寸和养护制度等变化而波动。

(a) 电阻率法

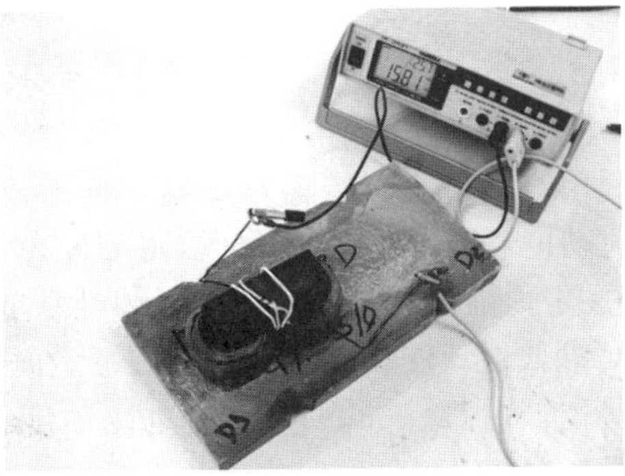

(b) 磁导率法

图 3.15　非直接法测试纤维取向[16,54]

3.3.2　流动诱导纤维定向装置

图 3.16 所示为流动诱导纤维定向装置简易示意图。该装置呈 L 形，由透明的有机玻璃制成，由垂直容器和水平通道两部分连接组成。垂直容器的尺寸为 100 mm × 100 mm ×250 mm，水平通道的高度（H）可以调节，尺寸分别可以为75 mm ×100 mm × 10 mm、75 mm ×100 mm × 20 mm 和 75 mm × 100 mm × 30 mm。垂直容器和水平通道由一个15 mm 高，横向 30 mm 长的曲面连接，垂直容器的尺寸可以保证纤维在 L 形定向装置内可以自由流动和转动，而不同的水平通道尺寸则可以满足不同的纤维取向要求。新拌 UHPC 由垂直容器倒入，由水平通道出口流出，钢纤维在 UHPC 流动过程中被逐渐定向。

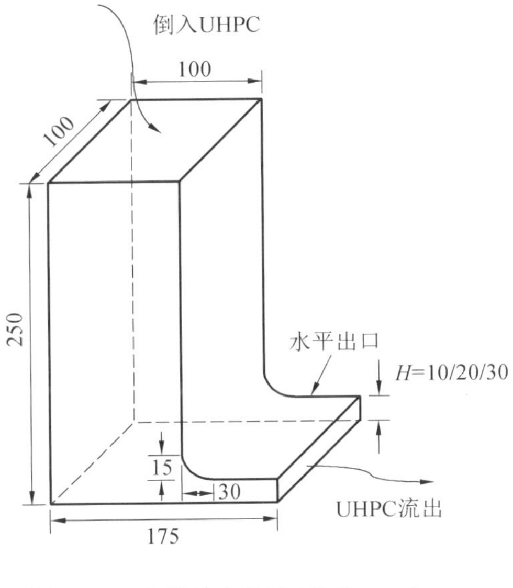

图 3.16　L 形定向装置（单位：mm）

3.3.3 流动性和流变性要求

利用该L形定向装置对纤维取向的改善效果受UHPC砂浆流动度和塑性黏度影响。流动度过低，塑性黏度过大，则UHPC浆体不易流动，容易在L形定向装置内发生堵塞，造成定向困难；而流动度过高，塑性黏度过小，则无法保证纤维均匀分散。图3.17为UHPC砂浆流动度和塑性黏度对L形定向装置纤维取向改善效果的影响。由图可知，当流动度较低时(200 mm)，增大塑性黏度会降低纤维取向，L形定向装置在塑性黏度10 Pa·s左右对纤维取向改善效果最好。当流动度较高时(270 mm)，利用该L形定向装置改善纤维取向具有最适黏度，为45 Pa·s左右。塑性黏度由10 Pa·s提高至45 Pa·s，纤维分散变好，从而使纤维改善效果变好；而当高于45 Pa·s时，纤维团聚现象变得更加严重，纤维相互搭接，不利于纤维取向改善。

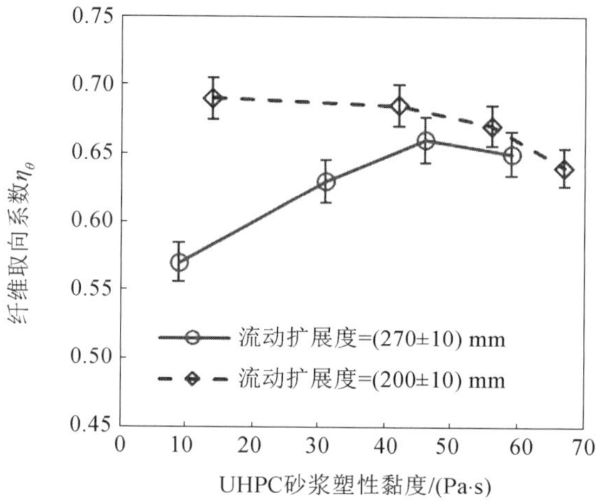

图 3.17 UHPC砂浆流动度和塑性黏度对L形定向装置纤维取向改善效果的影响

3.4 流动诱导纤维取向的计算模拟

光滑粒子流体动力学(SPH)是一种典型的拉格朗日无网格质点方法，最初由Lucy[55]于1977年提出，用于解决三维开放空间的天体物理问题。与基于网格的数值计算方法不同，SPH方法在计算导数时不需要任何网格，而是通过一系列任意分布的粒子进行核函数估值近似，系统被离散成有限个粒子，并具有所有的力学属性，如质量、速度、加速度等。由于其粒子特性，SPH方法在解决大变形和不连续性问题时具有巨大的优势，目前已被广泛应用于高速碰撞、冲击以及牛顿或非牛顿流体流动领域[56-58]。

3.4.1 SPH 方法基本原理

1. 积分插值

在 SPH 方法中，任意函数 $A(\boldsymbol{r})$ 在空间某一点 $\boldsymbol{r}$ 处的核函数估计可由函数在域 Ω 的积分获得[59]：

$$A(\boldsymbol{r})=\int_{\Omega}A(\boldsymbol{r}')W(\boldsymbol{r}-\boldsymbol{r}',h)\mathrm{d}\boldsymbol{r}' \tag{3.26}$$

式中，$W(\boldsymbol{r}-\boldsymbol{r}',h)$ 为核函数；h 为光滑长度。核函数应具有如下性质：

(1) 归一化：

$$\int_{\Omega}W(\boldsymbol{r}-\boldsymbol{r}',h)\mathrm{d}\boldsymbol{r}'=1 \tag{3.27}$$

(2) 紧支性：

当

$$|\boldsymbol{r}-\boldsymbol{r}'|>\kappa h,\quad W(\boldsymbol{r}-\boldsymbol{r}',h)=0 \tag{3.28}$$

式中，κ 为比例系数。图 3.18 为核函数作用范围示意图，在 κh 半径外的区域，核函数值为 0。常用的核函数为三次样条函数，如式(3.29) 所示[59]：

$$W(|\boldsymbol{r}|,h)=\frac{c}{h^D}\begin{cases}\dfrac{3}{2}\left(\dfrac{1}{2}q-1\right)q^2, & 0\leqslant q\leqslant 1\\ \dfrac{1}{4}(2-q)^3, & 1\leqslant q\leqslant 2\\ 0, & q\geqslant 2\end{cases} \tag{3.29}$$

式中，$q=|\boldsymbol{r}|/h$；D 为空间维数；c 为归一化常数，在一维、二维、三维空间下分别为 $\dfrac{2}{3}$、$\dfrac{10}{7\pi}$、$\dfrac{1}{\pi}$。由式(3.26)，函数空间导数的核函数估计可写成：

$$\nabla A(\boldsymbol{r})=\int_{\Omega}[A(\boldsymbol{r}')-A(\boldsymbol{r})]\nabla W(\boldsymbol{r}-\boldsymbol{r}',h)\mathrm{d}\boldsymbol{r}' \tag{3.30}$$

如图 3.18 所示，系统被划分为 N 个粒子，第 j 个粒子的位置为 $\boldsymbol{r}_j$，质量为 m_j(kg)，密度为 ρ_j($\mathrm{kg\cdot m^{-3}}$)，式(3.26) 和式(3.30) 可分别写成粒子求和的形式：

$$A(\boldsymbol{r})=\sum_{j=1}^{N}m_j\frac{A_j}{\rho_j}W(\boldsymbol{r}-\boldsymbol{r}_j,h) \tag{3.31}$$

$$\nabla A(\boldsymbol{r})=\sum_{j=1}^{N}m_j\frac{A_j}{\rho_j}\nabla W(\boldsymbol{r}-\boldsymbol{r}_j,h) \tag{3.32}$$

2. 控制方程

为了给出 SPH 形式的流体动力学模型，拉格朗日形式的流体运动控制方程可由式(3.33) 和式(3.34) 表示：

连续性方程：

$$\frac{D\rho}{Dt}=-\rho\nabla\cdot\boldsymbol{v} \tag{3.33}$$

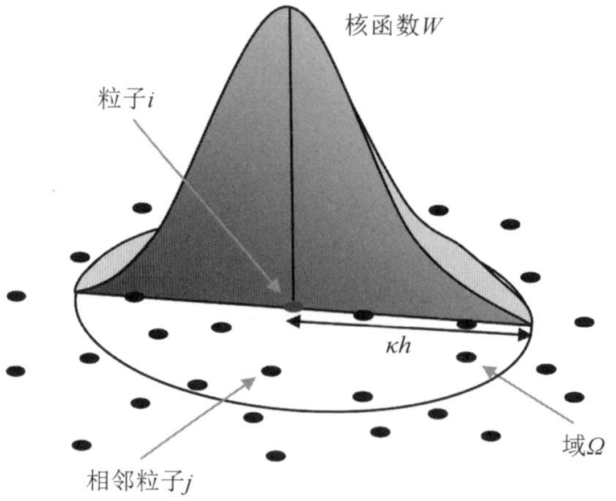

图 3.18　核函数作用范围示意图

动量守恒方程：

$$\frac{D\boldsymbol{v}}{Dt}=\frac{1}{\rho}\nabla\cdot\boldsymbol{\sigma}+\boldsymbol{F} \tag{3.34}$$

式中，ρ 为粒子密度，$\text{kg}\cdot\text{m}^{-3}$；$t$ 为时间，s；$\boldsymbol{v}$ 为粒子速度矢量，$\text{m}\cdot\text{s}^{-1}$；$\boldsymbol{\sigma}$ 为总应力张量，MPa；$\boldsymbol{F}$ 为外力，N，如重力、磁场力。总应力张量 $\boldsymbol{\sigma}$ 可写成：

$$\boldsymbol{\sigma}=-p\boldsymbol{I}+\boldsymbol{S} \tag{3.35}$$

式中，p 为压力，Pa；$\boldsymbol{I}$ 为单位对角矩阵；$\boldsymbol{S}$ 为偏应力张量，MPa。结合式(3.29)和式(3.32)，流体动力学方程式(3.33)和式(3.34)可分别写成：

$$\frac{D\rho_i}{Dt}=\sum_{j=1}^{N}m_j(\boldsymbol{v}_i-\boldsymbol{v}_j)\nabla_i W_{ij} \tag{3.36}$$

$$\frac{D\boldsymbol{v}_i}{Dt}=\sum_{j=1}^{N}m_j\left(\frac{\sigma_i}{\rho_i^2}+\frac{\sigma_j}{\rho_j^2}\right)\nabla_i W_{ij}+\boldsymbol{F}_i \tag{3.37}$$

式中，$W_{ij}=W(|\boldsymbol{r}_i-\boldsymbol{r}_j|,h)$。

3. 人工压缩率

对于新拌混凝土，由于其内部含有一定体积的气体，一部分气体在混凝土流动过程中逸出，因此新拌混凝土可以看作是弱可压缩的。考虑人工压缩率的状态方程为[60]

$$P=\frac{\rho_0 c_0^2}{\gamma}\left[\left(\frac{\rho}{\rho_0}\right)^{\gamma}-1\right] \tag{3.38}$$

式中，ρ_0 为基准密度，$\text{kg}\cdot\text{m}^{-3}$；$c_0$ 为基准密度下的声速，$\text{m}\cdot\text{s}^{-1}$；$\gamma$ 为常数，流体介质为水时，$\gamma=7$。

4. 人工黏度

为了消除 SPH 模拟过程中的波动，提高计算的稳定性，SPH 计算中通常需引入人工黏度。Monaghan[61] 提出，人工黏度 $\prod_{ij}$ (Pa・s) 可由式(3.39)计算：

$$\prod_{ij}=\begin{cases}\dfrac{-\alpha\bar{c}_{ij}\phi_{ij}+\beta\phi_{ij}^2}{\bar{\rho}_{ij}}, & \boldsymbol{v}_{ij}\cdot\boldsymbol{r}_{ij}<0\\ 0, & \boldsymbol{v}_{ij}\cdot\boldsymbol{r}_{ij}\geqslant 0\end{cases}\tag{3.39}$$

其中

$$\phi_{ij}=\frac{\bar{h}_{ij}\boldsymbol{v}_{ij}\cdot\boldsymbol{r}_{ij}}{|\boldsymbol{r}_{ij}|^2+0.01h_{ij}^2}\tag{3.40}$$

$$\bar{c}_{ij}=\frac{1}{2}(c_i+c_j)\tag{3.41}$$

$$\bar{\rho}_{ij}=\frac{1}{2}(\rho_i+\rho_j)\tag{3.42}$$

$$\bar{h}_{ij}=\frac{1}{2}(h_i+h_j)\tag{3.43}$$

$$\boldsymbol{v}_{ij}=\boldsymbol{v}_i-\boldsymbol{v}_j,\boldsymbol{r}_{ij}=\boldsymbol{r}_i-\boldsymbol{r}_j\tag{3.44}$$

α 和 β 为两个由模拟对象决定的参数，通常取值在 1.0 左右；$\bar{c}_{ij}$、$\bar{\rho}_{ij}$ 和 $\bar{h}_{ij}$ 分别为粒子在位置 $\boldsymbol{r}_i$ 和 $\boldsymbol{r}_j$ 上声速、密度和光滑半径的平均值；$\boldsymbol{v}_{ij}$ 和 $\boldsymbol{r}_{ij}$ 分别为粒子 i 和 j 间的相对速度和位置向量。

5. 边界处理

通过在固定边界上布置一系列边界粒子，粒子在靠近边界粒子时，会受到大小适中的中心排斥力，从而防止粒子在靠近边界时发生渗透，提高了 SPH 在边界区域计算的准确度。若粒子 i 靠近边界粒子 j，则一个排斥力就会沿着粒子 i 和 j 中心的连线方向作用于粒子 i 上。排斥力 $PB(\boldsymbol{r}_{ij})$(N) 的计算类似于描述分子间作用力的 Lennard－Jones 方程[61]：

$$PB(\boldsymbol{r}_{ij})=\begin{cases}D\left[\left(\dfrac{r_0}{|r_{ij}|}\right)^{n1}-\left(\dfrac{r_0}{|r_{ij}|}\right)^{n2}\right]\dfrac{r_{ij}}{|r_{ij}|^2}, & \dfrac{r_0}{|r_{ij}|}\leqslant 1\\ 0, & \dfrac{r_0}{|r_{ij}|}>1\end{cases}\tag{3.45}$$

式中，D 为由模拟对象决定的参数，和粒子速度的平方是一个量级；n_1 和 n_2 分别为 12 和 4；r_0 为截止距离，m，若取值过大，则初始时刻边界附近的粒子就会受到边界粒子的排斥力，产生扰动，若取值过小，则可能导致有些粒子穿透边界。根据经验，其数值一般取粒子的初始间距。

6. 时间积分

常用的时间积分格式有跳蛙法、预估－校正法和龙格－库塔法，跳蛙法对内存的要求较低，各场变量在每个时间步后更新如下[62]：

$$\rho_{n+\frac{1}{2}}=\rho_{n-\frac{1}{2}}+\left(\frac{Dp}{Dt}\right)_n\Delta t\tag{3.46}$$

$$\boldsymbol{v}_{n+\frac{1}{2}}=\boldsymbol{v}_{n-\frac{1}{2}}+\left(\frac{Dv}{Dt}\right)_n\Delta t\tag{3.47}$$

$$\boldsymbol{x}_{n+1}=\boldsymbol{x}_n+\boldsymbol{v}_{n+\frac{1}{2}}\Delta t\tag{3.48}$$

为了提高计算稳定性，时间步 Δt 的选择应该满足柯朗－弗里德里希斯－列维条件(Courant－Friedrichs－Lewy condition)、附加约束和黏性扩散条件，即

$$\Delta t = \min\left(\frac{h}{c}, 0.25\sqrt{\frac{h}{f_i}}, 0.125\frac{h^2\rho}{\mu}\right) \tag{3.49}$$

式中，f_i 为粒子加速度，$m \cdot s^{-2}$；μ 为塑性黏度，Pa・s。

3.4.2 SPH 模拟纤维定向

新拌 UHPC 砂浆的剪切应力和剪切速率的关系如图 3.19 所示。UHPC 砂浆的剪切应力和剪切速率满足宾汉姆模型，以该模型拟合剪切应力和剪切速率，直线的截距和斜率分别对应 UHPC 砂浆的屈服剪切应力和塑性黏度。对于 UHPC 砂浆，屈服剪切应力和塑性黏度分别可得为 25.9 Pa 和 7.5 Pa・s。

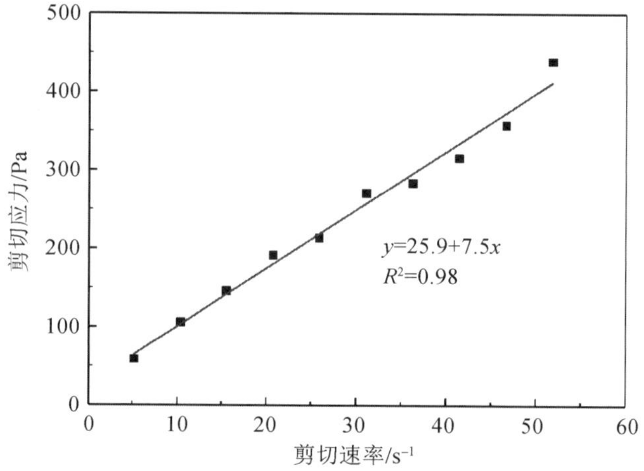

图 3.19 UHPC 砂浆流变性能

从实际计算角度，在 SPH 模拟中一般使用 Kulasegaram 等人[63] 提出的流变模型：

$$\boldsymbol{\tau} = \mu\dot{\varepsilon} + \boldsymbol{\tau}_0(1 - e^{-m\dot{\varepsilon}}) \tag{3.50}$$

式中，$\boldsymbol{\tau}$ 为剪切应力，Pa；$\dot{\varepsilon}$ 为剪切速率，s^{-1}；$\boldsymbol{\tau}_0$ 为屈服剪切应力，Pa；$m = 10^5$。

模拟中，假设钢纤维为刚体，且只发生平动和转动。每根纤维由一对粒子表示，质量为纤维质量的一半。纤维初始时通过 Knuth－Durstenfeld 洗牌算法[64] 随机分布，每对粒子之间的距离在模拟过程中保持不变，以维持恒定的纤维长度。UHPC 基体粒子和纤维粒子除了质量以外，其他属性相同。粒子与边壁、粒子与粒子之间无摩擦阻力。

图 3.20 为 SPH 模拟的程序框图。整个模拟过程分为 3 步进行。第一步包括 UHPC 基体粒子、纤维粒子和边界粒子的产生，粒子属性初始化以及相邻粒子搜索。17 460 个、18 060 个和 18 860 个基体粒子分别用来表示水平出口高度为 10 mm、20 mm 和 30 mm 3 种情况的 UHPC 砂浆。钢纤维由 400 对经过标记的纤维粒子表示，为了便于观察纤维的运动，这 400 对纤维粒子初始只分布于垂直容器中。通过设置 6 502 个边界粒子施加排斥力，可以防止 UHPC 基体和纤维粒子在模拟过程中穿越边界。第二步是通过粒子属性变

化率的计算用来求解连续性方程和动量方程。第三步是粒子属性的更新以及迭代求解至最大的时间步数。整个模拟持续 2 s。

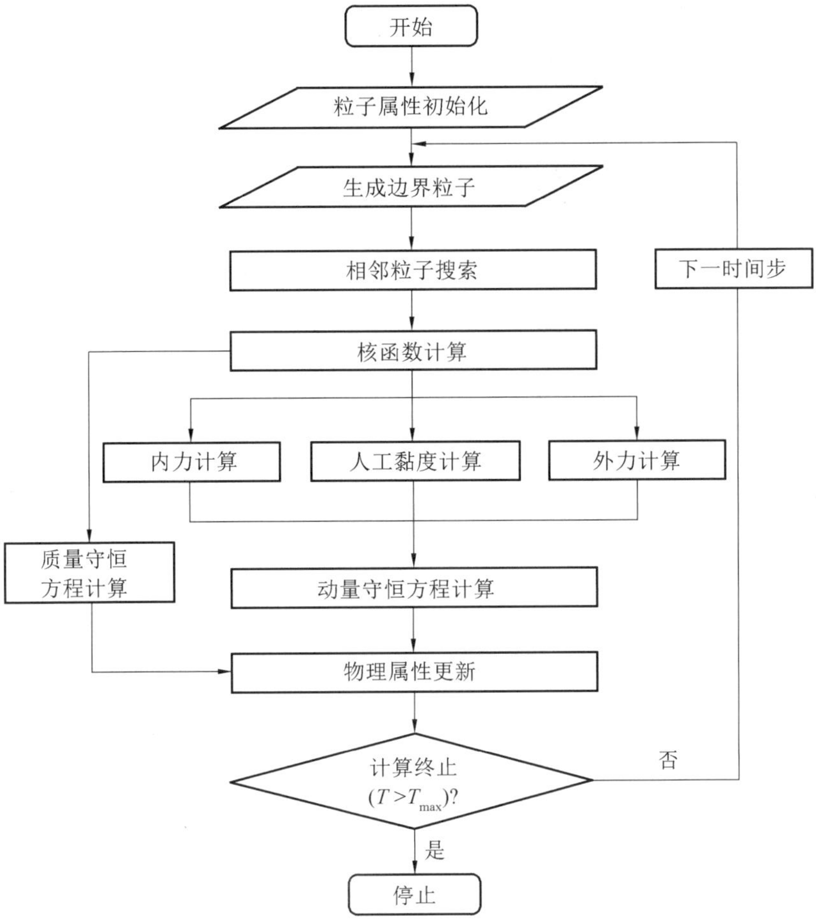

图 3.20　SPH 模拟的程序框图

图 3.21、图 3.22 和图 3.23 分别为 UHPC 在水平出口高度为 10 mm、20 mm 和 30 mm 的 L 形定向装置中流动以及纤维定向的模拟结果[41]。图 3.21(a) ～ 图 3.23(a)、图 3.21(b) ～ 图 3.23(b)、图 3.21(c) ～ 图 3.23(c) 分别是初始状态、2 s 时的主视图、2 s 时的俯视图。如图所示，水平出口高度越高，则 UHPC 流动速度越大，因此流动距离越远。纤维一开始随机分布于垂直容器中，随着模拟的进行，纤维向 UHPC 流动方向转向。

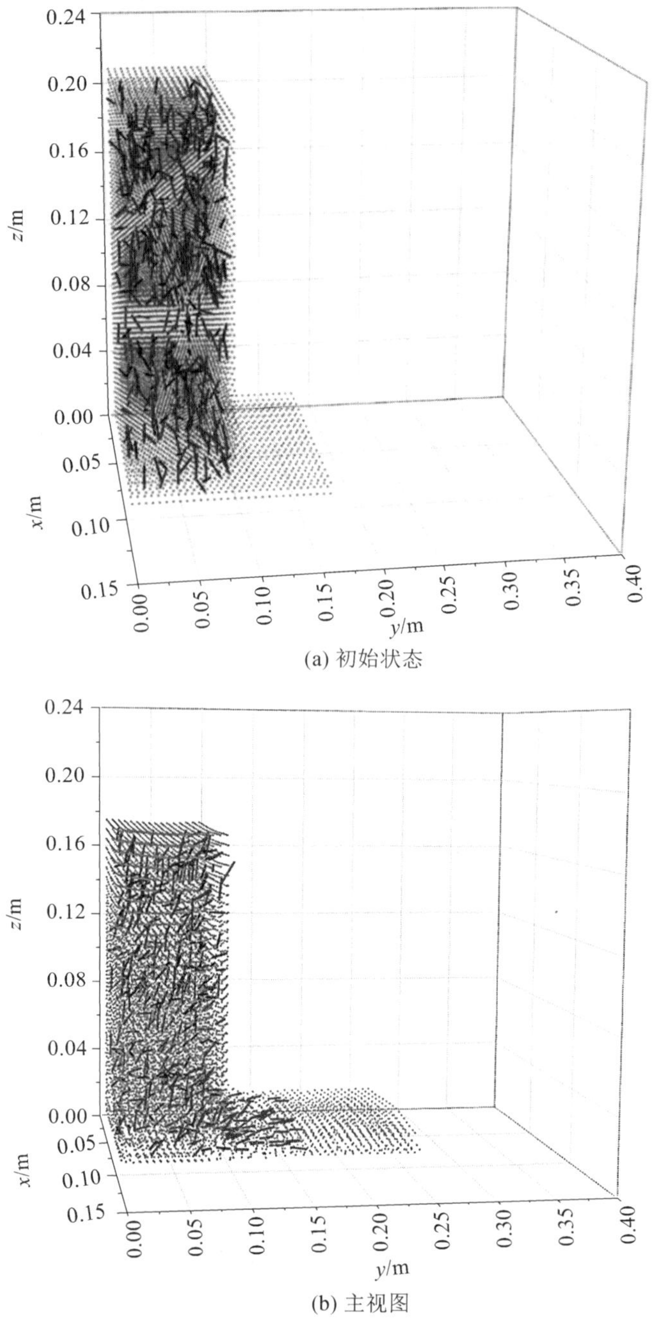

(a) 初始状态

(b) 主视图

图 3.21　UHPC 在 $H = 10$ mm 的 L 形定向装置流动和纤维运动模拟 2 s 的结果

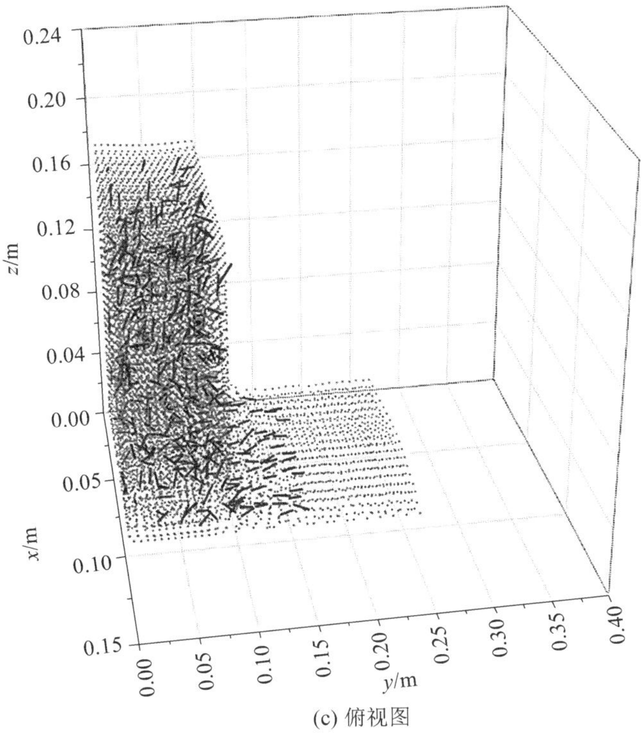

(c) 俯视图

续图 3.21

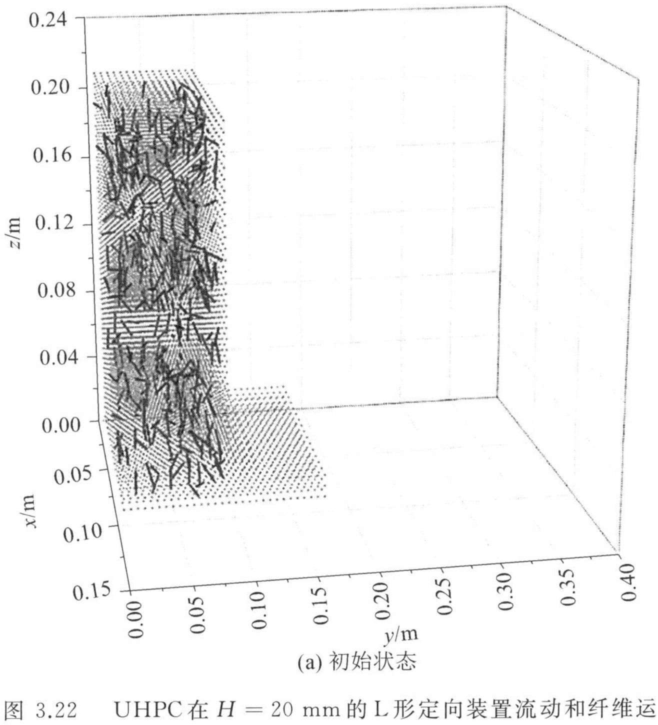

(a) 初始状态

图 3.22　UHPC 在 $H = 20$ mm 的 L 形定向装置流动和纤维运动模拟 2 s 的结果

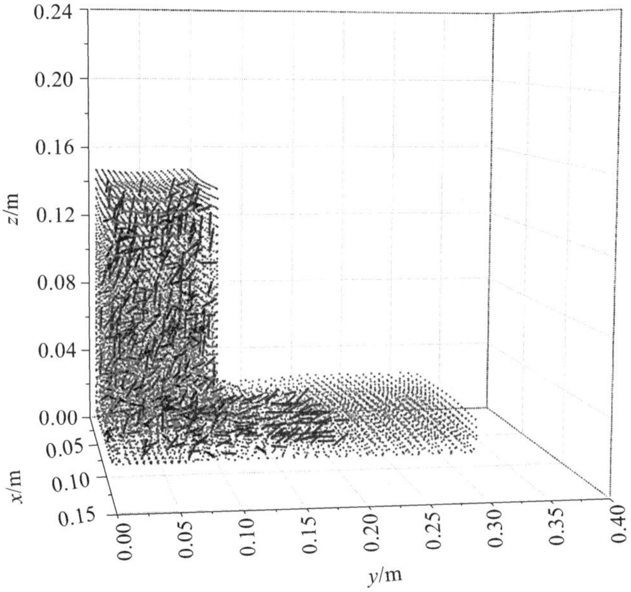

(b) 主视图

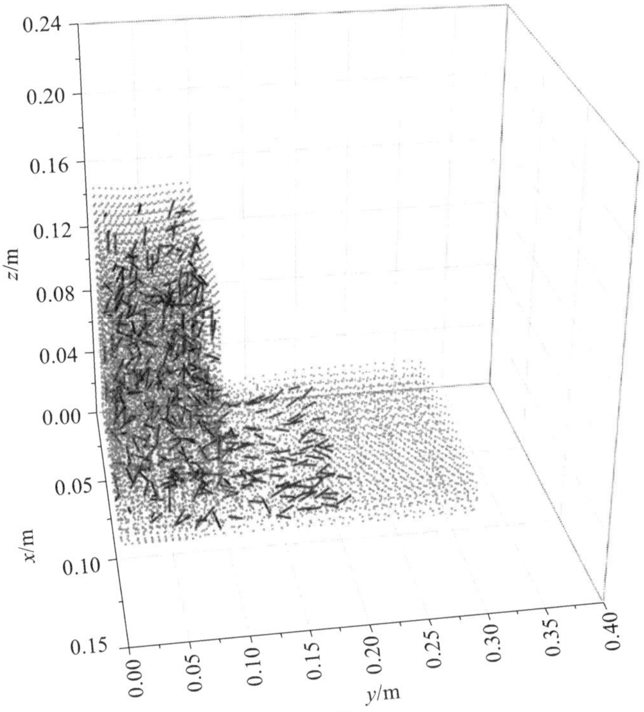

(c) 俯视图

续图 3.22

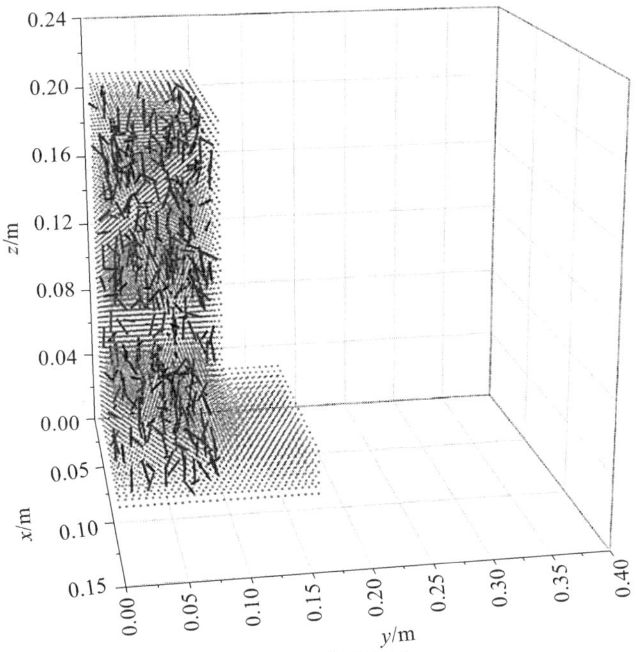

(a) 初始状态

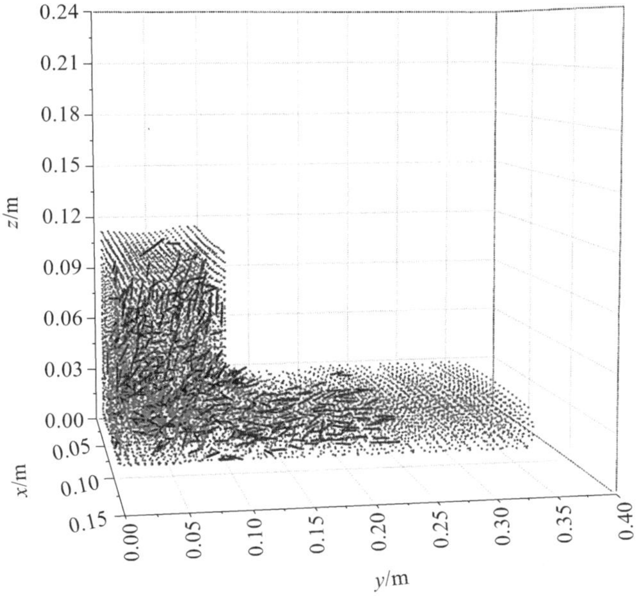

(b) 主视图

图 3.23　UHPC 在 $H = 30$ mm 的 L 形定向装置流动和纤维运动模拟 2 s 的结果

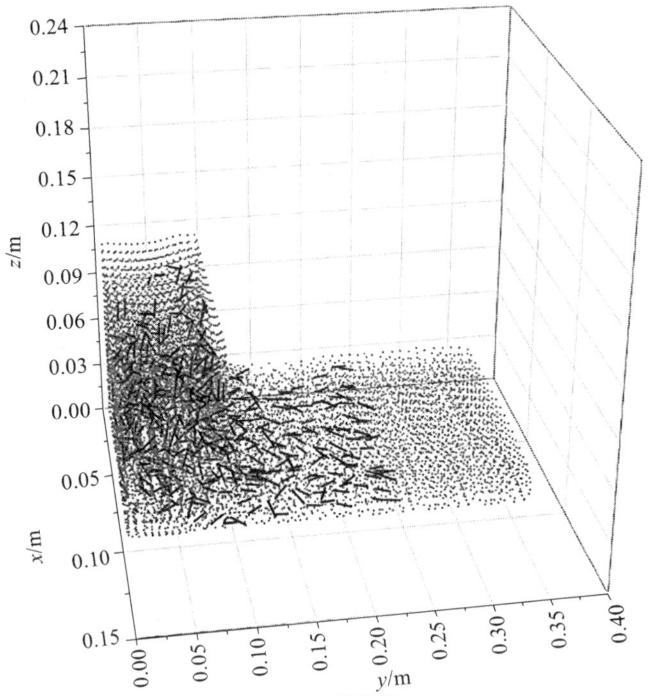

(c) 俯视图

续图 3.23

对于 1 对纤维粒子，2 个粒子的位置可分别表示为

$$\boldsymbol{l}_{si}=(x_{si},y_{si},z_{si}),\ \boldsymbol{l}_{ei}=(x_{ei},y_{ei},z_{ei}) \tag{3.51}$$

式中，i 为第 i 对纤维粒子，则平均纤维取向角为

$$\theta=\frac{1}{N}\sum_{i=1}^{N}\cos^{-1}\sqrt{\frac{(x_{si}-x_{ei})^2+(y_{si}-y_{ei})^2}{(x_{si}-x_{ei})^2+(y_{si}-y_{ei})^2+(z_{si}-z_{ei})^2}} \tag{3.52}$$

式中，N 为总的纤维粒子对数。

分别计算 3 个出口高度下，对应于 P1、P2、P3 这 3 个纵向截面位置的平均纤维取向角，如图 3.24 所示。

可以发现，对于每一个水平出口高度，当截面位置由 P1 变为 P3，平均纤维取向角均明显减小。在 10 mm、20 mm 和 30 mm 的水平出口高度下，UHPC 由 P1 流向 P3，平均纤维取向角可分别减小 62%、54% 和 20%，这表明流动诱导纤维定向的效果随着水平出口高度的增大而减小。

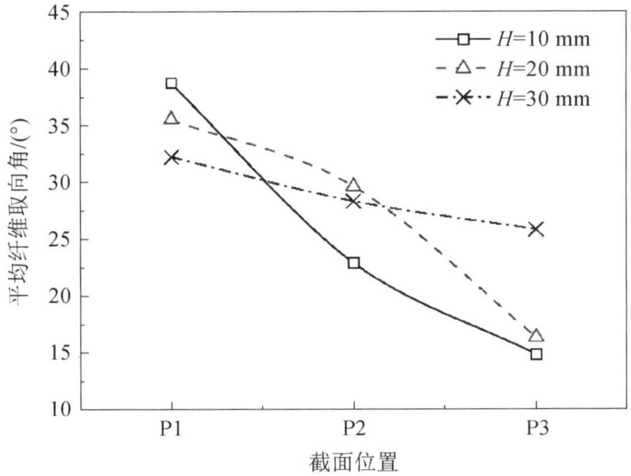

图 3.24　不同截面位置平均纤维取向角

3.4.3　纤维定向可视化分析

为了让钢纤维在L形定向装置中的运动可视化，利用透明无色、具有一定黏性的SAP浓悬浮液来替代新拌UHPC砂浆。调整SAP浓悬浮液的流动度直至与UHPC砂浆接近，并使SAP的流变参数也与UHPC砂浆相近。SAP流变参数测试采用与UHPC一样的方法进行。为了增加钢纤维与SAP浓悬浮液的颜色对比度，将钢纤维染成红色，如图3.25所示。

(a) 处理前

(b) 处理后

图 3.25

图 3.25　钢纤维处理

图3.26为SAP浓悬浮液剪切应力－剪切速率曲线。对于大多数聚合物溶液，其流变行为通常表现为假塑性流体。SAP浓悬浮液具有轻微的剪切变稀趋势，其屈服剪切应力和塑性黏度分别为85 Pa和4.3 Pa·s。由此可知，新拌UHPC砂浆和SAP浓悬浮液的流变参数较为接近，使用SAP浓悬浮液替代UHPC砂浆进行纤维运动可视化观察是可行的。

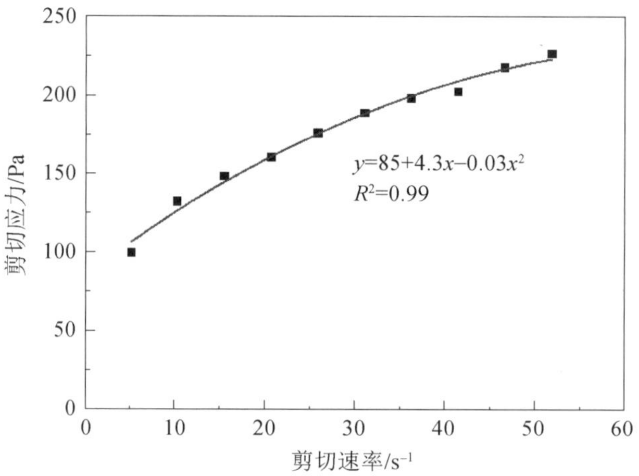

图 3.26　SAP 浓悬浮液流变性能

往垂直容器中倒入 SAP 浓悬浮液，先挡住 L 形定向装置水平出口，直到垂直容器中的 SAP 浓悬浮液高度达到 210 mm，随后移开挡板，使 SAP 浓悬浮液流动 2 s，运用高速相机记录 SAP 浓悬浮液流动过程。图 3.27 为 SAP 浓悬浮液分别在水平出口高度 10 mm、20 mm 和 30 mm 的 L 形定向装置中流动 2 s 时钢纤维的可视化结果。由图可见，水平出口高度越大，SAP 浓悬浮液流出速度越快，因此垂直容器中的 SAP 浓悬浮液下降越快。在垂直容器的中部或者上部，纤维处于随机取向的状态，随着 SAP 浓悬浮液的流动，纤维逐渐向流线方向转向，当纤维进入 L 形定向装置的水平通道内，纤维基本朝水平方向取向，与流动方向平行，从而实现纤维定向，如图中曲线箭头所示。

同时，通过图 3.27 可以看出，L 形定向装置的水平出口高度差异会导致最终纤维定向效果的不同。L 形定向装置的水平出口高度由 10 mm 变为 30 mm 时，水平通道内部分纤维并未呈现与流动方向平行的状态，而是与流动方向成一定夹角。且水平出口高度越高，该角度越明显，涉及的纤维数目也更多。因此，L 形定向装置的水平出口高度越小，对纤维的定向效果越好，这也与上节 SPH 模拟的结果一致。当不考虑流动诱导效应时，通过 Dupont 和 Vandewalle[28] 提出的理论计算，在水平出口高度为 10 mm、20 mm 和 30 mm 的情况下，纤维由于受到模具边壁的限制，其取向系数分别为 0.89、0.57 和 0.54。但当考虑流动诱导效应时，实际的纤维取向系数无疑会变得更大。

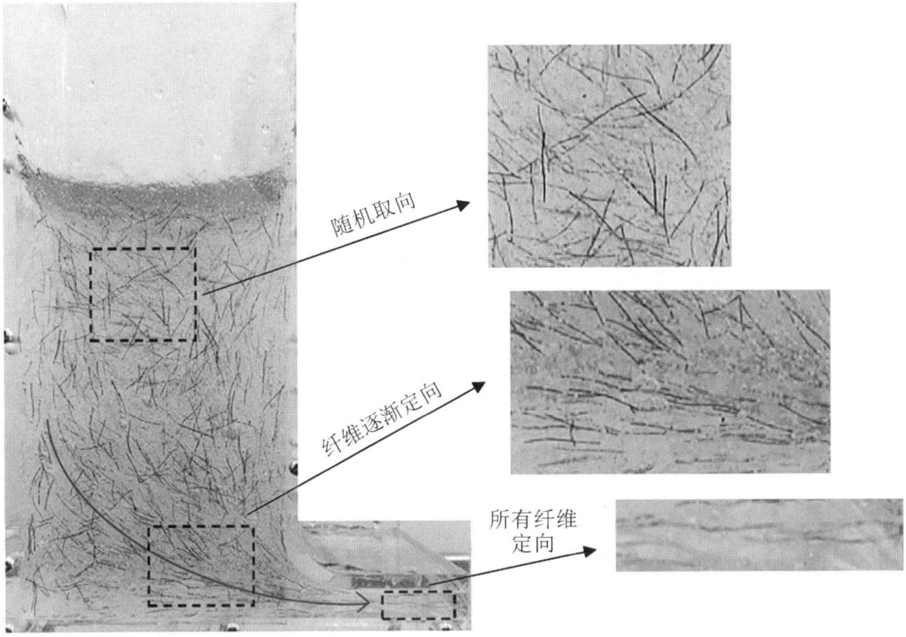

(a) 水平出口高度为10 mm

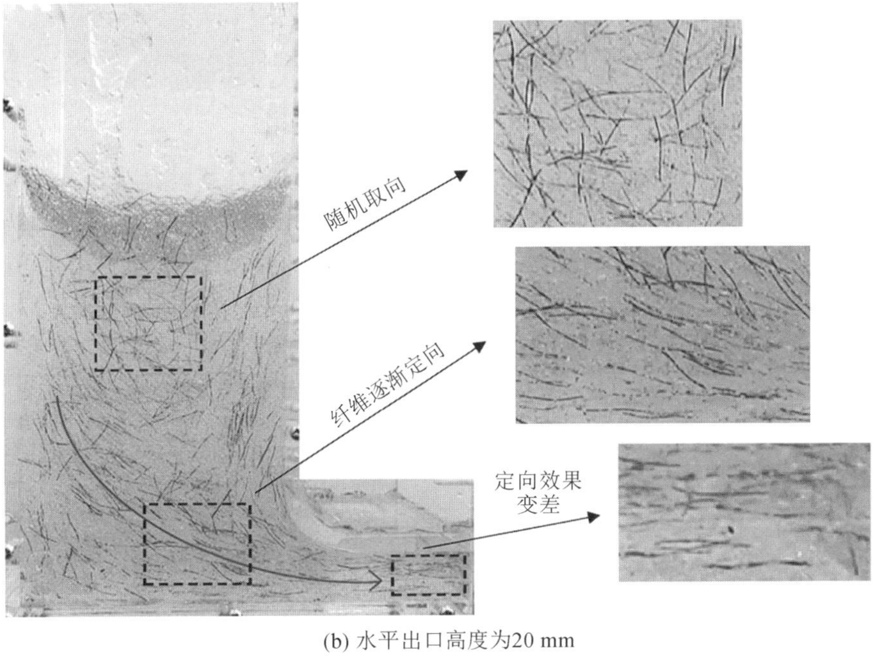

(b) 水平出口高度为20 mm

图 3.27　不同出口高度的 L 形定向装置定向钢纤维可视化观察

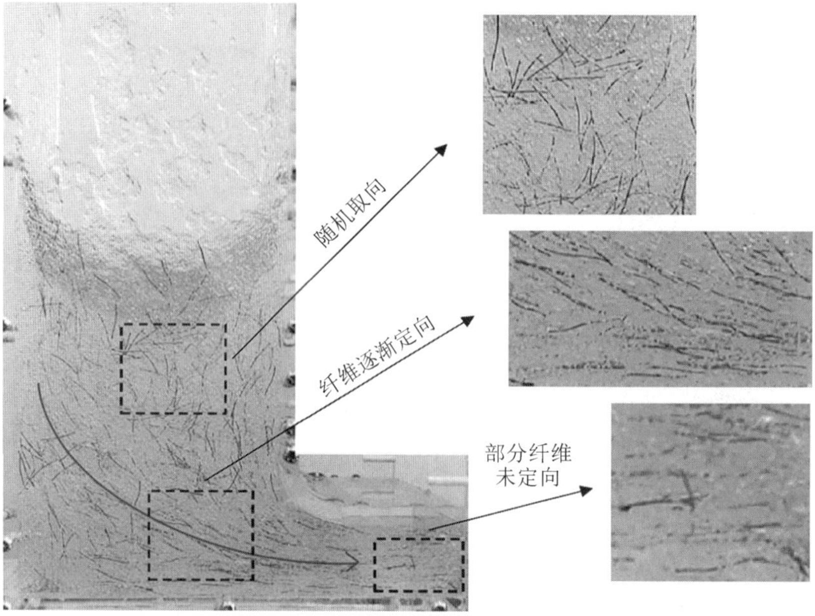

(c) 水平出口高度为30 mm

续图 3.27

3.4.4　图像分析

1. 原材料与试验方法

本试验所用水泥为强度等级为52.5的普通硅酸盐水泥，硅灰粒径为0.1～1 μm，两种胶凝材料的物理性能和化学组成见表3.2。所用石英砂包含粒径范围分别为0.11～0.21 mm和0.21～0.38 mm的细砂和粗砂。减水剂为聚羧酸高效减水剂，其含固量40%，减水率为35%。钢纤维抗拉强度为2 850 MPa，其几何和物理性能见表3.3。

表 3.2　两种胶凝材料的物理性能和化学组成

材料	各化学组成的质量分数 /%								物理性能	
	CaO	SiO_2	Al_2O_3	Fe_2O_3	MgO	Na_2O	K_2O	SO_3	表观密度 /$(g \cdot m^{-3})$	比表面积 /$(m^2 \cdot g^{-1})$
水泥	63.64	20.65	4.26	3.58	2.14	0.16	0.96	4.10	3.10	0.36
硅灰	0.63	87.67	0.28	0.60	3.41	1.30	4.12	0.84	2.25	17.30

表 3.3　钢纤维几何和物理性能

直径 /mm	长度 /mm	长径比	密度 /$(g \cdot cm^{-3})$	抗拉强度 /MPa	弹性模量 /GPa
0.2	13	65	7.9	2 850	200

试验所用水胶比为0.22，UHPC配合比见表3.4。搅拌方式如下：将胶凝材料和石英砂低速(198 rad/min) 干混4 min，使其混合均匀；将减水剂和水预先混合成均匀溶液，分

成相等的两半；将一半混合好的溶液导入干料中，先低速搅拌 2 min 再高速(361 rad/min)搅拌 3 min。当混合物具有较好的流动性时，再将钢纤维缓慢加入，高速搅拌 3 min，使钢纤维在拌合物中均匀分散。采用以上配合比和搅拌制度配制的 UHPC 新拌浆体流动度为 240 mm。

表 3.4 UHPC 配合比

水泥 /(kg·m^{-3})	硅灰 /(kg·m^{-3})	细砂 /(kg·m^{-3})	粗砂 /(kg·m^{-3})	钢纤维(体积分数) /%	减水剂 /%(胶凝材料质量分数)
920	276	202	810	2	1.8

为验证该 L 形定向装置的纤维定向效果，从 L 形定向装置内部流动方向上不同位置切取截面，进行纤维取向分析。类似地，将新拌 UHPC 浆体由垂直容器顶端浇入，用挡板封住水平通道的出口，使垂直容器中的 UHPC 高度达到 210 mm，成型 L 形试件。硬化后，在水平位置 40 mm、70 mm、150 mm 处垂直于水平面切取截面，分别记为 P1、P2、P3，其中 40 mm 和 70 mm 处的截面高度取 50 mm，在 150 mm 处的截面高度等于水平出口高度，即 10 mm、20 mm 或者 30 mm。对获得的截面采用图像分析法评价其纤维取向，纤维取向系数 η_θ 按式(3.24)计算。

2. 图像分析结果

图 3.28 为不同水平出口高度下截面 P1、P2 和 P3 的二进制图像。由图可知，每一个水平出口高度下，从截面 P1 到 P3，椭圆形的纤维图像越来越少，表明随着流动诱导的进行，纤维被逐渐定向。

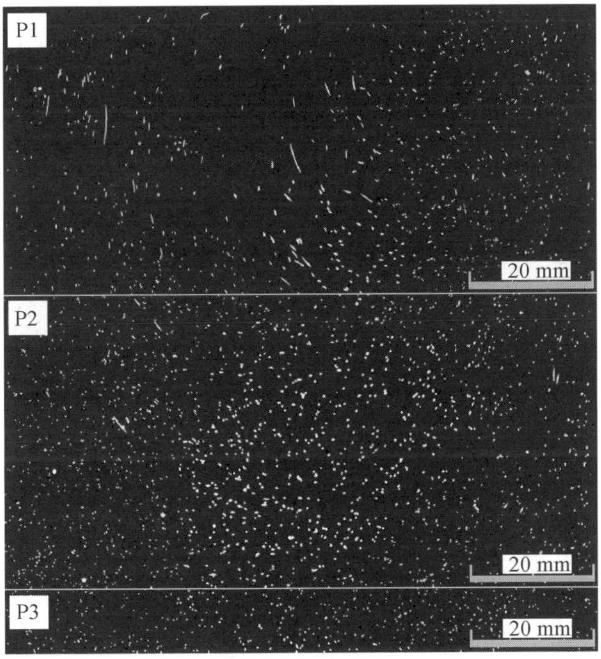

(a) 水平出口高度为10 mm

图 3.28 不同水平出口高度下截面 P1、P2 和 P3 的二进制图像

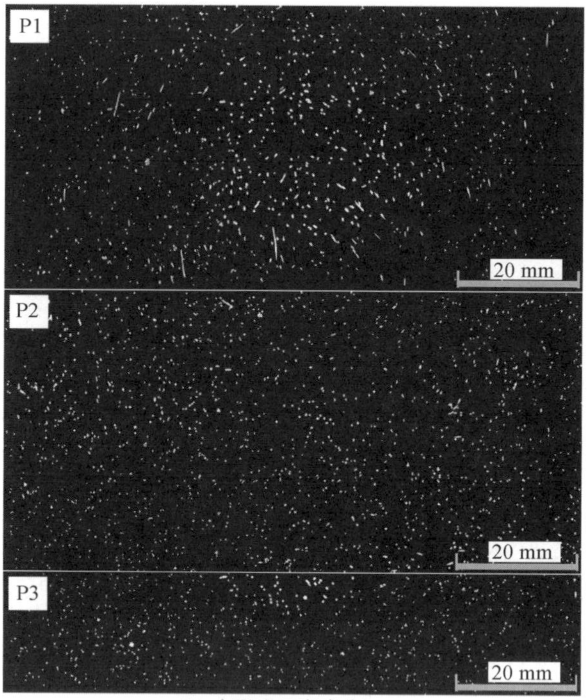

(b) 水平出口高度为20 mm

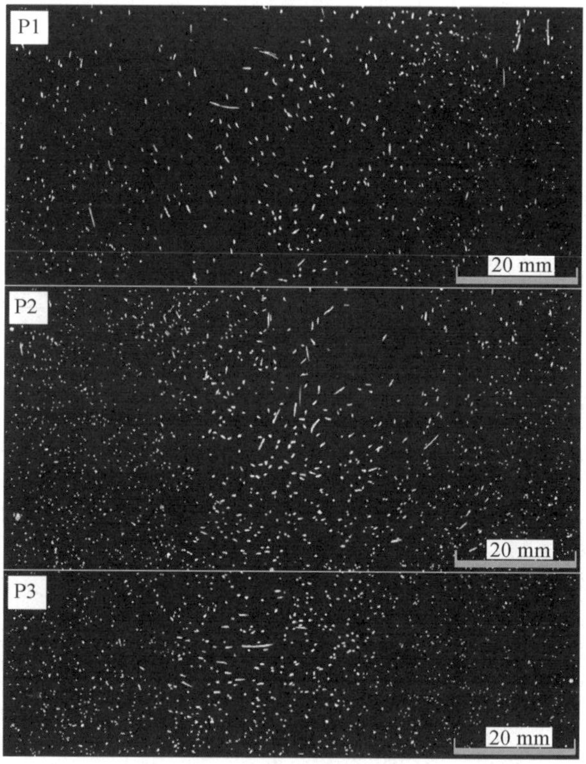

(c) 水平出口高度为30 mm

续图 3.28

图 3.29 为不同水平出口高度下每个截面纤维取向角的概率密度分布。由图可知，对于每个固定的水平出口高度，当截面从 P1 变化至 P3 时，纤维取向角的概率密度分布曲线从偏右变为偏左，表明更多的纤维具有更小的取向角。例如，当水平出口高度为 10 mm，截面从 P1 变化至 P3 时，概率密度分布曲线最高点所对应的取向角由 52.5° 减少为 27.5°。因此，该流动诱导浇注方法可以显著改善纤维取向，实现纤维定向的目的。

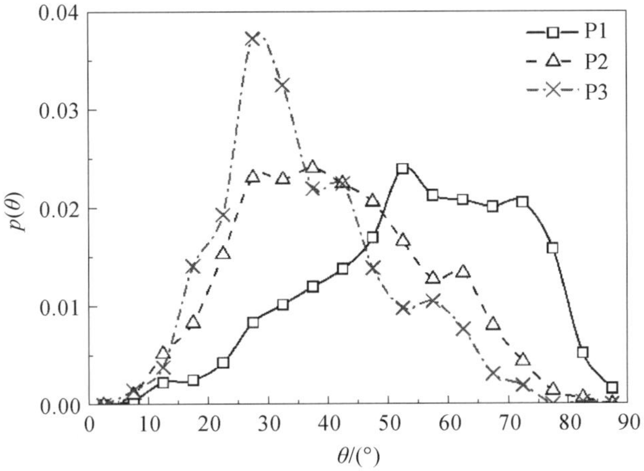

(a) 水平出口高度为10 mm

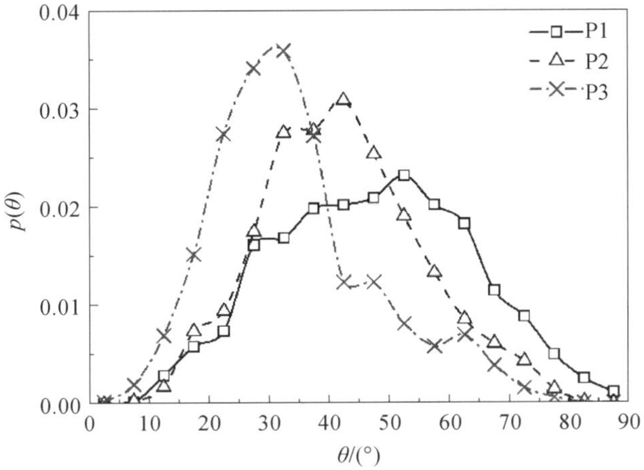

(b) 水平出口高度为20 mm

图 3.29　不同出口高度下截面位置 P1、P2 和 P3 的 $p(\theta)$

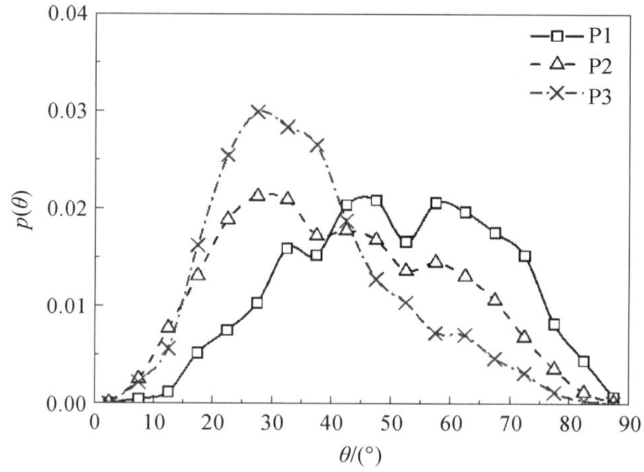

(c) 水平出口高度为30 mm

续图 3.29

图 3.30 为采用图像分析和 SPH 模拟计算的 P1、P2 和 P3 3 个位置的纤维取向系数。由图可以明显发现，使用该流动诱导浇注方法成型 UHPC 时，由于纤维具有逐渐向流线方向转向的趋势，当切取截面由 P1 变化至 P3 时，不管是图像分析还是 SPH 计算，得出的纤维取向系数都明显提高。例如，当水平出口高度为 10 mm 时，P1、P2、P3 3 个位置的纤维取向系数的图像分析和 SPH 模拟计算结果分别为 0.42、0.69、0.78 和 0.59、0.81、0.88。同时，流动诱导浇注的定向效果随着水平出口高度的增大而减小。对于绝大部分样品(除了水平出口高度为 10 mm 和 20 mm 时的 P1)，SPH 模拟计算和图像分析所得的纤维取向系数相差不超过 15%，证明采用 SPH 模拟该流动诱导浇注 UHPC 的方式具有可行性和准确性。

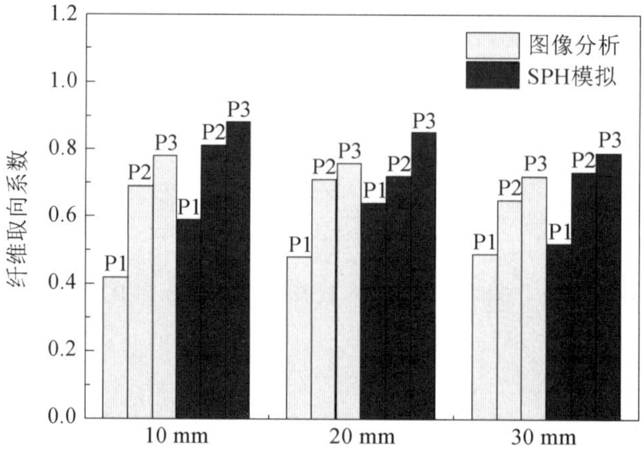

图 3.30 图像分析和 SPH 模拟计算的不同位置纤维取向系数

本章参考文献

[1] BANTHIA N, SAPPAKITTIPAKORN M. Toughness enhancement in steel fiber reinforced concrete through fiber hybridization[J]. Cement and concrete research, 2007, 37(9): 1366-1372.

[2] YOO D Y, KANG S T, YOON Y S. Enhancing the flexural performance of ultra-high-performance concrete using long steel fibers[J]. Composite structures, 2016, 147: 220-230.

[3] WU Z M, SHI C J, HE W, et al. Effects of steel fiber content and shape on mechanical properties of ultra high performance concrete[J]. Construction and building materials, 2016, 103: 8-14.

[4] 慕儒，李辉，王晓伟，等. 单向分布钢纤维增强水泥基复合材料(Ⅱ)：制备及钢纤维增强作用[J]. 建筑材料学报，2015，18(3)：387-392.

[5] 王强. 钢纤维取向角对超高性能混凝土抗拉强度的影响[J]. 混凝土与水泥制品，2019(1)：51-54.

[6] ABRISHAMBAF A, PIMENTEL M, NUNES S. Influence of fibre orientation on the tensile behaviour of ultra-high performance fibre reinforced cementitious composites[J]. Cement and concrete research, 2017, 97: 28-40.

[7] SWAMY R N. Fibre reinforcement of cement and concrete[J]. Matériaux et construction, 1975, 8(3): 235-254.

[8] NAAMAN A E, NAMUR G G, ALWAN J M, et al. Fiber pullout and bond slip. I: analytical study[J]. Journal of structural engineering, 1991, 117(9): 2769-2790.

[9] LEE Y, KANG S T, KIM J K. Pullout behavior of inclined steel fiber in an ultra-high strength cementitious matrix[J]. Construction and building materials, 2010, 24(10): 2030-2041.

[10] YOO D Y, BANTHIA N, YOON Y S. Predicting the flexural behavior of ultra-high-performance fiber-reinforced concrete[J]. Cement and concrete composites, 2016, 74: 71-87.

[11] FOLGAR F, TUCKER C L. Orientation behavior of fibers in concentrated suspensions[J]. Journal of reinforced plastics and composites, 1984, 3(2): 98-119.

[12] KANG S T, KIM J K. Numerical simulation of the variation of fiber orientation distribution during flow molding of Ultra High Performance Cementitious Composites (UHPCC)[J]. Cement and concrete composites, 2012, 34(2): 208-217.

[13] LEEMANN A, WINNEFELD F. The effect of viscosity modifying agents on mortar and concrete[J]. Cement and concrete composites, 2007, 29(5): 341-349.

[14] PETIT J Y, WIRQUIN E, KHAYAT K H. Effect of temperature on the rheology of flowable mortars[J]. Cement and concrete composites, 2010, 32(1): 43-53.

[15] HUANG H H,GAO X J,LI Y F,et al.SPH simulation and experimental investigation of fiber orientation in UHPC beams with different placements[J].Construction and building materials,2020,233:117372.
[16] BARNETT S J,LATASTE J F,PARRY T,et al.Assessment of fibre orientation in ultra high performance fibre reinforced concrete and its effect on flexural strength [J].Materials and structures,2010,43(7):1009-1023.
[17] MENG W N,KHAYAT K H.Improving flexural performance of ultra-high-performance concrete by rheology control of suspending mortar[J].Composites part B:engineering,2017,117:26-34.
[18] TENG L, MENG W N, KHAYAT K H. Rheology control of ultra-high-performance concrete made with different fiber contents[J].Cement and concrete research,2020,138:106222.
[19] FERRARA L,OZYURT N,DI PRISCO M.High mechanical performance of fibre reinforced cementitious composites:the role of "casting-flow induced" fibre orientation[J].Materials and structures,2011,44(1):109-128.
[20] HU C,DE LARRARD F.The rheology of fresh high-performance concrete[J]. Cement and concrete research,1996,26(2):283-294.
[21] ROUSSEL N.Correlation between yield stress and slump:Co MParison between numerical simulations and concrete rheometers results[J]. Materials and structures,2006,39(4):501-509.
[22] MARTINIE L,ROUSSEL N.Simple tools for fiber orientation prediction in industrial practice[J].Cement and concrete research,2011,41(10):993-1000.
[23] BOULEKBACHE B,HAMRAT M,CHEMROUK M,et al.Flowability of fibre-reinforced concrete and its effect on the mechanical properties of the material[J]. Construction and building materials,2010,24(9):1664-1671.
[24] KANG S T,LEE B Y,KIM J K,et al.The effect of fibre distribution characteristics on the flexural strength of steel fibre-reinforced ultra high strength concrete[J]. Construction and building materials,2011,25(5):2450-2457.
[25] KANG S T,KIM J K.The relation between fiber orientation and tensile behavior in an Ultra High Performance Fiber Reinforced Cementitious Composites (UHPFRCC)[J].Cement and concrete research,2011,41(10):1001-1014.
[26] ZHANG Y,ZHU Y P,QU S Q,et al.Improvement of flexural and tensile strength of layered-casting UHPC with aligned steel fibers[J].Construction and building materials,2020,251:118893.
[27] QU S Q,ZHANG Y,ZHU Y P,et al.Prediction of tensile response of UHPC with aligned and ZnPh treated steel fibers based on a spatial stochastic process[J]. Cement and concrete research,2020,136:106165.
[28] DUPONT D,VANDEWALLE L.Distribution of steel fibres in rectangular sections

[J].Cement and concrete composites,2005,27(3):391-398.

[29] ALBERTI M G,ENFEDAQUE A,GÁLVEZ J C.A review on the assessment and prediction of the orientation and distribution of fibres for concrete[J].Composites part B:engineering,2018,151:274-290.

[30] ALBERTI M G,ENFEDAQUE A,GÁLVEZ J C.On the prediction of the orientation factor and fibre distribution of steel and macro-synthetic fibres for fibre-reinforced concrete[J].Cement and concrete composites,2017,77:29-48.

[31] HAMBACH M,MÖLLER H,NEUMANN T,et al.Portland cement paste with aligned carbon fibers exhibiting exceptionally high flexural strength (>100 MPa)[J].Cement and concrete research,2016,89:80-86.

[32] HAMBACH M,VOLKMER D.Properties of 3D-printed fiber-reinforced Portland cement paste[J].Cement and concrete composites,2017,79:62-70.

[33] PHAM L,TRAN P,SANJAYAN J.Steel fibres reinforced 3D printed concrete: influence of fibre sizes on mechanical performance[J].Construction and building materials,2020,250:118785.

[34] ARUNOTHAYAN A R,NEMATOLLAHI B,RANADE R,et al.Development of 3D-printable ultra-high performance fiber-reinforced concrete for digital construction[J].Construction and building materials,2020,257:119546.

[35] WIJFFELS M J H,WOLFS R J M,SUIKER A S J,et al.Magnetic orientation of steel fibres in self-co MPacting concrete beams: effect on failure behaviour[J].Cement and concrete composites,2017,80:342-355.

[36] 慕儒,邱欣,赵全明,等.单向分布钢纤维增强水泥基复合材料(Ⅰ):钢纤维方向控制[J].建筑材料学报,2015,18(2):208-213.

[37] 慕儒,王成,李辉,等.单向分布钢纤维增强水泥基复合材料(Ⅲ):断裂性能[J].建筑材料学报,2016,19(1):78-82.

[38]苟鸿翔,朱洪波,周海云,等.定向分布钢纤维对超高性能混凝土的增强作用[J].硅酸盐学报,2020,48(11):1756-1764.

[39] HUANG H H,GAO X J,LI L S,et al.Improvement effect of steel fiber orientation control on mechanical performance of UHPC[J]. Construction and building materials,2018,188:709-721.

[40] MAYA DUQUE L F,GRAYBEAL B.Fiber orientation distribution and tensile mechanical response in UHPFRC[J].Materials and structures,2017,50:55.

[41] HUANG H H,GAO X J,ZHANG A L.Numerical simulation and visualization of motion and orientation of steel fibers in UHPC under controlling flow condition [J].Construction and building materials,2019,199:624-636.

[42] HUANG H H,GAO X J,KHAYAT K H.Contribution of fiber alignment on flexural properties of UHPC and prediction using the composite theory[J].Cement and concrete composites,2021,118:103971.

[43] HERRMANN H, PASTORELLI E, KALLONEN A, et al. Methods for fibre orientation analysis of X-ray tomography images of steel fibre reinforced concrete (SFRC)[J]. Journal of materials science, 2016, 51(8): 3772-3783.

[44] WANG R, GAO X J, ZHANG J Y, et al. Spatial distribution of steel fibers and air bubbles in UHPC cylinder determined by X-ray CT method[J]. Construction and building materials, 2018, 160: 39-47.

[45] MILETI M, KUMAR L M, ARNS J Y, et al. Gradient-based fibre detection method on 3D micro-CT tomographic image for defining fibre orientation bias in ultra-high-performance concrete[J]. Cement and concrete research, 2020, 129: 105962.

[46] OESCH T, LANDIS E, KUCHMA D. A methodology for quantifying the impact of casting procedure on anisotropy in fiber-reinforced concrete using X-ray CT[J]. Materials and structures, 2018, 51(3): 73.

[47] RAJU R A, LIM S, AKIYAMA M, et al. Effects of concrete flow on the distribution and orientation of fibers and flexural behavior of steel fiber-reinforced self-compacting concrete beams[J]. Construction and building materials, 2020, 262: 119963.

[48] ZHOU B, UCHIDA Y. Relationship between fiber orientation/distribution and post-cracking behaviour in ultra-high-performance fiber-reinforced concrete (UHPFRC)[J]. Cement and concrete composites, 2017, 83: 66-75.

[49] ZHOU B, UCHIDA Y. Influence of flowability, casting time and formwork geometry on fiber orientation and mechanical properties of UHPFRC[J]. Cement and concrete research, 2017, 95: 164-177.

[50] LATASTE J F, BEHLOUL M, BREYSSE D. Characterisation of fibres distribution in a steel fibre reinforced concrete with electrical resistivity measurements[J]. NDT and E international, 2008, 41(8): 638-647.

[51] SHEN X J, BRÜHWILER E. Influence of local fiber distribution on tensile behavior of strain hardening UHPFRC using NDT and DIC[J]. Cement and concrete research, 2020, 132: 106042.

[52] FERRARA L, FAIFER M, MUHAXHERI M, et al. A magnetic method for non destructive monitoring of fiber dispersion and orientation in steel fiber reinforced cementitious composites. Part 2: Correlation to tensile fracture toughness[J]. Materials and structures, 2012, 45(4): 591-598.

[53] NUNES S, PIMENTEL M, CARVALHO A. Non-destructive assessment of fibre content and orientation in UHPFRC layers based on a magnetic method[J]. Cement and concrete composites, 2016, 72: 66-79.

[54] NUNES S, PIMENTEL M, RIBEIRO F, et al. Estimation of the tensile strength of UHPFRC layers based on non-destructive assessment of the fibre content and orientation[J]. Cement and concrete composites, 2017, 83: 222-238.

[55] LUCY L B. A numerical approach to the testing of the fission hypothesis[J]. The

astronomical journal,1977,82:1013.

[56] JOHNSON G R,STRYK R A,BEISSEL S R.SPH for high velocity impact computations[J].Computer methods in applied mechanics and engineering,1996,139(1-4):347-373.

[57] LIU M B,LIU G R,ZONG Z,et al.Computer simulation of high explosive explosion using smoothed particle hydrodynamics methodology[J]. Computers and fluids,2003,32(3):305-322.

[58] 龚凯.基于光滑质点水动力学(SPH)方法的自由表面流动数值模拟研究[D].上海:上海交通大学,2009:173.

[59] LIU M B, LIU G R. Smoothed particle hydrodynamics (SPH): an overview and recent developments[J].Archives of computational methods in engineering,2010,17(1):25-76.

[60] XU X Y. An improved SPH approach for simulating 3D dam-break flows with breaking waves[J].Computer methods in applied mechanics and engineering,2016,311:723-742.

[61] MONAGHAN J J.Simulating free surface flows with SPH[J].Journal of computational physics,1994,110(2):399-406.

[62] MAO Z R,LIU G R,DONG X W.A comprehensive study on the parameters setting in smoothed particle hydrodynamics (SPH) method applied to hydrodynamics problems[J].Computers and geotechnics,2017,92:77-95.

[63] KULASEGARAM S,KARIHALOO B L,GHANBARI A.Modelling the flow of self-compacting concrete[J]. International journal for numerical and analytical methods in geomechanics,2011,35(6):713-723.

[64] KNUTH D E.The art of computer programming[M].3rd ed.Reading:Addison-Wesley,2011.

第 4 章　流动诱导纤维定向超高性能混凝土的力学性能

纤维对基体的增强效果取决于纤维的长度、掺量及纤维的分布和取向等因素，且不同长度的纤维混杂使用，对 UHPC 抗弯性能可产生多尺度协同增强效果[1]。因此，研究流动诱导浇注方法对不同长度、掺量纤维的定向效果及其对 UHPC 抗弯性能的影响，将为定向不同长度混杂纤维，进一步提高 UHPC 抗弯性能提供参考。

混凝土服役过程中除了受到静态荷载，还会遭受爆炸、冲击等动态荷载[2]。混凝土的抗冲击性能可以通过测试不同应变率下的应力－应变关系表征。应变率根据其数值大小可分为 3 个等级，即低应变率（$10^{-5} \sim 10^{-2}\ s^{-1}$）、中等应变率（$10^{-1} \sim 10^{2}\ s^{-1}$）和高应变率（$10^{2} \sim 10^{4}\ s^{-1}$）[3]。已有研究表明，纤维掺量、应变率和静态强度的提高均可以提高 UHPC 的抗冲击性能[4-7]。

同时，由于纤维取向可以影响 UHPC 的静态强度，当纤维取向与基体内部主拉应力平行时，纤维桥联裂缝的能力最强，此时 UHPC 静态力学性能最好。对于受压试件，由于其内部拉应力与荷载方向垂直，因此当纤维取向与抗压荷载垂直时，试件的抗压强度最优[8,9]。从静态力学强度对试件抗冲击性能的影响可以得出，UHPC 的抗冲击性能也受纤维取向的影响。

此外，水泥基材料受到高温作用时，高温产生的蒸汽压力和热应力会导致材料内部形成大量裂缝，从而造成力学性能大幅下降。对于 UHPC，在具有超高抗压强度（大于 120 MPa）的同时其孔隙率也较低，在受到高温作用时，UHPC 密实的结构和低渗透性会导致材料内部水分迁移受阻，蒸汽压力增大[10,11]。因此，UHPC 在高温环境下更加容易遭受破坏，甚至发生爆裂[12,13]。

本章系统介绍不同水胶比、不同纤维长度和掺量、流动诱导浇注装置的不同水平开口高度对 UHPC 抗弯性能的影响，分析了纤维长度和定向对 UHPC 抗弯性能的协同增强作用；为提高利用 L 形定向装置定向纤维的效果，同时为避免纤维在该装置出口发生堵塞，给出了合适的纤维长度 / 水平出口高度比值；基于不同纤维长度和掺量定向的抗弯强度结果，建立了纤维定向 UHPC 抗弯强度预测模型。另外，本章还介绍了纤维定向 UHPC 的抗冲击性能和高温后力学性能。

4.1　原材料与试验方法

本章所用 UHPC 配合比见表 4.1。其中模具边壁效应、抗冲击性能和高温后力学性能部分所用水胶比为 0.22，钢纤维体积分数为 2%。研究不同水胶比下纤维定向 UHPC

的抗弯性能时，UHPC 水胶比分别选用 0.2、0.22 和 0.24，为保证所有拌合物具有相近的流动度，随着水胶比的增大，稍微减少减水剂的掺量。在该配合比下，0.2、0.22 和 0.24 3 个水胶比 UHPC 的抗压强度分别为 146.3 MPa、135.1 MPa 和 123.7 MPa。研究不同纤维长度、掺量和 L 形定向装置水平开口高度对定向 UHPC 抗弯性能的影响时，钢纤维长度分别为 6 mm、13 mm 和 20 mm，水胶比保持 0.2 不变。每种纤维长度下，钢纤维体积分数分别为 1%、2% 和 3%。随着纤维长度和掺量变化，调整减水剂掺量使 UHPC 拌合物的流动度相近(240 mm)。UHPC 搅拌方式均与 3.4 节一致。

表 4.1　UHPC 配合比

水胶比	水泥 /($kg \cdot m^{-3}$)	硅灰 /($kg \cdot m^{-3}$)	细砂 /($kg \cdot m^{-3}$)	粗砂 /($kg \cdot m^{-3}$)	钢纤维 /%	减水剂 /%
0.2						0.8
0.22	920	276	202	810	2	0.72
0.24						0.64

注：减水剂掺量按有效成分占胶凝材料的质量分数给出。

UHPC 抗弯性能采用三点弯曲测试，试件尺寸为 70 mm × 70 mm × 230 mm ($b \times h \times l$)，使用位移控制，加载速率为 0.4 mm/min。每种纤维长度的抗弯试验测试 3 个样品，定义试件的抗弯强度 σ_c(MPa) 可由下式计算：

$$\sigma_c = \frac{3FL}{2bh^2} \tag{4.1}$$

式中，F 为荷载 — 位移曲线上的峰值荷载，kN；L 为跨距，mm；b 为试件的宽度，mm；h 为试件的高度，mm。定义试件在弯曲荷载下的韧性为荷载 — 位移曲线与 x 轴所围成的面积：

$$T = \int F(s)\mathrm{d}s \tag{4.2}$$

式中，T 为韧性，kN · mm；$F(s)$ 为在位移 s(mm) 处的荷载值。

纤维取向和分散由图像分析法评价，具体流程如图 3.13 所示。纤维取向角 θ 和纤维取向系数可分别由式(3.25) 和式(3.26) 计算。对于纤维分散，将二进制图像沿着水平和竖直两个方向均分成 196 个单元，通过统计每个单元内纤维数目的差异来计算纤维分散系数：

$$\alpha_f = \exp\left[-\sqrt{\frac{\sum (x_i/\bar{x} - 1)^2}{N}}\right] \tag{4.3}$$

式中，α_f 为纤维分散系数；N 为划分的总单元数目；x_i 为第 i 个单元里的纤维数目；$\bar{x}$ 为每个单元的平均纤维数目。$\alpha_f = 1$ 表示纤维在 UHPC 基体内均匀分散；$\alpha_f = 0$ 则表示纤维在 UHPC 基体内极度地不均匀分散。

4.2 不同水胶比的影响

4.2.1 抗弯性能

图 4.1 所示为不同水胶比下纤维定向 UHPC 的抗弯荷载－位移曲线。众所周知，水胶比越大，则混凝土内部孔隙率越高，因此随着水胶比增大，UHPC 基体强度减小。这同时也导致含有 2% 纤维的 UHPC 荷载－位移曲线的最大荷载减小。对于纤维随机取向的 UHPC，当水胶比由 0.2 增大至 0.24 时，最大荷载由 43 kN 减小至 29 kN；而对于纤维定向 UHPC，最大荷载由 60 kN 减小至 42 kN。一方面可见，提高基体强度，可以显著增大 UHPC 的抗弯承载力。另一方面，纤维定向可以显著提高 UHPC 荷载－位移曲线的最大荷载。对于 0.2、0.22 和 0.24 这 3 种水胶比，相对纤维随机取向 UHPC，纤维定向后最大荷载可以分别提高 40%、43% 和 45%。

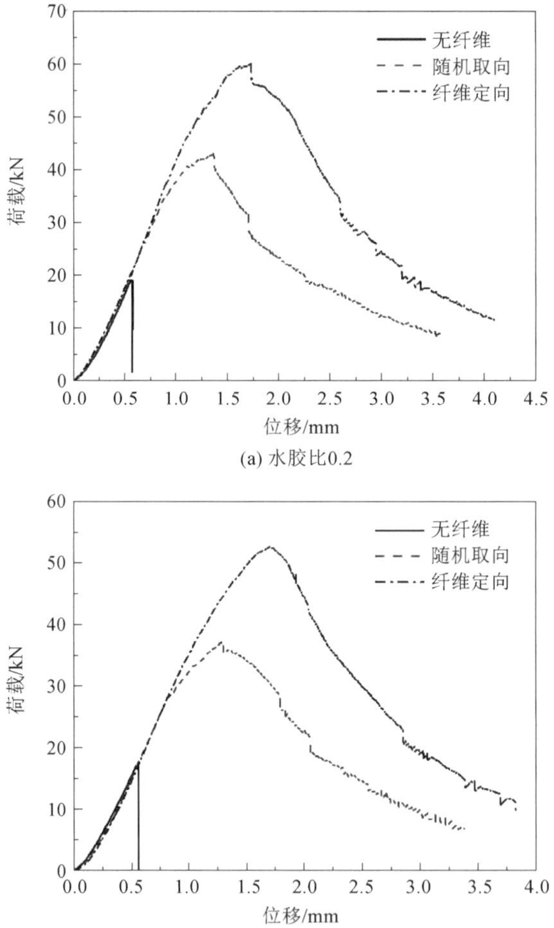

图 4.1 不同水胶比下纤维定向 UHPC 的荷载－位移曲线

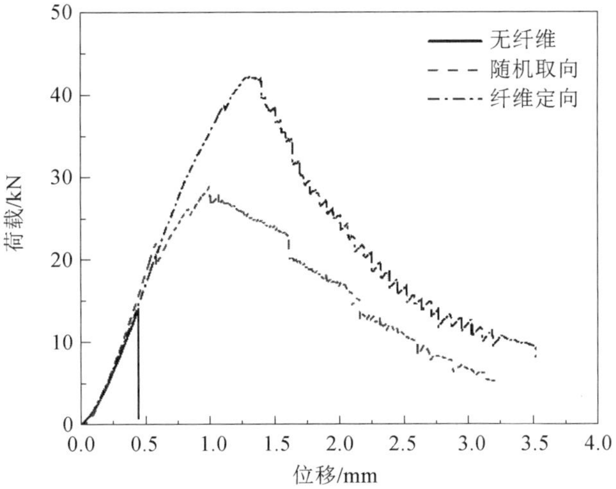

(c) 水胶比0.24

续图 4.1

不同水胶比下纤维随机取向和定向 UHPC 的抗弯强度与韧性如图 4.2 所示。0.2、0.22 和 0.24 3 种水胶比下，不含纤维的 UHPC 基体抗弯强度分别为 12.9 MPa、11.5 MPa 和 9.5 MPa，韧性可以不计。由图可知，随着水胶比增大，含有 2% 纤维的 UHPC 抗弯强度和韧性也显著降低。对于纤维随机取向的 UHPC，水胶比由 0.2 增大至 0.24，抗弯强度和韧性分别降低 31% 和 33%；对于纤维定向的 UHPC，抗弯强度和韧性分别降低 29% 和 42%。同时也可看出，在同一水胶比下，纤维定向可以显著提高 UHPC 的抗弯强度和韧性。相较于纤维随机取向的 UHPC，0.2、0.22、0.24 3 种水胶比下，纤维定向后抗弯强度和韧性可以分别提高 41%、68%、38% 和 62%、45%、47%。

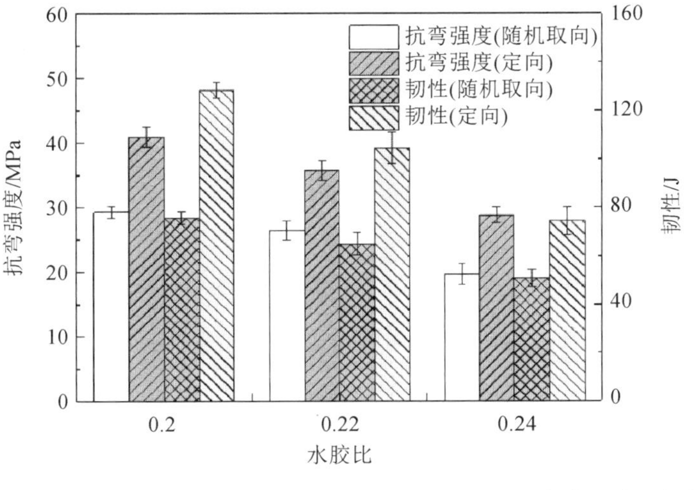

图 4.2　不同水胶比下纤维随机取向和定向 UHPC 的抗弯强度和韧性

水胶比的增大降低了 UHPC 基体的强度，使纤维 — 基体的黏结性能变差，因此导致 UHPC 抗弯性能劣化。对于纤维定向 UHPC，纤维桥联能力提高，同时纤维的拔出阻力变大，因此 UHPC 的抗弯性能得到改善。水胶比由 0.2 增大至 0.24 时，相对于纤维随机取向，纤维定向 UHPC 的抗弯强度提高比例在 40% 左右，而韧性的提高比例则由 70% 降低至 50%。这可能是因为虽然纤维定向可以提高纤维的拔出阻力，但是水胶比的增大还是降低了纤维的拔出能。

4.2.2 纤维取向

不同水胶比下纤维随机取向和定向的纤维取向角概率密度分布如图 4.3 所示。由图可见，随机取向时，纤维取向角概率密度分布整体偏右，而纤维定向后，纤维取向角概率密度分布偏左。因此，纤维定向可以使更多的纤维具有更小的取向角，同时使更多的纤维具有更长的嵌入长度，使纤维的桥联应力提高和限制裂缝扩展的能力增大，最终导致 UHPC 抗弯性能的改善。

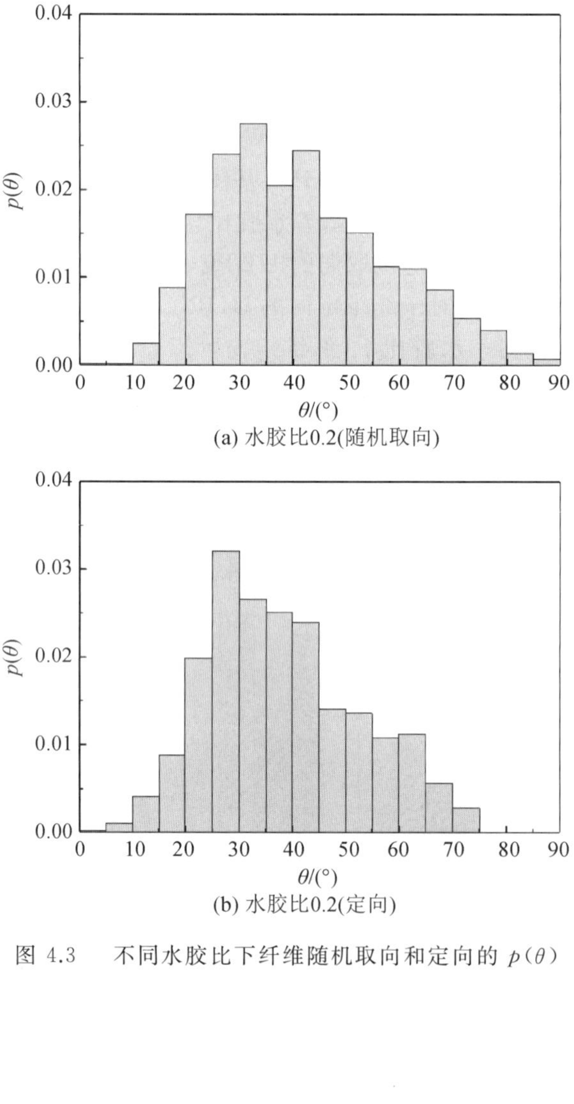

图 4.3 不同水胶比下纤维随机取向和定向的 $p(\theta)$

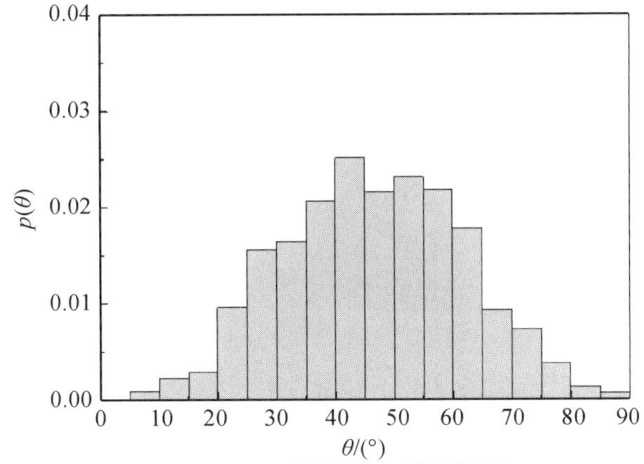

(c) 水胶比0.22(随机取向)

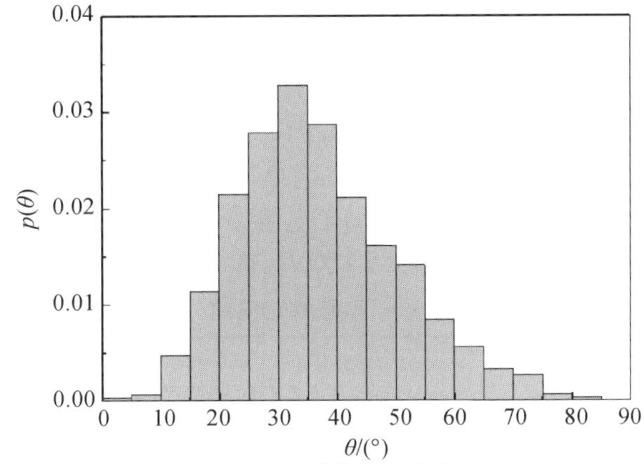

(d) 水胶比0.22(定向)

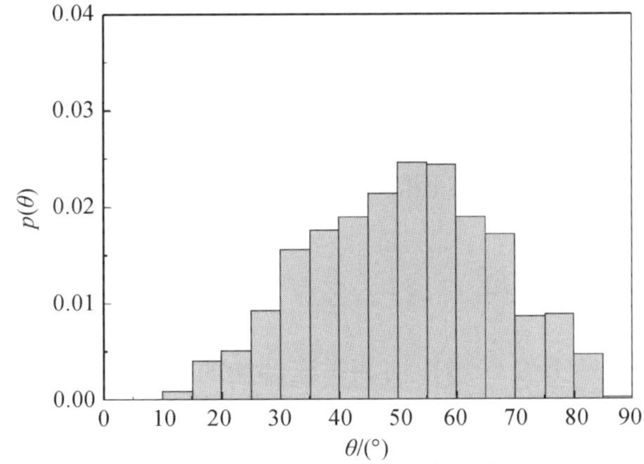

(e) 水胶比0.24(随机取向)

续图 4.3

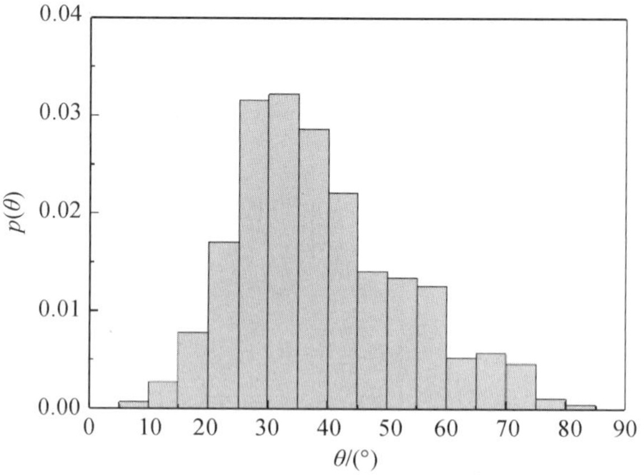

(f) 水胶比0.24(定向)

续图 4.3

表 4.2 为不同水胶比下随机取向和纤维定向的 UHPC 纤维取向系数 η_θ。Dupont 和 Vandewalle[14] 通过理论推导得出纤维随机取向时，其取向系数为 0.5。据表 4.2 可知，随机取向的 UHPC 纤维取向系数约在 0.4 到 0.55 之间，这与 Dupont 和 Vandewalle[14] 推导的结果一致。对于纤维定向的 UHPC，取向系数在 0.6 到 0.65 之间。由此可见，通过此流动诱导浇注方法可将纤维取向系数提高 0.2 左右，在一定程度上实现了纤维定向。

表 4.2　不同水胶比下随机取向和纤维定向的 UHPC 纤维取向系数 η_θ

水胶比	随机取向	纤维定向
0.2	0.56	0.61
0.22	0.48	0.63
0.24	0.41	0.6

另外，由于本节中纤维体积分数为 2%，在纤维定向过程中，纤维之间存在明显的相互搭接作用，因此一定程度上减弱了定向效果。减少纤维掺量，可能会使纤维定向效果更好，后续将对不同纤维掺量下的纤维定向效果进行详细研究，或者通过调节 UHPC 砂浆的流变性能，控制纤维的分布，减弱纤维的相互作用，从而提高纤维定向效果。

4.2.3　模具边壁效应

为探究模具边壁对 UHPC 纤维取向和抗弯性能的影响，通过传统方法和流动诱导方法各成型 3 个试件。对于每个试件，在不同部位沿长度切割成 6 个尺寸为 40 mm × 13 mm ×230 mm($b \times h \times l$) 的小试件，如图 4.4 所示。切取的试件厚度为 13 mm，宽度为 40 mm。其中试件 1、试件 2 和试件 3 从 UHPC 内部切取，其纤维取向不受模具边壁的限制；试件 4、试件 5 和试件 6 从试件与模具的边壁区域切取，其取向受到模具边壁的限制。

图 4.5 所示为两种浇注方式下不同位置 UHPC 试件的荷载一位移曲线。对于传统浇注方法，试件 4、试件 5 和试件 6 的最大荷载明显高于试件 1、试件 2 和试件 3，最大可相差 0.5 kN 左右。而对于流动诱导浇注方法，通过纤维定向可以显著提高不受模具边壁限制

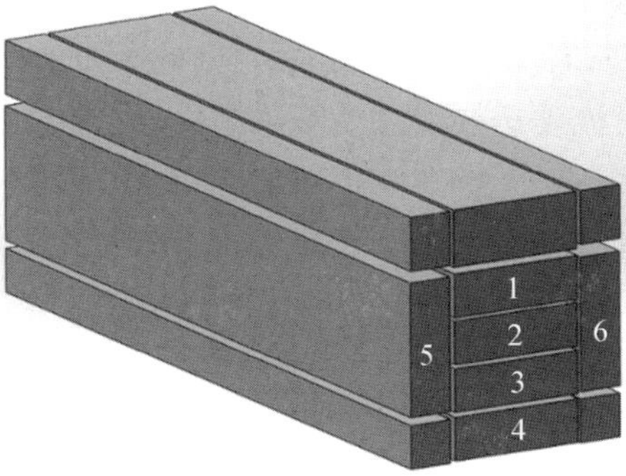

(a) 不同切割位置示意

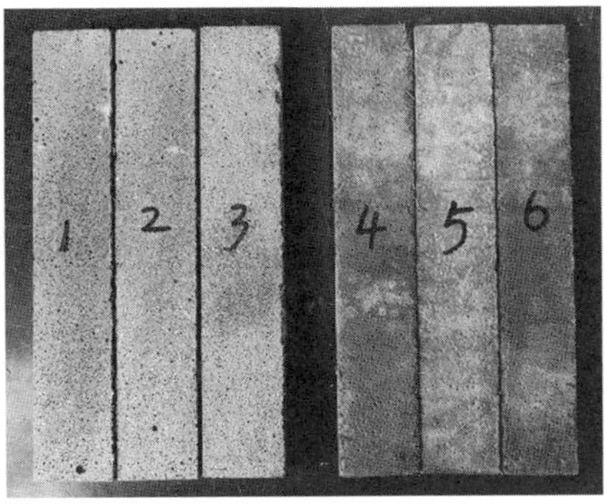

(b) 切割后试件

图 4.4　UHPC 试件切割

区域(试件 1、试件 2 和试件 3) 的纤维取向,提高其最大荷载,从而缩小了与试件 4、试件 5 和试件 6 的最大荷载差异,可使试件 4、试件 5、试件 6 与试件 1、试件 2、试件 3 的最大荷载差异降到 0.2 kN。

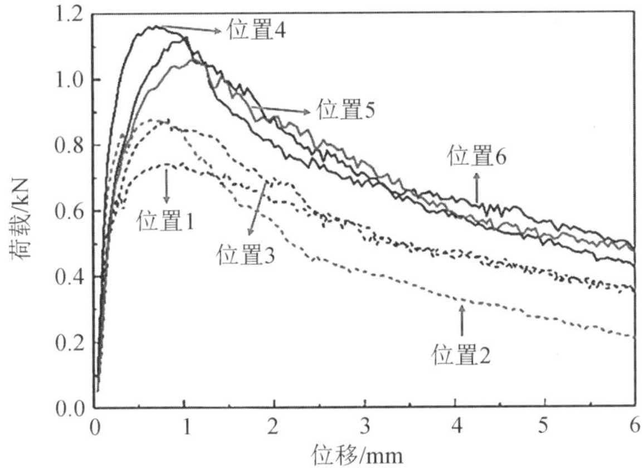

(a) 传统浇注方法

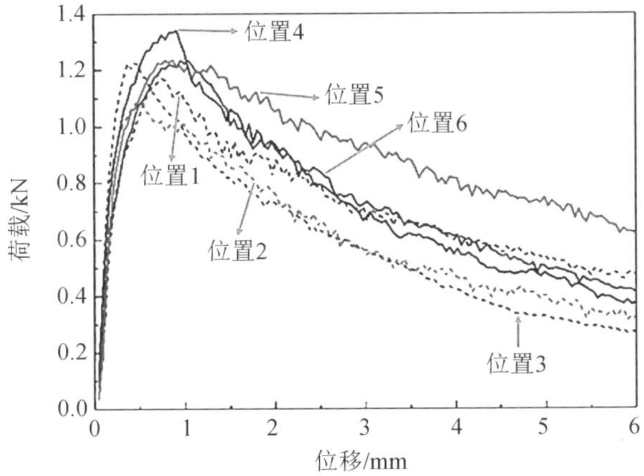

(b) 流动诱导浇注方法

图 4.5　两种浇注方式下不同位置 UHPC 试件的荷载－位移曲线

两种浇注方式下不同位置UHPC试件的抗弯强度和韧性如图4.6所示。对于传统浇注方法，试件4、试件5和试件6的抗弯强度和韧性显著高于试件1、试件2和试件3，两者分别相差20% ~ 55%和20% ~ 50%。通过流动诱导浇注使纤维定向，试件1、试件2和试件3的抗弯强度和韧性分别可以提高30% ~ 55%和20% ~ 40%，因此，通过纤维定向可以降低试件1、试件2和试件3与试件4、试件5和试件6在抗弯性能和韧性上的差异，缩小后的差异分别为1% ~ 20%和10% ~ 20%。

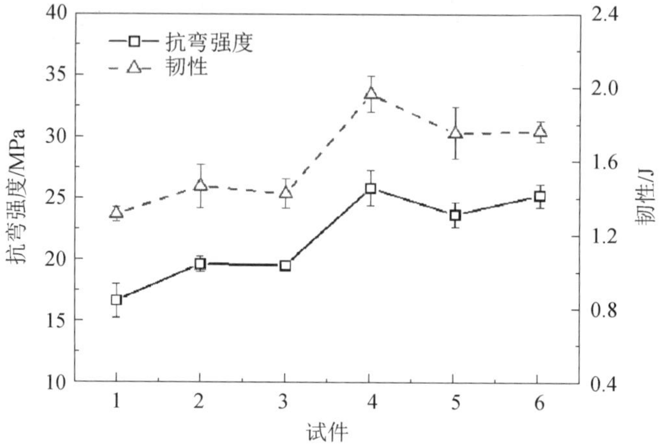

(a) 传统浇注方法

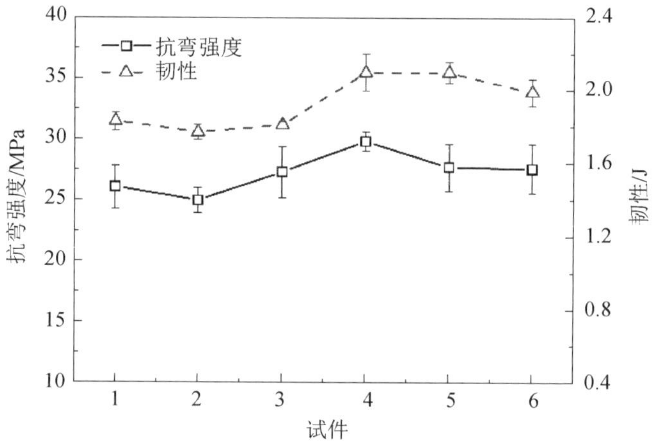

(b) 流动诱导浇注方法

图4.6　两种浇注方式下不同位置UHPC试件的抗弯强度和韧性

图4.7所示为两种浇注方式下不同位置UHPC试件的纤维取向。对于传统浇注方式，由于试件4、试件5和试件6纤维取向受到模具边壁的限制作用，因此其纤维取向系数明显高于试件1、试件2和试件3，两者相差20% ~ 30%。通过流动诱导浇注使纤维定向，可显著改善不受模具边壁限制的试件1、试件2和试件3的纤维取向，与传统浇注方法相比，纤维取向系数可以提高15% ~ 25%。通过纤维定向，试件1、试件2、试件3与试件4、试件5、试件6在纤维取向系数上的差异缩小，缩小后的差异为5% ~ 10%，从而降低了不同位置抗弯性能上的差异。

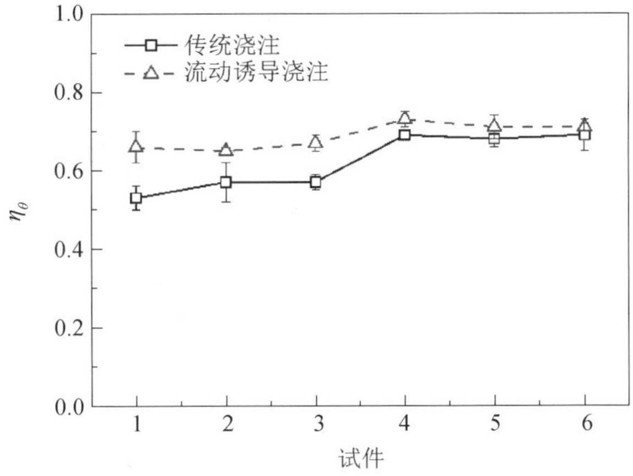

图 4.7　不同位置 UHPC 试件纤维取向

由于模具限制效应导致结构在不同位置上的抗弯性能以及纤维取向的差异，可能会使结构非均质性提高，尤其对于厚度较小的结构，这种非均质性可能会造成结构受力时的不稳定性和不确定性，从而降低结构的长期性能[15,16]。流动诱导的浇注方式使结构内部不受模具边壁限制区域的纤维定向，可以降低由模具边壁限制效应引起的不同位置抗弯性能和纤维取向上的差异，从而提高结构的整体均质性。

4.3　不同纤维长度和掺量与定向装置出口高度对 UHPC 抗弯性能的影响

4.3.1　纤维－基体黏结性能

不同长度纤维的拔出性能试验如图 4.8 所示。纤维数量为 4 根，试验时利用一尺寸为 25 mm × 25 mm × 0.5 mm 的塑料片，通过在塑料片上预留小孔以固定纤维，并使纤维与拔出力方向平行。对于 6 mm、13 mm 和 20 mm 的纤维，分别将其长度一半埋入 UHPC 基体中，并将另一端弯曲成 45° 以保证纤维与基体具有较好的咬合作用，从而使埋入的一端被拔出。在每种纤维长度的拔出试验中测试 6 个样品，拔出速率为 1 mm/min，纤维－基体黏结性能分析只采用埋入的 4 根纤维全部拔出的试验结果[17]。

对每种纤维长度，单根纤维－基体黏结强度可由下式计算：

$$\tau_f = \frac{P_{max}}{n\pi d_f l_e} \tag{4.4}$$

式中，τ_f 为单根纤维－基体黏结强度，MPa；P_{max} 为拔出力－位移曲线上的最大拔出力，N；n 为纤维根数；d_f 和 l_e 分别为纤维直径和嵌入长度，mm。

纤维拔出力－位移曲线包围的面积为拔出过程消耗的能量，即拔出能：

$$W_P = \frac{1}{n}\int P(s)\mathrm{d}s \tag{4.5}$$

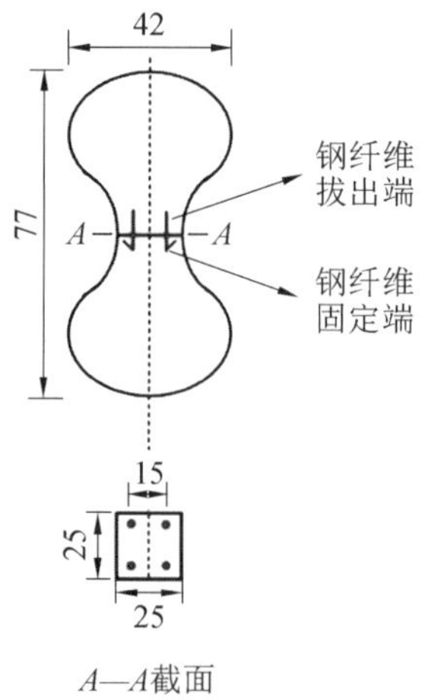

(a) 纤维布设(单位:mm)

(b) 拔出试验

图 4.8　8 字形试件纤维拔出试验

式中,W_P 为拔出能,mJ;$P(s)$ 为在位移 s(mm) 处的拔出力,N。

图 4.9 所示为不同长度纤维的拔出力 — 位移曲线。由图可知,单根纤维的最大拔出力和拔出能随纤维长度变长而显著提高。Naaman 等人[18,19] 指出,直纤维的拔出主要是克服纤维 — 基体的物理化学黏附和摩擦滑移阻力的过程。纤维长度越长,其在基体的嵌入长度越长,与基体接触的表面积就越大。因此,纤维长度增加,导致纤维与基体间的黏附作用以及纤维在拔出过程的摩擦滑移阻力变强,从而使纤维拔出所需克服的拔出阻力增加。

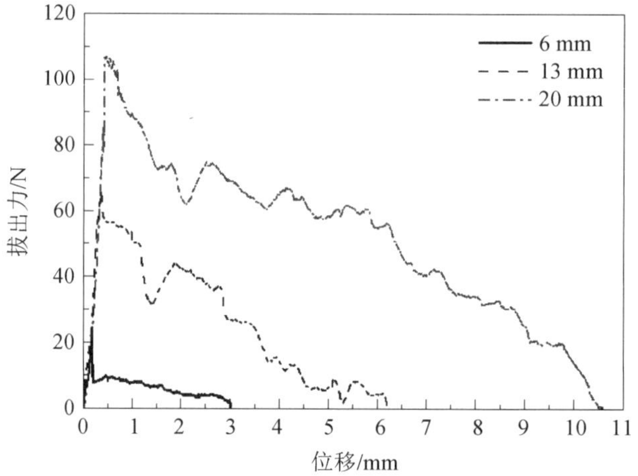

图 4.9　不同长度纤维的拔出力 — 位移曲线

不同长度纤维的纤维 — 基体黏结强度和拔出能如图 4.10 所示。由于材料的泊松效应,当纤维受到拔出荷载时,纤维在沿其长度方向会发生伸长变形,导致纤维的截面变小,受到径向界面压力的约束作用减小[20]。纤维长度越长,拔出所需的拔出力越大,因而纤维沿其长度方向变形越大，受到径向界面压力的约束作用就越小。因此，一方面随着纤维长度由 6 mm 增加至 20 mm，纤维 — 基体黏结强度由 4.1 MPa 减小至 3.7 MPa，这与 Shannag 等人[21] 报道的研究结果也一致。另一方面，随着纤维长度增长，单根纤维拔出能显著提高；与 13 mm 和 6 mm 纤维相比，20 mm 纤维的拔出能可以分别提高 3 倍和 27 倍。

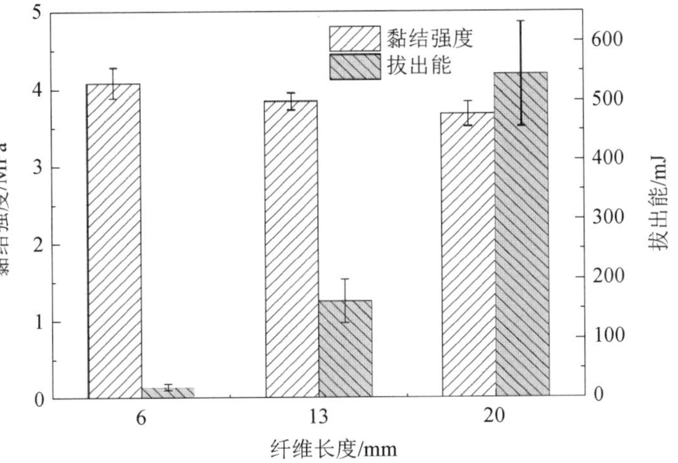

图 4.10　不同长度纤维的纤维 — 基体黏结强度和拔出能

4.3.2　抗弯性能

图 4.11 所示为不同纤维长度和定向装置水平出口高度对纤维定向 UHPC 抗弯性能的影响。对同一纤维长度，最大荷载随着出口高度的减小而显著增大。例如当纤维长度为13 mm时，出口高度由 30 mm 减小到 10 mm，最大荷载提高 17 kN。出口高度越小，纤维定向效果越好，因而荷载 — 位移曲线的最大荷载越大。对同一出口高度，最大荷载随着纤维长度变长而显著增大。例如，出口高度为 10 mm 时，纤维长度由 6 mm 变为 13 mm，最大荷载提高 14 kN。这是因为纤维长度越长，一方面纤维对裂缝的桥联作用越强，另一方面可能流动诱导纤维定向效果越好。

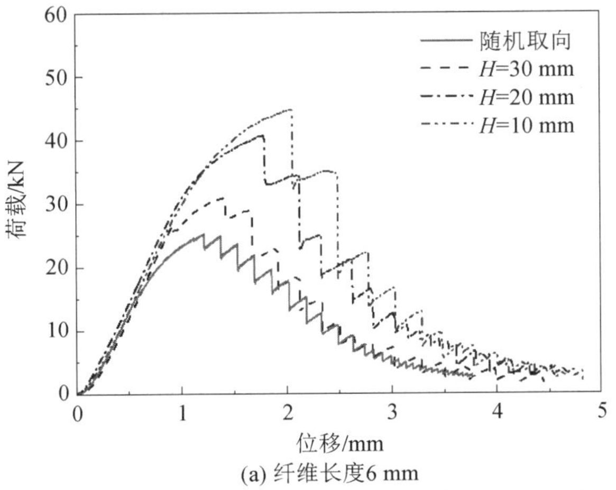

(a) 纤维长度6 mm

图 4.11　不同纤维长度和水平开口高度的纤维定向 UHPC 荷载 — 位移曲线

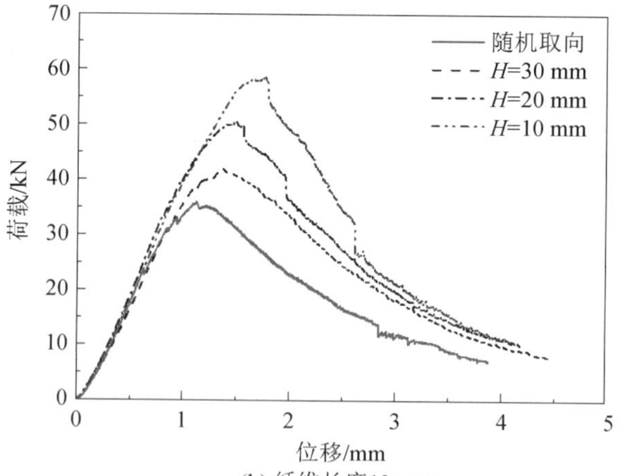

(b) 纤维长度13 mm

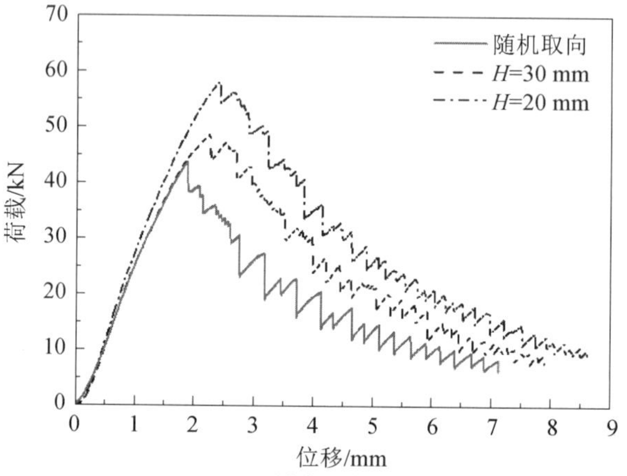

(c) 纤维长度20 mm

续图 4.11

然而，当纤维长度达到 20 mm，在出口高度为 10 mm 时，由于纤维相互搭接和团聚，以及水平出口较窄，纤维在水平出口发生堵塞，造成浇注困难。因此，纤维长度与出口高度应存在一个合适比值，既能产生较好的定向效果，又能保证顺利浇注。

不同纤维长度和定向装置开口高度下 UHPC 的抗弯强度和韧性如图 4.12 所示。对于同一纤维长度，由于纤维定向效果随着定向装置出口高度减小而增大，因此 UHPC 抗弯强度和韧性随着出口高度减小而显著增大。由图可知，与纤维随机取向的 UHPC 相比，对于 6 mm 长纤维，纤维定向后 UHPC 的抗弯强度和韧性最大可以分别提高 78% 和 99%；对于 13 mm 长纤维，纤维定向后 UHPC 的抗弯强度和韧性最大可以分别提高 63% 和 65%。而对于 20 mm 长纤维，由于纤维在出口高度为 10 mm 时发生堵塞，因此在出口高度为 20 mm 时 UHPC 抗弯强度和韧性的提高最大，分别为 33% 和 75%。

同时，由 4.3.1 节可知，由于长纤维的拔出阻力更大，相对于 6 mm 和 13 mm 纤维，20 mm 纤维的拔出能分别可提高 27 倍和 3 倍，且长纤维桥联裂缝的能力更强。因此，UHPC 抗弯强度和韧性随纤维长度的增加而显著提高。对于纤维随机取向的 UHPC，纤维长度由 6 mm 变为 20 mm，其抗弯强度和韧性分别可以提高 73% 和 197%。而对于纤维定向 UHPC，在 10 mm、20 mm、30 mm 水平出口高度下，纤维长度变长最大可以分别将抗弯强度和韧性提高 31% 和 34%、42% 以及 194%、58% 和 243%。

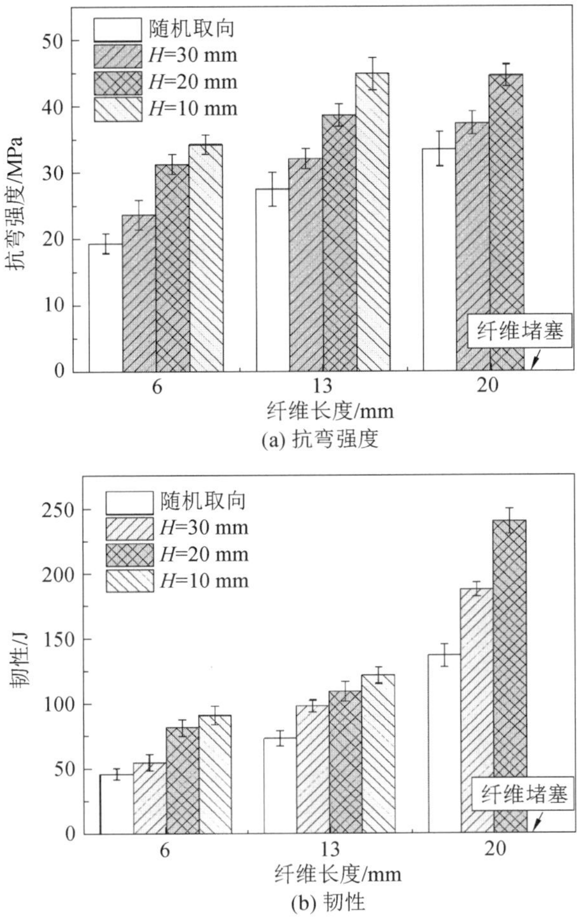

图 4.12　不同纤维长度和定向装置开口高度下 UHPC 抗弯强度和韧性

图 4.13 所示为不同纤维长度和体积分数下纤维定向 UHPC 的抗弯荷载－位移曲线。对同一纤维长度，最大荷载随纤维体积分数的提高而显著增大。对随机取向的 6 mm、13 mm 和20 mm 纤维，体积分数由 1% 提高至 3%，最大荷载分别由 18 kN 提高至 33 kN、由28 kN 提高至 46 kN、由 36 kN 提高至 54 kN。同时，与随机取向的纤维相比，纤维定向可以显著提高各掺量下的最大荷载。而对定向的 6 mm 和 13 mm 纤维，当体积分数由 1% 提高至 3%，最大荷载分别由 28 kN 提高至 48 kN、由 38 kN 提高至 58 kN。对于 20 mm 纤维，当纤维体积分数达到 3% 时，由于纤维的相互搭接、团聚严重，造成纤维在 L 形定向装置内发生堵塞；纤维体积分数由 1% 提高至 2% 时，最大荷载可由 51 kN 提高至 58 kN。

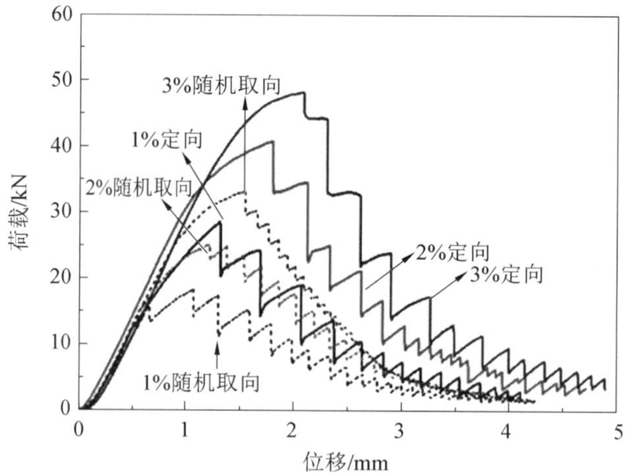

(a) 纤维长度6 mm

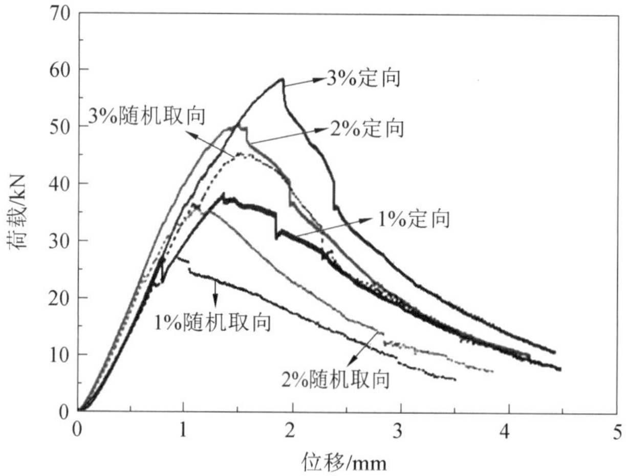

(b) 纤维长度13 mm

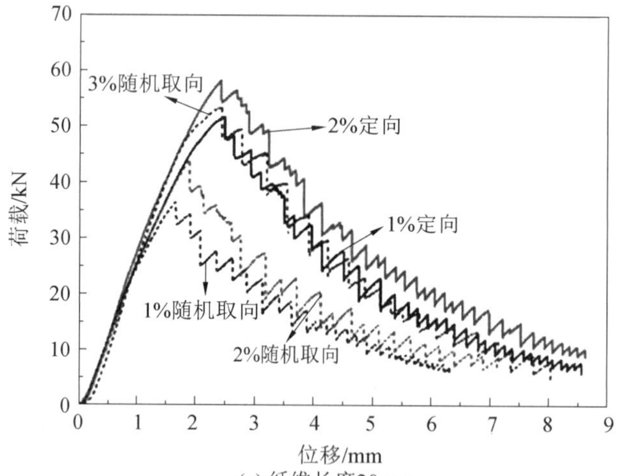

(c) 纤维长度20 mm

图 4.13　不同纤维长度和体积分数下纤维定向 UHPC 的抗弯荷载－位移曲线

不同纤维长度和体积分数下定向 UHPC 的抗弯强度和韧性如图 4.14 所示。同一纤维长度下，UHPC 抗弯强度和韧性随着纤维体积分数的增加而显著提高。对于随机取向的 6 mm、13 mm、20 mm 纤维，体积分数由 1% 提高至 3%，UHPC 抗弯强度和韧性分别可以提高 80% 和 81%，64% 和 90%，47% 和 81%。这是因为纤维体积分数增加，使纤维限制裂缝扩展的能力提高，从而提高 UHPC 的抗弯强度和韧性[22]。

此外，与纤维随机取向的 UHPC 相比，随着纤维体积分数增加，纤维定向可以使 UHPC 抗弯强度和韧性分别提高 28%～62% 和 25%～82%。这是因为纤维定向可以增加纤维桥联应力，提高纤维限制裂缝扩展的能力，从而提高纤维的增强效率。对于定向的 6 mm 与 13 mm 纤维，体积分数由 1% 增加至 3%，可使 UHPC 抗弯强度分别提高 68%、52%，韧性分别提高 113%、36%。而对于定向的 20 mm 纤维，体积分数由 1% 增加至 2% 时，可使 UHPC 抗弯强度和韧性分别提高 12% 和 20%。

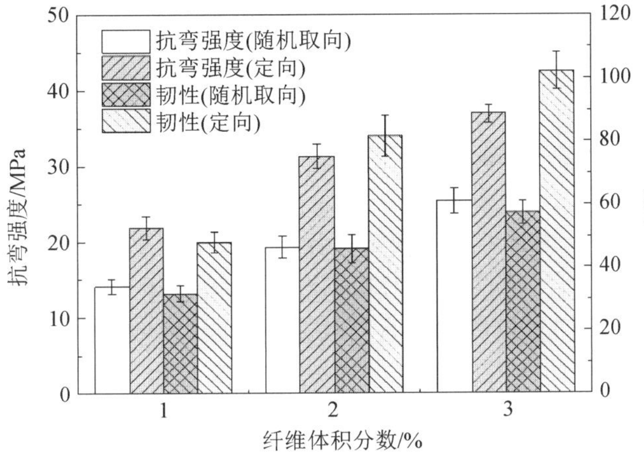

(a) 纤维长度6 mm

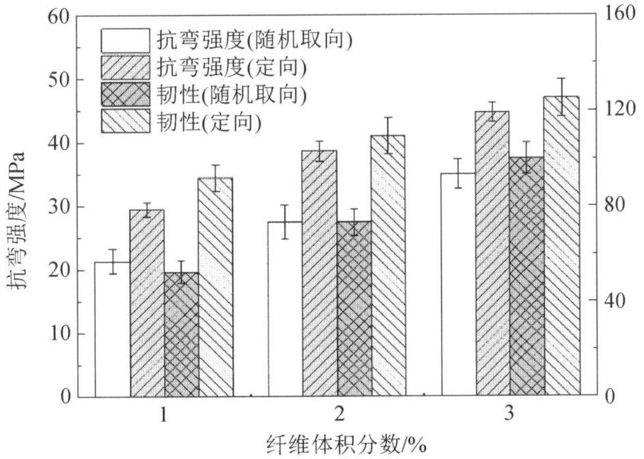

(b) 纤维长度13 mm

图 4.14　不同纤维长度和体积分数下定向 UHPC 的抗弯强度和韧性

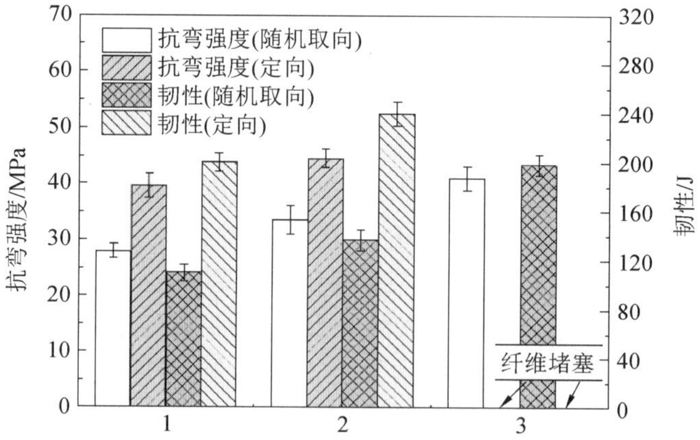

(c) 纤维长度20 mm

续图 4.14

4.3.3 纤维分散和取向

图 4.15 所示为不同纤维长度和定向装置开口高度下纤维定向 UHPC 的纤维分散系数和取向系数。一方面，由于该纤维定向装置一层一层浇注 UHPC 的特性，较于纤维随机取向的 UHPC，纤维定向可以改善材料的纤维分散，且对同一纤维长度，纤维分散系数随定向装置开口高度减小而增大。另一方面，由于纤维变长导致纤维相互之间搭接和团聚更加严重，因此在同一开口高度下，纤维分散系数随纤维长度变长而减小。

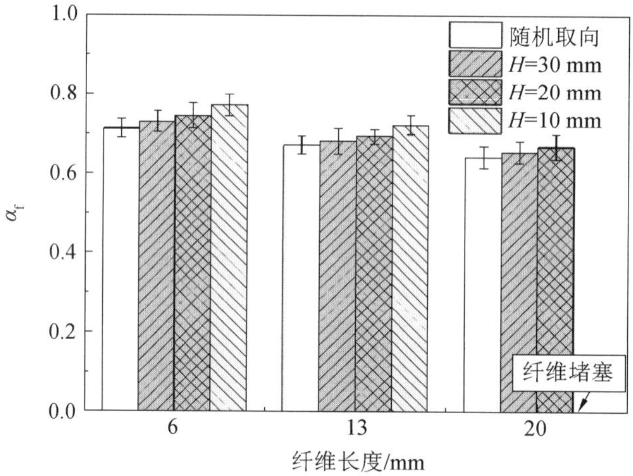

(a) 纤维分散系数

图 4.15　不同纤维长度和定向装置开口高度下纤维定向 UHPC 纤维分散系数和取向系数

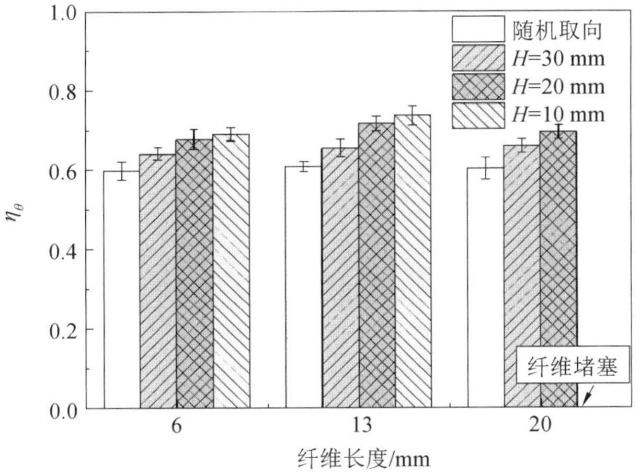

(b) 纤维取向系数

续图 4.15

对于纤维取向系数，由于定向装置开口高度越小，在同一纤维长度下，对纤维定向效果越好，因此纤维取向系数随定向装置开口高度的减小而明显提高。而在同一开口高度下，纤维长度则需与定向装置相匹配，从而使定向装置产生最好的定向效果。例如，对于 13 mm 长纤维，当开口高度由 30 mm 减小至 10 mm 时，纤维取向系数由 0.66 提高至 0.74；而在 10 mm 的开口高度下，13 mm 长纤维定向效果最好，20 mm 长纤维则在水平出口发生堵塞。

不同纤维长度和体积分数下纤维定向 UHPC 的纤维分散系数和取向系数如图 4.16 所示。对同一种浇注方式，随着纤维体积分数增加，UHPC 纤维分散系数降低，这是因为当纤维体积分数增加时，纤维在 UHPC 内相互搭接和团聚的可能性增加，从而导致纤维分散系数降低[23]。

与纤维随机取向的 UHPC 相比，纤维定向可以显著提高各体积分数下 UHPC 的纤维取向系数。例如，对 13 mm 纤维，与纤维随机取向的 UHPC 相比，体积分数为 1%、2% 和 3% 时，通过纤维定向分别可以将纤维取向系数提高 34%、18% 和 17%。由此可以发现，由于纤维体积分数提高，使纤维之间的搭接和团聚现象加重，因此纤维定向效率也下降。而对于 20 mm 纤维，当纤维体积分数增至 3% 时，由于纤维相互之间严重搭接，从而导致纤维在定向装置内堵塞，造成定向失败。因此，纤维定向的体积分数一般不高于 2%。

对不同长度的纤维定向，发现当纤维长度为 20 mm 时，使用出口高度为 10 mm 的定向装置极易发生堵塞。因此，在实际操作时，应避免 l_f/H 比值过大造成定向装置堵塞；另外 l_f/H 比值也不能过小，使纤维定向效果变差。当纤维长度增加时，应适当增大 L 形定向装置开口大小，以提高定向效果和避免堵塞。根据本小节结果可知，当 l_f/H 比值为 1.0 ～1.3 时（纤维长度 13 mm，出口高度 10 mm；或者纤维长度 20 mm，出口高度 20 mm），可以产生较好的定向效果，从而提高 UHPC 的抗弯性能。

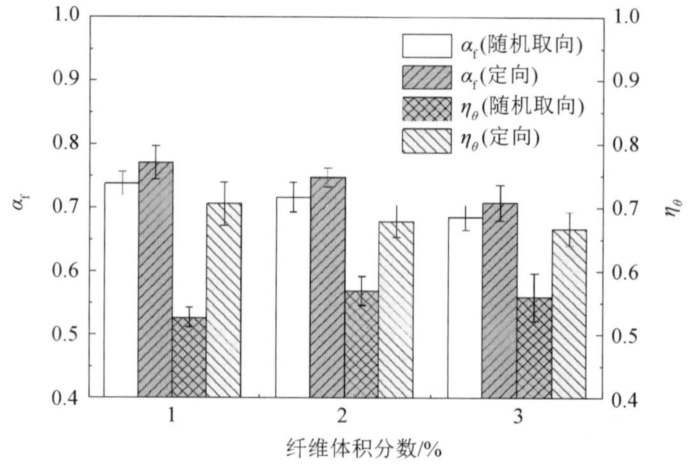

(a) 纤维长度6 mm

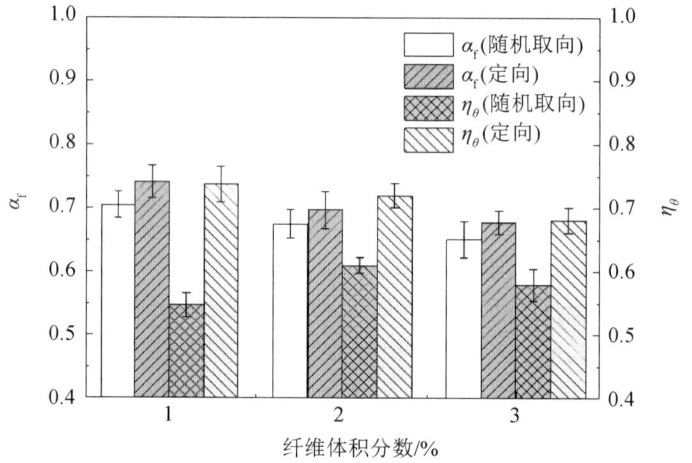

(b) 纤维长度13 mm

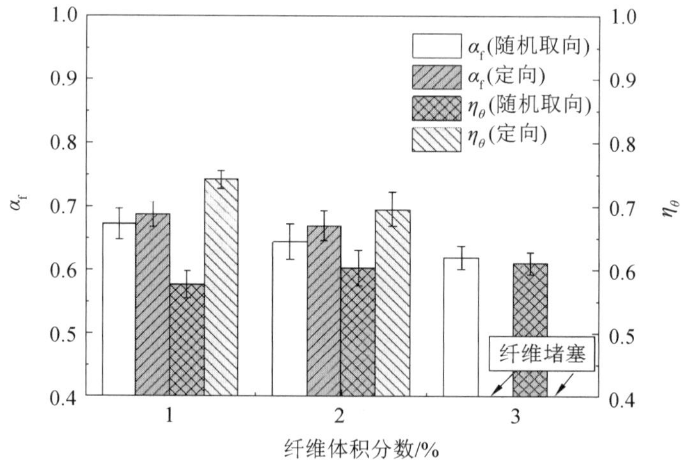

(c) 纤维长度20 mm

图 4.16　不同纤维长度和体积分数下纤维定向 UHPC 的纤维分散系数和取向系数

4.3.4 纤维长度和定向的协同增强作用

由上一小节可知，使用长纤维和进行纤维定向均可以提高 UHPC 的抗弯性能，因此长纤维和定向的结合，对 UHPC 抗弯性能可产生协同增强作用。图 4.17 为不同纤维长度和开口高度下定向 UHPC 相对于随机取向的抗弯强度相对增长率。由图可知，随着纤维长度和 L 形定向装置开口高度变化，UHPC 抗弯强度相对增长率在 12% ～ 82% 之间变化。在同一纤维长度下，L 形定向装置开口高度越小，对纤维定向的效果越好，因此抗弯强度相对增长率随开口高度的减小而增大；而在同一开口高度下，抗弯强度相对增长率随纤维长度的增加而降低。这是因为纤维长度变长时，对于纤维随机取向的 UHPC，其抗弯强度显著提高，使定向前后抗弯强度的差异减小，因而导致抗弯强度增长率降低。

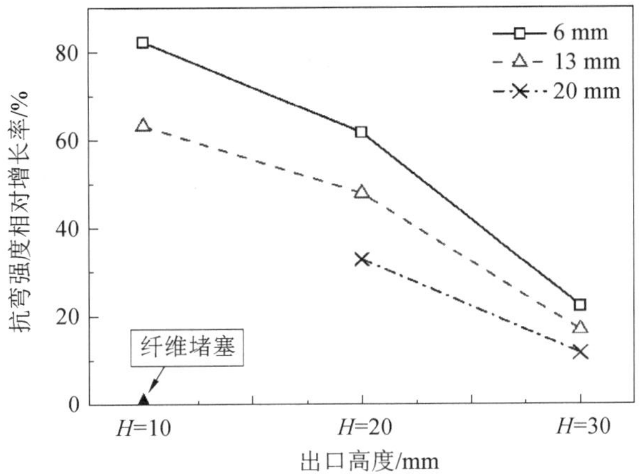

图 4.17　不同纤维长度和开口高度下定向 UHPC 相对于随机取向的抗弯强度相对增长率

纤维的长度和定向对 UHPC 抗弯强度的协同增强作用如图 5.18 所示。图中，“13※/6△”、“20※/6△”表示使用 13 mm 或者 20 mm 纤维在 L 形定向装置不同出口高度的定向下，相较于 6 mm 纤维随机取向时，UHPC 抗弯强度的相对增长率。类似地，“20※/13△”表示使用 20 mm 纤维在 L 形定向装置不同出口高度定向下，相较于 13 mm 纤维随机取向时，UHPC 抗弯强度的相对增长率。由图可知，通过 L 形定向装置的不同出口高度对长纤维（如 13 mm 或 20 mm）进行定向，相较于随机取向的短纤维（如 6 mm 或 13 mm），抗弯强度相对增长率范围为 36% ～ 132%。对于纤维随机取向的 UHPC，使用 13 mm 或者 20 mm 长的纤维时，相较于 6 mm 的纤维，UHPC 抗弯强度相对增长率为 42% 或 73%；而当使用 20 mm 长的纤维，相较于 13 mm 的纤维，UHPC 抗弯强度相对增长率为 22%。

通过定向长纤维，即让长度更长的纤维与定向相结合，UHPC 抗弯强度相对增长率显著提高，且水平出口高度越小，对纤维定向的效果越强，所产生的对 UHPC 抗弯性能的协同增强效果也越强。例如，通过出口高度 20 mm 的 L 形定向装置定向 13 mm 长的纤维，较于 6 mm 长随机取向的纤维，UHPC 抗弯强度相对增长率为 110%；而当使用 10 mm

的出口高度定向 13 mm 长的纤维，相应的抗弯强度相对增长率达到 132%。类似地，通过出口高度 30 mm 的 L 形定向装置定向 20 mm 长的纤维，较于 6 mm 长随机取向的纤维，UHPC 抗弯强度相对增长率为 94%；而当使用 20 mm 的出口高度定向 20 mm 长的纤维时，相应的抗弯强度相对增长率达到 131%。由此可知，通过定向长纤维，对 UHPC 抗弯强度具有显著的协同增强效果。利用该协同增强作用，在不降低 UHPC 抗弯强度的前提下，同时可降低纤维掺量，从而降低 UHPC 造价。

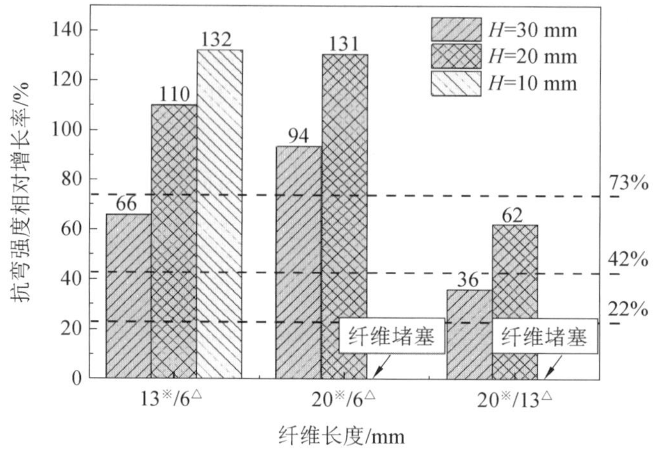

图 4.18　纤维的长度和定向对 UHPC 抗弯强度的协同增强作用（※：纤维定向。△：随机取向）

4.3.5　纤维定向对 UHPC 纤维掺量的降低作用

UHPC 对原材料质量的要求较高，因而整体的造价也偏高。已有研究表明，通过粉煤灰、矿渣替代部分水泥和硅灰[24,25]，用河砂替代石英砂[26,27] 等都可以降低 UHPC 造价。然而，钢纤维的价格（约 5 000 元 /t）远高于水泥等胶凝材料和石英砂等细骨料，就本试验所用配合比而言，2% 的钢纤维价格占原材料总价的 35%。因此，降低 UHPC 中的钢纤维掺量而不降低其抗弯性能，可以有效减少 UHPC 的原材料成本。考虑到纤维定向对 UHPC 抗弯性能的显著提升效果，认为通过纤维定向降低纤维掺量具有可行性。

定义：$\sigma_{1,2}$ 为 1% 纤维定向 UHPC 抗弯强度与 2% 纤维随机取向 UHPC 抗弯强度的比值；$\sigma_{2,3}$ 为 2% 纤维定向 UHPC 抗弯强度与 3% 纤维随机取向 UHPC 抗弯强度的比值。同理，$T_{1,2}$ 为 1% 纤维定向 UHPC 韧性与 2% 纤维随机取向 UHPC 韧性的比值；$T_{2,3}$ 为 2% 纤维定向 UHPC 韧性与 3% 纤维随机取向 UHPC 韧性的比值。$\sigma_{1,2}$、$\sigma_{2,3}$、$T_{1,2}$ 和 $T_{2,3}$ 值大于 1 时，表示纤维掺量在为随机取向时的 1/2 或 2/3 时，通过纤维定向可保证 UHPC 抗弯性能不低于纤维随机取向 UHPC。

表 4.3 总结了 3 种纤维长度下 $\sigma_{1,2}$、$\sigma_{2,3}$、$T_{1,2}$ 和 $T_{2,3}$ 的值。由表 4.3 可知，对于每一种纤维长度，$\sigma_{1,2}$ 和 $\sigma_{2,3}$ 的值的范围为 1.07 ~ 1.23，$T_{1,2}$ 和 $T_{2,3}$ 值的范围为 1.05 ~ 1.47，表明与随机取向 UHPC 相比，纤维定向可以减少 1/2 或 1/3 的纤维掺量，同时不降低 UHPC 的抗弯性能。

表 4.3　3 种纤维长度下 $\sigma_{1,2}$、$\sigma_{2,3}$、$T_{1,2}$ 和 $T_{2,3}$ 的值

纤维长度 /mm	$\sigma_{1,2}$	$\sigma_{2,3}$	$T_{1,2}$	$T_{2,3}$
6	1.14	1.23	1.05	1.42
13	1.07	1.10	1.26	1.10
20	1.18	1.09	1.47	1.21

另一方面，考虑长纤维对 UHPC 抗弯性能的显著提升作用，通过使用长纤维降低纤维掺量也具有可行性。定义：$\sigma'_{1,2}$ 为 1% 长纤维 UHPC 抗弯强度与 2% 短纤维 UHPC 抗弯强度的比值；$\sigma'_{2,3}$ 为 2% 长纤维 UHPC 抗弯强度与 3% 短纤维 UHPC 抗弯强度的比值。同理，$T'_{1,2}$ 为 1% 长纤维 UHPC 韧性与 2% 短纤维 UHPC 韧性的比值；$T'_{2,3}$ 为 2% 长纤维 UHPC 韧性与 3% 短纤维 UHPC 韧性的比值。表 4.4 总结了在纤维随机取向和定向两种情况下 $\sigma'_{1,2}$、$\sigma'_{2,3}$、$T'_{1,2}$ 和 $T'_{2,3}$ 的值。由表 4.4 可知，绝大部分 $\sigma'_{1,2}$ 和 $\sigma'_{2,3}$ 的值在 1 以上，$T'_{1,2}$ 和 $T'_{2,3}$ 的值的范围为 1.07 ～ 2.46，表明不论是随机取向还是纤维定向，使用长纤维也能减少纤维掺量，同时不降低 UHPC 抗弯性能。

表 4.4　纤维随机取向和定向时 $\sigma'_{1,2}$、$\sigma'_{2,3}$、$T'_{1,2}$ 和 $T'_{2,3}$ 的值

长纤维 /mm	短纤维 /mm	纤维取向	$\sigma'_{1,2}$	$\sigma'_{2,3}$	$T'_{1,2}$	$T'_{2,3}$
13	6	随机取向	1.1	1.08	1.15	1.27
		定向	0.94	1.05	1.13	1.07
20	6	随机取向	1.45	1.32	2.39	2.38
		定向	1.27	1.21	2.46	2.35
20	13	随机取向	1.02	0.96	1.5	1.37
		定向	1.03	0.99	1.83	1.92

由此可知，考虑到纤维定向和使用长纤维对 UHPC 抗弯性能的协同增强作用，通过定向长纤维，与随机取向的短纤维相比，则可进一步减少纤维掺量。定义：$\sigma''_{1,3}$ 为 1% 定向长纤维 UHPC 抗弯强度与 3% 随机取向短纤维 UHPC 抗弯强度的比值；$T''_{1,3}$ 为 1% 定向长纤维 UHPC 韧性与 3% 随机取向短纤维 UHPC 韧性的比值。表 4.5 为 $\sigma''_{1,3}$ 和 $T''_{1,3}$ 比值汇总。表 4.5 中，$\sigma''_{1,3}$ 值的范围为 1.13 ～ 1.56，$T''_{1,3}$ 值的范围为 1.6 ～ 3.49，表明通过定向长纤维，与随机取向的短纤维相比，可使 UHPC 纤维掺量减少 2/3，同时不降低 UHPC 的抗弯性能。

纤维掺量成倍减少可以大幅降低 UHPC 的原材料成本，从而促进 UHPC 在实际工程，特别是桥梁结构中的应用。在桥梁的纵梁（如箱梁、U－型和 I－型纵梁）等受弯构件中，通过使用纤维定向技术或者将纤维定向与长纤维使用相结合，可以大幅提高受弯构件的抗弯承载力，或者减少 UHPC 中纤维的掺量以及受弯区的钢筋使用。

表 4.5　UHPC 的 $\sigma''_{1,3}$ 和 $T''_{1,3}$ 比值

定向长纤维	随机取向短纤维	$\sigma''_{1,3}$	$T''_{1,3}$
13 mm，1%	6 mm，3%	1.16	1.6
20 mm，1%	6 mm，3%	1.56	3.49
20 mm，1%	13 mm，3%	1.13	2.01

4.4　纤维定向 UHPC 抗弯强度预测模型

4.4.1　复合材料混合定律基本原理

不考虑 UHPC 内部的缺陷分布时，单向短纤维增强复合材料的抗拉强度可由混合定律计算[28,29]：

$$\sigma_c = \sigma_m V_m + \sigma_f V_f \tag{4.6}$$

式中，σ_c 为复合材料的抗拉强度，MPa；σ_m 为基体内的平均应力，MPa；σ_f 为纤维上的平均应力，MPa；V_m 和 V_f 分别为基体和纤维的体积分数，%。V_m 和 V_f 满足：

$$V_m + V_f = 1 \tag{4.7}$$

对半径均匀的短纤维，基于 Rosen 剪切滞后模型[30]，沿纤维方向的拉应力与纤维－基体界面的剪切应力成正比。假设纤维周围的基体材料是理想刚塑性体，则界面剪切应力沿纤维长度为常数，其值等于纤维－基体黏结强度 τ_f。把能够达到最大纤维应力的最小纤维长度定义为荷载传递长度，当纤维长度超过此长度时，应力从基体传递到纤维[30]。于是有：

$$(\sigma_f)_{max} = \frac{2\tau_f l_t}{d_f} \tag{4.8}$$

式中，$(\sigma_f)_{max}$ 为最大纤维应力，MPa；l_t 为荷载传递长度，mm。最大纤维应力与平均纤维应力的关系可由式(4.9)表示：

$$\sigma_f = \eta_1 (\sigma_f)_{max} \tag{4.9}$$

式中，η_1 为纤维长度系数。因此式(4.6)可写成：

$$\sigma_c = \sigma_m (1 - V_f) + \eta_1 \frac{2\tau_f l_t}{d_f} V_f \tag{4.10}$$

η_1 与荷载传递长度 l_t 有如下关系[28]：

$$\text{对 } l_f < l_u,\ \eta_1 = \frac{l_f}{2l_t} \tag{4.11}$$

$$\text{对 } l_f > l_u,\ \eta_1 = 1 - \frac{l_t}{2l_f} \tag{4.12}$$

式中，l_u 为临界纤维长度，mm。临界纤维长度是能够达到纤维极限抗拉强度的最小纤维长度，由式(4.8)可知，l_u 可由下式计算：

$$l_u = \frac{\sigma_{fu} d_f}{2\tau_f} \tag{4.13}$$

式中，σ_{fu} 为纤维极限抗拉强度，MPa。因此，只有当纤维长度大于临界纤维长度（$l_f > l_u$），复合材料中的纤维才可被拔断；而当 $l_f < l_u$，复合材料破坏时，纤维被拔出。将式(4.11) 代入式(4.10)，可得单向短纤维增强复合材料抗拉强度计算公式：

$$\sigma_c = \sigma_m(1 - V_f) + \frac{\tau_f l_f}{d_f} V_f \tag{4.14}$$

当短纤维增强复合材料的纤维取向系数为 η_θ 时，式(4.14) 可写成：

$$\sigma_c = \sigma_m(1 - V_f) + \eta_\theta \frac{\tau_f l_f}{d_f} V_f \tag{4.15}$$

由此可知，在基体抗拉强度、纤维直径、长度、掺量和取向以及纤维－基体黏结强度已知条件下，短纤维增强复合材料的抗拉强度可由式(4.15) 计算。

4.4.2　纤维定向 UHPC 抗弯强度预测

对于纤维增强水泥基复合材料，其基体和复合材料的抗弯强度与抗拉强度存在线性关系，如式(4.16) 和式(4.17) 所示[28,31]：

$$\sigma_{fm} = \alpha\sigma_m \tag{4.16}$$

$$\sigma_{fc} = \beta\sigma_c \tag{4.17}$$

式中，σ_{fm} 和 σ_{fc} 分别为基体和纤维增强复合材料的抗弯强度，MPa；α 和 β 分别为基体和纤维增强复合材料的抗弯／抗拉强度比。结合式(4.16) 和式(4.17)，UHPC 抗弯强度预测表达式则可以写成：

$$\sigma_{fc} = \frac{\beta}{\alpha}\sigma_{fm}(1 - V_f) + \beta\eta_\theta \frac{\tau_f l_f}{d_f} V_f \tag{4.18}$$

因此，当 UHPC 基体抗弯强度和纤维的长度、直径、掺量和取向以及纤维－基体黏结强度已知时，UHPC抗弯强度可由式(4.18) 预测。在纤维增强水泥基复合材料中，复合材料抗弯／抗拉强度比 β 通常为 1 ～ 3[32,33]。对于 UHPC，β 一般取 2，而基体的抗弯／抗拉强度比 α 通常取 1.5[17,22,28]。其他参数包括基体抗弯强度 12.9 MPa，以及 6 mm、13 mm 和20 mm纤维与基体的黏结强度分别为4.1 MPa、3.8 MPa和 3.7 MPa。对于随机取向和纤维定向的 UHPC，通过式(4.18) 预测的不同纤维长度和掺量下，UHPC 的预测抗弯强度以及预测值与试验值的偏差列于表4.6。表4.6中，预测值与试验值的偏差由下式计算：

$$\text{Dev} = \frac{\sigma_{exp} - \sigma_{fc}}{\sigma_{exp}} \times 100\% \tag{4.19}$$

式中，σ_{exp} 为抗弯强度试验值，MPa。

表 4.6　随机取向和纤维定向 UHPC 的抗弯强度预测值及其与试验值的偏差

l_f /mm	V_f /%	随机取向			纤维定向		
		σ_{exp} /MPa	σ_{fc} /MPa	Dev /%	σ_{exp} /MPa	σ_{fc} /MPa	Dev /%
6	1	14.1	18.7	−32.7	21.9	19.3	12.1
	2	19.3	20.4	−5.7	31.3	21.1	32.7
	3	25.4	21.9	13.9	36.9	22.9	38.1
13	1	21.3	19.8	7	29.4	20.8	29.4
	2	27.5	23	16.4	38.6	24.1	37.6
	3	35	25.4	27.4	44.7	26.9	39.8
20	1	27.9	21.3	23.6	39.6	22.3	43.6
	2	33.5	25.8	23.1	44.5	27.1	39.1
	3	40.9	30.2	26.2	—	—	—

由表 4.6 可知，不管是对随机取向还是纤维定向的 UHPC，由式(4.18) 预测的抗弯强度值与试验值都具有较大偏差。对于不同的纤维长度、体积分数及取向，Dev 值的范围为 −32.7% ～ 43.6%。除了纤维体积分数为 1% 和 2% 时，随机取向的 6 mm 纤维，所有的 Dev 值均为正值。由此可知，预测抗弯强度时，大部分 β 值被低估了，因而导致预测值偏小。在利用式(4.18) 预测 UHPC 抗弯强度时，对于不同的纤维长度、体积分数和取向，β 值均假设为 2；而实际情况下，β 值应随着纤维长度、体积分数和取向变化而变化。

为建立 β 值与纤维长度、体积分数和取向的关系，本节通过非线性多参数拟合法，基于低阶多项式模型，利用最小二乘法求解不同项的系数得到 β 的最终方程，如式(4.20) 所示[34]：

$$Y = \alpha_0 + \sum_{i=1}^{3} \alpha_i X_i + \sum_{1 \leqslant i \leqslant j}^{3} \alpha_{ij} X_i X_j \tag{4.20}$$

式中，Y 为响应，对应于本节中 β 值；X_1、X_2 和 X_3 为输入变量，分别对应于纤维长度、体积分数和取向；α_0、α_i 和 α_{ij} 为通过最小二乘法拟合的系数。

表 4.7 为非线性多参数拟合相应项的系数和通过方差分析的统计学参数。由此，β 与纤维长度、体积分数和取向的关系可由式(4.21) 表示：

$$\beta = -1.25 + 0.11 l_f - 30.38 V_f + 3.23 \eta_\theta - 3.95 l_f V_f + 167.55 V_f \eta_\theta \tag{4.21}$$

表 4.8 为随机取向和纤维定向两种情况下，不同纤维长度和掺量 UHPC 的 β 值。对于纤维随机取向的 UHPC，随着纤维长度和体积分数变化，β 值在 1.4 ～ 2.7 之间。Wu 等人[31] 在不同硅灰掺量下，分别测试了 UHPC 的抗弯和抗拉强度，也发现 UHPC 的 β 值在 1.9 ～2.8之间。与随机取向的 UHPC 相比，纤维定向显著提高了 β 值，随着纤维长度和体积分数变化，β 值在 2.3 ～ 3.4 之间。因此，纤维定向以后，UHPC 的 β 值可能大于 3。

表 4.7　非线性多参数拟合相应项的系数和通过方差分析的统计学参数($R^2=0.95$)

项	系数	P 值
截距	−2.319	0.000 2
X_1	0.034	0.000 4
X_2	25.951	0.000 2
X_3	6.417	<0.000 1
$(X_1-12.588)\times(X_2-0.019)$	−3.951	0.000 7
$(X_2-0.019)\times(X_3-0.633)$	167.553	0.050 2

表 4.8　不同纤维长度、掺量和取向下 UHPC 的 β 值

l_f/mm	V_f/%	随机取向		纤维定向	
		η_θ	β	η_θ	β
6	1	0.526	1.44	0.704	2.31
	2	0.568	2.06	0.677	2.77
	3	0.558	2.39	0.665	3.27
13	1	0.546	2.04	0.734	2.95
	2	0.608	2.54	0.717	3.25
	3	0.578	2.51	0.678	3.32
20	1	0.576	2.68	0.712	3.34
	2	0.592	2.66	0.685	3.27
	3	0.608	2.69	—	—

基于式(4.18)和式(4.21)，随机取向和纤维定向下，不同纤维长度和体积分数 UHPC 抗弯强度预测值与试验值的关系如图 4.19 所示。由图 4.19 可知，通过考虑 β 值随纤维长度、体积分数和取向变化而产生的差异，可保证 UHPC 抗弯强度预测值与试验值最大偏差不超过 10%，从而显著提高式(4.18)对 UHPC 抗弯强度的预测精度。

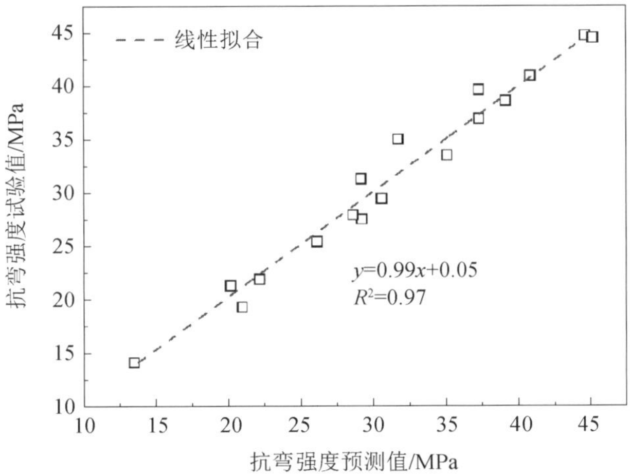

图 4.19　不同纤维长度、体积分数和取向下 UHPC 抗弯强度预测值与试验值关系

4.4.3 模型验证

利用 27 组从已有文献获得的数据，对上述抗弯强度预测模型进行验证。表 4.9 汇总了 27 组数据的纤维长度、体积分数和取向以及利用式(4.21)计算的 β 值。表 4.9 显示，纤维长度包括 6 mm、13 mm 和 20 mm，体积分数包括 1%、2% 和 3%，纤维取向系数在 0.525 ～0.768之间。随纤维长度、体积分数和取向变化，β 值在 1.9 ～ 3.4 之间，与表 4.8 结果一致。对于同一纤维长度和体积分数，β 值随着纤维取向系数增加而提高；而在相似纤维取向系数下，β 值随着纤维长度和体积分数增加而提高。

表 4.9　从不同文献获取的 27 组 UHPC 纤维长度、体积分数和取向以及计算的 β 值

文献	l_f/mm	V_f/%	η_θ	β
Huang 等[8,35]	6	1	0.663	2.11
		1	0.725	2.41
		2	0.641	2.53
		2	0.691	2.86
		3	0.636	3.03
	13	1	0.525	1.94
		1	0.69	2.74
		1	0.695	2.76
		1	0.768	3.12
		2	0.555	2.2
		2	0.655	2.85
		2	0.675	2.98
		2	0.737	3.38
		3	0.645	3.05
	20	1	0.675	3.16
		2	0.66	3.1
		3	0.65	3.04
Teng 等[36]	13	1	0.7	2.79
		1	0.72	2.88
		2	0.69	3.08
		2	0.7	3.14
		3	0.65	3.09
		3	0.68	3.33

续表4.9

文献	l_f/mm	V_f/%	η_θ	β
Huang 等[37]	13	2	0.54	2.1
		2	0.56	2.23
		2	0.59	2.42
		2	0.62	2.62

图 4.20 为表 4.9 内 13 mm 纤维在不同体积分数下，UHPC 的 β 值与纤维取向系数的关系。对于 13 mm 纤维，简化式(4.22)，不同体积分数和取向下 UHPC 的 β 值可由下式计算：

$$\beta = \begin{cases} 4.91\eta_\theta - 0.64, & V_f = 1\% \\ 6.58\eta_\theta - 1.45, & V_f = 2\% \\ 8.26\eta_\theta - 2.27, & V_f = 3\% \end{cases} \tag{4.22}$$

由图 4.20 及式(4.22)可知，在纤维长度和体积分数一定时，UHPC 的 β 值随纤维取向系数的提高而线性增长。如图 4.20 所示，对于随机取向($\eta_\theta=0.5$)的 13 mm 纤维，UHPC 大部分的 β 值低于 3。由式(4.22)可知，对于体积分数为 1%、2% 和 3% 的纤维，纤维取向系数分别大于 0.74、0.68 和 0.64 时，UHPC 的 β 值大于 3。

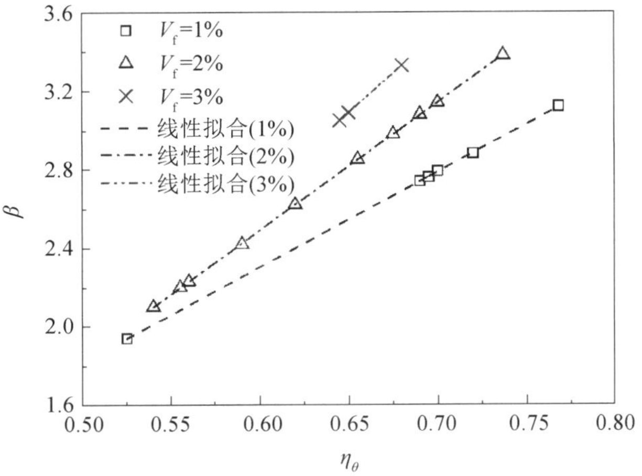

图 4.20　不同纤维体积分数下 UHPC 的 β 值与 η_θ 关系($l_f = 13$ mm)

图 4.21 为表 4.9 内不同纤维长度、体积分数和取向下 UHPC 抗弯强度预测值与试验值的关系。如图 4.21 所示，考虑 β 值随纤维长度、体积分数和取向的变化关系时，应用式(4.18)预测 UHPC 抗弯强度，可保证预测值与试验值的最大偏差不超过 15%。由此可知，本节基于 UHPC 抗弯 / 抗拉强度比(β)随纤维长度、掺量和取向变化关系而修正的抗弯强度预测模型具有较高的准确度。

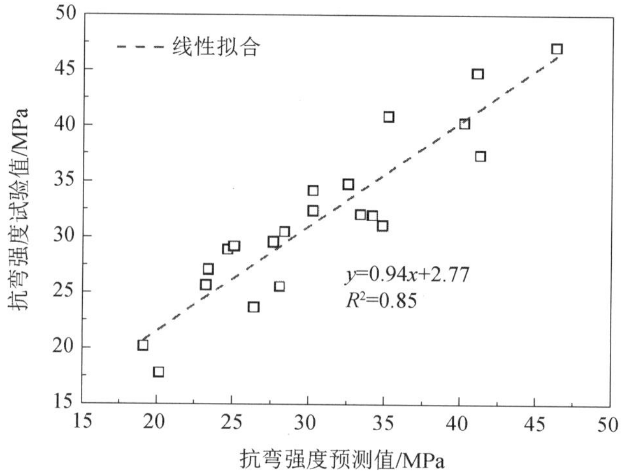

图 4.21　不同纤维长度、体积分数和取向下 UHPC 抗弯强度预测值与试验值的关系

4.5　抗冲击性能

4.5.1　试件制备与 SHPB 测试原理

为得到具有不同纤维取向的芯柱试件，如图 4.22 所示，从 L 形定向装置浇筑的梁中，沿着与浇筑垂直和平行的方向钻芯，分别记为“垂直”和“平行”。从传统方法浇筑的梁中钻芯，记为“随机”。芯柱的直径为 60 mm，再将所得芯柱切割成长度为 30 mm 的试件(ϕ60 mm×30 mm)，进行静态抗压强度和抗冲击性能测试，每种纤维取向测试 3 个样品[5]。对于静态抗压强度测试，加载速率为 2.4 kN/s，试件两端均匀涂抹上润滑剂以消除端部摩擦对测试结果的影响。

(a) 垂直于浇筑方向钻芯　　(b) 平行于浇筑方向钻芯

图 4.22　芯柱试件

将不同取向 UHPC 试件通过霍普金森杆(SHPB) 测试，得到其动态力学性能。图 4.23 为 SHPB 测试原理图。SHPB 测试系统由发射装置、长 1 000 mm 的冲击杆、长 3 000 mm 的入射杆、长 2 000 mm 的透射杆、长 1 000 mm 的吸收杆以及数据采集器组成。冲击杆通过发射装置撞击入射杆，产生一个弹性波信号，该信号首先由粘贴在入射杆上的应变片采集，然后一部分通过样品进入透射杆，一部分反射回到入射杆，投射波和反

射波信号分别由粘贴在透射杆和入射杆上的应变片采集。

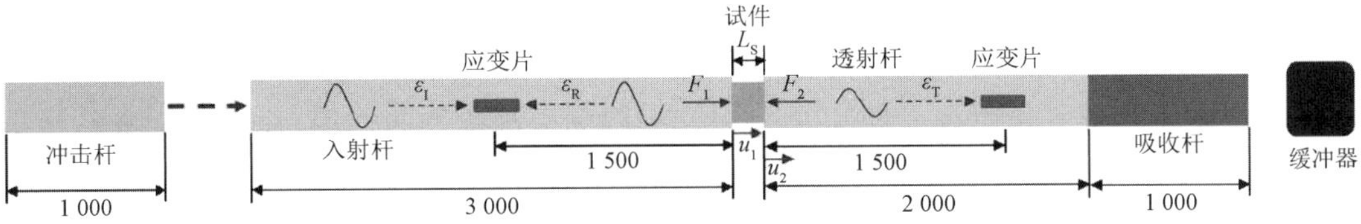

图 4.23　SHPB 测试 UHPC 动态力学性能原理示意图(单位:mm)

对于每一种纤维取向的试件,测试时调节冲击杆的撞击压力,以产生 160 s^{-1}、225 s^{-1} 和 290 s^{-1} 左右的应变率。测试前,先对试件两端进行打磨处理,使两个断面分别与杆的截面平行,这样可以保证试件与杆之间的面面接触完全,从而提高测试的准确性。测试时,在样品两端均匀涂抹与静态力学性能测试一样的润滑剂以消除端部摩擦对测试结果的影响。试件的动态抗压强度、应变和应变率可分别由式(4.23)、式(4.24) 和式(4.25) 计算[38,39]:

$$\sigma_S = \frac{A_b E_b}{A_S}\varepsilon_T \tag{4.23}$$

$$\varepsilon_S = -\frac{2c}{L_S}\int_0^t \varepsilon_R \mathrm{d}t \tag{4.24}$$

$$\dot{\varepsilon}_S = -\frac{2c}{L_S}\varepsilon_R \tag{4.25}$$

式中,σ_S 为动态抗压强度,MPa;ε_S 为应变,$\mu\varepsilon$;$\dot{\varepsilon}_S$ 为应变率,s^{-1};A_S 为试件的初始横截面积,mm^2;L_S 为试件的长度,mm;A_b 为杆的横截面积,mm^2;E_b 为杆的弹性模量,GPa;c 为波速,$m \cdot s^{-1}$;ε_R 和 ε_T 分别为反射波和透射波的应变信号,$\mu\varepsilon$。

本节使用高分辨率工业 CT 来评价纤维取向。如图 4.24 所示,该 CT 扫描装置由 X 射线源、准直仪、样品台和 X 射线探测器(240 kV、320 W)组成。测试时,样品台缓慢旋转并沿着样品长度方向以 0.05 mm 步长移动,因此对于每个试件,共需要采集 600 张 2D 图片。

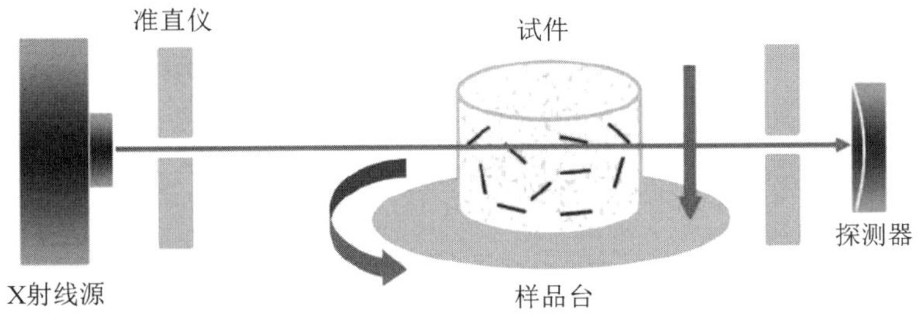

图 4.24　CT 扫描测试系统

4.5.2 破坏模式

纤维由于其桥联作用在UHPC中可以起到限制裂缝扩展的作用。Mansur等人[9]指出，当纤维取向与抗压荷载垂直时，纤维限制裂缝扩展能力最强；而当纤维取向与抗压荷载平行时，纤维限制裂缝扩展能力最弱。图4.25为不同纤维取向试件在静态抗压荷载下的破坏模式。对于每种纤维取向试件，裂缝扩展路径均与抗压荷载方向平行。因此当纤维取向与抗压荷载垂直时，纤维能更好地桥联裂缝，UHPC具有更高的抗压强度；而当纤维取向与抗压荷载平行时，纤维对裂缝的桥联作用降低，导致试件的抗压强度减小。

(a) 纤维垂直取向

(b) 纤维随机取向

(c) 纤维平行取向

图4.25　不同纤维取向试件在静态抗压荷载下的破坏模式

图4.26为不同纤维取向试件在不同应变率冲击荷载下的破坏模式。由图4.26可知，冲击荷载下，不同纤维取向试件的裂缝发展模式均主要平行于荷载方向，这与静态抗压荷载下的破坏模式一致。随着应变率增长，试件破坏程度增加。在应变率为160 s^{-1}左右时，相比于纤维平行取向(相对于荷载方向)，纤维垂直取向和随机取向的试件裂缝宽度和深度更小。当应变率提高至225 s^{-1}左右时，纤维平行取向的试件在冲击荷载作用下破碎，而纤维垂直取向和随机取向的试件依然保持较好的完整性。当应变率为290 s^{-1}左右时，所有样品均被破坏成小碎片，对于纤维垂直取向的试件，这些碎片依然能被纤维连接在一起，如图4.26(a)所示。

(a) 纤维取向与荷载垂直

图4.26　不同纤维取向试件在不同应变率冲击荷载下的破坏模式

(b) 纤维随机取向

(c) 纤维取向与荷载平行

续图 4.26

4.5.3　抗冲击性能

不同纤维取向 UHPC 在不同应变率冲击荷载下应力－应变关系如图 4.27 所示。应力－应变曲线可以分为 3 个阶段，即弹性上升段、弹塑性上升段和非线性下降段[40]。在弹性上升段，应力随应变的增加而线性增长；在弹塑性上升段，裂缝数量增多、裂缝缓慢发展，由于纤维的桥联作用，应力依然随着应变的增加而增长，只不过速率逐渐降低，直到应力达到最大值；在非线性下降段，裂缝迅速扩展，应力随应变的增加而降低。

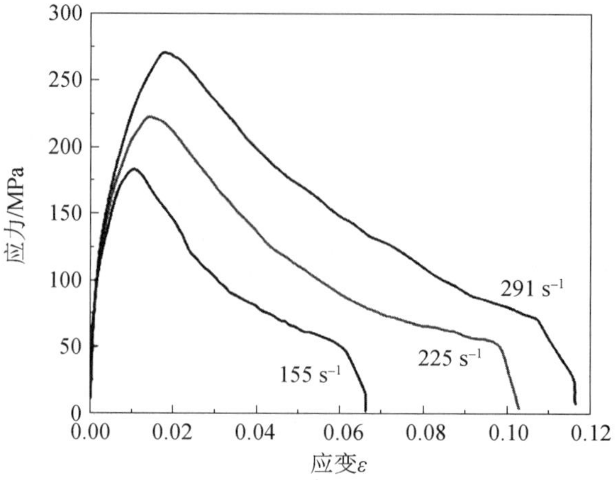

(a) 纤维取向与荷载垂直

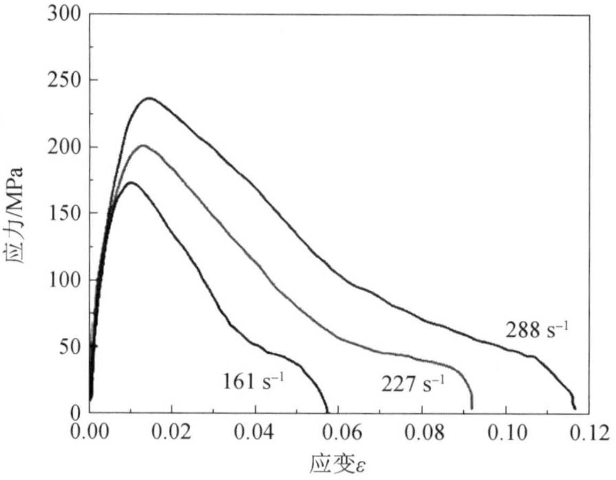

(b) 纤维随机取向

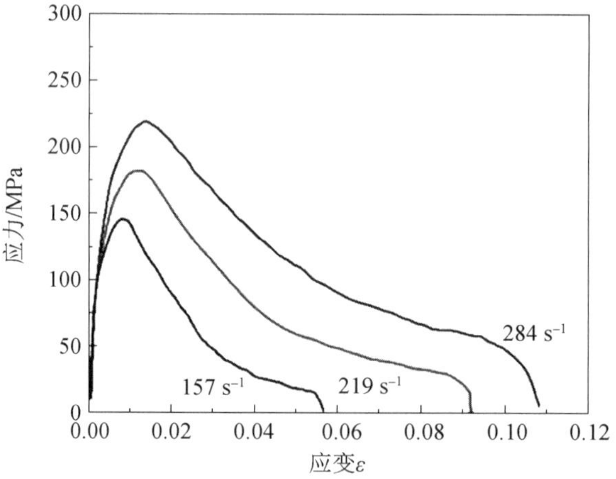

(c) 纤维取向与荷载平行

图 4.27　不同纤维取向 UHPC 在不同应变率冲击荷载下应力－应变关系

在应力－应变曲线中，峰值应力及其对应的应变分别为动态抗压强度和峰值应变，而应力－应变曲线与 x 轴形成的面积为冲击过程试件的能量吸收。表 4.10 为不同纤维取向 UHPC 在不同应变率冲击荷载下的动态抗压强度、峰值应变和能量吸收。对于给定纤维取向，材料的动态抗压强度、峰值应变和能量吸收均随着应变率的提高而增加。当应变率从 160 s^{-1} 提高至 290 s^{-1}，动态抗压强度、峰值应变和能量吸收的增长分别可以达到 63%、104% 和 295%，其取决于材料的纤维取向。

由表 4.10 可知，纤维取向能显著影响材料的抗冲击性能。与随机取向的试件相比，纤维垂直取向的试件具有更好的抗冲击性能。动态抗压强度、峰值应变和能量吸收分别可以提高至 20%、53% 和 95%。另一方面，纤维平行取向试件的抗冲击性能则比随机取向的更低，动态抗压强度、峰值应变和能量吸收的降低分别可以达到 23%、31% 和 40%。纤维取向对材料抗冲击性能的影响可以归因于其对纤维桥联应力的影响。如 3.1 节所述，当纤维取向与主拉应力平行时，纤维桥联作用最强，而当纤维取向与主拉应力垂直时，纤维桥联作用最弱。对于受冲击荷载作用的材料，其内部产生的拉应力总是与冲击荷载垂直，因此，当纤维取向与冲击荷载垂直时，纤维桥联作用最强，材料的抗冲击性能最好。

表 4.10　不同纤维取向 UHPC 在不同应变率冲击荷载下的动态抗压强度、峰值应变和能量吸收

纤维取向（相对于冲击方向）	平均应变率 $\bar{\dot{\varepsilon}}$ /s^{-1}	应变率 $\dot{\varepsilon}$ /s^{-1}	动态抗压强度 σ_m/MPa	峰值应变 ε_m /$\times 10^{-3}\varepsilon$	能量吸收 W/($MJ \cdot m^{-3}$)
垂直	155	148	178.9	10.72	6.53
		151	182.5	10.88	6.39
		167	194.8	10.17	7.47
	225	215	211.4	12.87	10.93
		228	227.8	14.09	11.52
		233	238.3	13.94	12.84
	291	290	270.8	17.91	16.79
		305	276.1	18.78	18.54
		278	265.3	17.62	16.87
随机	161	159	169.7	9.46	4.9
		152	167.5	9.16	4.75
		173	178.4	10.72	5.63
	227	237	210.4	13.89	9.64
		218	200.6	11.58	9.36
		226	198.6	12.7	8.85
	288	282	231.5	13.65	13.38
		287	236.7	15.44	14.17
		297	251.2	16.27	14.48

续表4.10

纤维取向(相对于冲击方向)	平均应变率 $\bar{\dot{\varepsilon}}$/s^{-1}	应变率 $\dot{\varepsilon}$/s^{-1}	动态抗压强度 σ_m/MPa	峰值应变 ε_m/$\times 10^{-3}\varepsilon$	能量吸收 W/(MJ·m^{-3})
平行	157	162	157.5	9.32	4.32
		151	144.2	8.03	3.36
		159	138.0	8.94	3.88
	219	232	193.7	11.58	8.03
		196	179.1	10.46	7.54
		229	189.6	10.97	7.2
	284	292	224.6	13.74	13.06
		278	216.4	12.28	11.02
		283	222.3	13.55	12.47

4.5.4 动态增长因子

动态增长因子(dynamic increase factors,DIF)指的是动态抗压强度与其静态抗压强度的比值,可以用来表征材料在冲击荷载下的应变率敏感性[41]。在纤维垂直取向、随机取向和平行取向3种状况下,UHPC的静态抗压强度分别为145.4 MPa、127.6 MPa和108.3 MPa。图4.28为不同纤维取向试件动态增长因子与应变率的关系。由图4.28可知,一方面,动态增长因子随着应变率的增长而不断提高,意味着动态抗压强度不断增长。另一方面,相近应变率下,动态增长因子随着静态抗压强度的提高而降低。Cao等人[42]也报道了类似研究结果,他们发现给定应变率条件下,普通混凝土和高强混凝土的动态增长因子高于UHPC。

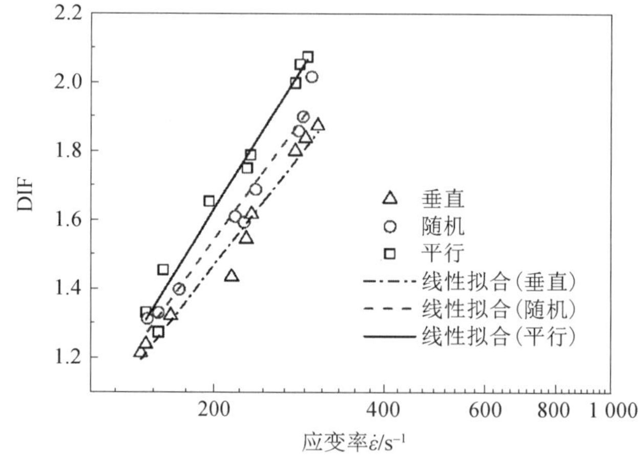

图4.28 不同纤维取向试件动态增长因子与应变率的关系

不同纤维取向试件动态抗压强度的应变率敏感性可由式(4.26)表示:

$$\mathrm{DIF}=A\lg\dot{\varepsilon}+B \tag{4.26}$$

式中，A 和 B 为通过图 4.28 拟合得出的参数。

表 4.11 为不同纤维取向 UHPC 试件参数 A 和 B 的取值。材料的应变率敏感性可由参数 A 定量表征。当应变率从 148 s^{-1} 提高至 305 s^{-1} 时，纤维垂直取向的试件参数 A 的数值最小，意味着其应变率敏感性最低。而在近似应变率范围内，纤维平行取向的试件参数 A 的数值最大，意味着其应变率敏感性最高。纤维增强材料的应变率敏感性与纤维一基体界面性能的应变率敏感性紧密相关[43,44]。相关文献称，纤维拔出阻力的应变率敏感性随着纤维相对于拔出荷载的取向角减小而降低。因此，纤维垂直取向的试件在冲击荷载下应变率敏感性最低，而纤维平行取向的试件应变率敏感性最高。

表 4.11　不同纤维取向 UHPC 试件参数 A 和 B 的取值

纤维取向(相对于冲击方向)	参数 A	参数 B	应变率范围
垂直	2.104	−3.371	148 ～ 305 s^{-1}
随机	2.258	−3.652	152 ～ 297 s^{-1}
平行	2.645	−4.453	151 ～ 292 s^{-1}

4.5.5　纤维取向

图 4.29 为不同纤维取向试件的 3D 重构。通过图 4.29 可以清晰分辨出纤维垂直取向试件，其纤维取向主要与冲击荷载垂直，而平行取向试件其纤维取向主要与冲击荷载平行。本节通过在 3 个方向各选取 10 个位置分析纤维取向，如图 4.30 所示，以探究不同方向和位置上纤维取向的差异。x、y 和 z 轴方向上相邻两个分析位置的距离分别为 6 mm、6 mm 和 3 mm。

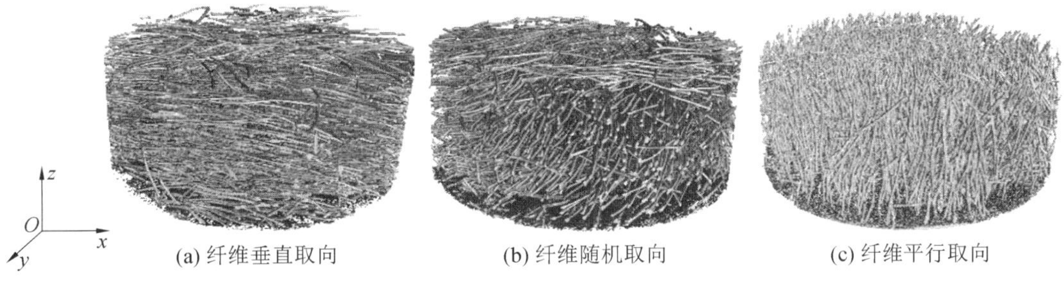

(a) 纤维垂直取向　(b) 纤维随机取向　(c) 纤维平行取向

图 4.29　不同纤维取向试件的 3D 重构

图 4.31 为不同纤维取向试件在各个方向上纤维取向系数随分析位置分布的关系。对于纤维垂直取向试件，x 轴方向上纤维取向系数在 0.7 左右，而 z 轴方向上纤维取向系数在 0.3 左右。因此当冲击荷载方向平行于 z 轴时，纤维垂直取向试件具有更高的抗冲击性能。对于纤维随机取向试件，各个方向上纤维取向系数均在 0.5 左右，这也与 Dupont 和 Vandewalle[14] 提出的随机取向情况下纤维取向系数的理论值接近。对于纤维平行取向试件，x 和 y 轴方向上纤维取向系数较低，为 0.1 ～ 0.3 之间，而 z 轴方向上纤维取向系数较高，为 0.7 左右。因此当受到平行于 z 轴的冲击荷载作用时，试件的抗冲击性能最低。

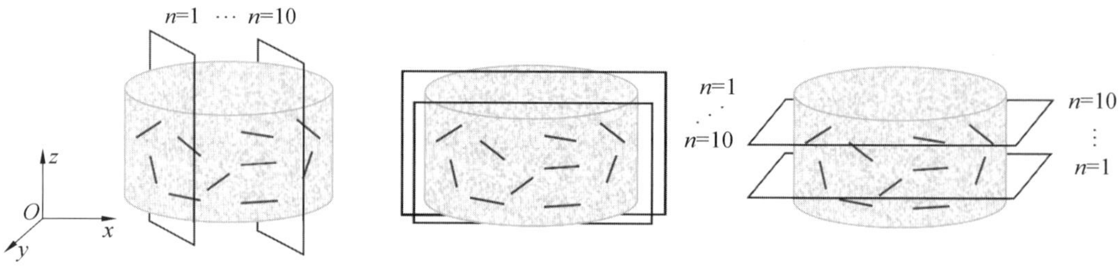

图 4.30 不同方向上纤维取向分析位置示意(n 为分析位置)

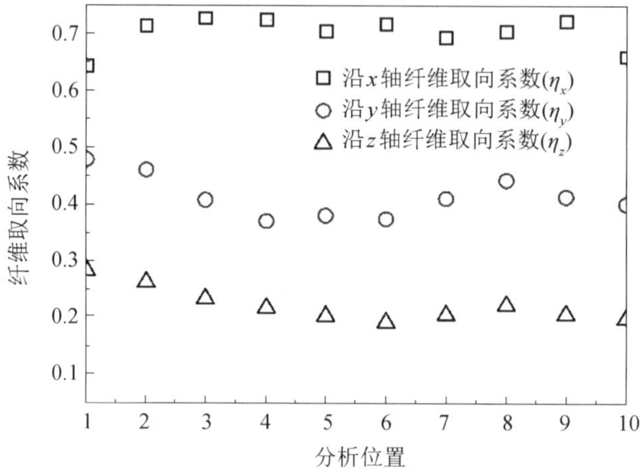

(a) 纤维垂直取向

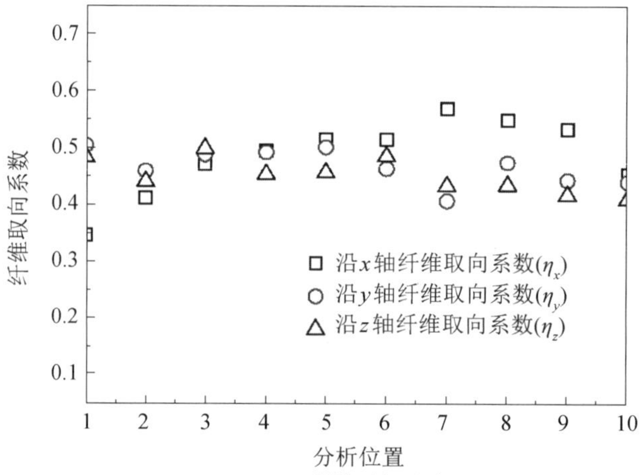

(b) 纤维随机取向

图 4.31 不同纤维取向试件在各个方向上纤维取向系数随分析位置分布的关系

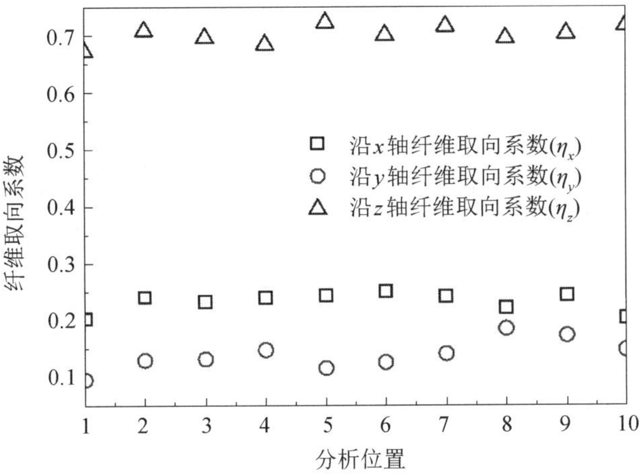

(c) 纤维平行取向

续图 4.31

4.6　高温后力学性能

本节研究了纤维定向UHPC经200 ℃、400 ℃、600 ℃和800 ℃等不同温度作用后的力学性能变化规律，并探究了钢纤维在不同温度作用后的拔出性能。为了避免高温下由于蒸汽压力产生的爆裂，UHPC试件在被放入高温炉之前先在100 ℃下烘干2 h[12]。之后，将UHPC试件置于高温炉中，高温炉升温速率为10 ℃/min，在达到目标温度200 ℃、400 ℃、600 ℃和800 ℃后，保持恒温2 h，随后自然降温至室温进行力学性能测试。本节通过XRD、MIP、SEM和背散射图像分析(BSE)等手段，研究了UHPC经不同温度作用后的微观结构、钢纤维和纤维－基体界面性能的变化规律，揭示了纤维定向UHPC在高温作用下力学性能的退化机理。

4.6.1　破坏模式

图4.32为不同高温作用后UHPC的外观变化。如图4.32所示，不含钢纤维的UHPC砂浆在400 ℃下爆裂，而掺入体积分数为2%钢纤维的UHPC在800 ℃下依然保持完整。常温下或者200 ℃作用后，UHPC试件呈现青灰色，在200 ℃作用后，颜色变为棕褐色，而受到600 ℃和800 ℃作用后，UHPC颜色分别变成灰白色和淡黄色。这也与罗百福报道的试验现象一致[45]。Zheng等人[46]指出，UHPC高温下的颜色转变是其基体受到高温作用时发生的物理和化学变化导致的。不同高温作用后UHPC的抗弯破坏模式如图4.33所示。通常，UHPC破坏时，钢纤维上的拉应力还未超过其抗拉强度，因而纤维从基体中拔出。当温度从200 ℃升高至800 ℃，主裂缝上的纤维数目变少直至消失(800 ℃)，这可能是因为高温下钢纤维性能劣化，从而导致部分甚至全部纤维拉断、破坏。高温后钢纤维的抗拉性能变化将于4.6.4节详细讨论。

图 4.32

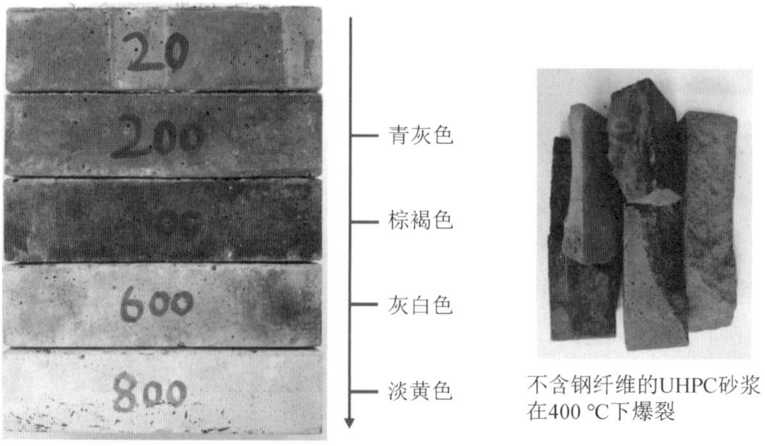

图 4.32　不同高温作用后 UHPC 的外观变化

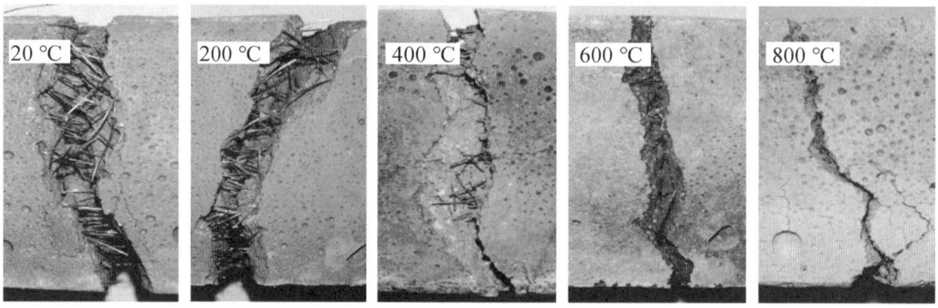

图 4.33　不同高温作用后 UHPC 的抗弯破坏模式

4.6.2　抗弯性能

图 4.34 为不同高温作用后纤维随机取向和定向 UHPC 抗弯荷载－位移曲线。温度从 20 ℃ 升高至 200 ℃，UHPC 荷载－位移曲线的最大荷载略有提高。随着温度继续升高至 800 ℃，最大荷载急剧降低。对于纤维随机取向的 UHPC，最大荷载从 10.5 kN 降低至 1.5 kN，受 800 ℃ 高温作用后几乎无承载能力。受相同高温作用后(200 ～ 600 ℃)，与随机取向 UHPC 相比，纤维定向可以显著提高荷载－位移曲线最大荷载。这是因为纤维定向增大了纤维的桥联应力，使得纤维桥联裂缝的能力提高。当温度达到 800 ℃ 时，纤维定向对 UHPC 的承载能力提升不大，这可能是因为 800 ℃ 作用后，一方面 UHPC 基体已严重劣化，另一方面纤维抗拉性能也几乎完全丧失，因此改善纤维取向对 800 ℃ 作用下的 UHPC 抗弯性能影响不大。

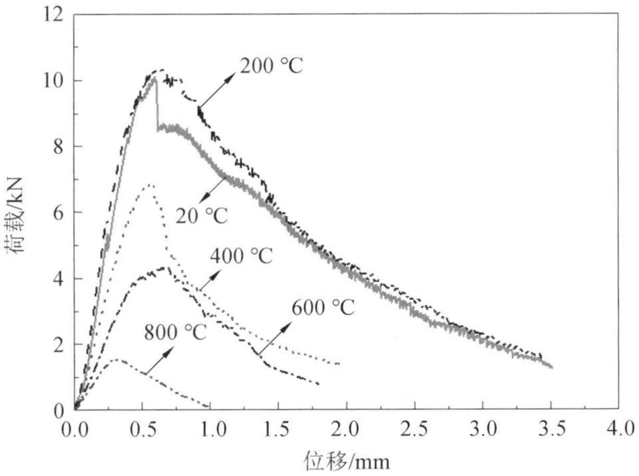

(a) 纤维随机取向

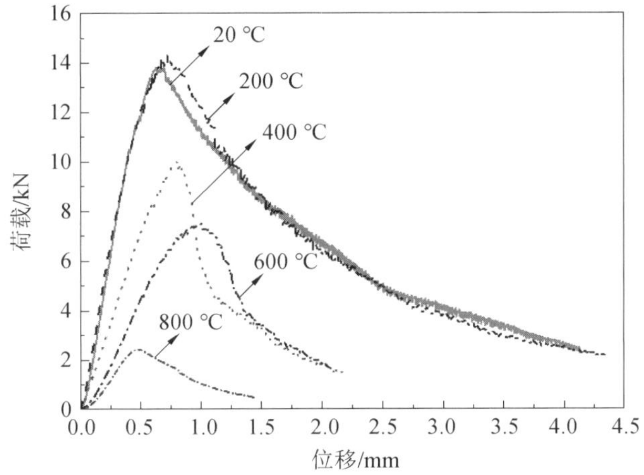

(b) 纤维定向

图 4.34　不同高温作用后纤维随机取向和定向 UHPC 抗弯荷载－位移曲线

不同高温作用后纤维随机取向和定向 UHPC 抗弯强度和韧性如图 4.35 所示。当温度为 200 ℃ 时，与 20 ℃ 相比，UHPC 抗弯强度和韧性均略有提高。这可能是因为 200 ℃ 高温可以促进硅灰的火山灰反应，从而使 UHPC 基体的结构更加密实[47,48]。更加密实的基体可以保证更强的纤维－基体黏结性能，从而提高 UHPC 抗弯性能。随着温度从 200 ℃ 升高至 800 ℃，UHPC 的抗弯强度和韧性急剧下降。对于纤维随机取向的 UHPC，800 ℃ 高温作用后，与未受高温作用的试件相比，UHPC 的抗弯强度和韧性分别降低了 80% 和 85%。对于纤维定向 UHPC，800 ℃ 高温作用后，与未受高温作用的试件相比，UHPC 的抗弯强度和韧性降低了 80% 左右。相同温度（200 ～ 600 ℃）下，与纤维随机取向相比，纤维定向 UHPC 的抗弯强度和韧性可分别提高 70% 和 45%。因此，通过纤维定向，可以提高 UHPC 高温后的残余抗弯强度和韧性，从而提高其耐高温性。这是因为高温下 UHPC 结构劣化，导致其承载能力降低，而纤维定向通过提高纤维的桥联应力，强化纤维增强效果，可以弥补高温作用导致的部分强度损失，从而改善 UHPC 整体的抗弯性能。

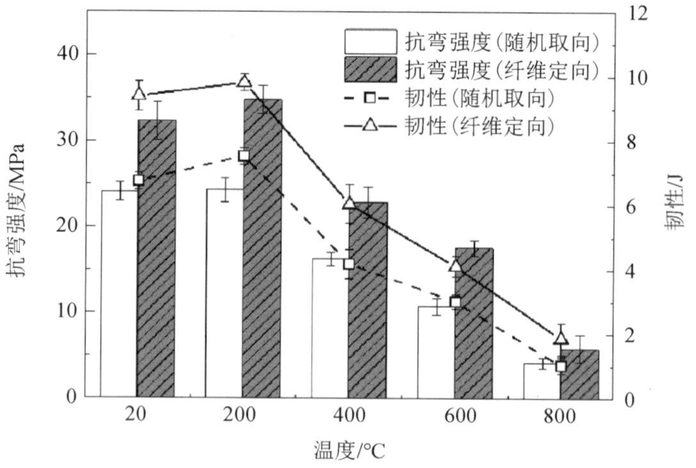

图 4.35　不同高温作用后纤维随机取向和定向 UHPC 抗弯强度和韧性

4.6.3　纤维定向 UHPC 高温劣化机理

1. XRD 分析

图 4.36 为不同高温作用后 UHPC 净浆 XRD 图谱。根据 XRD 图谱中衍射峰位置的不同可区分出未水化的 C_3S 和 C_2S、$Ca(OH)_2$、石英、$CaCO_3$ 和硅灰石(wollastonite)。$Ca(OH)_2$ 的峰较弱，这是因为 UHPC 水胶比较低，生成的 $Ca(OH)_2$ 较少，且部分 $Ca(OH)_2$ 被硅灰的火山灰反应消耗。温度高于 400 ℃ 和 600 ℃ 时，$Ca(OH)_2$ 和碳酸钙分别分解[48,49]，因此 XRD 图谱中相应的衍射峰消失。同时 C—S—H 部分脱水，胶结能力下降，导致 UHPC 力学性能下降。温度达到 800 ℃ 时，C—S—H 分解形成硅灰石，丧失胶结能力[50]，最终使 UHPC 力学性能大幅下降。

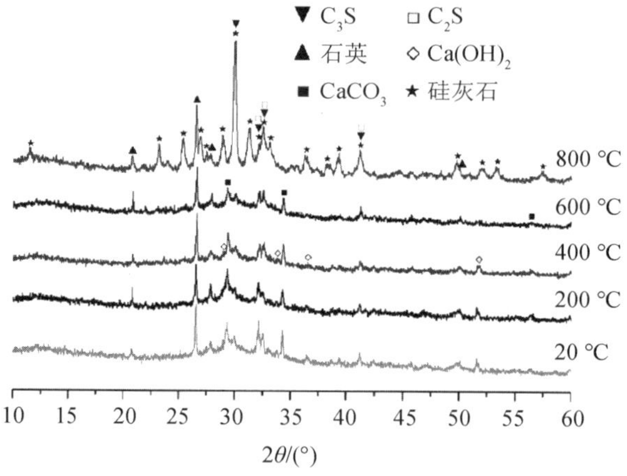

图 4.36　不同高温作用后 UHPC 净浆 XRD 图谱

2. 孔结构

不同高温作用后 UHPC 砂浆的孔径分布如图 4.37 所示。温度从 200 ℃ 升高至 800 ℃ 时，UHPC 砂浆的最可几孔径显著增大(向右侧移动)，且最可几孔径对应的孔体积明显提高，说明高温作用后，UHPC 砂浆大孔含量升高。图 4.38 为不同高温作用后 UHPC 砂浆孔隙率。由图 4.38 可知，温度从 20 ℃ 升高至 200 ℃，UHPC 砂浆孔隙率略微降低，这也与 4.6.2 节所述力学性能规律一致。这是因为在 200 ℃ 下，硅灰的火山灰活性提高，可与 $Ca(OH)_2$ 反应生成更多 C—S—H，从而使 UHPC 结构更加密实。随着温度继续升高至 800 ℃，UHPC 砂浆孔隙率显著增大，由 10% 增大至 27.4%。由 XRD 分析结果可知，800 ℃ 高温后，C—S—H 等水化产物分解，形成疏松的硅灰石，同时 UHPC 因受热内部形成大量裂缝，最终导致孔隙率大幅提升。

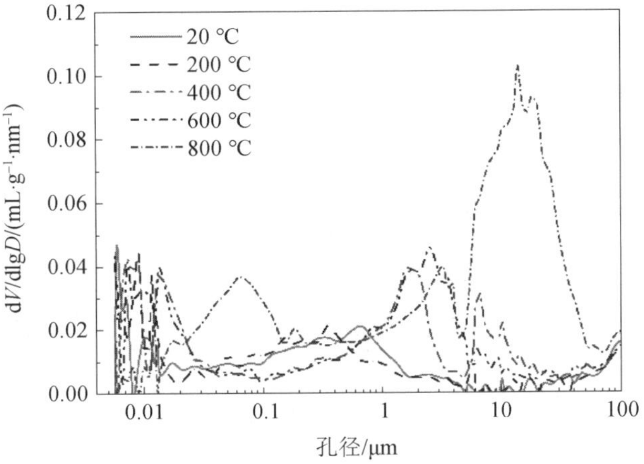

图 4.37　不同高温作用后 UHPC 砂浆的孔径分布

图 4.37

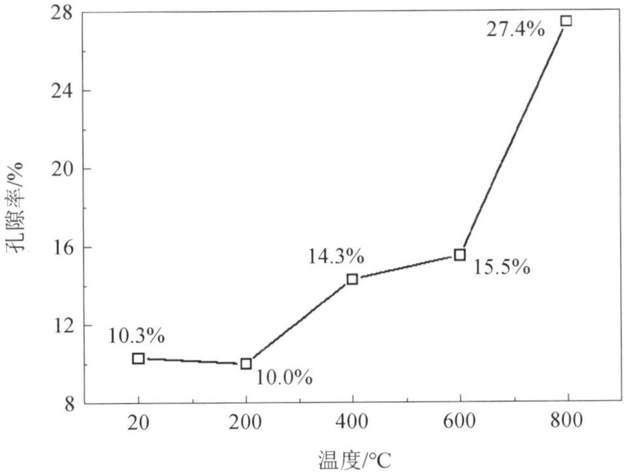

图 4.38　不同高温作用后 UHPC 砂浆孔隙率

3. SEM－BSE 分析

选取新鲜断面，通过 SEM 对不同高温作用后 UHPC 的微观形貌进行分析，同时对不同高温作用后钢纤维的微观形貌进行观察，如图 4.39 和图 4.40 所示。图 4.39(a)(b) 显示，20 ℃ 和 200 ℃ 下，UHPC 基体内没有产生裂缝。400 ℃ 高温作用后，由于热应力、蒸汽压力以及基体和石英砂的不一致膨胀，UHPC 基体以及砂－基体界面出现裂缝[51]，如图 4.39(c) 所示，导致强度下降。随着温度升高至 600 ℃ 和 800 ℃，裂缝的宽度增加，同时裂缝数目增多。除了热应力、蒸汽压力以及基体和石英砂的不一致膨胀因素，$Ca(OH)_2$、$CaCO_3$ 和 C—S—H 在 600 ℃ 和 800 ℃ 下发生分解，也使得 UHPC 孔隙率升高。并且，在温度高于 573 ℃ 时，石英砂中的 SiO_2 会发生同素异形转变，从 α－石英转变成 β－石英，伴随着 6% 的体积膨胀，从而导致石英砂内产生裂缝[12,52]，如图 4.39(d)(e) 所示。因此，200 ℃ 以后，UHPC 内裂缝的扩展、孔隙率的升高以及水化产物的分解最终导致其力学性能的劣化。

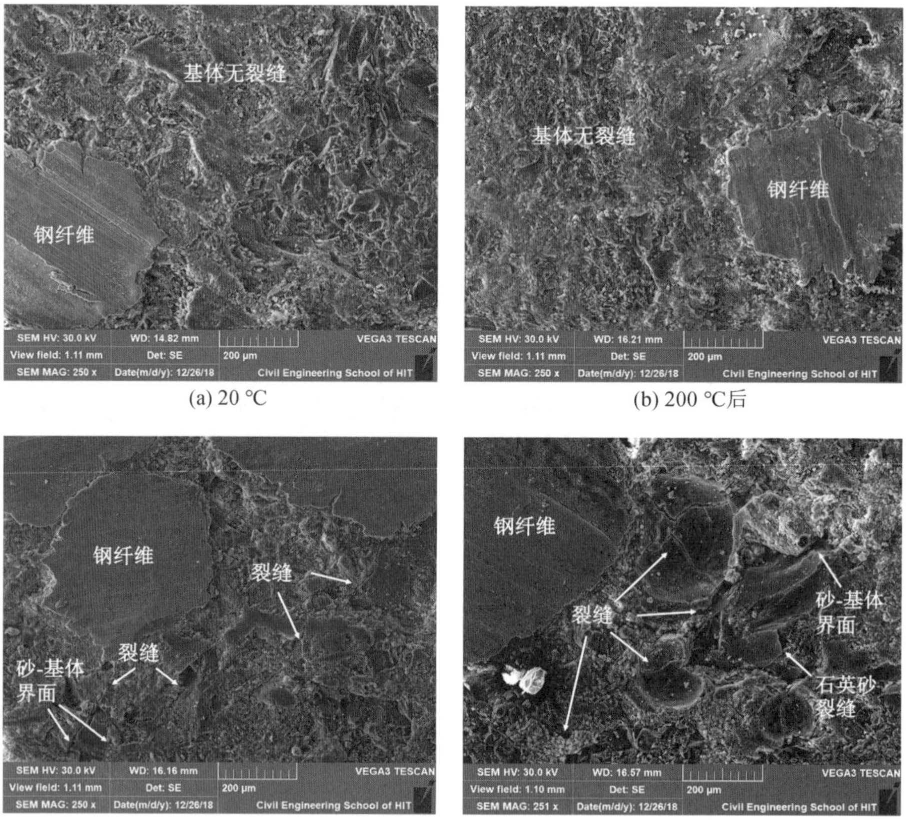

(a) 20 ℃　(b) 200 ℃后

(c) 400 ℃后　(d) 600 ℃后

图 4.39　不同高温作用后 UHPC SEM 微观形貌

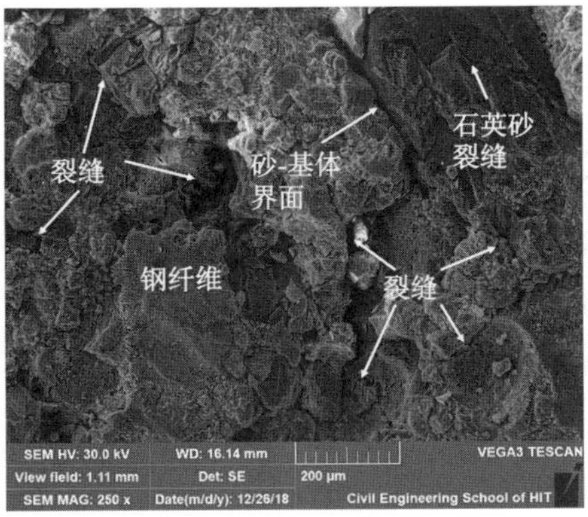

(e) 800 ℃后

续图 4.39

图 4.39

图 4.40 为钢纤维在受到不同高温作用后的微观形貌。温度为 20 ℃、200 ℃、400 ℃和 600 ℃ 时，钢纤维的直径在 0.2 mm 左右，而当温度达到 800 ℃ 时，钢纤维直径显著缩小至 0.17 mm 以下，如图 4.40(e) 所示。这可能因为当温度高于 750 ℃ 时，钢纤维发生部分熔化[53]。另一方面，当温度为 200 ℃ 时，钢纤维表面仍较光滑，意味着钢纤维仍具有足够的硬度。随着温度继续升高，钢纤维表面粗糙度增大。据 Caverzan 等人[54,55] 报道，钢纤维的微观结构在高温下会发生退化，产生软化现象，导致其表面硬度降低。因此，在钢纤维拔出后，其表面的粗糙度增大，同时直径可能降低。

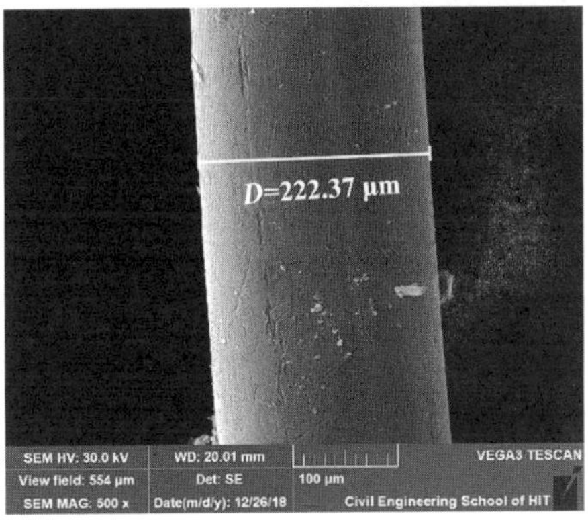

(a) 20 ℃

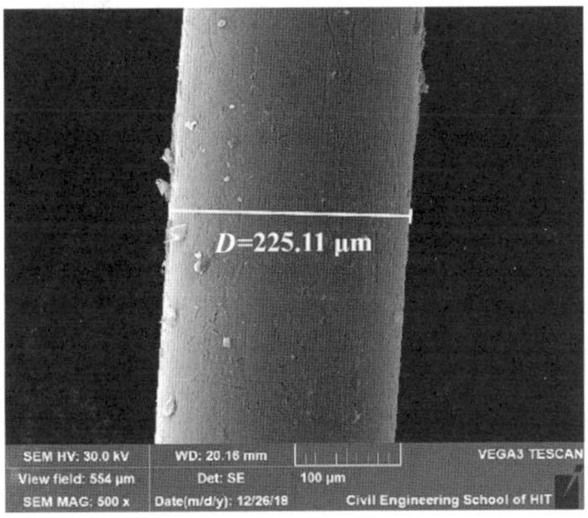

(b) 200 ℃后

图 4.40　不同高温作用后钢纤维微观形貌

(c) 400 ℃后

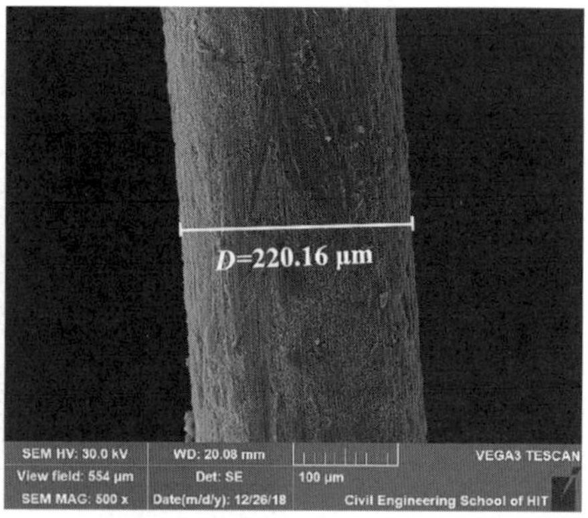

(d) 600 ℃后

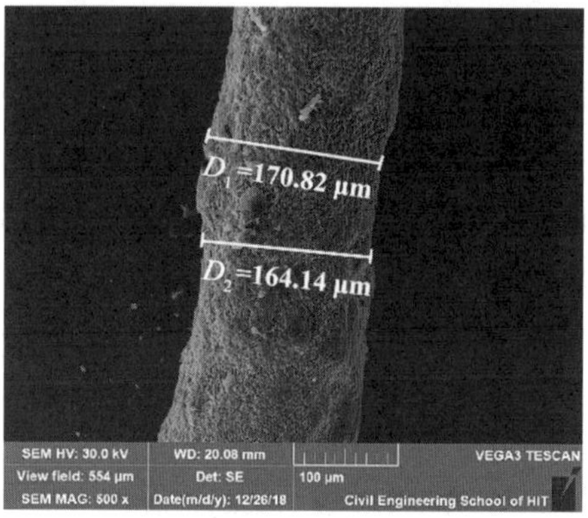

(e) 800 ℃后

续图 4.40

图 4.41 为不同高温作用后纤维—基体界面的 BSE 图像。测试时，为获得光滑的观察面，提高纤维和基体的对比度，分别用 P320、P800 和 P1200 的砂纸对样品表面进行抛光，每种目数砂纸下的抛光时间为 2 min。20 ℃ 以及 200 ℃ 高温后，UHPC 基体内没有产生裂缝，如图 4.41(a)(b) 所示，因此 UHPC 的抗弯性能相差不大。随着温度升高至 400 ℃，UHPC 基体以及砂—基体界面出现微裂缝；同时由于纤维和基体的热膨胀系数大小不同[56]，纤维—基体界面也形成微裂缝。随着温度升高至 600 ℃ 和 800 ℃，石英砂表面出现裂缝，如图 4.41(d)(e) 所示，这也与图 4.39 中 SEM 分析的结果一致。

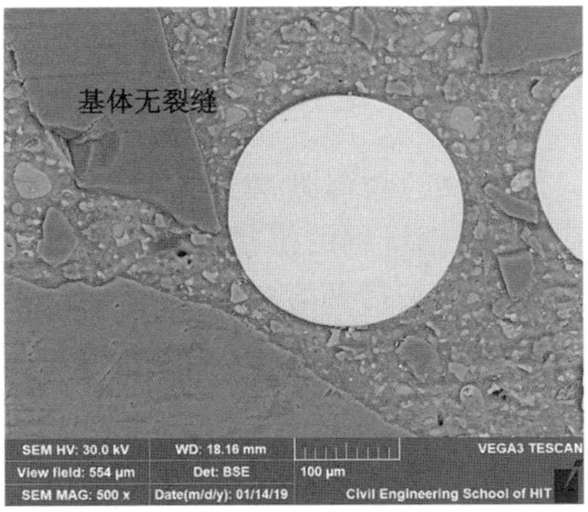

(a) 20 ℃

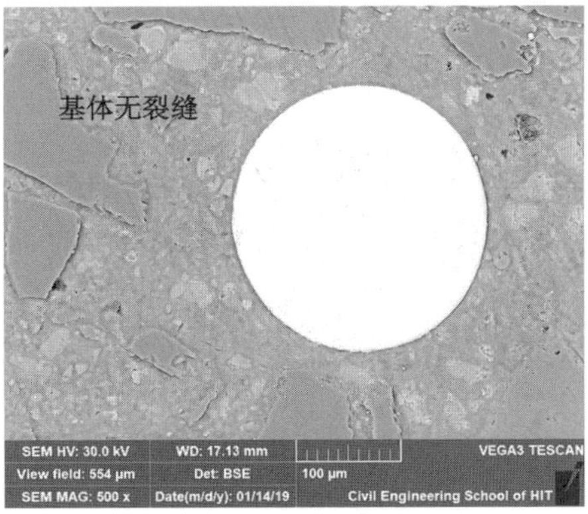

(b) 200 ℃后

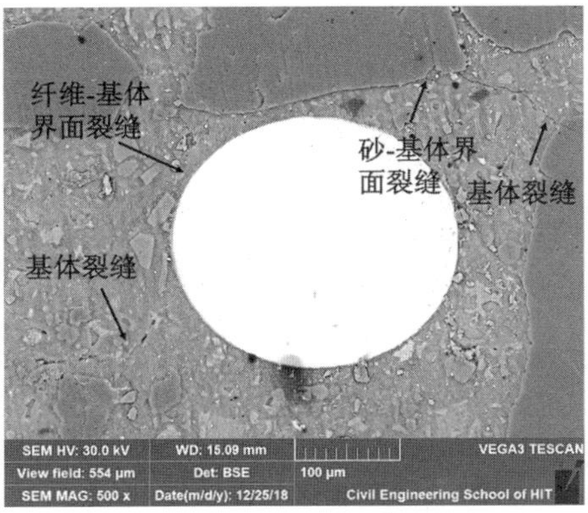

(c) 400 ℃后

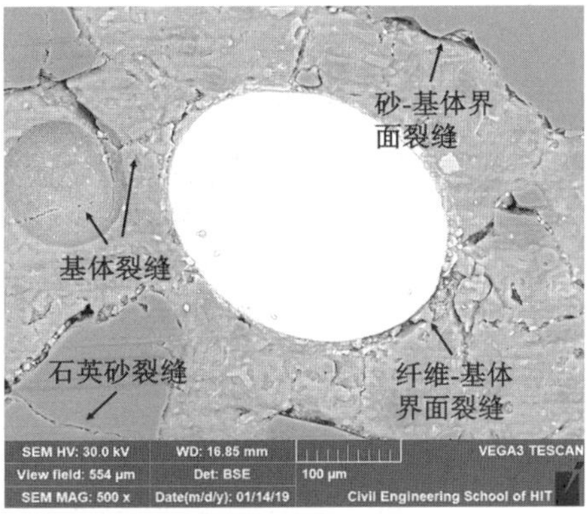

(d) 600 ℃后

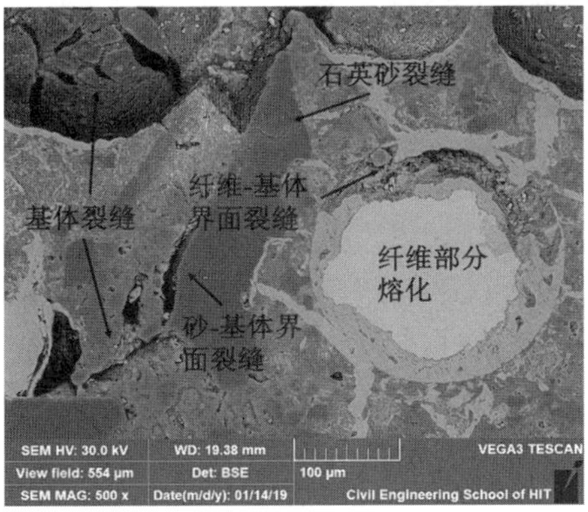

(e) 800 ℃后

图 4.41　不同高温作用后纤维－基体界面 BSE 图像

图 4.41

另一方面，当温度升高至 600 ℃ 和 800 ℃ 时，由于钢纤维的热膨胀系数高于 UHPC 基体，纤维－基体界面裂缝呈辐射状扩展延伸，导致 UHPC 基体裂缝与纤维－基体界面裂缝相互贯通。同时纤维严重软化，使纤维的桥联作用降低甚至消失。在 800 ℃ 时，纤维发生部分融化，纤维直径减小。熔化的纤维虽然可以部分填充纤维－基体界面裂缝，但是由于 UHPC 基体以及纤维性能已经严重劣化，最终导致 UHPC 承载能力丧失。

4.6.4 高温后钢纤维抗拉性能

测试钢纤维抗拉性能时，采用与 UHPC 试件一致的高温处理方式对钢纤维进行处理，分别测试常温、200 ℃、400 ℃、600 ℃ 和 800 ℃ 后钢纤维的抗拉性能。钢纤维两端使用环氧树脂固定在两个金属片上，UTM 机的夹具通过夹持两金属片对钢纤维进行抗拉性能测试，如图 4.42 所示。UTM 机最大拉力为 5 kN，加载速率为 1.0 mm/min。钢纤维抗拉强度可由式(4.27) 计算：

$$\sigma_{tf} = \frac{4P}{\pi d_f^2} \tag{4.27}$$

式中，σ_{tf} 为纤维抗拉强度，MPa；P 为最大拉力，N；d_f 为纤维直径，mm。

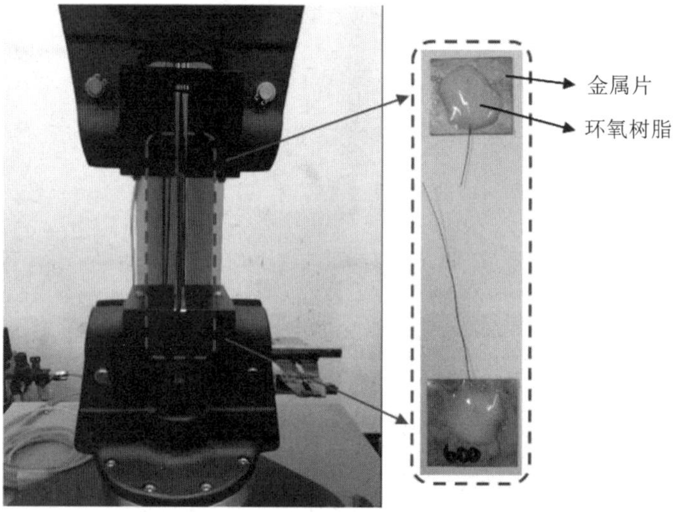

图 4.42　钢纤维抗拉性能测试

由图 4.33 可知，随着温度从 200 ℃ 升高至 800 ℃，主裂缝上的纤维数目逐渐减少甚至消失，意味着被拉断的纤维数目不断增加。这是由于高温下纤维发生软化，抗拉性能下降。图 4.43 为不同高温作用后钢纤维的抗拉荷载－位移曲线。钢纤维抗拉强度可根据式(4.27) 计算。由此可得，钢纤维在常温下以及经过 200 ℃、400 ℃、600 ℃ 和 800 ℃ 高温后，抗拉强度分别为 2 976 MPa、2 954 MPa、1 456 MPa、668 MPa 和 187 MPa。

由此可知，200 ℃ 对钢纤维抗拉性能无影响，而温度继续升高，钢纤维抗拉强度急剧下降，在 800 ℃ 高温后，钢纤维抗拉性能几乎完全丧失。因此，当温度高于 200 ℃ 后，一方面钢纤维的桥联作用降低甚至消失，最终导致 UHPC 抗弯性能降低，这也验证了 4.6.1 节观察到的破坏模式；另一方面，UHPC 受 200 ℃ 以上的高温作用后，纤维仍然可以起到桥联裂缝的作用，但是纤维桥联裂缝的能力降低。通过纤维定向，可以提高纤维的桥联能力，从而提高 UHPC 高温后的力学性能。

综上所述，200 ℃ 高温作用后，UHPC 的微观结构可以得到改善，从而使抗弯性能略有提升。受到 400 ℃ 及以上的高温作用时，由于热应力、蒸汽压力以及不同材料间热膨

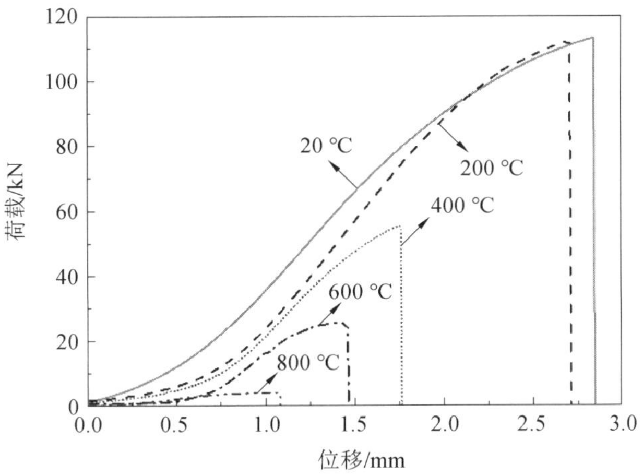

图 4.43　不同高温作用后钢纤维的抗拉荷载－位移曲线

胀系数的差异，UHPC 基体内(包括砂－基体界面、纤维－基体界面)会形成大量裂缝，且温度越高，裂缝的数量、宽度和连通度均越高；高温下水化产物(主要是 C－S－H)分解，胶结能力降低，UHPC 砂浆孔隙率显著增大；高温下钢纤维的抗拉性能急剧降低甚至丧失，UHPC 受弯时，钢纤维桥联作用减小，使得被拉断的纤维数量增多。因此，高温下 UHPC 抗弯性能的降低是基体、纤维和纤维－基体界面性能共同劣化的结果。与随机取向 UHPC 相比，纤维定向可以显著提高 UHPC 高温后的残余抗弯强度和韧性，从而增大 UHPC 的耐高温性。

本章参考文献

[1] WU Z M，SHI C J，HE W，et al.Static and dynamic compressive properties of ultra-high performance concrete (UHPC) with hybrid steel fiber reinforcements[J].Cement and concrete composites，2017，79：148-157.

[2]张文华，刘鹏宇，吕毓静.超高性能混凝土动态力学性能研究进展[J].材料导报，2019，33(19)：3257-3271.

[3] BISCHOFF P H，PERRY S H.Compressive behaviour of concrete at high strain rates[J].Materials and structures，1991，24(6)：425-450.

[4] SU Y，LI J，WU C Q，et al.Influences of nano-particles on dynamic strength of ultra-high performance concrete[J].Composites part B：engineering，2016，91：595-609.

[5] HOU X M，CAO S J，ZHENG W Z，et al.Experimental study on dynamic compressive properties of fiber-reinforced reactive powder concrete at high strain rates[J].Engineering structures，2018，169：119-130.

[6] LAI J Z，SUN W.Dynamic behaviour and visco-elastic damage model of ultra-high performance cementitious composite[J].Cement and concrete research，2009，39(11)：1044-1051.

[7] RONG Z D,SUN W,ZHANG Y S.Dynamic compression behavior of ultra-high performance cement based composites[J].International journal of impact engineering,2010,37(5):515-520.

[8] HUANG H H,GAO X J,LI L S,et al.Improvement effect of steel fiber orientation control on mechanical performance of UHPC[J].Construction and building materials,2018,188:709-721.

[9] MANSUR M A,CHIN M S,WEE T H.Stress-strain relationship of high-strength fiber concrete in compression[J].Journal of materials in civil engineering,1999,11(1):21-29.

[10] MISSEMER L,OUEDRAOGO E,MALECOT Y,et al.Fire spalling of ultra-high performance concrete:from a global analysis to microstructure investigations[J].Cement and concrete research,2019,115:207-219.

[11] AHMAD S,RASUL M,ADEKUNLE S K,et al.Mechanical properties of steel fiber-reinforced UHPC mixtures exposed to elevated temperature:effects of exposure duration and fiber content[J].Composites part B:engineering,2019,168:291-301.

[12] LEE N K,KOH K T,PARK S H,et al.Microstructural investigation of calcium aluminate cement-based ultra-high performance concrete (UHPC) exposed to high temperatures[J].Cement and concrete research,2017,102:109-118.

[13] 朋改非,牛旭婧,成铠.超高性能混凝土的火灾高温性能研究综述[J].材料导报,2017,31(23):17-23.

[14] DUPONT D,VANDEWALLE L.Distribution of steel fibres in rectangular sections[J].Cement and concrete composites,2005,27(3):391-398.

[15] ŠVEC O,ŽIRGULIS G,BOLANDER J E,et al.Influence of formwork surface on the orientation of steel fibres within self-compacting concrete and on the mechanical properties of cast structural elements[J].Cement and concrete composites,2014,50:60-72.

[16] ZHOU B,UCHIDA Y.Influence of flowability,casting time and formwork geometry on fiber orientation and mechanical properties of UHPFRC[J].Cement and concrete research,2017,95:164-177.

[17] WU Z M,KHAYAT K H,SHI C J.How do fiber shape and matrix composition affect fiber pullout behavior and flexural properties of UHPC? [J].Cement and concrete composites,2018,90:193-201.

[18] NAAMAN A E,NAJM H.Bond-slip mechanisms of steel fibers in concrete[J].ACI materials journal,1991,88(2):135-145.

[19] ABDALLAH S,FAN M Z,REES D W A.Bonding mechanisms and strength of steel fiber-reinforced cementitious composites:overview[J].Journal of materials in civil engineering,2018,30(3):04018001.

[20] SAYED AHMAD F, FORET G, LE ROY R. Bond between carbon fibre-reinforced polymer (CFRP) bars and ultra high performance fibre reinforced concrete (UHPFRC): experimental study[J]. Construction and building materials, 2011, 25(2): 479-485.
[21] SHANNAG M J, BRINCKER R, HANSEN W. Pullout behavior of steel fibers from cement-based composites[J]. Cement and concrete research, 1997, 27(6): 925-936.
[22] WU Z M, SHI C J, KHAYAT K H. Investigation of mechanical properties and shrinkage of ultra-high performance concrete: influence of steel fiber content and shape[J]. Composites part B: engineering, 2019, 174: 107021.
[23] BARNETT S J, LATASTE J F, PARRY T, et al. Assessment of fibre orientation in ultra high performance fibre reinforced concrete and its effect on flexural strength [J]. Materials and structures, 2010, 43(7): 1009-1023.
[24] 张吉松.低水泥用量超高性能混凝土性能和可持续结构设计研究[D].大连:大连海事大学,2018.
[25] KANG S H, HONG S G, MOON J. The use of rice husk ash as reactive filler in ultra-high performance concrete[J]. Cement and concrete research, 2019, 115: 389-400.
[26] 王鑫鹏.基于最紧密堆积理论的生态型超高性能混凝土设计和评价[D].武汉:武汉理工大学,2018.
[27] SOLIMAN N A, TAGNIT-HAMOU A. Using glass sand as an alternative for quartz sand in UHPC[J]. Construction and building materials, 2017, 145: 243-252.
[28] KANG S T, LEE B Y, KIM J K, et al. The effect of fibre distribution characteristics on the flexural strength of steel fibre-reinforced ultra high strength concrete[J]. Construction and building materials, 2011, 25(5): 2450-2457.
[29] GRAUPNER N, ZIEGMANN G, MÜSSIG J. Composite models for compression moulded long regenerated cellulose fibre-reinforced brittle polylactide (PLA)[J]. Composites science and technology, 2017, 149: 55-63.
[30] Rosen B W. Fiber composite materials[M]. Ohio, Russell, Metals Park campus: American Society for Metals, 1965.
[31] WU Z M, KHAYAT K H, SHI C J. Changes in rheology and mechanical properties of ultra-high performance concrete with silica fume content[J]. Cement and concrete research, 2019, 123: 105786.
[32] WARD R J, LI V C. Dependence of flexural behaviour of fibre reinforced mortar on material fracture resistance and beam size[J]. Construction and building materials, 1991, 5(3): 151-161.
[33] MAALEJ M, LI V C. Flexural strength of fiber cementitious composites[J]. Journal of materials in civil engineering, 1994, 6(3): 390-406.
[34] LIU B J, SHI J Y, ZHOU F, et al. Effects of steam curing regimes on the capillary

water absorption of concrete: prediction using multivariable regression models[J]. Construction and building materials, 2020, 256: 119426.

[35] HUANG H H, GAO X J, KHAYAT K H, et al. Influence of fiber alignment and length on flexural properties of UHPC[J]. Construction and building materials, 2021, 290: 122863.

[36] TENG L, MENG W N, KHAYAT K H. Rheology control of ultra-high-performance concrete made with different fiber contents[J]. Cement and concrete research, 2020, 138: 106222.

[37] HUANG H H, GAO X J, LI Y F, et al. SPH simulation and experimental investigation of fiber orientation in UHPC beams with different placements[J]. Construction and building materials, 2020, 233: 117372.

[38] ZHAO H, GARY G. A new method for the separation of waves. Application to the SHPB technique for an unlimited duration of measurement[J]. Journal of the mechanics and physics of solids, 1997, 45(7): 1185-1202.

[39] LINDHOLM U S. Some experiments with the split Hopkinson pressure bar[J]. Journal of the mechanics and physics of solids, 1964, 12(5): 317-335.

[40] HOU X M, CAO S J, RONG Q, et al. Effects of steel fiber and strain rate on the dynamic compressive stress-strain relationship in reactive powder concrete[J]. Construction and building materials, 2018, 170: 570-581.

[41] CHEN Z T, YANG Y Z, YAO Y. Quasi-static and dynamic compressive mechanical properties of engineered cementitious composite incorporating ground granulated blast furnace slag[J]. Materials and design, 2013, 44: 500-508.

[42] CAO S J, HOU X M, RONG Q. Dynamic compressive properties of reactive powder concrete at high temperature: a review[J]. Cement and concrete composites, 2020, 110: 103568.

[43] PYO S, EL-TAWIL S, NAAMAN A E. Direct tensile behavior of ultra high performance fiber reinforced concrete (UHP-FRC) at high strain rates[J]. Cement and concrete research, 2016, 88: 144-156.

[44] TAI Y S, EL-TAWIL S, CHUNG T H. Performance of deformed steel fibers embedded in ultra-high performance concrete subjected to various pullout rates[J]. Cement and concrete research, 2016, 89: 1-13.

[45] 罗百福.高温下活性粉末混凝土爆裂规律及力学性能研究[D].哈尔滨:哈尔滨工业大学,2014.

[46] ZHENG W Z, LUO B F, WANG Y. Compressive and tensile properties of reactive powder concrete with steel fibres at elevated temperatures[J]. Construction and building materials, 2013, 41: 844-851.

[47] HIREMATH P N, YARAGAL S C. Effect of different curing regimes and durations on early strength development of reactive powder concrete[J]. Construction

and building materials,2017,154:72-87.

[48] PENG G F,NIU X J,SHANG Y J,et al.Combined curing as a novel approach to improve resistance of ultra-high performance concrete to explosive spalling under high temperature and its mechanical properties[J].Cement and concrete research,2018,109:147-158.

[49] QIN L,GAO X J,CHEN T F.Influence of mineral admixtures on carbonation curing of cement paste[J].Construction and building materials,2019,212:653-662.

[50] MYERS R J,L'HÔPITAL E,PROVIS J L,et al.Effect of temperature and aluminium on calcium (alumino)silicate hydrate chemistry under equilibrium conditions[J].Cement and concrete research,2015,68:83-93.

[51] 朋改非,杨娟,石云兴.超高性能混凝土高温后残余力学性能试验研究[J].土木工程学报,2017,50(4):73-79.

[52] VARONA F B,BAEZA F J,BRU D,et al.Influence of high temperature on the mechanical properties of hybrid fibre reinforced normal and high strength concrete [J].Construction and building materials,2018,159:73-82.

[53] LI L,ZHANG R B,JIN L,et al.Experimental study on dynamic compressive behavior of steel fiber reinforced concrete at elevated temperatures[J].Construction and building materials,2019,210:673-684.

[54] CAVERZAN A,CADONI E,DI PRISCO M.Dynamic tensile behaviour of high performance fibre reinforced cementitious composites after high temperature exposure [J].Mechanics of materials,2013,59:87-109.

[55] TAI Y S,PAN H H,KUNG Y N.Mechanical properties of steel fiber reinforced reactive powder concrete following exposure to high temperature reaching 800 ℃ [J].Nuclear engineering and design,2011,241(7):2416-2424.

[56] LI Y,TAN K H,YANG E H.Influence of aggregate size and inclusion of polypropylene and steel fibers on the hot permeability of ultra-high performance concrete (UHPC) at elevated temperature[J].Construction and building materials,2018,169:629-637.

第 5 章　纳米材料与纤维定向协同增强超高性能混凝土

第 4 章的测试结果表明，UHPC 基体强度的改变，纤维长度、掺量和取向的变化都会改变 UHPC 这种复合材料的抗拉和抗弯性能。使纤维沿拉应力定向，可以改善纤维桥联裂缝的能力，从而提高 UHPC 的抗拉和抗弯性能。然而，由于钢纤维在 UHPC 基体中的间距较大[1]，并且钢纤维并不能桥联纳米尺度上的裂缝[2]，因此仅通过纤维定向对 UHPC 抗拉和抗弯性能的提升并不全面。

纳米纤维可以桥联纳米尺度上的裂缝[3]。纳米纤维和钢纤维混合使用，可以在不同尺度上限制裂缝扩展，从而提高 UHPC 力学性能。此外，在水泥水化时，纳米材料的成核效应可促进水泥水化，降低基体孔隙率，从而进一步改善 UHPC 力学性能[4,5]。

碳纳米管(CNT)和纳米石墨片(GNP)具有弹性模量高、抗拉强度大的特点。已有研究表明[6,7]，较低掺量的碳纳米管和纳米石墨片就可显著改善水泥基复合材料的力学性能。据 Cui 等人[7] 报道，加入胶凝材料质量 0.5% 的 CNT，与未加入 CNT 的对照组相比，水泥砂浆抗压和抗弯强度可分别提高 79% 和 64%。Meng 和 Khayat[6] 也报道了类似结果，加入胶凝材料质量 0.3% 的 GNP，与未加入 GNP 的对照组相比，UHPC 的抗弯强度和韧性可分别提高 59% 和 276%。

本章介绍不同 CNT 和 GNP 掺量对纤维拔出性能以及纤维定向 UHPC 抗弯性能的影响，研究了 CNT、GNP 和定向钢纤维对 UHPC 的协同增强作用。本章通过水化热、MIP、^{29}SiNMR 和纳米压痕等手段，探究了不同纳米纤维掺量对 UHPC 水化、孔结构以及 C—S—H 结构的影响，揭示了 CNT 和 GNP 等纳米材料对 UHPC 微观结构的改善和力学性能的增强机理。

5.1　试验材料与研究方法

5.1.1　原材料及配合比

本章所用胶凝材料包括 ASTM Type Ⅲ 水泥、硅灰和 C 类粉煤灰，3 种胶凝材料的物理性能和化学组成见表 5.1。试验所用砂子包括河砂、灰砂和轻质砂，3 种砂子的粒径分别为 0 ～ 4.75 mm、0 ～ 2 mm 和 0 ～ 4.75 mm。使用前，使轻质砂预吸水并密封至少 24 h，使其含水率为 17.6%。

试验 UHPC 配合比见表 5.2。水胶比和砂胶比分别为 0.2 和 1.0，ASTM Type Ⅲ 水泥、粉煤灰和硅灰的体积分数分别为50%、45%和5%,河砂、灰砂和轻质砂的体积分数分别为53%、30%和17%。试验所用CNT长度小于10 μm,内径和外径分别为5～15 nm和30～80 nm;GNP厚度和直径分别为4～20 nm和5～10 μm。两种纳米材料为0.05%、0.1%、0.15%、0.2%和0.3%的胶凝材料质量。聚羧酸减水剂(HRWR)的含固量为26%,纳米材料掺量变化时,通过调整减水剂的用量,以保持浆体流动度不变((270±10) mm)。增稠剂(粉末)可以调节浆体黏度,从而防止纤维在浆体中发生沉降。消泡剂的含固量为5%,可降低新拌浆体的含气量。

表 5.1　3 种胶凝材料的物理性能和化学组成

材料	各化学组成的质量分数/%							物理性能	
	CaO	SiO_2	Al_2O_3	Fe_2O_3	MgO	NaO(eg.)	SO_3	表观密度/$(g \cdot m^{-3})$	比表面积/$(m^2 \cdot g^{-1})$
ASTM Type Ⅲ 水泥	64.5	19.72	5.10	2.76	2.30	0.33	3.25	3 150	562
硅灰	0.40	95.50	0.70	0.30	0.50	0.40	—	2 200	18 200
C类粉煤灰	28.10	36.50	24.80	5.20	5.00	—	2.50	2 700	465

表 5.2　试验 UHPC 配合比

水泥/$(kg \cdot m^{-3})$	硅灰/$(kg \cdot m^{-3})$	粉煤灰/$(kg \cdot m^{-3})$	河砂/$(kg \cdot m^{-3})$	灰砂/$(kg \cdot m^{-3})$	轻质砂/$(kg \cdot m^{-3})$	钢纤维/%	增稠剂*/%	消泡剂*/%
650	41	405	515	300	115	2	0.18	0.8

注:* 为胶凝材料的质量分数。

下面采用 Meng 和 Khayat[8] 提出的方法将纳米材料分散。将纳米材料、聚羧酸减水剂和聚丙烯酸按1∶4∶0.1质量比与600 mL水搅拌4 h,获得含纳米材料的悬浮液。再利用500 W超声处理器对悬浮液进行超声分散70 min,分散时,为避免超声处理器过热,每运行60 s,暂停30 s。增稠剂与剩下的减水剂通过磁力搅拌机分散10 min。

成型时,先将胶凝材料和砂子在60 rad/min下混合3 min使其均匀,加入90%预先分散好的液体悬浮液,并在120 rad/min下搅拌3 min,之后再加入剩余的10%液体悬浮液,在120 rad/min下搅拌3 min。对于UHPC砂浆,所得混合物继续在120 rad/min下搅拌5 min,而对于含2%钢纤维的UHPC,加入钢纤维后,再将混合物在120 rad/min下搅拌5 min,以保证纤维均匀分散。

每种纳米材料掺量下,分别成型狗骨头试件、50 mm×50 mm×50 mm的抗压试件和76 mm×76 mm×406 mm ($b \times h \times l$) 的抗弯试件。对于抗弯试件,分别使用两种浇筑方法成型,即传统浇筑和流动诱导浇筑方法。浇筑完成后,所有试件先在室温下覆膜养护1 d,脱模后在(21±2) ℃ 饱和石灰水内养护至28 d。

5.1.2 测试方法

1. 新拌性能

UHPC砂浆的坍落扩展度测试需采用一个上部直径为70 mm，下部直径为100 mm，高度为60 mm的迷你坍落度筒，依照ASTM C230/C230M—23进行。含气量测试依照ASTM C231/C231M—24。UHPC砂浆的流变性能由ConTec－Viscometer 5流变仪测试，基于宾汉姆模型，可计算浆体的塑性黏度和屈服剪切应力。

2. 力学性能

如图5.1所示，通过纤维拔出试验测试28 d纤维－基体黏结强度，每个配合比下测试6个狗骨头试件，测试加载速率为0.1 mm/min。狗骨头试件的截面取25 mm×25 mm，截面上等距嵌入4根纤维，纤维间距为15 mm，嵌入长度为5 mm。狗骨头试件由一大小为25 mm×25 mm×0.5 mm的塑料片分为固定端和拔出端，塑料片上的孔可使纤维拔出方向与荷载平行。试验时，当4根纤维均从拔出端拔出时，由式(4.4)和式(4.5)可分别计算纤维－基体黏结强度和拔出能。

通过50 mm长立方体试件测试28 d抗压强度。加载速率为1.8 kN/min(ASTM C109/C109M—23)。28 d抗弯强度通过四点弯曲测试，跨距为305 mm，加载速率为0.1 mm/min，抗弯强度可由式(5.1)计算：

$$\sigma_c = \frac{FL}{bh^2} \tag{5.1}$$

式中，σ_c为抗弯强度，MPa；F为荷载－位移曲线最大荷载，kN；L为跨距，mm。韧性可由荷载－位移曲线与x轴围成的面积表示，本章通过计算荷载－位移曲线在位移0至$L/150$ mm内的面积表示UHPC试件韧性。

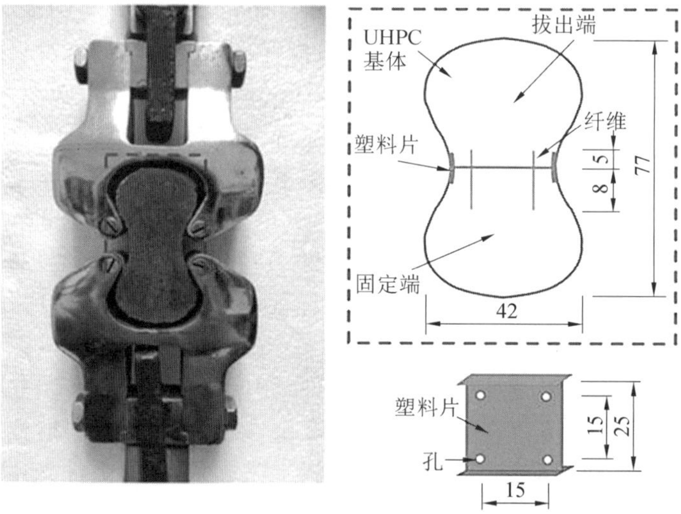

图5.1　纤维拔出性能测试装置(单位：mm)

3. 水化热

不同纳米材料掺量的 UHPC 砂浆水化放热曲线由 Calmetrix I－CAL 8000 水化热仪测定。搅拌结束以后，立即取 75 g 左右浆体，密封在塑料瓶内放入水化热仪，测试时长为 48 h，并保持温度恒定为(20 ± 0.1) ℃。

4. 自收缩

不同纳米材料掺量的 UHPC 砂浆自收缩可根据 ASTM C1698—19 进行测试。将新拌浆体密封入波纹管内，并置于温度为(23 ± 1) ℃ 和湿度为(50 ± 1)% 的环境中。在试件终凝时开始测试自收缩，在第一周内每隔 1 d 记录波纹管长度值，一周以后则每隔 7 d 记录一次波纹管长度值，直至 28 d。

5. 纳米压痕

纳米压痕可测试水泥基材料纳米级力学性能。切取上下表面平整的小块样品，利用环氧树脂固封，在环氧树脂固化后，先用 1 200 目砂纸将观察面的树脂进行打磨，暴露出观察面。然后分别使用 9 μm、3 μm、1 μm 和 0.25 μm 的金刚石砂纸进行精抛，每种细度的精抛时间不少于 2 min，从而获得高度光滑的表面。用每种细度砂纸精抛完成后，利用无水乙醇对样品超声清洗 3 min，以去除样品表面碎屑[9]。为了研究 UHPC 中各相的纳米力学性能，在抛光好的样品表面上选取 8 × 10 个点的矩阵，进行纳米压痕测试，相邻点的距离为 20 μm。纳米压痕测试分 3 个阶段：① 加载阶段，荷载随着时间逐渐增加，本实验最大荷载为 5 mN；② 恒载阶段，荷载维持 5 mN 不变，持续时间为 4 s；③ 卸载阶段。各相的压痕模量 M(GPa) 和硬度 H(GPa) 可从荷载－压痕深度曲线中弹性卸载阶段的初始斜率计算，分别如式(5.2) 和式(5.3) 所示[10]：

$$M = \frac{1}{2}\left(\frac{\mathrm{d}P}{\mathrm{d}h}\sqrt{\frac{\pi}{A}}\right)_{h=h_{\max}} \tag{5.2}$$

$$H = \frac{1}{2}\left.\frac{\mathrm{d}P}{\mathrm{d}h}\right|_{h=h_{\max}} \tag{5.3}$$

式中，P 为压痕荷载，mN；h 为压痕深度，nm；$h_{\max}$ 为最大压痕深度，nm；A 为压痕的投影面积，nm^2，可通过 Oliver－Pharr 方法[11] 从压痕深度 h 外推。

对于各向同性材料，压痕模量与弹性模量和泊松比相关，因此弹性模量可由式(5.4) 计算得到：

$$\frac{1}{M} = \frac{1-v^2}{E} + \frac{1-v_1^2}{E_1} \tag{5.4}$$

式中，E 为材料的弹性模量，GPa；v 为材料的泊松比；E_1 为压头的弹性模量，GPa；v_1 为压头的泊松比。

6. ^{29}Si NMR

采用^{29}Si NMR 测试，分析不同纳米材料掺量对 C—S—H 结构的影响，测试频率为 400 MHz，自旋速度为 5 kHz。

5.2 纳米纤维对 UHPC 的水化、微观结构力学性能影响

5.2.1 新拌性能

不同纳米纤维掺量下 UHPC 砂浆的新拌性能和流变性见表 5.3。本章中，所有 UHPC 砂浆的流动度均保持为(270 ± 10) mm。表 5.3 显示，纳米纤维质量分数不超过 0.15% 时，相同流动度下，减水剂的掺量少于不加纳米纤维的对照组。一方面是因为纳米材料的填充效应，可以改善胶凝材料粒子的堆积，从而增加拌合物的流动度，而在相同流动度下降低减水剂掺量[8]。另一方面，纳米纤维由于其较高的比表面积，需要更多的水去润湿表面，因此当纳米纤维质量分数超过 0.15% 以后，所需的减水剂掺量也提高[12]。

表 5.3 不同纳米纤维掺量下 UHPC 砂浆的新拌性能和流变性

纳米纤维* /%		HRWR* /%	COV /%	气体体积分数 /%	COV /%	屈服应力 /Pa	COV /%	塑性黏度 /(Pa·s)	COV /%
对照组(Ref)		0.42	2.8	3.8	4.6	20.7	3.5	29.7	2.8
CNT	0.05	0.4	4.1	3.75	5.2	20	2.4	28.9	3.6
	0.1	0.41	3.5	3.8	5.8	21.5	3.2	28.8	3.1
	0.15	0.42	5.2	3.95	4.2	21.3	3.8	29.8	4.2
	0.2	0.435	3.7	4.15	3.3	22.5	2.9	31.4	3.6
	0.3	0.45	4.3	4.3	5.1	23.2	4.0	33.6	3.3
GNP	0.05	0.4	2.6	3.7	4.8	19.6	2.5	27.6	2.6
	0.1	0.405	3.4	3.8	6.4	20.3	3.4	28.6	3.6
	0.15	0.415	5.3	4	4.7	22.4	3.3	29.4	4.1
	0.2	0.425	4.6	4.1	4.5	21.9	2.7	30.9	3.8
	0.3	0.445	3.4	4.2	5.4	22.7	3.8	32.8	3.4

注：* 为胶凝材料的质量分数；COV 为变异系数。

随着纳米纤维掺量提高，拌合物的含气量上升。当纳米纤维质量分数由 0 提高至 0.3% 时，拌合物中气体体积分数由 3.8% 提升至 4.3%。这是因为纳米纤维掺量提高导致拌合物塑性黏度增大，从而在搅拌时容易引入更多气泡进入浆体，导致气体体积分数上升。由于所有拌合物流动度控制在(270 ± 10) mm，所以屈服应力在 20 ~ 23 Pa 之间波动。

5.2.2 水化和自收缩

不同纳米纤维质量分数对 UHPC 砂浆水化放热的影响如图 5.2 所示。纳米纤维质量分数的增加可以提高 UHPC 砂浆水化热流曲线的峰值以及 48 h 累计放热量。随着 CNT

和 GNP 的质量分数由 0 增加至 0.3%，热流曲线峰值由 2.7 mW/g 胶凝材料提高至 3.2 mW/g 胶凝材料，48 h 累计放热量由 160 J/g 胶凝材料提高至 210 J/g 胶凝材料。一方面是因为随着纳米纤维质量分数的增加，可提供水泥水化的成核位点数目增加，从而促进水泥水化，导致热流曲线峰值及 48 h 累计放热量增加[8]。但另一方面，减水剂分子会吸附在水泥粒子表面，阻止水泥粒子的溶解和水化[13]。当 CNT 质量分数提高至 0.3% 时，诱导期结束时间和热流曲线峰值对应的时间延迟 0.2 h 左右；当 GNP 质量分数提高至 0.3% 时，诱导期结束时间和热流曲线峰值对应的时间延迟 0.1 h 左右。

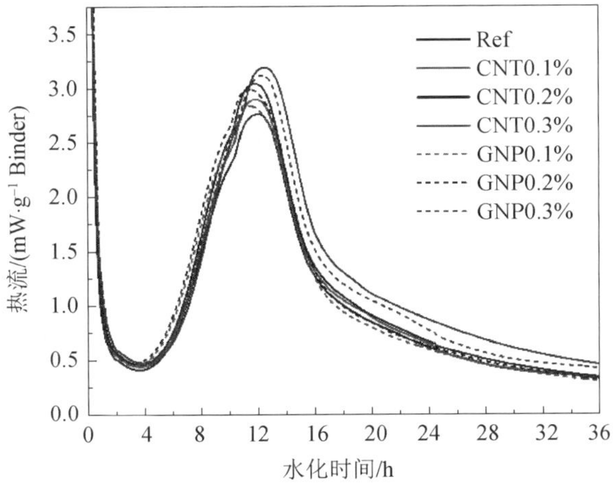

(a) 热流

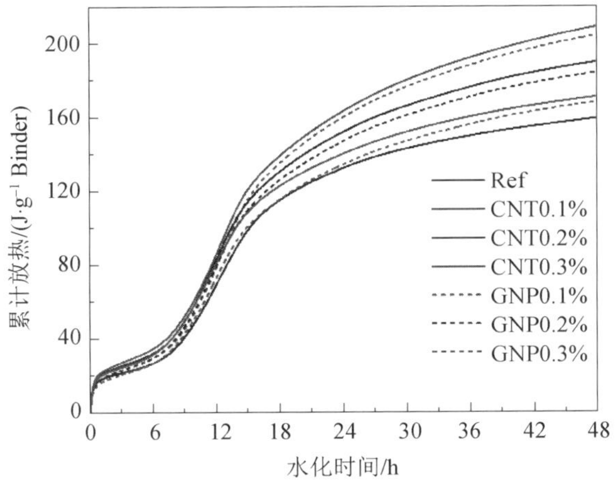

(b) 累计放热

图 5.2

图 5.2　不同纳米纤维质量分数下 UHPC 砂浆的热流和累计放热曲线

图 5.3 为不同纳米纤维质量分数对 UHPC 砂浆 28 d 自收缩的影响。由图 5.3 可知，纳米纤维的掺入会导致 UHPC 的自收缩增大。CNT 和 GNP 质量分数提高至 0.3% 时，自收缩由 390 μm/m 增大至 500 μm/m。这可能是因为纳米材料的加入可以细化 UHPC 砂浆孔隙结构，使得小孔体积增大，小孔体积增大会导致自干燥现象加剧，从而增大自收缩。同时，由于纳米材料可以促进水泥水化，使得化学收缩增加，而化学收缩往往也被统计在

自收缩范围内,因此纳米材料的掺入会导致 UHPC 自收缩增加。

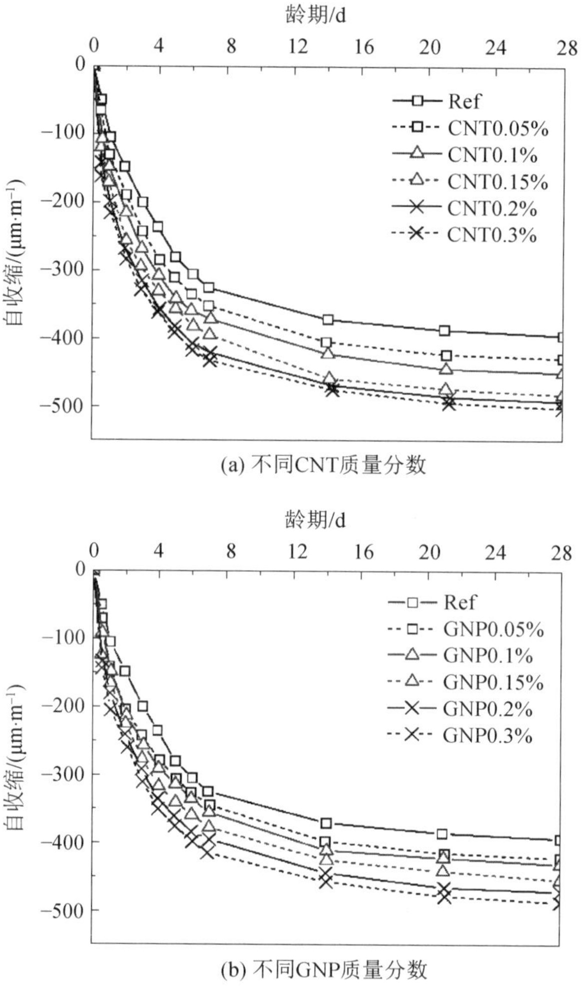

图 5.3 不同纳米纤维质量分数下 UHPC 砂浆的自收缩

5.2.3 力学性能

不同纳米纤维质量分数 UHPC 砂浆的抗压和抗拉强度如图 5.4 所示。随着 CNT 和 GNP 质量分数提高,UHPC 砂浆的抗压和抗拉强度逐渐提高。与未掺纳米纤维的对照组相比,加入 0.3% 的 CNT 可将 UHPC 砂浆抗压强度和抗拉强度分别提高 17.2%、66.7%,同时加入 0.3% 的 GNP 可将抗压强度和抗拉强度分别提高 15.8%、57.8%。一方面这可能是由于纳米纤维具有成核效应,可以促进水泥的水化,细化孔隙结构,同时纳米纤维可以在纳米尺度上桥联裂缝,调控裂缝的形成和发展,从而提高 UHPC 砂浆的抗压和抗拉强度。另一方面,相同质量分数下,掺 CNT 的 UHPC 砂浆抗压和抗拉强度略高于掺 GNP,表明 CNT 对 UHPC 砂浆的增强效应高于 GNP。

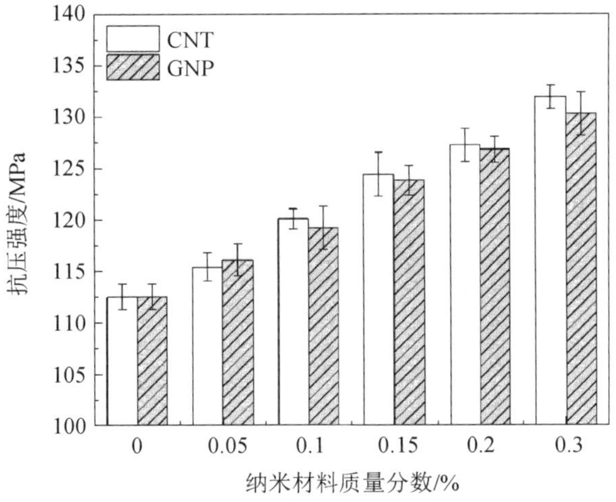

(a) 抗压强度

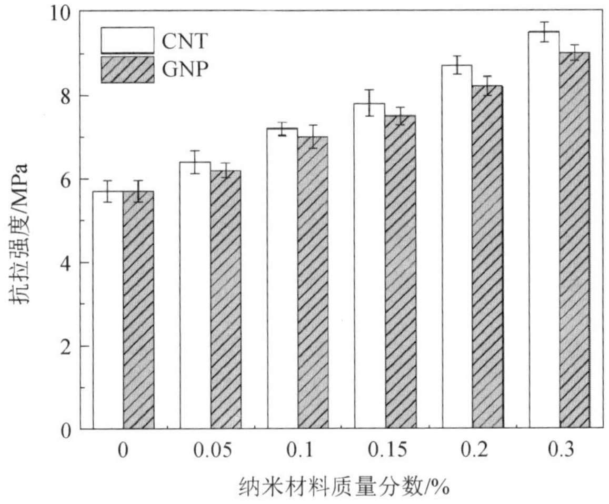

(b) 抗拉强度

图 5.4　不同纳米纤维质量分数下 UHPC 砂浆抗压和抗拉强度

5.3　纳米纤维对 UHPC 的增强机理

5.3.1　纳米压痕

图 5.5 为纳米压痕测试样品。在精抛完成后，在聚光灯下检测抛光效果。如图 5.5 所示，当抛光面呈现明显的镜面反射效果，说明精抛效果满足纳米压痕测试条件。UHPC 砂浆中，不同相的压痕荷载－深度曲线如图 5.6 所示。UHPC 砂浆中主要包括未水化水泥熟料、河砂、C—S—H。本章所研究的 UHPC 还含有轻质砂，但由于纳米压痕测试时避开轻质砂选点，故图 5.6 中未给出轻质砂的压痕荷载－深度曲线。

图 5.5　纳米压痕测试样品

不同于传统水泥基材料，UHPC 中的 C—S—H 相可分为低密度 C—S—H(LD C—S—H)、高密度 C—S—H(HD C—S—H) 和超高密度 C—S—H(UHD C—S—H)[14]。由于这些相的弹性模量各不相同，因此通过比较纳米压痕测试时不同相的压入深度和弹性模量，可以区分各相。一般来说，C—S—H 的弹性模量低于水泥熟料及河砂等原材料，因此在相同荷载作用下，C—S—H 相的压入深度大于水泥熟料及河砂等原材料。根据文献报道[9,14,15]，LD C—S—H 的弹性模量一般为 10 ～ 25 GPa，HD C—S—H 的弹性模量一般为 25 ～ 40 GPa，UHD C—S—H 的弹性模量一般为 40 ～ 60 GPa。

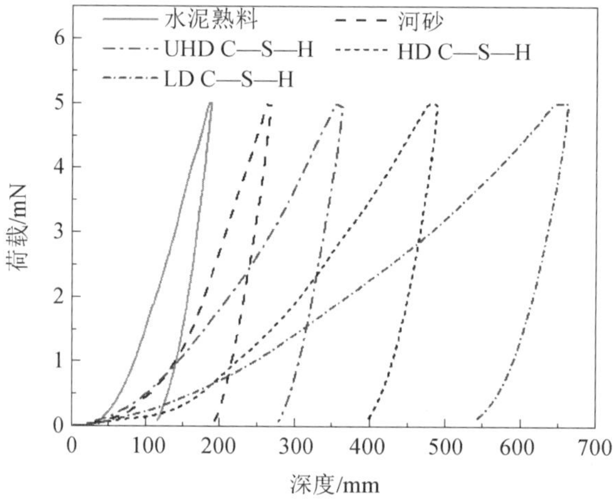

图 5.6　不同相的压痕荷载－深度曲线

CNT 和 GNP 质量分数对水化产物弹性模量的影响如图 5.7 所示。图中定义纳米压痕点阵的第一列位置为 0 μm，且每个点为相应位置上每列的平均值。未掺入 CNT 或者 GNP 时，随着测试位置(与第一个点)距离的增大，C—S—H 的弹性模量在 28 GPa 左右波动。随着 CNT 和 GNP 纳米纤维质量分数增加，C—S—H 的弹性模量逐渐提高。CNT 和 GNP 的质量分数分别为 0.1%、0.2% 和 0.3% 时，C—S—H 的弹性模量分别在 31 GPa、34 GPa 和 36 GPa 左右波动。

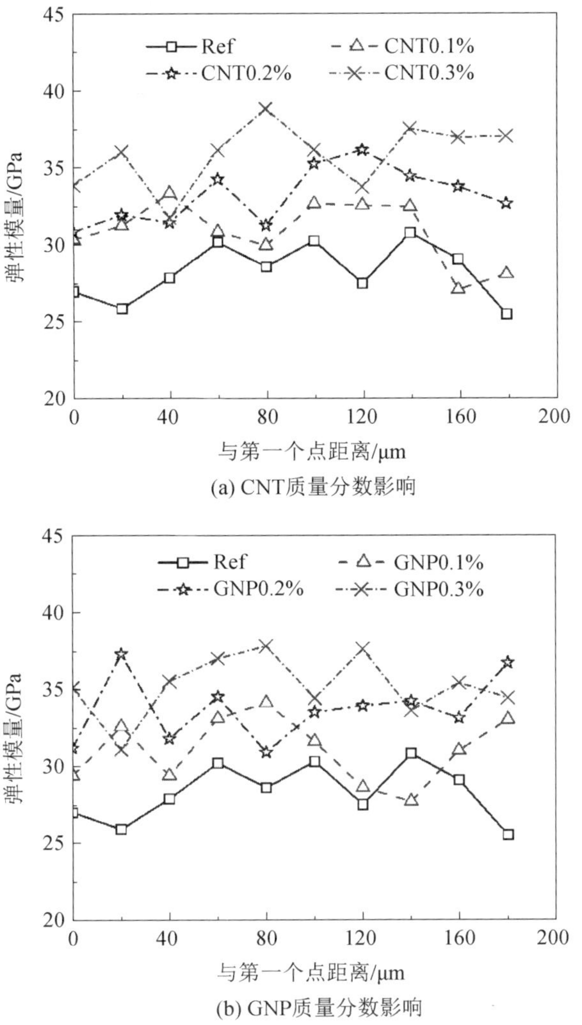

图 5.7　CNT 和 GNP 质量分数对水化产物弹性模量的影响

图 5.8 为 CNT 和 GNP 质量分数对 UHPC 砂浆中各水化产物含量的影响。LD C－S－H、HD C—S—H 和 UHD C—S—H 各相的含量通过统计点阵中代表各相的点占总点数的比例计算。由图 5.8 可知，未掺入 CNT 和 GNP 纳米纤维时，UHPC 砂浆中 LD C—S—H、HD C—S—H 和 UHD C—S—H 的含量（质量分数）分别为 36.2%、51.1% 和 12.7%。随着纳米纤维质量分数提高，LD C—S—H 的含量不断减少，同时 HD C—S—H 和 UHD C—S—H 的含量不断增加。当 CNT 质量分数为 0.3% 时，LD C—S—H 的含量减少为 11.4%，同时 HD C—S—H 和 UHD C—S—H 的含量分别提高至 65.9% 和 22.7%。当 GNP 质量分数为 0.3% 时，LD C—S—H 的含量减少为 15.6%，同时 HD C—S—H 和 UHD C—S—H 的含量分别提高至 64.4% 和 20%。这是由于 CNT 或 GNP 具有成核效应，可以促进水泥水化和粉煤灰的火山灰反应，从而提高 C—S—H 链的聚合度，导致水化产物中 HD C—S—H 和 UHD C—S－H 的比例增加。这也与 Shen 等人[14]

的研究结果一致。他们发现养护温度的提高会降低UHPC砂浆中LD C—S—H的含量，当养护温度达到90 ℃时，LD C—S—H消失，水化产物只有HD C—S—H和UHD C—S—H；且随着养护温度提高，HD C—S—H的含量也降低，当养护温度达到250 ℃时，水化产物中只有UHD C—S—H。

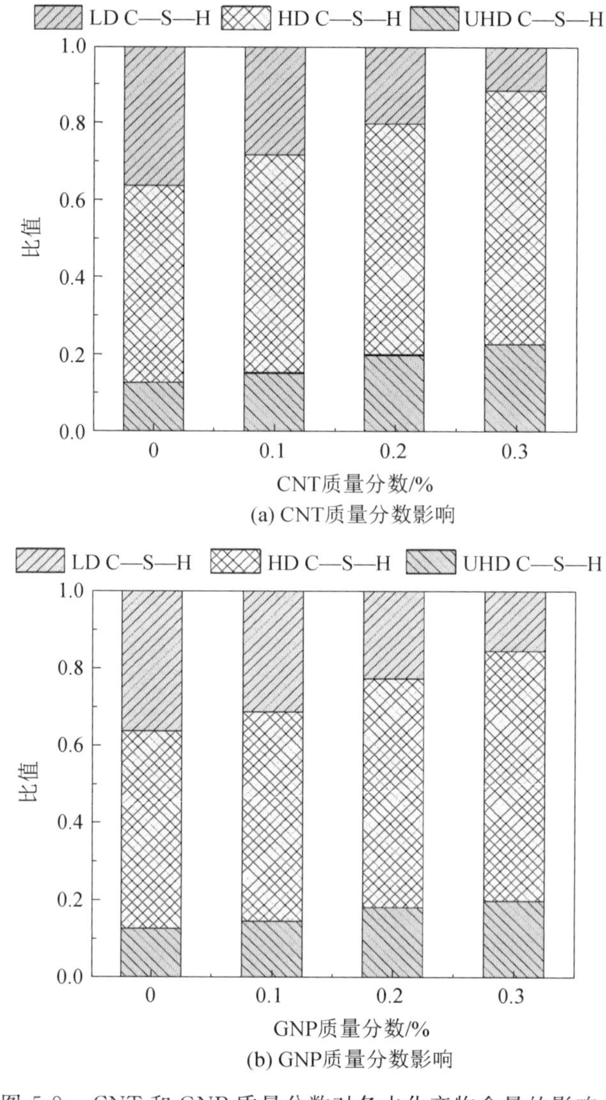

图5.8　CNT和GNP质量分数对各水化产物含量的影响

由此可知，加入CNT和GNP等纳米纤维，会对UHPC砂浆的纳米力学性能产生显著影响。CNT和GNP的掺入可以促进水泥水化和粉煤灰的火山灰反应，降低水化产物中LD C—S—H的含量，并提高HD C—S—H和UHD C—S—H的含量，从而显著提高水化产物的弹性模量，最终导致UHPC砂浆抗压和抗拉等力学性能的提升。

5.3.2 ^{29}Si NMR

图 5.9 为不同 CNT 和 GNP 质量分数下 UHPC 净浆的^{29}Si NMR 谱图。图中 Q^n 中的 Q 代表一个硅氧四面体单元(SiO_4)，n 代表每个硅氧四面体与其他硅氧四面体连接的数量，比如 Q^2 表示每个硅氧四面体连接 2 个其他硅氧四面体。通常，Q^0 代表的是未水化的水泥熟料，其化学位移一般在 -70×10^{-6} 左右。C—S—H 链上的硅氧四面体可分为 Q^1、Q^2 和 Q^3，其中 Q^1 代表 C—S—H 链一端的硅氧四面体，其只与相邻的 1 个硅氧四面体连接，化学位移在 -79×10^{-6} 左右。Q^2 为 C—S—H 链内的硅氧四面体，每个 Q^2 与相邻 2 个硅氧四面体连接，根据其位置的不同可分为 Q_b^2 和 Q_p^2，化学位移分别在 -83×10^{-6} 和 -85×10^{-6} 左右[16]。另外，水泥或粉煤灰中的 Al 会进入 Q^2 的硅氧四面体内取代 Si，形成 Q^2(1Al)，其化学位移在 -81×10^{-6} 左右。每个 Q^3 与相邻的 3 个硅氧四面体连接，其化学位移在 -97×10^{-6} 左右。当水泥或粉煤灰中的 Al 取代 Si 时，形成 Q^3(1Al)，其化学位移在 -92×10^{-6} 左右。Q^4 代表硅灰中的非晶相二氧化硅，其化学位移在 -110×10^{-6} 左右[14,17]。

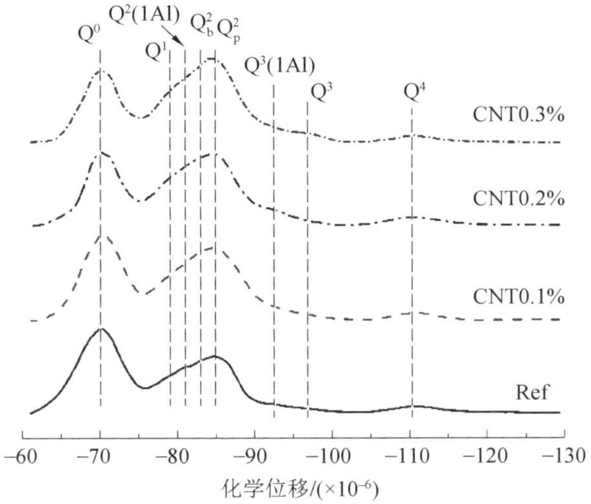

(a) CNT质量分数影响

图 5.9 CNT 和 GNP 质量分数对^{29}Si NMR 谱图的影响

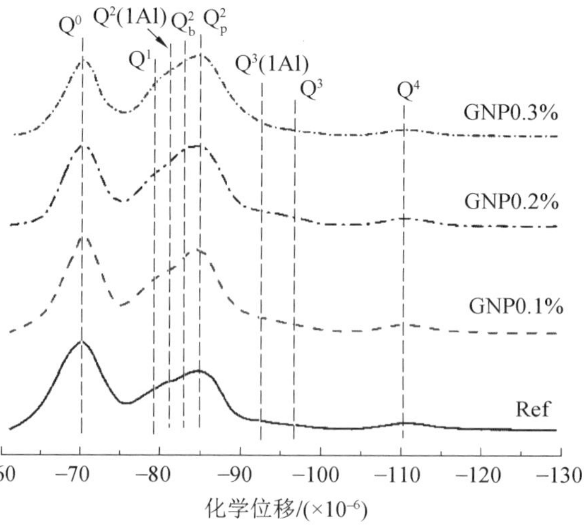

(b) GNP质量分数影响

续图 5.9

通常来说，Q^1、Q^2 和 Q^3 的含量越高，C—S—H 链的聚合程度越高，相应 UHPC 砂浆的力学性能也越好。如图 5.9 所示，对于不掺 CNT 和 GNP 的对照组，在 -70×10^{-6} 左右的 Q^0 峰强高于 -85×10^{-6} 左右的 Q^2 峰强，说明此时未水化的熟料较多；随着 CNT 和 GNP 质量分数的提高，-85×10^{-6} 左右的峰强不断升高，当 CNT 和 GNP 质量分数为 0.3% 时，-85×10^{-6} 左右的 Q^2 峰强超过 -70×10^{-6} 左右的 Q^0 峰强，说明未水化的熟料含量降低，同时水化产物中 C—S—H 聚合程度增大。

通过对图 5.9 的 ^{29}Si NMR 谱图进行去卷积分析，可定量得到每种硅氧四面体的含量。图 5.10 为 ^{29}Si NMR 谱图去卷积分析示例(Ref)。如图 5.9 所示，通过去卷积分析拟合得到的谱图可以较好地反映试验谱图。因此，去卷积分析得到的各个子峰的面积分数可代表相应硅氧四面体的含量。

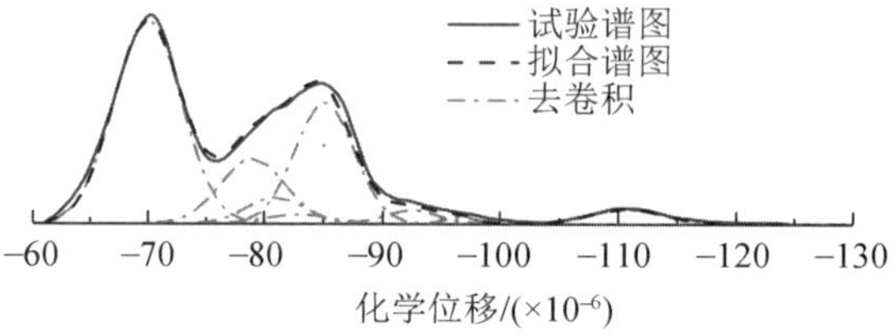

图 5.10　^{29}Si NMR 谱图去卷积分析示例（Ref）

表 5.4 为不同纳米纤维质量分数下 UHPC 净浆 ^{29}Si NMR 谱图的去卷积分析结果。由表 5.4 可知，一方面随着 CNT 和 GNP 质量分数提高，Q^0 的含量显著降低，同时 Q^1 的含量也略微减少。另一方面，Q^2(1Al)、Q^2_b、Q^2_p、Q^3(1Al) 和 Q^3 的含量不断升高，说明纳米纤维的掺入使得 Q^0 和 Q^1 向 Q^2(1Al)、Q^2_b、Q^2_p、Q^3(1Al) 和 Q^3 转换，导致 C—S—H 链聚合程度提高。Q^2(1Al) 和 Q^3(1Al) 含量的升高代表纳米纤维可以促进粉煤灰的火山灰反应，导致硅氧四面体中 Al 的取代率提高。Q^4 的含量逐渐降低，说明纳米纤维掺入促进了硅

灰的火山灰反应。

表 5.4　不同纳米纤维质量分数下 UHPC 净浆 ^{29}Si NMR 谱图去卷积分析结果　　%

纳米纤维质量分数		Q^0	Q^1	$Q^2(1Al)$	Q^2_b	Q^2_p	$Q^3(1Al)$	Q^3	Q^4
Ref		48.3	15.8	5.7	2.0	19.8	3.1	1.8	3.5
CNT	0.1%	43.1	13.9	6.8	2.8	24.8	3.6	2.1	2.9
	0.2%	37.6	10.7	8.1	3.9	30.9	4.3	2.3	2.2
	0.3%	32.4	9.1	9.6	5.2	34.2	5.0	2.7	1.8
GNP	0.1%	43.7	14.5	6.6	2.6	23.8	3.4	2.3	3.1
	0.2%	38.4	11.7	7.8	3.7	29.4	3.9	2.6	2.5
	0.3%	33.5	10.2	8.9	5.3	32.8	4.5	2.8	1.7

C—S—H 平均链长(MCL)可由式(5.5)计算[18]：

$$MCL=\frac{2\left[Q^1+Q^2+\frac{3}{2}Q^2(1Al)\right]}{Q^1} \tag{5.5}$$

图 5.11 为不同纳米纤维质量分数下 UHPC 净浆 C—S—H 的平均链长。不掺 CNT 或 GNP 时，C—S—H 的平均链长为 6 左右。随着 CNT 和 GNP 质量分数的提高，C-S-H 的 MCL 值也逐渐增大。其中，在相同质量分数下，加入 CNT 的 C—S—H 链的 MCL 要高于 GNP。当 CNT 质量分数为 0.3% 时，C—S—H 的 MCL 值约为 14，而当 GNP 质量分数为 0.3% 时，C—S—H 的 MCL 值约为 12。这可能是因为相比 GNP，CNT 具有更高的比表面积，因而能为水泥水化提供更多的成核位点，增加水泥水化程度，从而可以提高 MCL。

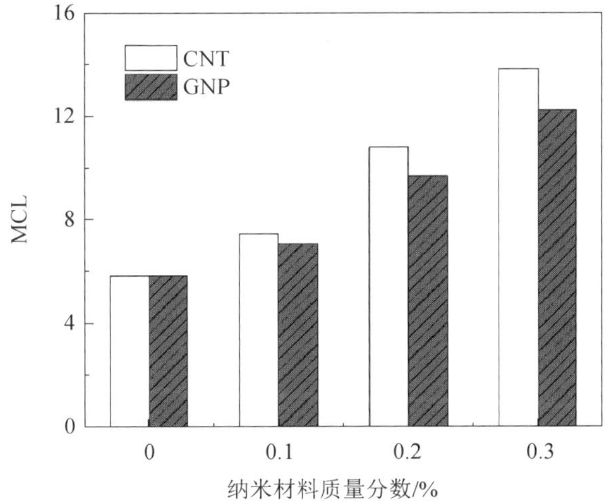

图 5.11　不同纳米材料质量分数下 UHPC 净浆 C—S—H 的 MCL

5.3.3 孔结构

CNT 和 GNP 质量分数对 UHPC 砂浆孔径分布的影响如图 5.12 所示。孔径分布曲线峰值对应的孔径为测试样品的最可几孔径。由图 5.12 可知，随着 CNT 和 GNP 质量分数的提高，UHPC 砂浆的最可几孔径减小（向左偏移），说明纳米纤维的加入可以细化 UHPC 砂浆的孔隙结构。

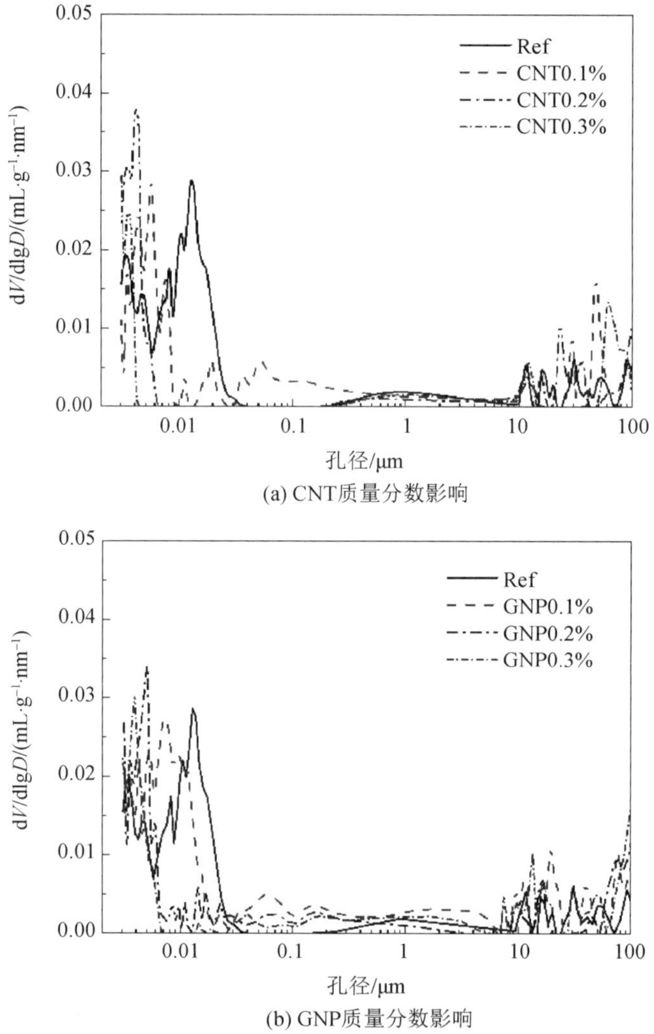

图 5.12 CNT 和 GNP 质量分数对 UHPC 砂浆孔径分布的影响

不同 CNT 和 GNP 质量分数下 UHPC 砂浆的孔隙率如图 5.13 所示。未掺入 CNT 和 GNP 时，UHPC 砂浆的孔隙率在 5% 左右，当 CNT 或 GNP 质量分数为 0.3% 时，孔隙率降低至 2.5% 左右。CNT 和 GNP 等纳米纤维具有成核效应，可以促进水泥水化，从而降低 UHPC 砂浆孔隙率。在相同纳米纤维质量分数下，掺入 CNT 的 UHPC 砂浆具有更低的孔隙率。这可能是因为 CNT 具有更高的比表面积，能为水泥水化提供更多的成核位点，从而对水泥水化的促进程度大于 GNP，最终导致硬化 UHPC 砂浆孔隙率更低。

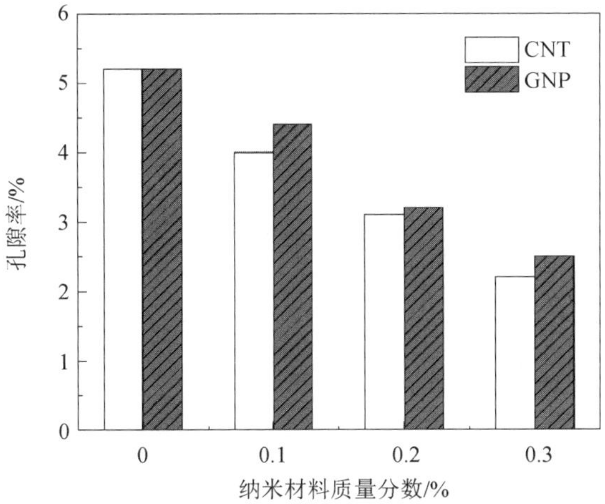

图 5.13　不同 CNT 和 GNP 质量分数下 UHPC 砂浆的孔隙率

5.4　纳米纤维增强纤维定向 UHPC 抗弯性能

5.4.1　钢纤维拔出性能

不同 CNT 和 GNP 质量分数对钢纤维拔出性能、黏结强度和拔出功的影响如图 5.14 和图 5.15 所示。随着纳米材料质量分数提高，纤维最大拔出荷载逐渐增大，同时拔出荷载—位移曲线与 x 轴围成的面积(即拔出功)也逐渐增加。当 CNT 质量分数从 0 增加到 0.3%，黏结强度和拔出功可分别提高 55% 和 50%；当 GNP 质量分数从 0 增加到 0.3%，黏结强度和拔出功可分别提高 50% 和 30%。这是因为 CNT 和 GNP 可以提高 UHPC 基体的强度，从而改善纤维—基体黏结性能[19]。

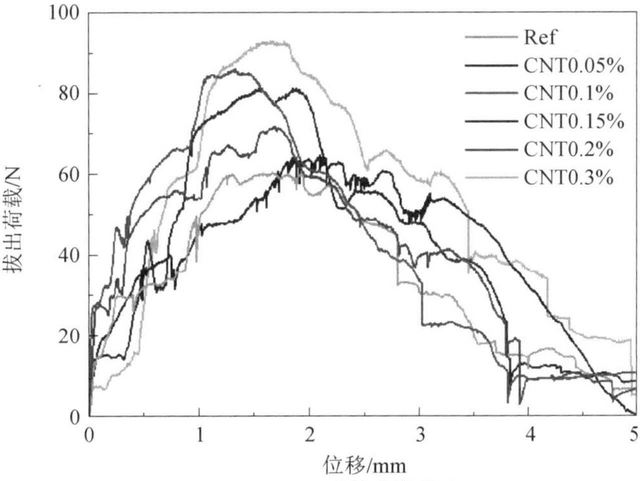

(a) CNT质量分数影响

图 5.14　不同 CNT 和 GNP 质量分数对钢纤维拔出性能的影响

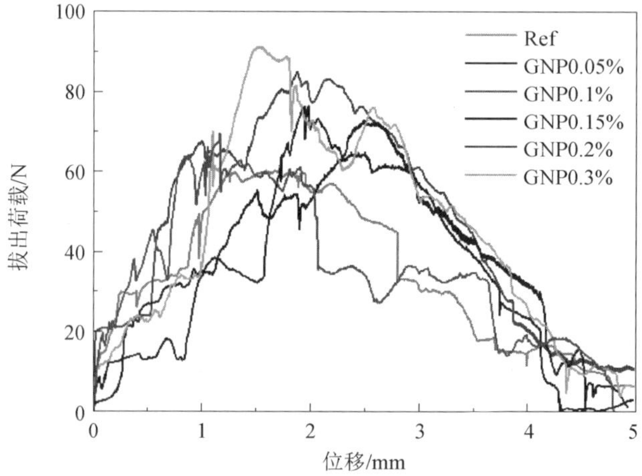

(b) GNP质量分数影响

图 5.14

续图 5.14

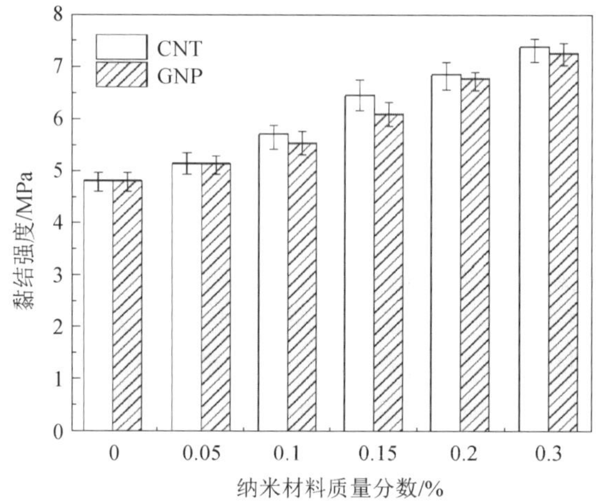

(a) 黏结强度

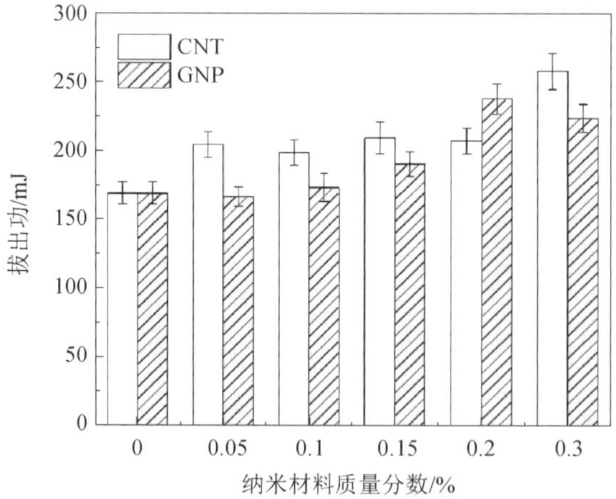

(b) 拔出功

图 5.15　不同 CNT 和 GNP 质量分数对黏结强度和拔出功的影响

5.4.2　抗弯性能

不同纳米材料质量分数下，纤维随机取向和定向 UHPC 抗弯荷载－位移曲线如图 5.16 所示。当纤维随机取向时，CNT 和 GNP 质量分数从 0 增加至 0.3%，最大荷载可从 22 kN 提高至 30 kN。对于纤维定向，CNT 和 GNP 质量分数从 0 增加至 0.3%，最大荷载可从 27 kN 提高至 40 kN。在相同纳米材料质量分数下，与随机取向相比，纤维定向可显著提高荷载－位移曲线的最大荷载。纳米纤维质量分数为 0.3% 时，通过纤维定向，荷载－位移曲线的最大荷载可提高 10 kN。同时，掺入 CNT 和 GNP 或者使纤维定向，均可使荷载－位移曲线的位移硬化阶段明显延长。这是因为 CNT 和 GNP 等纳米材料可以限制微裂缝的扩展，提高 UHPC 基体力学性能，同时改善纤维－基体黏结性能，纤维定向又可以增大纤维的桥联应力，提高纤维对裂缝扩展的限制效果，最终导致荷载－位移曲线位移硬化段的延长。

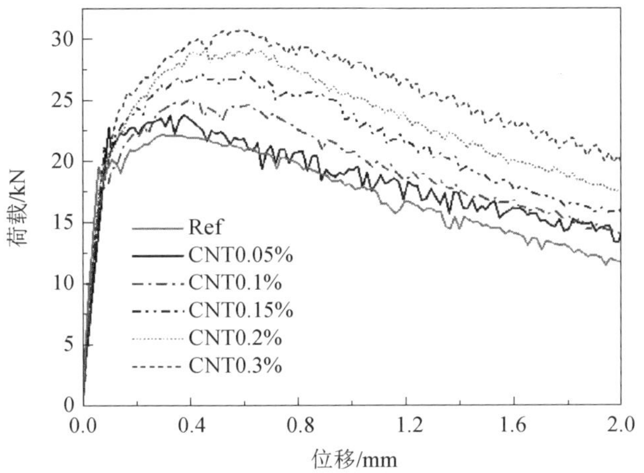

(a) CNT(纤维随机取向)

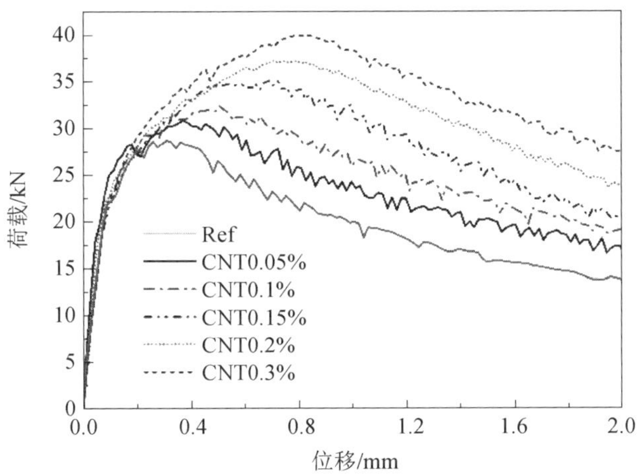

(b) CNT(纤维定向)

图 5.16　纳米材料质量分数对纤维随机取向和定向 UHPC 荷载－位移曲线的影响

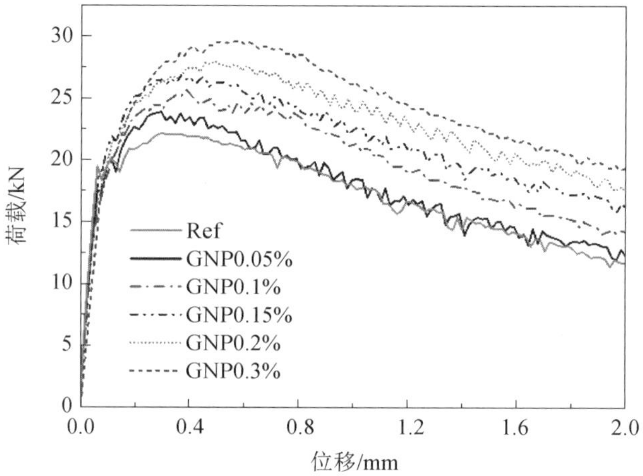

(c) GNP(纤维随机取向)

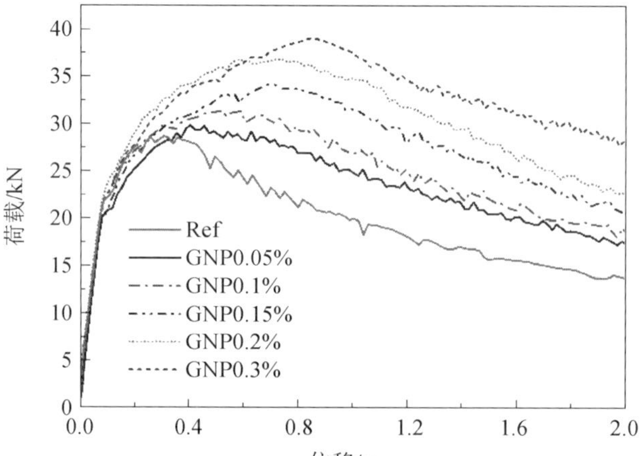

(d) GNP(纤维定向)

续图 5.16

不同纳米材料质量分数下，纤维随机取向和定向 UHPC 的抗弯强度和韧性如图 5.17 所示。当纤维随机取向时，CNT 和 GNP 质量分数从 0 增加至 0.3%，抗弯强度和韧性可分别提高 35% ～ 40% 和 40% ～ 50%。这是因为 CNT 和 GNP 具有成核效应，可以促进水泥水化，增大 C—S—H 链聚合度，提高水化产物中 HD C—S—H 和 UHD C—S—H 的含量，降低硬化 UHPC 的孔隙率，从而改善 UHPC 基体的微观结构，提高其力学性能。由上节可知，CNT 和 GNP 等纳米材料的掺入还可以改善纤维拔出性能。UHPC 基体以及纤维－基体黏结性能的改善最终导致 UHPC 抗弯性能的提高。在相同纳米材料质量分数下，相对于随机取向，纤维定向可以将 UHPC 抗弯强度和韧性分别提高 20% ～ 30% 和 15% ～ 35%。这是因为纤维定向提高了纤维桥联裂缝的能力，从而可以提高抗弯强度和韧性。

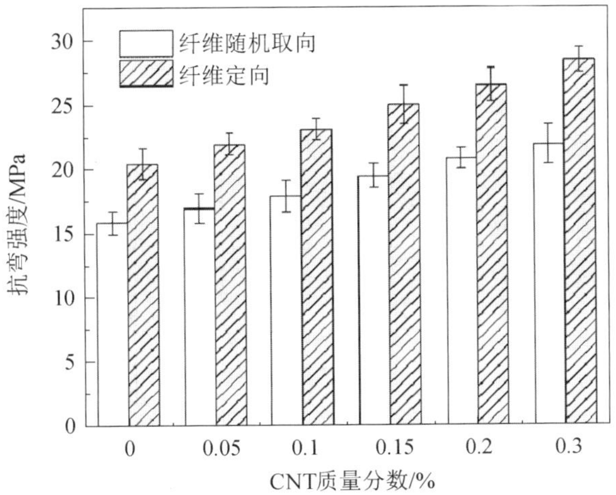

(a) CNT(抗弯强度)

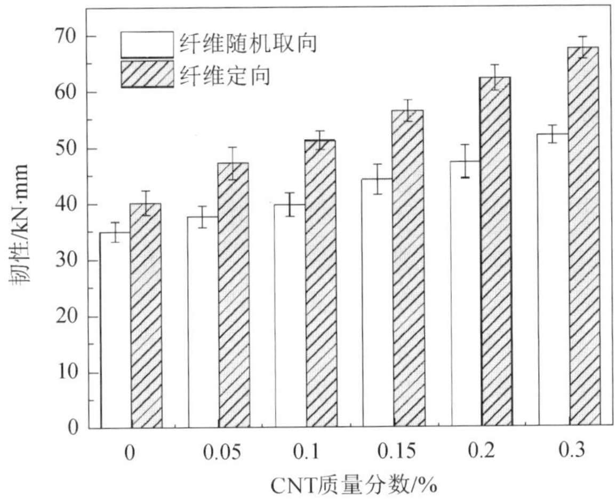

(b) CNT(韧性)

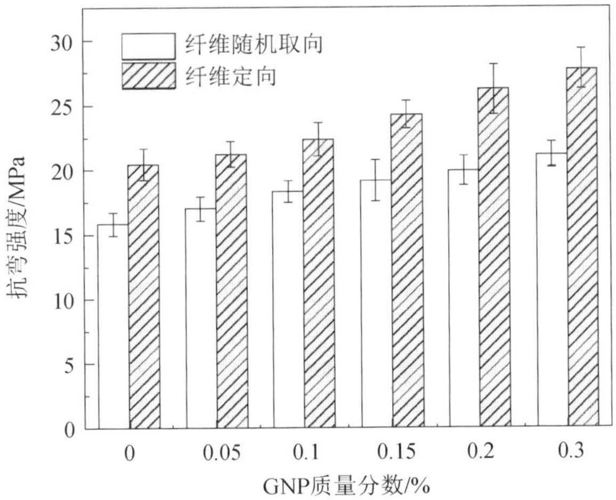

(c) GNP(抗弯强度)

图 5.17　纳米材料质量分数对纤维随机取向和定向 UHPC 抗弯强度和韧性的影响

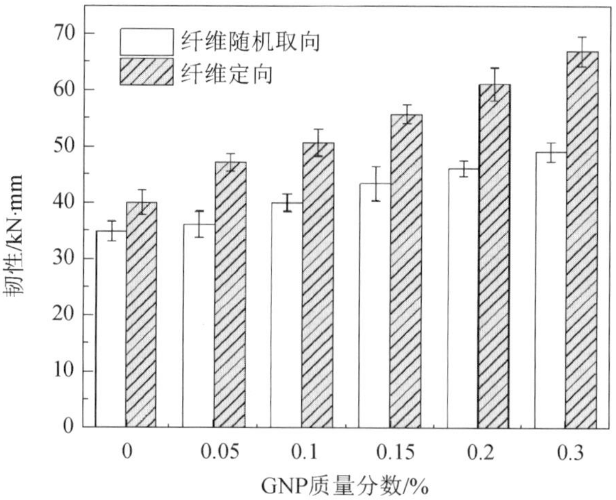

(d) GNP(韧性)

续图 5.17

5.4.3 纳米纤维和定向协同增强效应

由上节分析可知，掺入 CNT 和 GNP 等纳米材料或者通过纤维定向均可以显著提高 UHPC 的抗弯性能。给定纤维取向(随机或定向)，在纳米材料质量分数为 0.1%、0.2% 和 0.3% 时，UHPC 抗弯强度最大可以分别提高 15%、30% 和 40%，韧性最大可以分别提高 15%、35% 和 50%；而给定纳米材料质量分数(0.1%、0.2% 和 0.3%)，仅通过纤维定向，3 种情况下 UHPC 抗弯强度最大可以分别提高 30%、30% 和 35%；韧性最大可以分别提高 30%、35% 和 35%。

通过纳米材料和纤维定向协同增强，可进一步提高 UHPC 抗弯性能。与未掺纳米材料且纤维随机取向的对照组相比，不同纳米材料质量分数和纤维定向下 UHPC 抗弯强度和韧性的相对增长率如图 5.18 所示。图中，"0.1*/0△""0.2*/0△"和"0.3*/0△"分别表示纳米材料质量分数为 0.1%、0.2% 和 0.3% 时，结合纤维定向对 UHPC 抗弯强度和韧性的相对增长率。如图 5.18 所示，在纳米材料质量分数为 0.1%、0.2% 和 0.3% 时，通过与纤维定向相结合，对 UHPC 抗弯强度的提高效果分别达 45%、70% 和 80%，对韧性的提高效果分别达 45%、80% 和 90%，均高于单一通过纳米材料或者纤维定向的增强效果。

5.4.4 纤维取向

不同纳米材料质量分数下，纤维随机取向和定向 UHPC 纤维取向系数如图 5.19 所示。由图 5.19 可知，对于同一种浇注方式，不管纳米材料质量分数是多少，UHPC 纤维取向变化不大。纤维随机取向时，纤维取向系数在 0.5 左右波动；当纤维定向时，纤维取向系数在 0.65 左右波动。这是因为在本章中通过改变减水剂的质量分数，使得不同质量分数纳米材料的 UHPC 的流动度相近，因而纳米材料的质量分数对纤维取向的影响可忽略

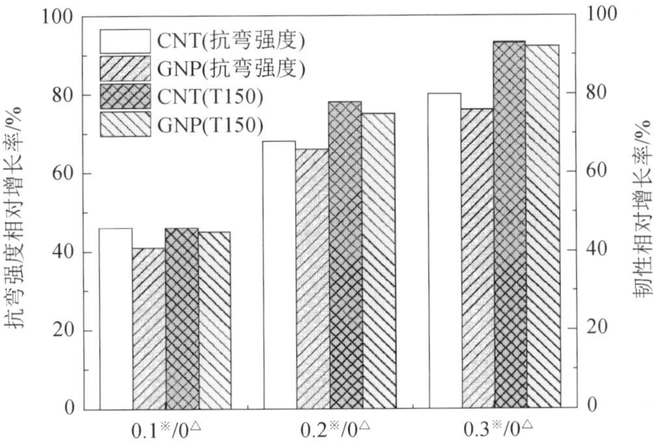

图 5.18　纳米材料和纤维定向对 UHPC 抗弯强度和韧性的协同增强作用
（※:纤维定向。△:随机取向）

不计。另一方面,给定纳米材料质量分数下,通过纤维定向,UHPC 纤维取向系数可由 0.5 提高至 0.65,提高比例为 30%。纤维取向系数的提高,可以提高纤维的桥联应力,增大纤维桥联裂缝的能力,从而提高 UHPC 的抗弯强度和韧性。

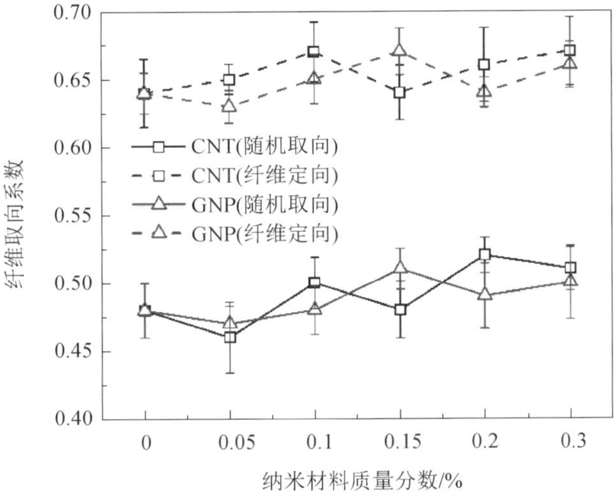

图 5.19　纤维随机取向和定向 UHPC 纤维取向系数

本章参考文献

[1] WILLE K, KIM D J, NAAMAN A E. Strain-hardening UHP-FRC with low fiber contents[J]. Materials and structures, 2011, 44(3): 583-598.

[2] KONSTA-GDOUTOS M S, METAXA Z S, SHAH S P. Multi-scale mechanical and fracture characteristics and early-age strain capacity of high performance carbon

nanotube/cement nanocomposites[J].Cement and concrete composites,2010,32(2):110-115.

[3] KONSTA-GDOUTOS M S,METAXA Z S,SHAH S P.Highly dispersed carbon nanotube reinforced cement based materials[J].Cement and concrete research,2010,40(7):1052-1059.

[4]黄政宇,曹方良.纳米材料对超高性能混凝土性能的影响[J].材料导报,2012,26(18):136-141.

[5] 黄政宇,祖天钰.纳米 $CaCO_3$ 对超高性能混凝土性能影响的研究[J].硅酸盐通报,2013,32(6):1103-1109.

[6] MENG W N,KHAYAT K H.Mechanical properties of ultra-high-performance concrete enhanced with graphite nanoplatelets and carbon nanofibers[J].Composites part B:engineering,2016,107:113-122.

[7] CUI X,HAN B G,ZHENG Q F,et al.Mechanical properties and reinforcing mechanisms of cementitious composites with different types of multiwalled carbon nanotubes[J].Composites part A:applied science and manufacturing,2017,103:131-147.

[8] MENG W N,KHAYAT K H.Effect of graphite nanoplatelets and carbon nanofibers on rheology,hydration,shrinkage,mechanical properties,and microstructure of UHPC[J].Cement and concrete research,2018,105:64-71.

[9] 刘剑辉.SAP 与 FLWA 在超高性能混凝土中的内养护作用[D].长沙:湖南大学,2019.

[10] SORELLI L,CONSTANTINIDES G,ULM F J,et al.The nano-mechanical signature of Ultra High Performance Concrete by statistical nanoindentation techniques[J].Cement and concrete research,2008,38(12):1447-1456.

[11] OLIVER W C,PHARR G M.An improved technique for determining hardness and elastic modulus using load and displacement sensing indentation experiments[J].Journal of materials research,1992,7(6):1564-1583.

[12] JIANG S,SHAN B H,OUYANG J,et al.Rheological properties of cementitious composites with nano/fiber fillers[J].Construction and building materials,2018,158:786-800.

[13] CHEUNG J,JEKNAVORIAN A,ROBERTS L,et al.Impact of admixtures on the hydration kinetics of portland cement[J].Cement and concrete research,2011,41(12):1289-1309.

[14] SHEN P L,LU L N,HE Y J,et al.The effect of curing regimes on the mechanical properties, nano-mechanical properties and microstructure of ultra-high performance concrete[J].Cement and concrete research,2019,118:1-13.

[15] CONSTANTINIDES G, ULM F J. The effect of two types of C-S-H on the elasticity of cement-based materials: results from nanoindentation and micromechanical modeling[J].Cement and concrete research,2004,34(1):67-80.

[16] MYERS R J, L'HÔPITAL E, PROVIS J L, et al. Effect of temperature and aluminium on calcium (alumino)silicate hydrate chemistry under equilibrium conditions[J].Cement and concrete research,2015,68:83-93.

[17] LEE N K,KOH K T,KIM M O,et al.Uncovering the role of micro silica in hydration of ultra-high performance concrete (UHPC)[J]. Cement and concrete research,2018,104:68-79.

[18] RICHARDSON I G,GROVES G W.The incorporation of minor and trace elements into calcium silicate hydrate (C-S-H) gel in hardened cement pastes[J].Cement and concrete research,1993,23(1):131-138.

[19] WU Z M,KHAYAT K H,SHI C J.Effect of nano-SiO_2 particles and curing time on development of fiber-matrix bond properties and microstructure of ultra-high strength concrete[J].Cement and concrete research,2017,95:247-256.

第 6 章　超高性能混凝土的后期水化效应

UHPC基体中由于极低的水灰比，90 d后的水化反应量非常有限，因此基体内会存在大量未水化的水泥颗粒。但是基体若长期处于含水环境中，则随时间增长，外部水可能会迁移至基体内部使未水化的水泥颗粒发生再水化反应，从而引起水泥基材料性能的变化。而 UHPC 基体通常具有非常致密的微观结构，若后期基体内发生再水化反应，则有可能导致基体因体积膨胀而开裂，损伤 UHPC 基体的力学和耐久性能。

6.1　后期水化的不利影响

目前对水泥基材料再水化性能的研究主要集中在再水化对基体裂缝愈合的影响。研究表明混凝土裂缝处再水化的产物与基体内部的水化产物有较大不同，会生成更多比例的 $Ca(OH)_2$[1]。另外，研究表明矿物掺合料如粉煤灰以及矿渣等对再水化的基体裂缝愈合也有较大帮助[2-4]。此外，高温作用下的基体再水化研究也有一些相关报道。研究表明，混凝土在 600 ℃ 以上高温下脱水分解后，在含水环境下会发生再水化反应，而且会恢复相应的力学以及耐久性能[5,6]，此外矿物掺合料也有助于再水化基体各项性能的恢复[7,8]。以上研究主要集中在再水化对已经存在裂缝的高水胶比浆体性能的影响方面，目前关于偏高岭土改性 UHPC 基体再水化的研究几乎未见报道。而基体中必然存在大量未水化的水泥颗粒等原材料，在长期水作用下的性能变化也值得重点关注。因此本章研究单掺偏高岭土、复掺偏高岭土与石灰石粉系列的 UHPC 基体后期再水化的力学性能及水化过程，以获得偏高岭土和石灰石粉对基体再水化的影响规律。

6.2　短期加速评价方法

单掺偏高岭土、复掺偏高岭土与石灰石粉 2 个系列中，分别制作偏高岭土质量分数为 0%、10% 和 15%3 种比例的 UHPC 和净浆，并在常温及蒸养制度下养护 28 d 龄期后，将其放入 80 ℃ 水浴中分别加速养护 7 d、14 d、21 d 和 28 d，测试总龄期为 35 d、42 d、49 d 和 56 d 的力学和水化性能，并与 28 d 龄期时的性能作比较。

6.2.1　试验材料

选用的原材料主要有 P·I 42.5 型基准水泥(PC)，其中 C_3S、C_2S、C_3A 以及 C_4AF 的质量分数分别为 56.54%、20.87%、6.22% 和 10.31%；600 目石灰石粉(LS，比表面积为

913 m^2/kg)；偏高岭土(MK，活性指数为 1.10，比表面积为 25 000 m^2/kg)；标准砂(S，最大粒径为 0.95 mm)；聚羧酸系高性能减水剂(SP，减水率为 25% ～ 45%)。水泥、偏高岭土以及石灰石粉的主要化学元素组成见表 6.1，原材料颗粒尺寸分布如图 6.1 所示。

表 6.1　原材料的主要化学元素组成　　%(质量分数)

氧化物	PC	MK	LS
SiO_2	21.88	52.96	0.45
Al_2O_3	1.49	43.05	0.61
Fe_2O_3	3.45	0.66	0.19
CaO	64.65	0.41	55.36
MgO	2.36	—	0.48
SO_3	2.44	0.49	0.012
Na_2O	0.51	—	0.025
f－CaO	0.90	—	—
K_2O	—	0.15	0.033
TiO_2	—	1.47	—
其他	0.01	0.81	0.017
烧失量	1.31	1.03	42.84

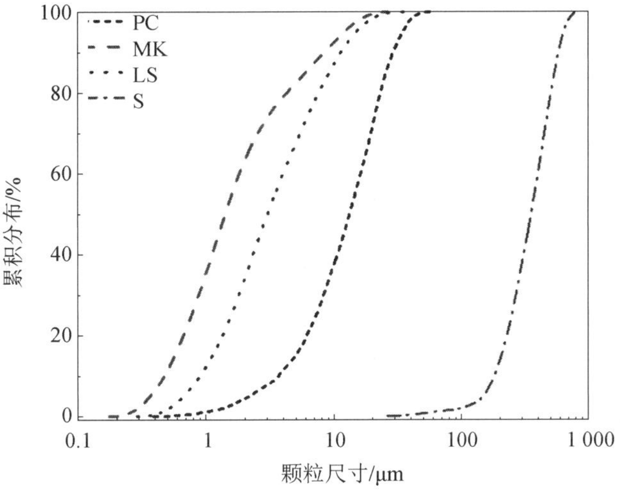

图 6.1　原材料颗粒尺寸分布

6.2.2 配合比设计

本书设计的各组基体流动性要求在240～300 mm范围内,在此基础上适当调整每组配合比的减水剂掺加比例。最终经过试配后,确定详细的配合比见表6.2,用于测定基体的力学性能。另外,各组UHPC试样的流动度也在表6.2中给出。净浆试样是在此配合比的基础上剔除骨料拌制而成的,用于测定水化和微观结构。

表6.2 UHPC砂浆配合比

编号	PC /kg·m^{-3}	MK /kg·m^{-3}	LS /kg·m^{-3}	S /kg·m^{-3}	减水剂 /kg·m^{-3}	水 /kg·m^{-3}	流动度 /mm
C00	100	0	0	100	0.60	20	285
C05	95	5	0	100	0.70	20	274
C10	90	10	0	100	0.80	20	268
C15	85	15	0	100	1.00	20	261
C20	80	20	0	100	2.00	20	252
CLS00	70	0	30	100	0.45	20	296
CLS05	65	5	30	100	0.50	20	287
CLS10	60	10	30	100	0.70	20	274
CLS15	55	15	30	100	1.00	20	267
CLS20	50	20	30	100	2.50	20	248

配合比共分为两个系列,单掺偏高岭土的称为C系列,而复掺偏高岭土与石灰石粉的称为CLS系列。从配合比结果可知,无论是C系列还是CLS系列,随着MK掺量提高,浆体拌和所需要的减水剂掺量都会随之提高,这是因为MK的掺入会降低混凝土的流动性。CLS系列中MK质量分数在0%、5%和10%时,减水剂掺量要低于C系列中相对应的掺量,这是因为研究结果表明LS通常会提高混凝土的流动度。但是表6.2证实,MK质量分数在15%以上时,LS对UHPC流动性的改善已经不再明显,甚至当MK质量分数达到20%时CLS系列需要更多的减水剂。这说明本书所研究的CLS系列的配合比中,当MK与LS的质量比在0.5以下时,浆体的流动性要优于C系列。

6.2.3 养护制度

将拌制完成的浆体装入40 mm×40 mm×160 mm的三联棱柱体塑料试模中,经振动成型后,放入20 ℃和95%相对湿度的标准养护箱中1 d后脱模,随后采用常温或蒸汽养护制度养护至测试龄期。具体的养护制度如下:① 标准水养护至28 d;②55 ℃蒸汽养护1 d后转为标准水养护至28 d;③55 ℃蒸汽养护2 d后转为标准水养护至28 d;④90 ℃

蒸汽养护 1 d 后转为标准水养护至 28 d；⑤90 ℃ 蒸汽养护 2 d 后转为标准水养护至 28 d。

上述试件养护至 28 d 后将其放入 80 ℃ 水浴中分别加速养护 7 d、14 d、21 d 和 28 d，测试总龄期为 35 d、42 d、49 d 和 56 d 的力学和水化性能。

6.2.4　试验方法

1. 力学强度测试

抗折强度试件尺寸为 40 mm × 40 mm × 160 mm，采用三点弯曲加载方式，跨距为 100 mm，荷载通过 WDW－100L 形电子万能试验机施加，加载速率为 0.2 mm/min。抗折强度试验结束后的试件用于测试抗压强度，加载速率为 2.4 kN/s。

2. 化学结合水量测试

化学结合水也称结晶水，是浆体中的非自由水，比如水化产物凝胶体的结合水或者 $Ca(OH)_2$ 中的水都属于化学结合水。化学结合水量的多少可以反映水泥的水化程度或者掺合料的反应程度，与基体的力学和耐久性能也有较大关系，是研究 UHPC 基体水化的重要参考数据。大多文献在测试浆体的化学结合水量时都将浆体粉末煅烧至 900 ℃ 左右，并在此温度下灼烧至恒重。浆体的水化产物在煅烧温度 600 ℃ 以下时均已完全脱水，比如 C_2ASH_8 的分解温度范围为 180 ～ 200 ℃，$Ca(OH)_2$ 的分解温度范围为 480 ～ 500 ℃，$CaCO_3$ 则要在 600 ℃ 以上才开始分解。众所周知，水泥水化产物中，C—S—H 等凝胶体能够改善基体的力学和耐久性能，而 $Ca(OH)_2$ 对混凝土性能的提高几乎没有多少帮助。因此本书分别测试粉末试样煅烧至 400 ℃ 以及 600 ℃ 的化学结合水，即分别考查凝胶体和 $Ca(OH)_2$ 的化学结合水随 MK 掺量及龄期的变化。

3. 水化热

水化热是水泥早期水化的一个重要特征，通过水化热速率和总水化热的大小可以明确不同配比的浆体早期水化反应的快慢程度，是研究水泥基材料水化机理的一种重要手段。本试验采用等温量热仪 TAM Air 测试不同配比的浆体前 72 h 的水化热，温度设定为 25 ℃。预先称量总质量为 100 mg 的干料放入测试用的玻璃瓶中，将玻璃瓶放入测试通道，空的玻璃瓶放入对比通道，将仪器内的环境温度调节为测试温度。待测试玻璃瓶和对比玻璃瓶在量热仪中放置 24 h，其中测试玻璃瓶中同时放置专用搅拌器。24 h 后，通过专用搅拌器对玻璃瓶中的干料进行搅拌，搅拌过程中注入相应数量的水，搅拌时长为 120 s。净浆制作完毕后运行仪器开始测试水化热，测试时间为 72 h。

4. X 射线衍射(XRD) 测试

用 X 射线衍射仪测试不同试样的水化产物。选取适量制备好的粉末试样放入酒精擦拭过的玻璃片凹槽中，并将其磨平。将玻璃片放入衍射仪的样品台上，工作电流设为

40 mA,电压设为45 kV,选用铜靶。扫描范围设为5°～65°,扫描步长为0.016 7°,步长时间为30 s。

5. 差热分析(DTA)

差热分析也是研究水泥水化的一种重要手段。当试样在加热过程中有热效应变化时,相应的差热曲线上就形成了一个峰谷。不同的物质由于它们的结构、成分、相态都不一样,在加热过程中发生物理、化学变化的温度高低和热焓变化的大小均不相同,因而在差热曲线上峰谷的数目、温度、形状和大小均不相同,这就是应用差热分析进行物相定性、定量分析的依据。依据差热曲线特征,如各种吸热与放热峰的个数、形状及相应的温度等,可定性分析物质的物理或化学变化过程,还可依据峰面积半定量地测试反应热。

称取10 mg左右的粉末试样,放入氧化铝坩埚内,将氧化铝坩埚置于热分析仪的微天平上,另外一侧放置一空的氧化铝坩埚作为参比物。待试样卡紧后,开始运行仪器。温度范围为常温至1 000 ℃,升温速率为10 ℃/min。

6. 压汞分析

首先取终止水化后的块状样品,制备尺寸为3～5 mm的试样,为使试验结果更准确,每个测试浆体制作约40块试样。然后将制好的样品放入容器中,抽空容器以除去污染气体和蒸气,并且在抽空时,允许汞填充容器。这就创造了一个由固体、非润湿液体(汞)及其蒸气组成的环境;接下来开始增加压力直到环境压力,同时监测进入体积较大的样品中的汞的体积。当压力恢复到环境压力时,直径约0.012 mm的孔已经被填充完。最后,将样品容器放置在压力容器中进行其余的试验。最大施加压力可达到约60 000 psia(414 MPa),这种压力将迫使汞进入直径约为3 nm的孔隙中。

7. 扫描电镜(SEM)测试

使用扫描电镜可以观察测试样品的微观形貌并辨认不同的水化产物,是研究水泥基材料微观结构和水化性能的一种重要手段。主要测试步骤如下:首先将待测样品加工成直径约为3 mm且表面平整的样品,并在真空干燥箱中烘干48 h以上;然后将烘干后的待测样品粘贴到金属板上,并在样品表面喷涂一层金属膜,以备测试;最后将样品放入扫描电镜的样品室内,调节镜头的距离和倍数开始观测。

6.2.5 试验结果与分析

1. 抗压强度

(1) 单掺偏高岭土系列(C系列)。

图6.2为不同养护制度下的C系列基体28 d龄期后放入80 ℃高温水浴中养护至不同龄期(28～56 d)时的抗压强度结果。

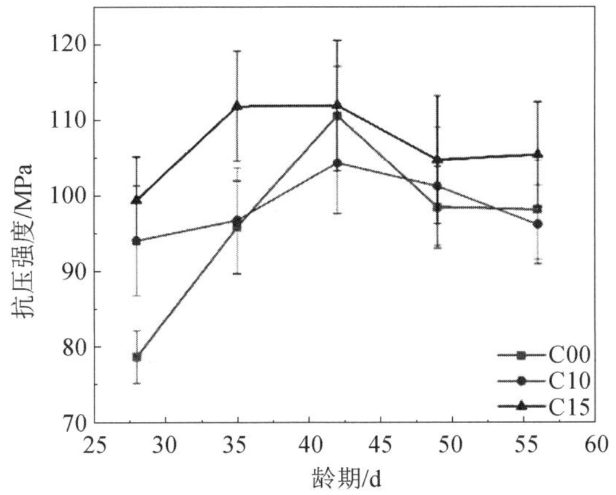

(a) 20 °C

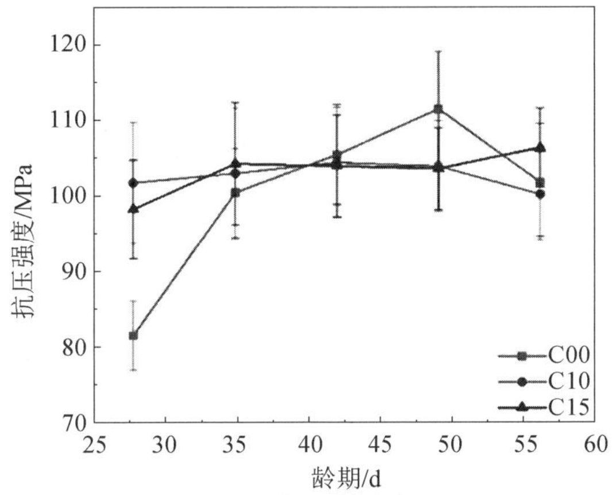

(b) 55 °C,1 d

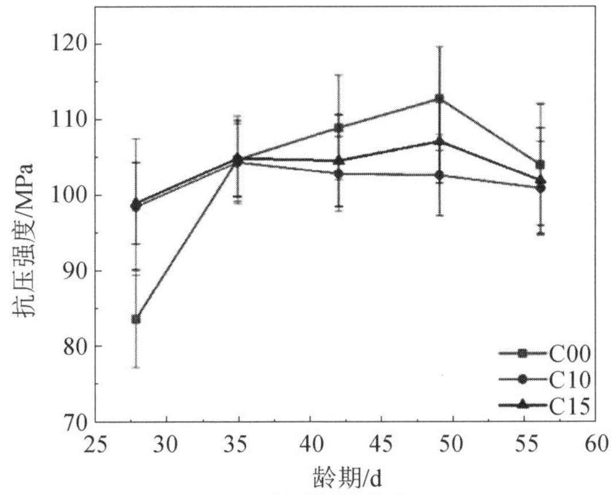

(c) 55 °C,2 d

图 6.2　C 系列基体高温水浴下的抗压强度

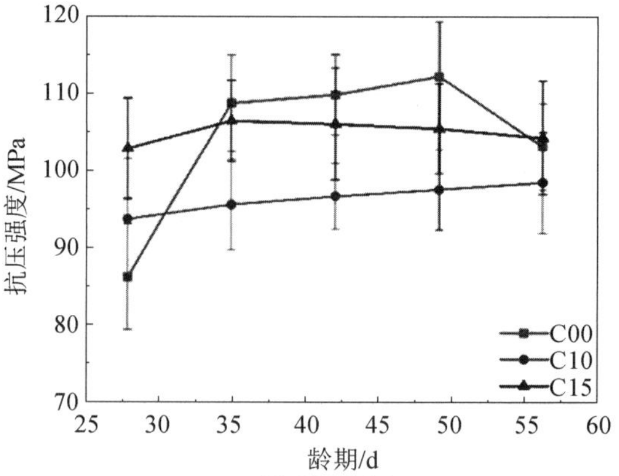

(d) 90 ℃,1 d

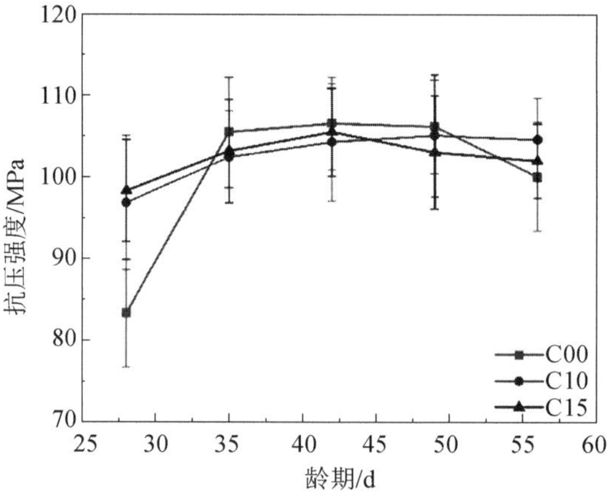

(e) 90 ℃,2 d

续图 6.2

由图6.2可知,各种养护制度下的UHPC经80 ℃水浴养护7 d后,抗压强度都有不同程度的提高,特别是对比试样(C00)的抗压强度显著提升,说明高温水浴养护下发生了明显的再水化反应。而掺加MK的C10和C15试块的抗压强度提升幅度则较小。并且早期养护温度越高,MK改性基体后期高温水浴下的抗压强度发展程度越小。80 ℃水浴养护14 d后,抗压强度增长速率显著下降,部分试块抗压强度甚至开始降低。总体来说,后期经历28 d高温水浴养护后,MK改性基体的抗压强度相较高温水浴前没有明显提高或降低,而对比试样的抗压强度提升显著。

(2) 复掺偏高岭土与石灰石粉系列(CLS系列)。

图6.3为不同养护制度下的CLS系列UHPC在28 d龄期后放入80 ℃高温水浴中养护至不同龄期时的抗压强度结果。

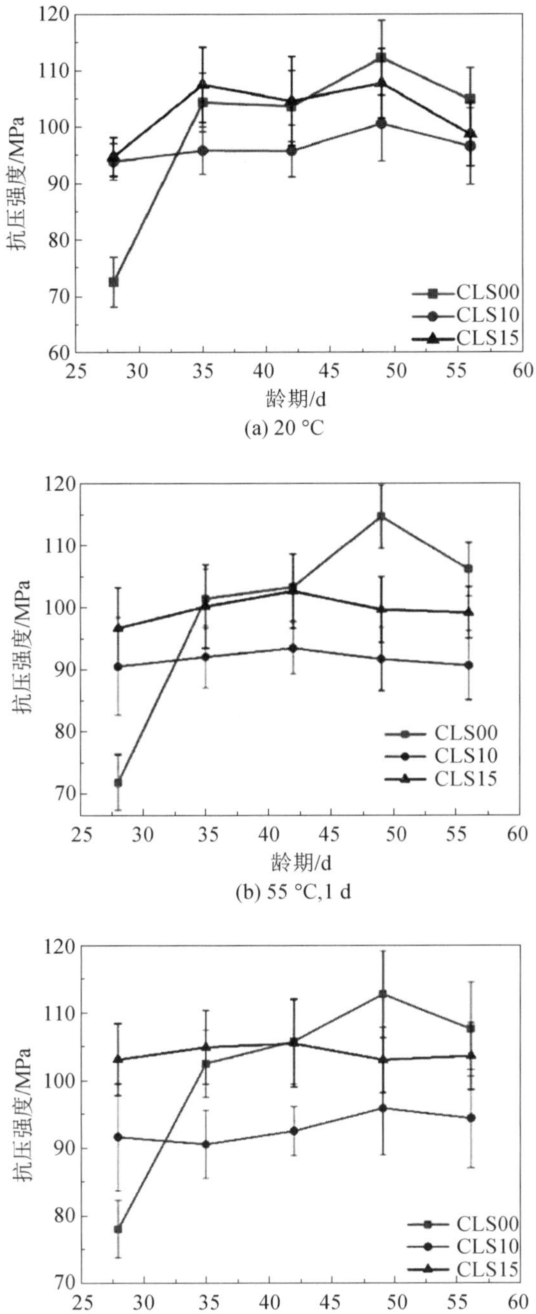

(a) 20 °C

(b) 55 °C,1 d

(c) 55 °C,2 d

图 6.3　CLS 系列基体高温水浴下抗压强度

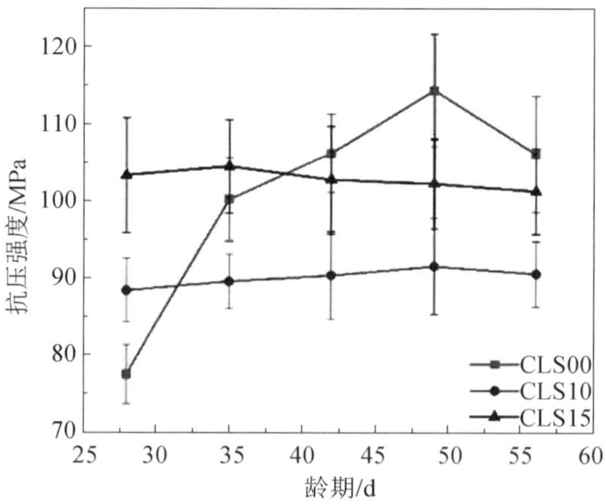

(d) 90 °C,1 d

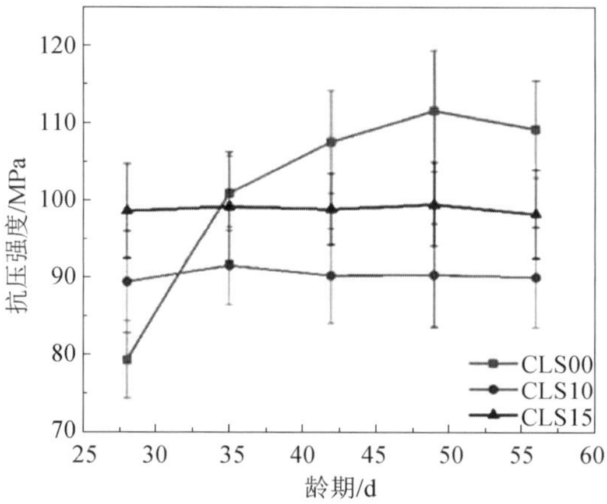

(e) 90 °C,2 d

续图 6.3

由图 6.3 可知，各种养护制度下的基体抗压强度同样先升高，随后有不同程度降低。对比试样(CLS00)高温水浴养护后有非常明显的再水化反应发生，各种养护制度下的抗压强度都有显著提升。而 MK 改性基体的抗压强度发展程度显著降低，蒸汽养护温度越高，后期抗压强度发展越缓慢。这是因为蒸汽养护会显著提高基体内 MK 的反应程度，明显降低基体中大孔径所占的比例，这使得外部自由水往基体内部迁移以及胶体的生长都变得非常困难。与 C 系列类似，CLS 系列后期经历 28 d 高温水浴养护后，MK 改性基体的抗压强度相较 28 d 龄期时，没有明显降低。

2. 抗折强度

(1) 单掺偏高岭土系列(C 系列)。

图 6.4 为不同养护制度下的 C 系列基体 28 d 龄期后放入 80 ℃ 高温水浴中养护至不同龄期的抗折强度结果。

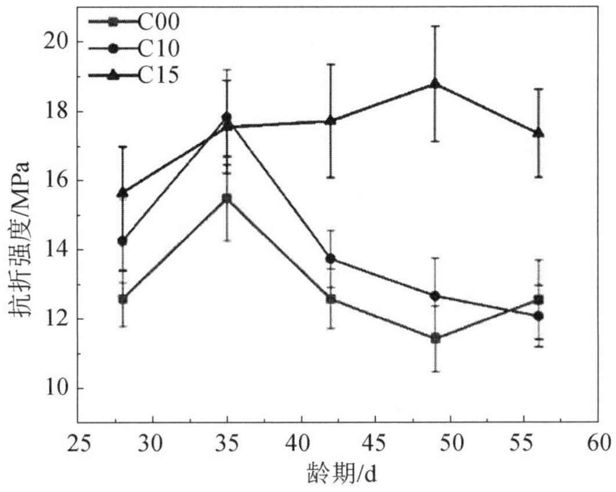

(a) 20 °C

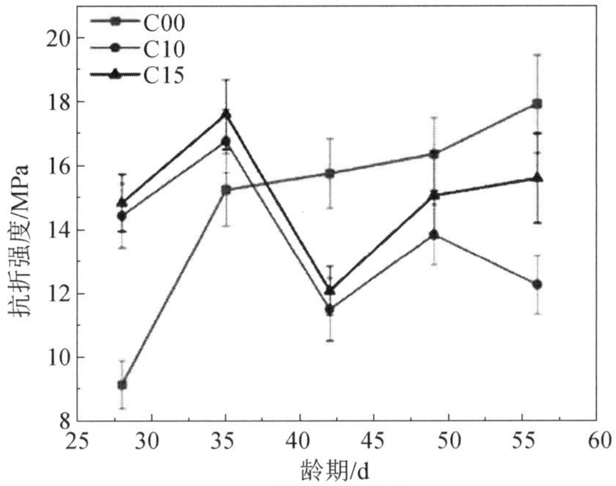

(b) 55 °C,1 d

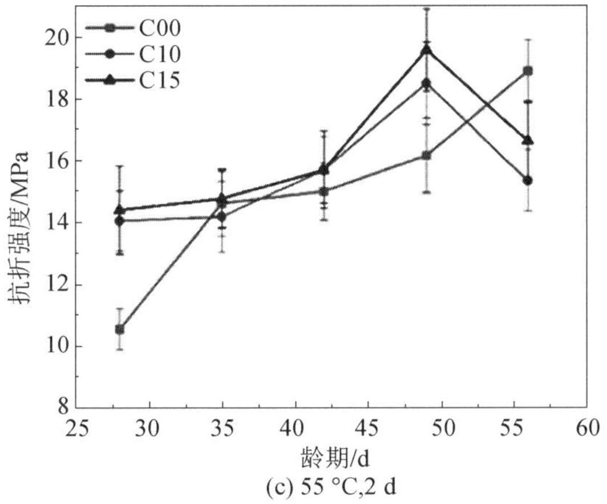

(c) 55 °C,2 d

图 6.4　C 系列基体高温水浴下抗折强度

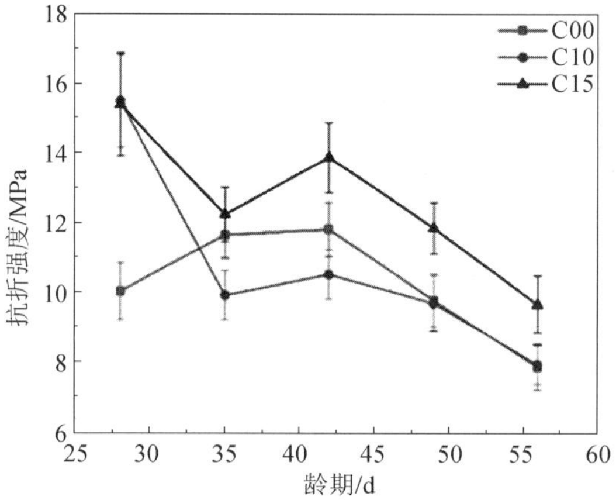

(d) 90 ℃,1 d

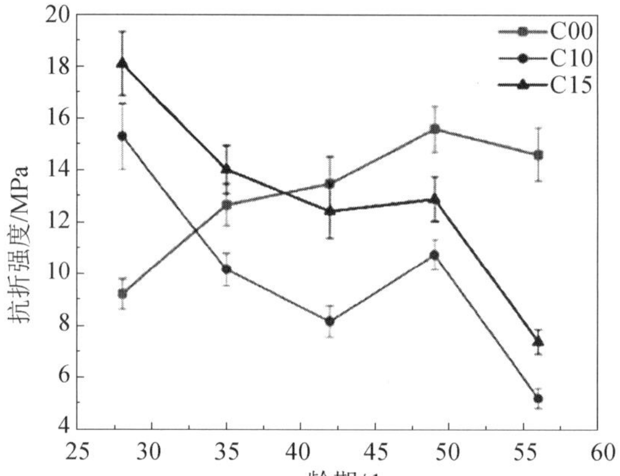

(e) 90 ℃,2 d

续图 6.4

由图 6.4 可知,不同养护制度下的基体经历高温水浴养护后,抗折强度的变化规律差异较大。蒸养条件下的对比基体(C00)经 28 d 高温水浴养护后,抗折强度通常都会有较大提高。而 MK 改性基体的抗折强度则会降低。通常,早期养护温度越高,后期加速水养护后,MK 改性基体的抗折强度越低。若选择合适的早期养护温度,则能够显著缓解 MK 改性基体的后期抗折强度损失。比如,常温养护和 55 ℃ 蒸汽养护制度下的 MK 改性基体经历 80 ℃ 高温水浴养护后,抗折强度相较 28 d 龄期时降低的幅度很小。而早期 90 ℃ 蒸汽养护后的基体经历后期加速水浴养护后的抗折强度有很大程度的损失。

(2) 复掺偏高岭土与石灰石粉系列(CLS 系列)。

图 6.5 为不同养护制度下的 CLS 系列基体 28 d 龄期后放入 80 ℃ 高温水浴中养护至不同龄期时的抗折强度结果。

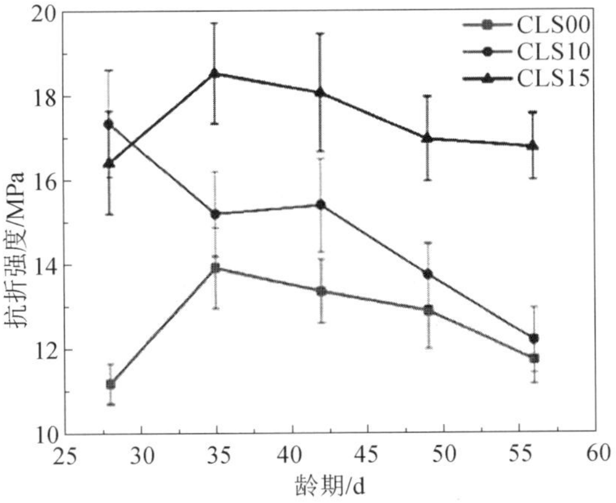

(a) 20 °C

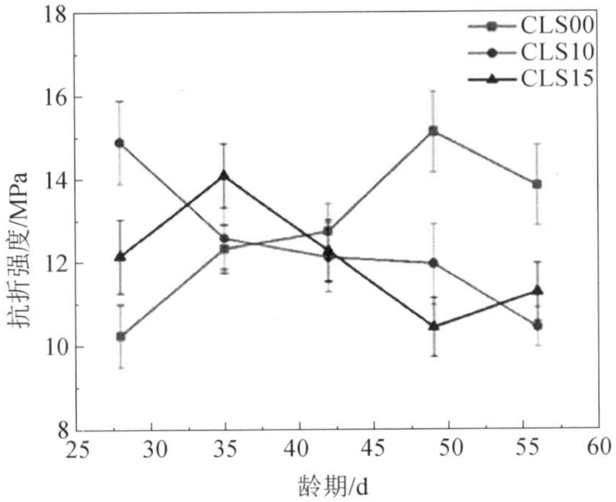

(b) 55 °C,1 d

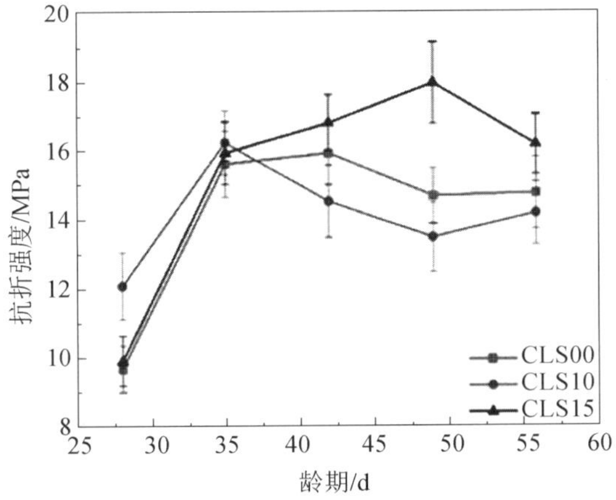

(c) 55 °C,2 d

图 6.5　CLS 系列基体高温水浴下抗折强度

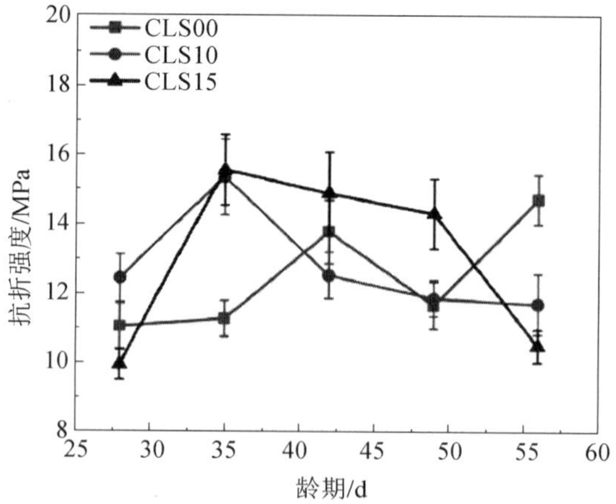

(d) 90 °C,1 d

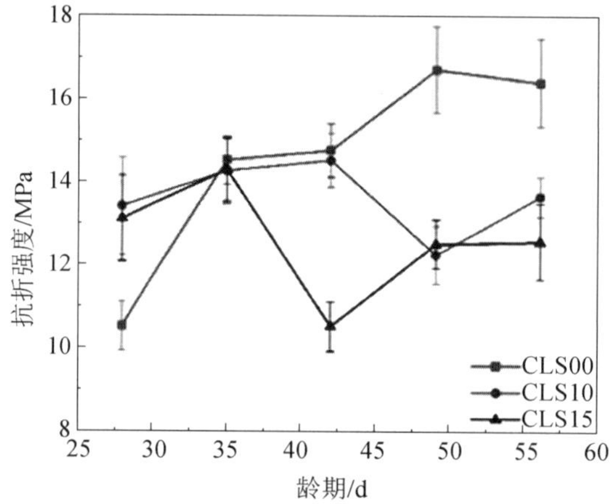

(e) 90 °C,2 d

续图 6.5

由图 6.5 可知,各养护制度下的 UHPC 基体在高温水浴下的抗折强度通常都是先升高后下降,包括MK改性基体的抗折强度随龄期增长也有较大变化,说明抗折强度对再水化反应更加敏感。总体来说,相比 28 d龄期,56 d时对比试样(CLS00)的抗折强度有不同程度提升,而MK改性基体的抗折强度则有不同程度降低,但降低幅度不大。特别是质量分数为 15%MK 的基体在加速水养护后,抗折强度值比较稳定。

3. 化学结合水

(1) 单掺偏高岭土系列(C 系列)。

图 6.6 为不同养护制度下 C 系列净浆 28 d 后高温水浴养护下的化学结合水变化规律图。各图中的图例表示不同的早期养护制度。字母 P 后的数字表示掺入的 MK 质量分数,比如 P15 表示单掺 MK 系列的浆体加入质量分数为 15% 的 MK。由图 6.6 可知,各浆体高温水浴下的化学结合水增长规律是相似的,前 7 d 增长速度最快,经过 14 d 后增长缓慢。但各养护制度下对比试样(P00) 的化学结合水增长幅度显然更大,即便是蒸汽养护制度下再经历高温水浴养护后,仍有较大增长,这与强度的变化规律类似。而MK改性浆体的化学结合水增长幅度较小,特别是 90 ℃ 蒸汽养护制度下,其化学结合水增幅很小。

这表明早期蒸汽养护温度对低水胶比 MK 改性浆体的再水化程度有较大影响,即提高蒸汽养护温度会显著抑制浆体的后期再水化反应。后期结合水的发展规律与基体抗压强度的变化规律是相似的,但不能反映抗折强度的变化。

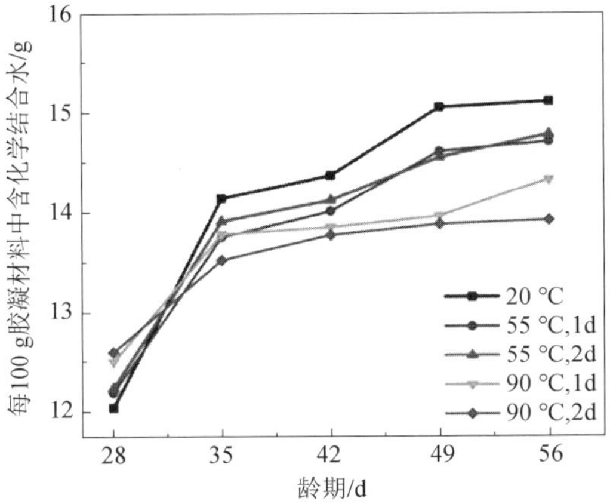

(a) P00

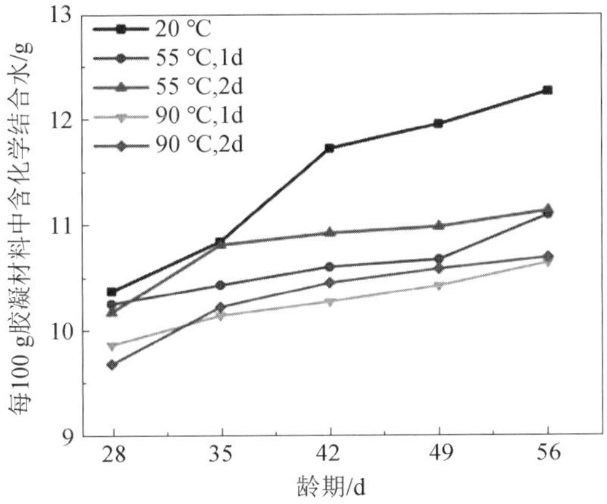

(b) P10

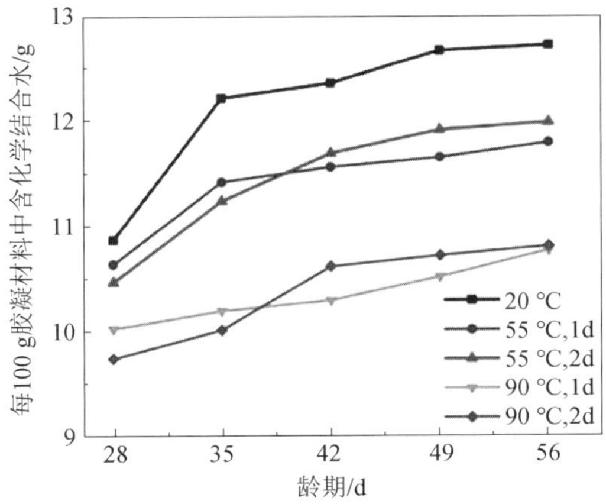

(c) P15

图 6.6　高温水浴下 C 系列浆体化学结合水变化图

（2）复掺偏高岭土与石灰石粉系列（CLS系列）。

图6.7为早期不同养护制度下CLS系列净浆28 d后经历80 ℃高温水浴养护下的化学结合水变化规律图。字母PLS后的数字表示掺入的MK质量分数，例如PLS15表示复掺系列中质量分数为15%MK的浆体。

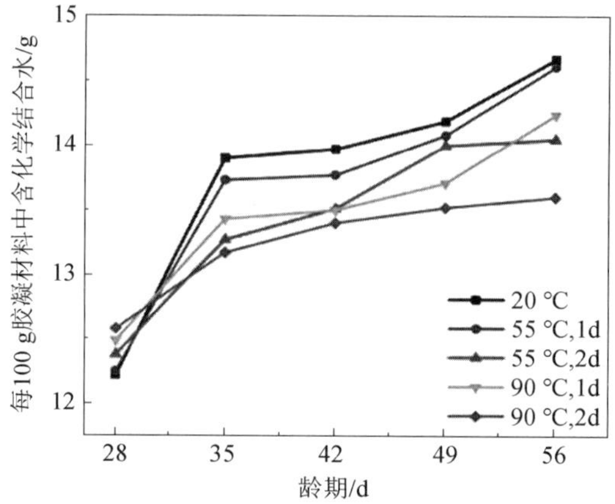

(a) PLS00

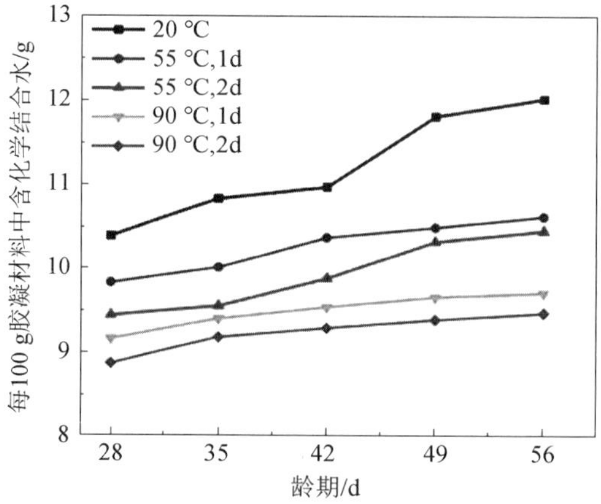

(b) PLS10

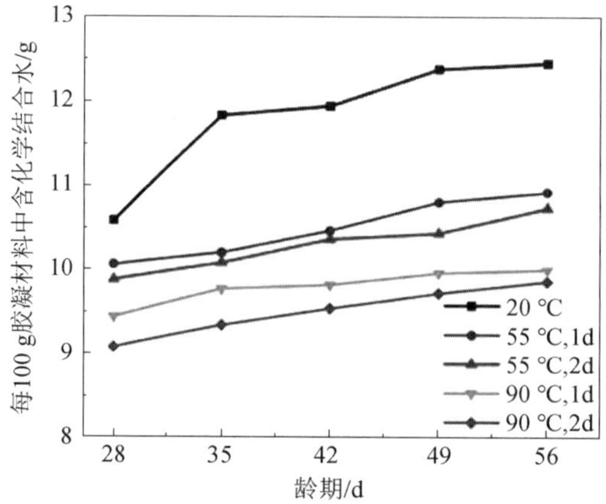

(c) PLS15

图6.7　高温水浴下CLS系列浆体化学结合水变化图

由图 6.7 可知，CLS 系列的浆体高温水浴养护后化学结合水的增长规律与 C 系列相似。各养护制度下的对比试样（PLS00）浆体都有较大的再水化反应发生，这表明尽管 PLS00 浆体中 LS 替代了 30% 的水泥，但超低水灰比下，仍然会有较多的水泥颗粒不能参与水化反应，而这些未水化的水泥颗粒在后期加速水养护下通常会发生进一步的水化反应。常温养护制度下的 MK 改性浆体在高温水浴下的再水化反应也相对明显，但是蒸汽养护制度下的再水化反应程度明显降低。

由 C 系列和 CLS 系列浆体在高温水浴养护下的化学结合水变化规律可知，蒸汽养护不会明显抑制对比试样 P00 和 PLS00 浆体的后期再水化反应，但却会显著抑制 MK 改性浆体的再水化反应。然而，从上述化学结合水量结果可知，蒸汽养护后的 MK 改性浆体中仍然有大量未水化的水泥颗粒存在，但再水化反应程度却低于常温养护。这是因为蒸汽养护会显著提高浆体内的 MK 反应数量，势必会生成更多的凝胶体，细化浆体孔径，而且未水化的水泥颗粒也会被胶体紧紧包裹，高温水养护下水泥颗粒与水的接触面积也会更小，再水化的程度自然会明显减小。对 P00 和 PLS00 浆体而言，蒸汽养护下浆体内生成的凝胶体数量相对更少，孔径的改善效果也不如 MK 改性浆体显著。因此高温水浴养护下对比试样的浆体内的水泥颗粒与自由水接触的速率和面积显然更大，再水化程度也更显著。

4. DTA 分析

(1) 单掺偏高岭土系列（C 系列）。

图 6.8 为两种养护制度下 C 系列的基体在高温水浴下的 DTA 测试结果。

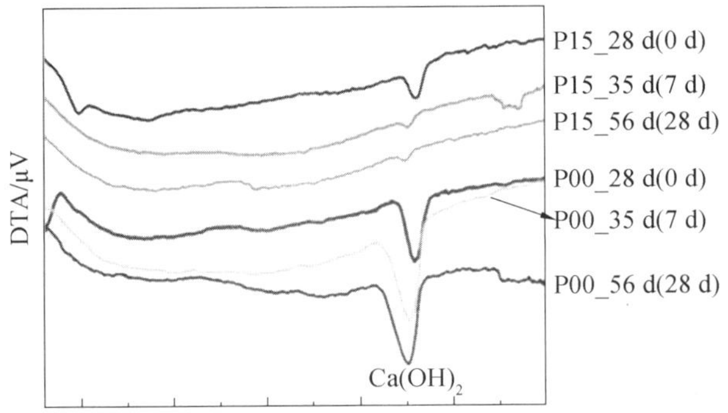

(a) 20 °C养护

图 6.8　高温水浴下 C 系列浆体 DTA 分析图

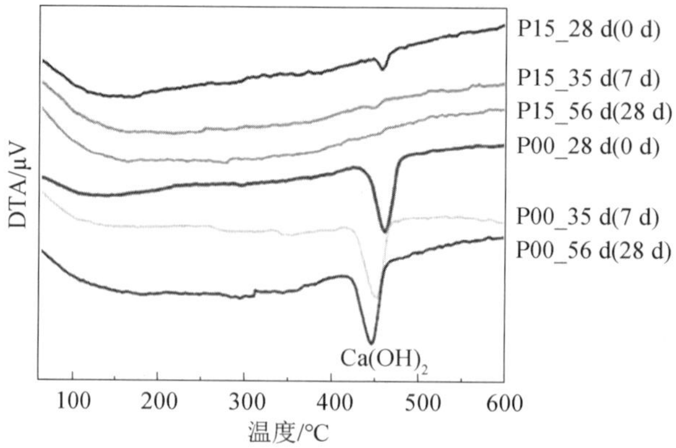

(b) 90 ℃蒸汽养护1 d

续图 6.8

由图 6.8 可知，常温和蒸汽两种养护制度下 P00 浆体内高温水浴后其 $Ca(OH)_2$ 吸热峰都有较大增长，常温养护下增长更为显著。而 MK 改性浆体高温水浴后的 $Ca(OH)_2$ 吸热峰不但没有增长，反而显著减小，并且蒸汽养护制度下 56 d 龄期时 P15 的 $Ca(OH)_2$ 吸热峰完全消失。这说明 MK 改性浆体的再水化可能主要是由浆体内的偏高岭土与剩余 $Ca(OH)_2$ 的活性反应引起的。

(2) 复掺偏高岭土与石灰石粉系列(CLS 系列)。

图 6.9 为两种养护制度下 CLS 系列的基体在高温水浴下的 DTA 测试结果。与 C 系列相似，加速水养护下 PLS00 浆体的 $Ca(OH)_2$ 吸热峰值增大，但增长幅度小于 C 系列。常温养护制度下 PLS15 浆体内高温水浴后的 $Ca(OH)_2$ 吸热峰则完全消失，而蒸汽养护制度下几乎没有变化，这与抗压强度以及化学结合水的增长规律是相似的。

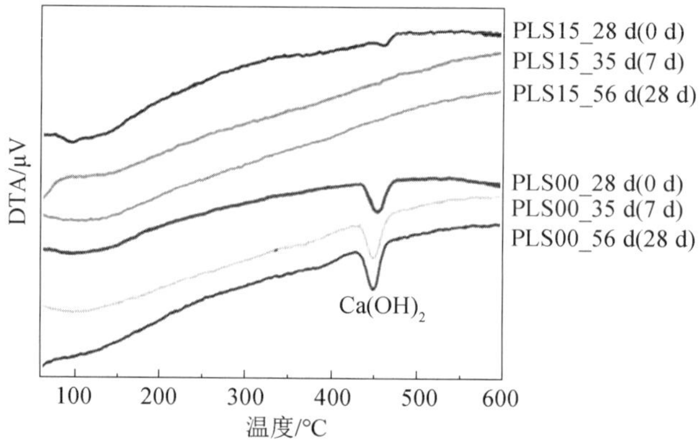

(a) 20 ℃养护

图 6.9　高温水浴下 CLS 系列浆体 DTA 分析图

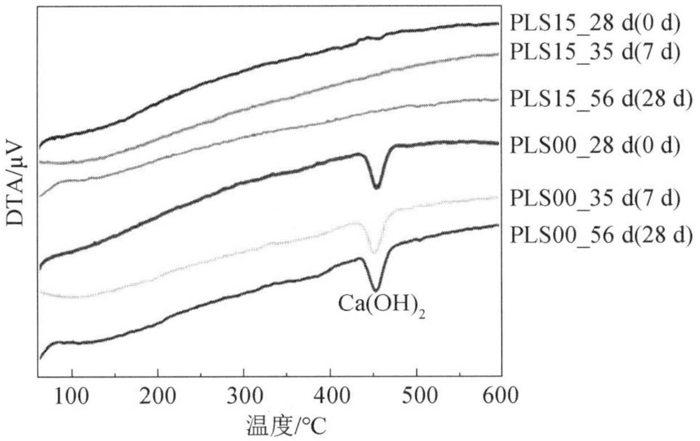

(b) 90 °C蒸汽养护1 d

续图 6.9

图 6.10 是利用热重分析数据计算的 $Ca(OH)_2$ 量。由图 6.10 可知，各养护制度下 P00 和 PLS00 浆体高温水浴后 $Ca(OH)_2$ 量都有很大程度增长，而 MK 改性浆体内 $Ca(OH)_2$ 量增长程度会有显著降低。而且相比较蒸汽养护制度，常温养护制度下的 $Ca(OH)_2$ 增长幅度更大。以上分析结果表明，低水胶比 MK 改性浆体再水化的程度与浆体内剩余的 $Ca(OH)_2$ 数量密切相关，因为其再水化反应主要是由 MK 活性反应引起的，水泥的水化反应主要发生在对比浆体 P00 和 PLS00 内。

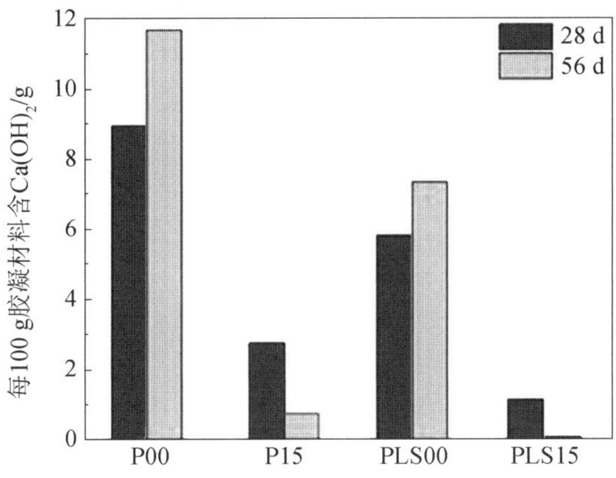

(a) 常温养护

图 6.10　$Ca(OH)_2$ 量演变图

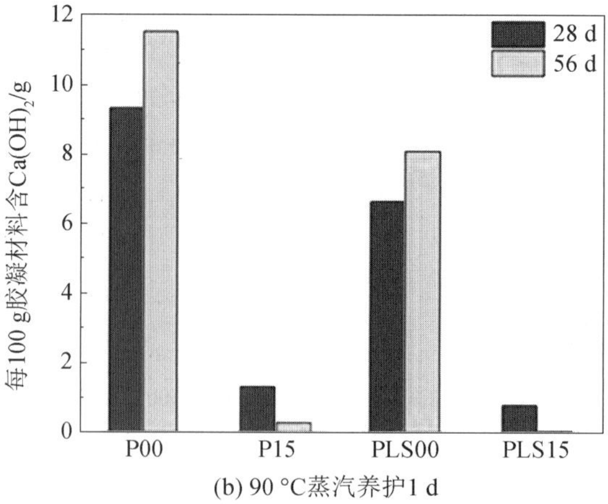

(b) 90 °C蒸汽养护1 d

续图 6.10

5. 孔结构分析

(1) 单掺偏高岭土系列(C 系列)。

图 6.11 和图 6.12 分别为常温以及 90 ℃ 蒸汽养护 1 d 两种养护制度下 P00 和 P15 两种浆体在 28 d 龄期以及经高温水浴养护 28 d 即总龄期 56 d 的孔径分布和孔隙率图。由图 6.11 可知,常温养护制度下,在 80 ℃ 高温水浴养护 28 d 后 P00 浆体的孔径分布显著向小孔径方向移动,孔隙率也明显减小。这表明 28 d 龄期后再经高温水浴养护,P00 浆体内的再水化反应会明显细化其孔径。相比较 P00 浆体,MK 改性浆体(P15)经历高温水浴养护 28 d后浆体内 10 nm 以下孔径也得到了相应细化,但是 100 μm 左右的孔径对应的进汞量也显著提高。这应该是再水化反应导致了少量微裂缝产生,使得 P15 浆体的孔隙率明显增大,浆体的孔径会有一定程度的粗化。

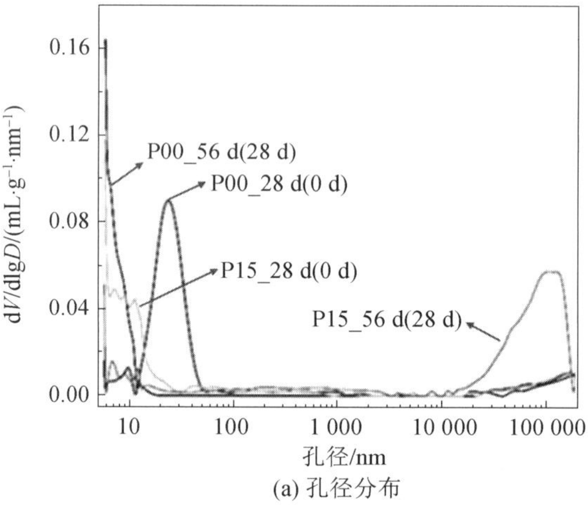

(a) 孔径分布

图 6.11 C 系列浆体常温养护制度下浆体孔结构

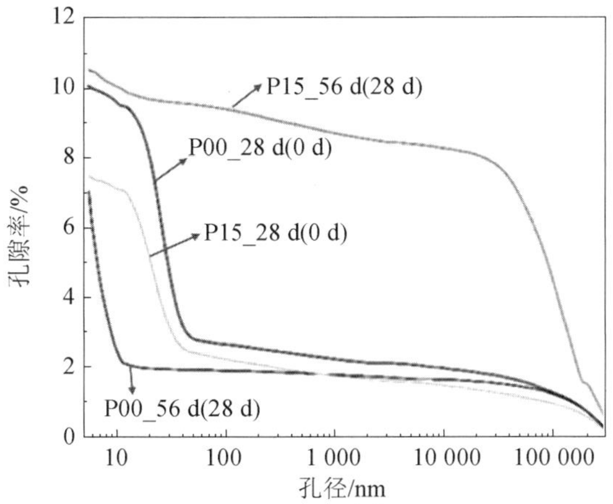

(b) 孔隙率

续图 6.11

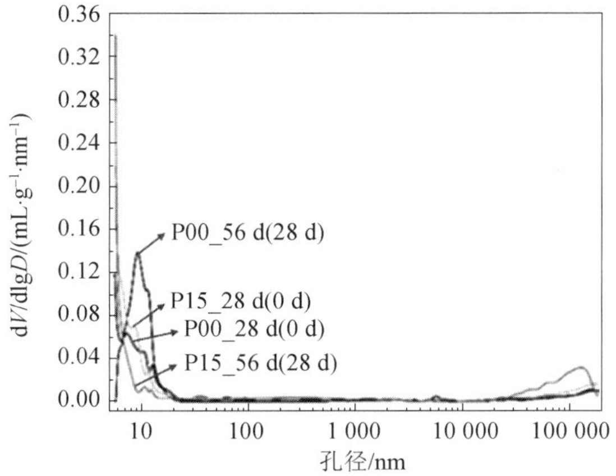

(a) 孔径分布

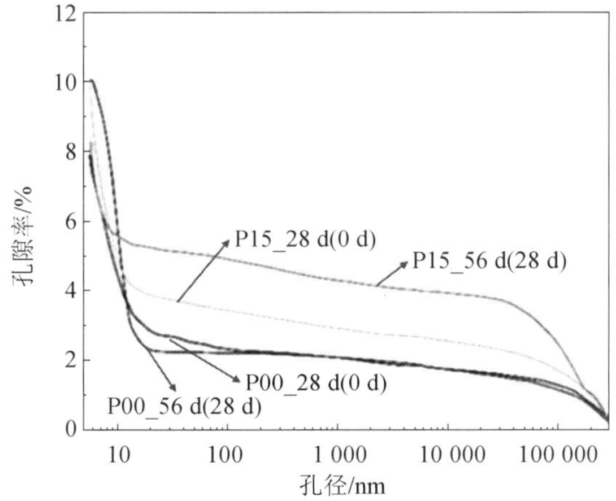

(b) 孔隙率

图 6.12　C 系列浆体 90 ℃ 蒸汽养护 1 d 制度下浆体孔结构

由图 6.12 可知，90 ℃ 蒸汽养护 1 d 制度下，80 ℃ 高温水浴养护 28 d 即 56 d 总龄期的 P00 浆体中 10 nm 左右孔径的数量显著增多，这是再水化反应的结果，孔隙率与 28 d 龄期时相似。而 P15 浆体，20 nm 以下的孔径也得到了细化，但是同样 100 μm 左右的孔径数量明显增多，说明再水化同样会使蒸汽养护制度下的 MK 改性浆体的孔径粗化，但其粗化程度明显低于常温养护制度。

(2) 复掺偏高岭土与石灰石粉系列(CLS 系列)。

图 6.13 和图 6.14 分别为常温以及 90 ℃ 蒸汽养护 1 d 两种养护制度下 PLS00 和 PLS15 两种浆体在 28 d 龄期和经高温水浴养护 28 d 即总龄期 56 d 的孔径分布和孔隙率图。

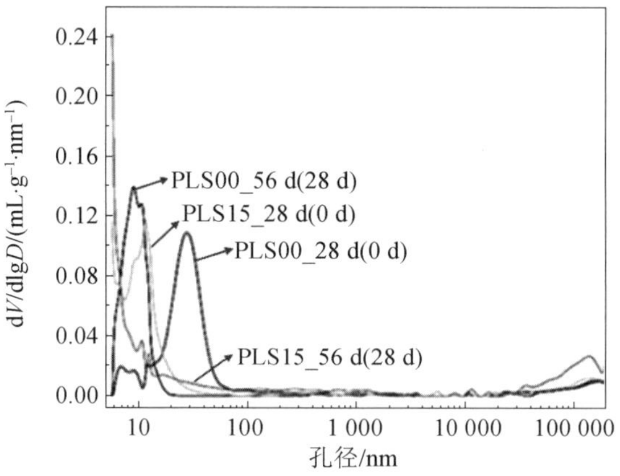

(a) 孔径分布

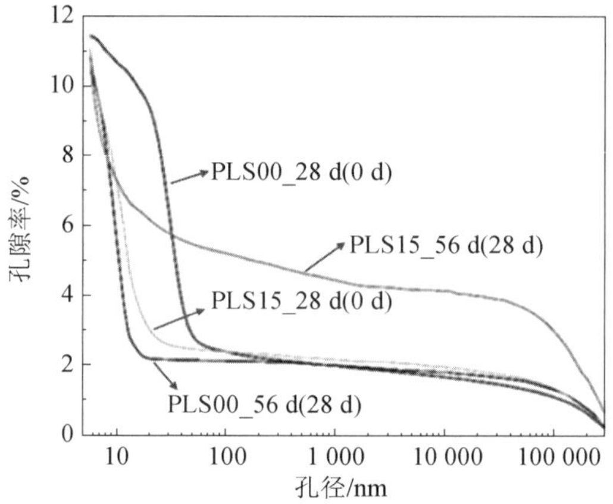

(b) 孔隙率

图 6.13　CLS 系列浆体常温养护制度下浆体孔结构

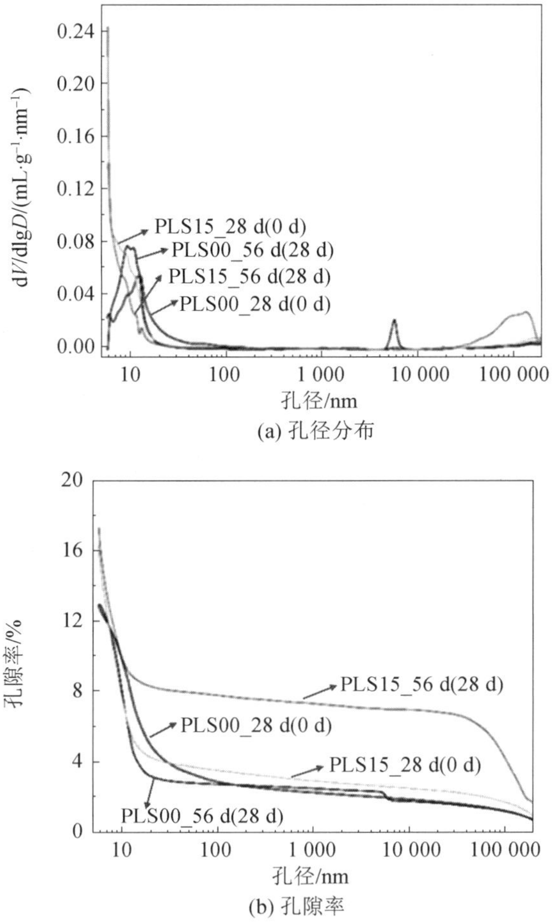

图 6.14　CLS 系列浆体 90 ℃ 蒸汽养护 1 d 制度下浆体孔结构

图 6.13 表明，常温养护制度下，28 d 龄期的 PLS00 浆体在经 80 ℃ 高温水浴下养护 28 d 后，其孔径同样会获得明显细化，但细化程度不如 P00 浆体，而 PLS15 浆体经高温水浴养护后 20 nm 以下孔径也有明显细化，但是 100 μm 左右的孔径同样有适量增加。图 6.14 的结果显示，蒸汽养护制度下，浆体的孔径变化与常温养护相似，但是变化程度相对较小。56 d 龄期 PLS00 浆体的总孔隙率较 28 d 有所降低，但 PLS15 浆体高温水浴养护后孔隙率变化不明显。CLS 系列浆体经高温水浴养护后，20 nm 以下的孔径比例也有适当提高，但提高程度不如常温养护显著。PLS00 浆体 10 μm 及 PLS15 浆体 100 μm 左右处的孔径比例也有明显提高，再次证明再水化可能会致使浆体内部产生微裂缝。因此再水化后 PLS15 浆体的总孔隙率也有 0.5% 左右的提高。

6. SEM 分析

(1) 单掺偏高岭土系列(C 系列)。

图 6.15 和图 6.16 分别为 C 系列浆体在常温养护和 90 ℃ 蒸汽养护 1 d 制度下经历高温水浴养护 28 d 后的 SEM 照片。由图 6.15 和图 6.16 可知，高温水浴后不管是常温养护

还是蒸汽养护下的 P00 浆体形貌相比高温水浴前都变得非常密实，浆体表面被致密的凝胶体所覆盖，特别是 56 d 龄期时的浆体形貌看上去异常致密。但是浆体表面也有裂缝存在，说明快速的再水化反应会致使浆体内部产生微裂缝。另外，常温养护下的 P15 浆体的微观形貌变化与 P00 浆体相似，高温水浴后也有一定量的再水化反应，因此 56 d 龄期时的微观形貌也更为致密。而蒸汽养护下 P15 浆体高温水浴养护 7 d 后即 35 d 龄期的表面被类似蜂窝状的凝胶体覆盖。但是 56 d 龄期时 P15 浆体表面则有新的凝胶体生成，说明蒸汽养护后 P15 浆体在高温水浴下仍有少量的再水化反应，这与强度、结合水以及 DTA 分析的测试结果是一致的。

(a) P00_35 d(7 d)

(b)P15_35 d(7 d)

(c) P00_56 d(28 d)

(d)P15_56 d(28 d)

图 6.15　常温养护 C 系列浆体高温水浴后 SEM 图

(a) P00_35 d(7 d)

(b)P15_35 d(7 d)

图 6.16　90 ℃ 蒸汽养护 1 d C 系列浆体高温水浴后 SEM 图

(c) P00_56 d(28 d)

(d)P15_56 d(28 d)

续图 6.16

(2) 复掺偏高岭土与石灰石粉系列(CLS 系列)。

图 6.17 和图 6.18 分别为 CLS 系列浆体在常温养护和 90 ℃ 蒸汽养护 1 d 制度下后期高温水浴养护 28 d 后的 SEM 照片。

由图 6.17 和图 6.18 可知，两种养护制度下 PLS00 浆体在高温水浴下的微观形貌明显变得更加密实，特别是 56 d 龄期即高温水浴养护 28 d 后，其表面被致密的片状凝胶体覆盖。

(a) PLS00_35 d(7 d)

(b)PLS15_35 d(7 d)

(c) PLS00_56 d(28 d)

(d)PLS15_56 d(28 d)

图 6.17　常温养护 CLS 系列浆体高温水浴后 SEM 图

(a) PLS00_35 d(7 d)

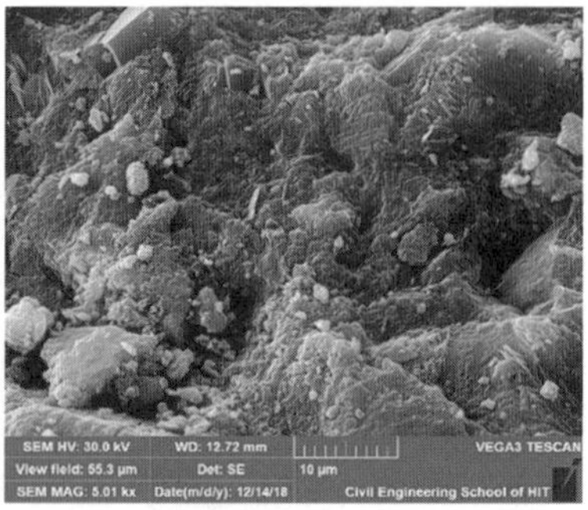

(b)PLS15_35 d(7 d)

(c) PLS00_56 d(28 d)

(d)PLS15_56 d(28 d)

图 6.18　90 ℃ 蒸汽养护 1d CLS 系列浆体高温水浴后 SEM 图

7. 水化与微观结构对抗压强度的影响

图 6.19 所示为高温水浴养护前后的水泥水化程度。MK 改性浆体在 28 d、56 d 的再水化程度显著低于对比浆体。另外，早期蒸汽养护制度会降低 MK 改性浆体 28 d 后高温水浴下的再水化程度，而早期常温养护和蒸汽养护下的对比试样的后期再水化反应程度是相当的。

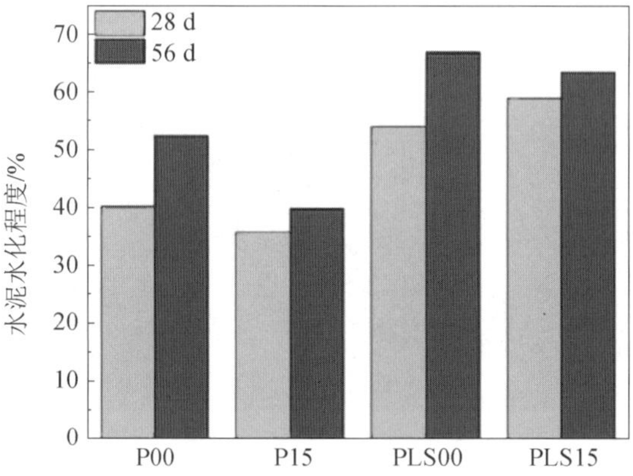

(a) 常温养护

图 6.19　高温水浴养护前后的水泥水化程度

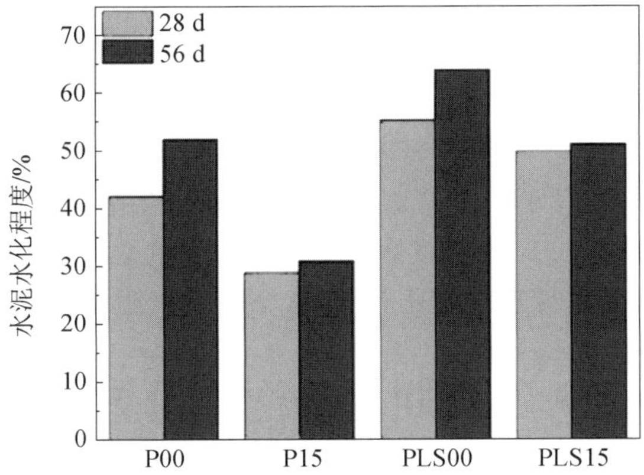

(b) 蒸汽养护

续图 6.19

通过以上结果可知，未掺加 MK 的 P00 和 PLS00 浆体高温水浴下的再水化反应都很显著。这说明，在高温水浴下，自由水能够快速渗透到 P00 和 PLS00 浆体内部，与未水化的水泥颗粒接触，引起水泥颗粒的再水化反应。宏观上表现为基体抗压强度的迅速改变，前期强度快速提高，后期有所降低，但总体来说高温水浴后 C00 和 CLS00 的抗压强度都有很大提升。而杨雷和管学茂等[9,10]的研究表明，再水化反应会显著降低低水胶比砂浆的抗压强度，这是因为他们制备的低水胶比砂浆由于考虑材料级配以及活性粉末的掺入，使得基体的孔隙率极低。刘娟红等[11]的研究表明再水化反应后基体的孔隙率可降低 5% 左右，而且大多数孔径都在 10 nm 左右。葛晓丽[12]的研究表明再水化反应可以分为两个阶段：① 密实阶段；② 微裂缝延伸阶段。而本书的研究结果表明无活性粉末的对比基体的再水化应当处于第 ① 阶段。

相比 P00 浆体，掺加 MK 的 P15 浆体的再水化程度明显降低。结合水和水泥水化程度的结果表明，随蒸汽养护温度的提高，P15 浆体的再水化程度进一步降低，但是抗压强度结果却表明各养护制度下的 MK 改性基体经历高温水浴后，其抗压强度仍有一定程度的变化。这是因为常温和蒸汽养护下 P15 浆体再水化时都会有 MK 活性反应发生，这势必会对抗压强度产生一定影响。

常温养护制度下的 PLS15 浆体再水化反应也比较明显，但是蒸汽养护制度下其再水化反应非常缓慢。这是因为蒸汽养护后浆体中剩余的 $Ca(OH)_2$ 非常少，所以 MK 活性反应也只能是微量的。因此高温水浴下基体的抗压强度变化也极其缓慢。

孔结构分析表明，无论是常温还是蒸汽养护制度下的 28 d 龄期 MK 改性浆体在 80 ℃ 高温水浴下继续养护 28 d 后，浆体内会出现 100 μm 左右的大孔径，这可能是再水化引起的微裂缝，但是孔隙率仍与再水化前相近，说明微裂缝在浆体中的比例是很低的，而且小孔径（< 20 nm）比例的改善也会减弱微裂缝的影响。而对比试样 P00 和 PLS00 中没有明显的大孔径生成，这可能是因为浆体中的水泥再水化反应非常显著，从而快速修复了水化过程中产生的微裂缝。

另外，蒸汽养护制度下的对比浆体高温水浴后孔径分布的改变并不显著，但是对应的抗压强度却有较大变化，C00 和 CLS00 砂浆的抗压强度有大幅度提升。原因之一在于本书制备的基体配合比没有使用体积最佳比例配制方法，骨料与水泥浆体之间可能还存在较大孔隙，因此骨料之间的浆体有很大的胶体生成空间，这非常有利于强度提升。而 MK 改性浆体，在高温水浴前已经产生了大量的凝胶体，骨料之间的孔隙自然显著降低。因此，基体的再水化程度与浆体的早期微观结构、活性粉末的活性反应以及未水化的水泥程度有关。比如 CLS 系列的 MK 改性浆体由于早期较高的水泥水化程度及显著的 MK 活性反应使其受后期再水化程度影响很小，高温水浴下抗压强度变化非常缓慢。

6.3 长期水浸泡评价方法

上节研究了不同养护制度下的基体养护至 28 d 龄期后放入 80 ℃ 高温水浴中发生再水化的力学和水化性能，而本节考察不同养护制度的基体在 20 ℃ 水中长期养护后的力学及水化性能的变化规律。UHPC 基体经历早期各种养护制度后放入 20 ℃ 水中长期养护，分别养护至龄期 150 d、210 d、270 d 和 365 d，测试相应的力学和水化性能，包括：基体的抗压和抗折强度、浆体的化学结合水、SEM 及孔径测试，并与 90 d 龄期时的性能进行比较。

6.3.1 试验材料

试验材料同 6.2.1 节所述。

6.3.2 养护制度

UHPC 基体经历早期各种养护制度后放入 20 ℃ 水中长期养护，分别养护至龄期 150 d、210 d、270 d 和 365 d。

6.3.3 试验方法

试验方法同 6.2.4 节所述。

6.3.4 试验结果与分析

1. 抗压强度

(1) 单掺偏高岭土系列(C 系列)。

图 6.20 为早期各种养护制度下的 C 系列基体在长期水浴养护下的抗压强度。

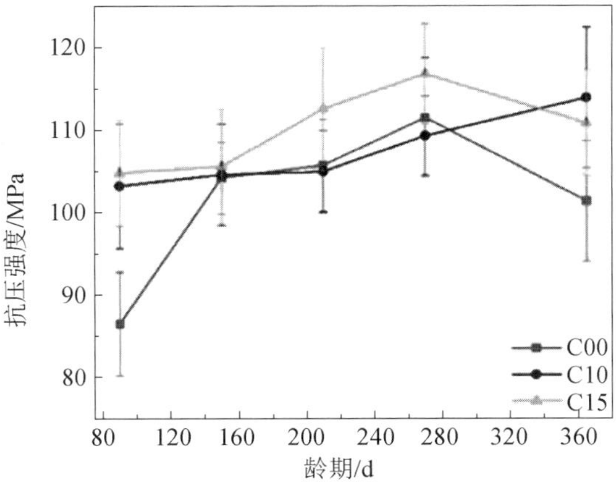

(a) 20 °C

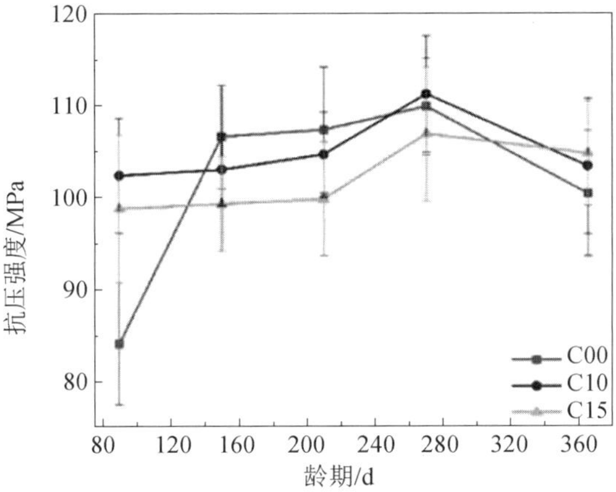

(b) 55 °C,1 d

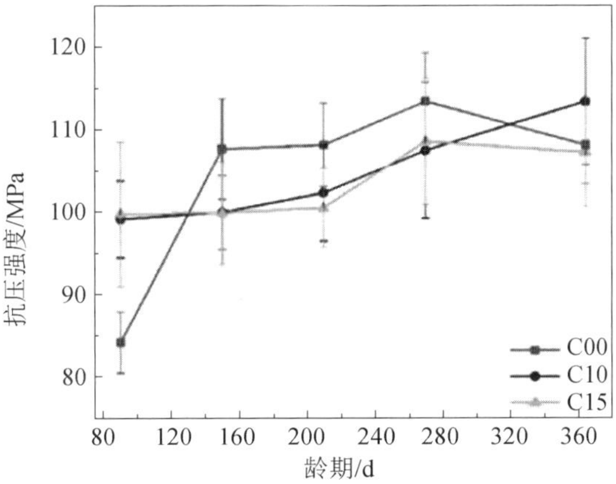

(c) 55 °C,2 d

图 6.20　C 系列基体长期水养护下抗压强度

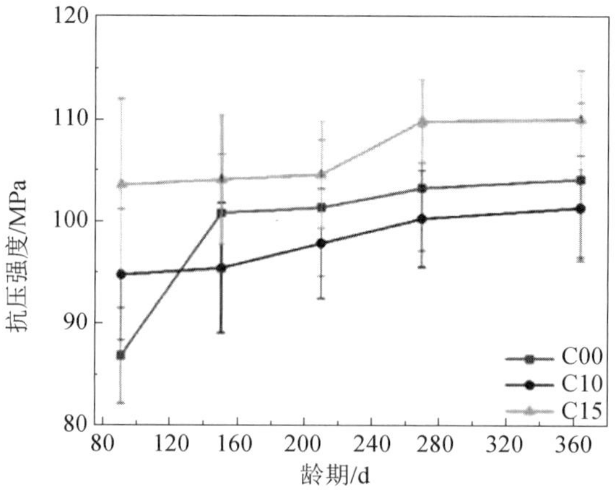

(d) 90 °C,1 d

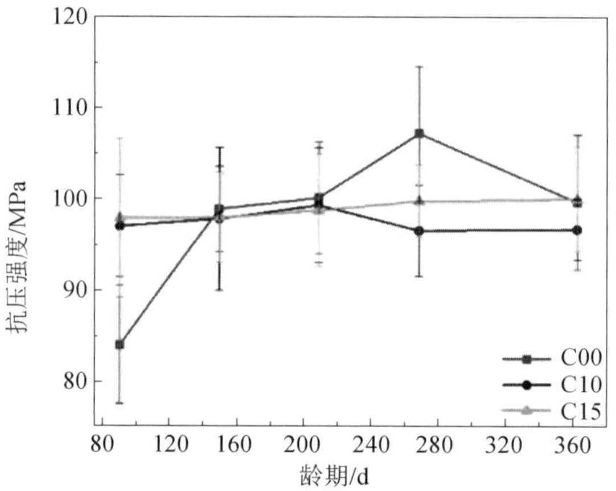

(e) 90 °C,2 d

续图 6.20

由图 6.20 可知,各种养护制度下的对比试样(C00)在长期水浴养护下,150 d 龄期之前抗压强度迅速增长,之后增长缓慢,而 270 d 后强度出现降低的趋势。长期水浴养护下的 MK 改性基体的抗压强度随着龄期的增长也有先上升后下降的趋势,但变化幅度较对比试样显著降低。而早期不同养护制度下的 MK 改性基体在长期水浴养护下,抗压强度的变化程度是相似的。提高早期养护温度或延长蒸汽养护时间不会明显促进或抑制长期水养护下基体的再水化反应。365 d时,MK 改性基体的抗压强度相较 90 d并没有明显降低,表明 MK 改性基体在长期水浴中,能够很好地保持其抗压强度值。

(2) 复掺偏高岭土与石灰石粉系列(CLS 系列)。

图 6.21 为早期各种养护制度下的 CLS 系列基体长期水浴养护下的抗压强度。

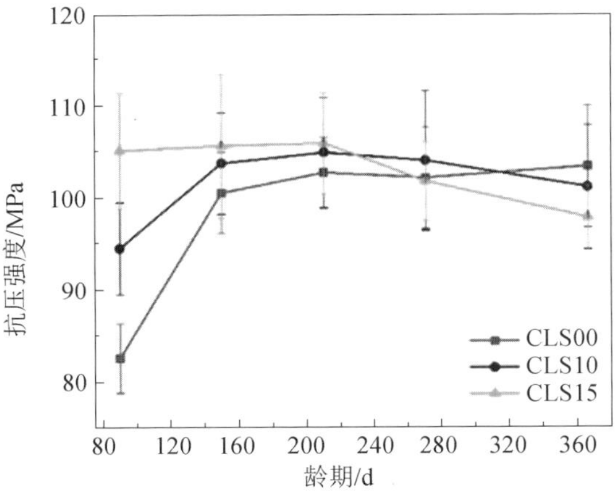

(a) 20 °C

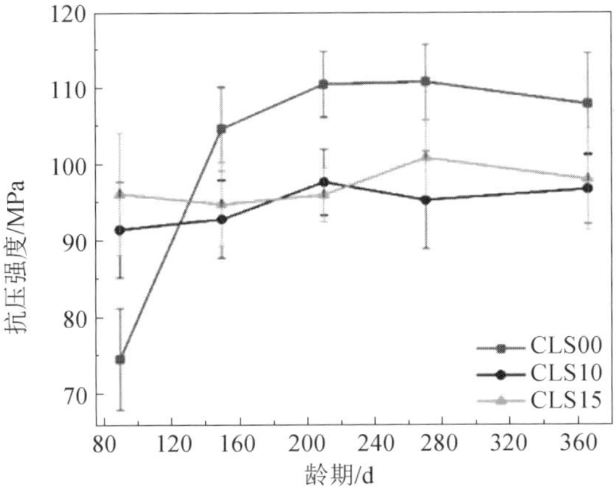

(b) 55 °C,1 d

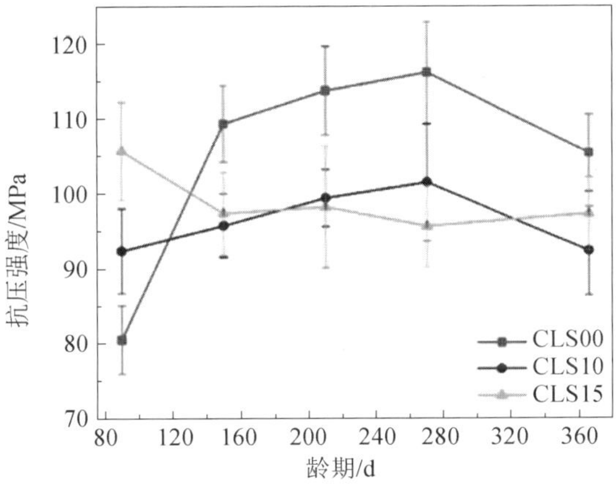

(c) 55 °C,2 d

图 6.21　CLS 系列基体长期水浴养护下的抗压强度

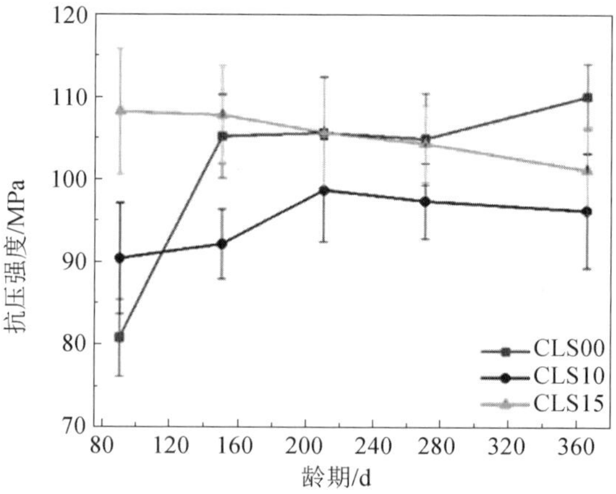

(d) 90 °C,1 d

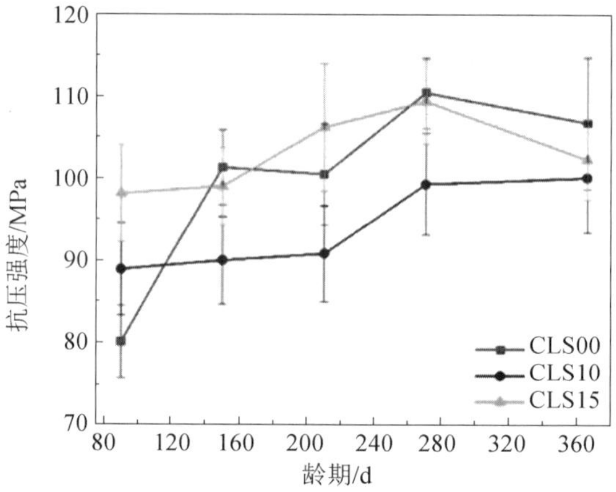

(e) 90 °C,2 d

续图 6.21

由图6.21可知,CLS系列基体在长期水养护下的抗压强度发展规律与C系列相似,也基本符合先升高后降低的趋势。对比试样(CLS00)的抗压强度变化最为明显,而不同养护制度下MK改性基体的抗压强度在长期水养护下也有不同程度的发展。提高早期养护温度,不会明显抑制基体在长期水浴养护下的抗压强度发展,甚至早期 90 ℃ 蒸汽养护下的 MK 改性基体,长期水浴养护下的抗压强度发展会更为显著。365 d 时,MK 改性基体的抗压强度仍然与 90 d 时较为接近,没有显著增长或降低。

2. 抗折强度

(1) 单掺偏高岭土系列(C 系列)。

图 6.22 为早期各种养护制度下的 C 系列基体长期水浴养护下的抗折强度。

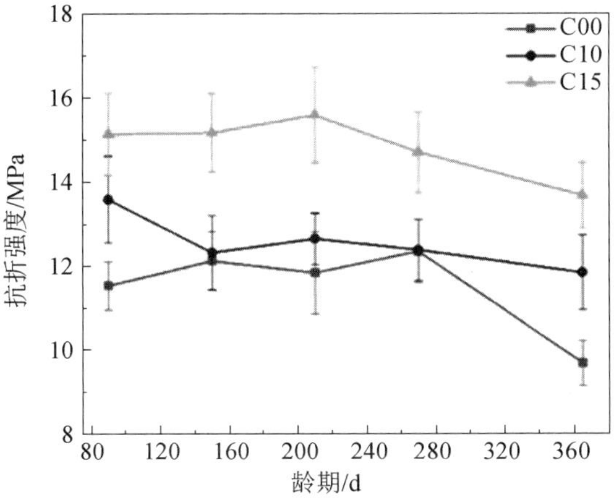

(a) 20 °C

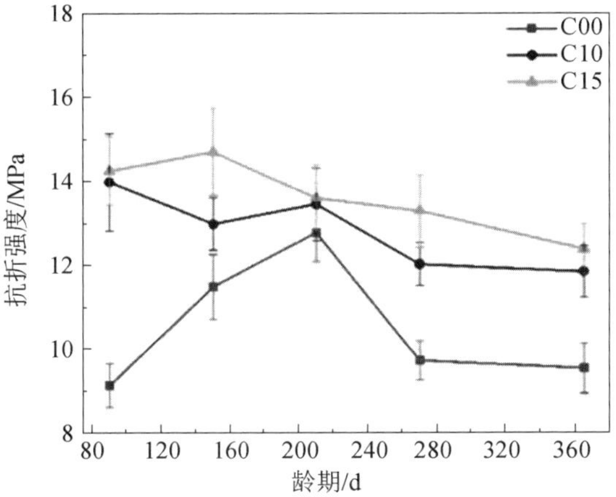

(b) 55°C,1 d

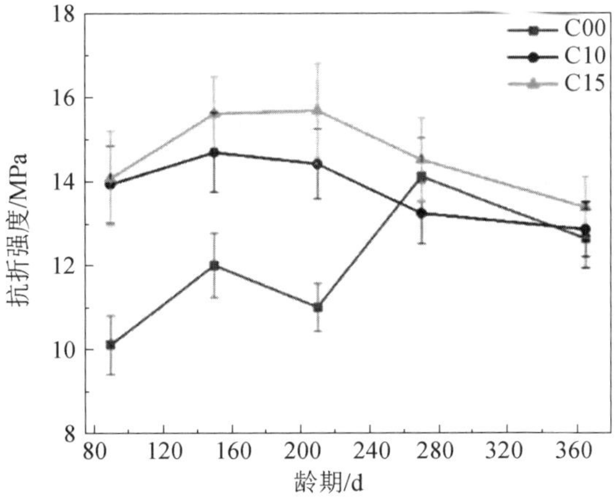

(c) 55°C,2 d

图 6.22　C 系列基体长期水养护下的抗折强度

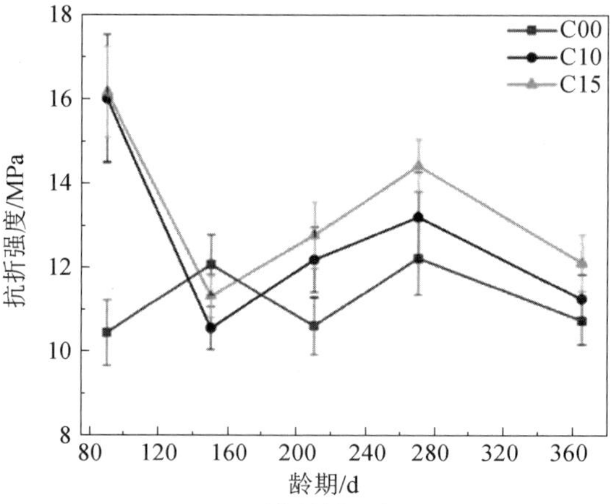

(d) 90°C,1 d

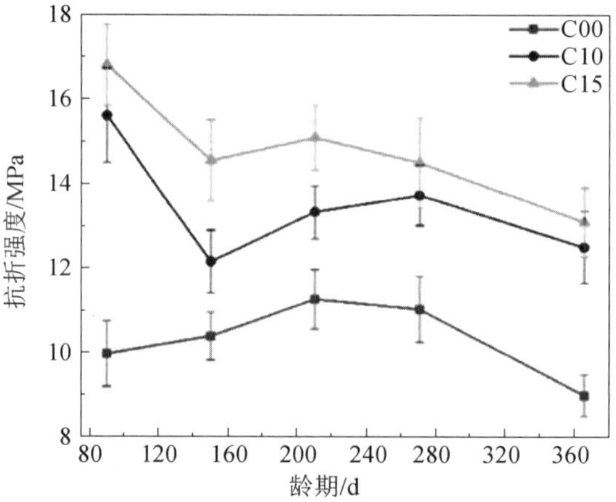

(e) 90°C,2 d

续图 6.22

由图 6.22 可知，对比试样的抗折强度随着龄期的增长，呈现先升高后降低的趋势。而 MK 改性基体的抗折强度随着龄期的增长而降低。特别是 90 ℃ 蒸汽养护制度下的 MK 改性基体抗折强度降低趋势最为明显。但是 90 ～ 365 d 龄期内，常温和 55 ℃ 蒸汽养护下的 MK 改性基体抗折强度降低程度要小于 90 ℃ 蒸汽养护。

(2) 复掺偏高岭土与石灰石粉系列(CLS 系列)。

图 6.23 为各种早期养护制度下的 CLS 系列基体长期水浴养护下的抗折强度。

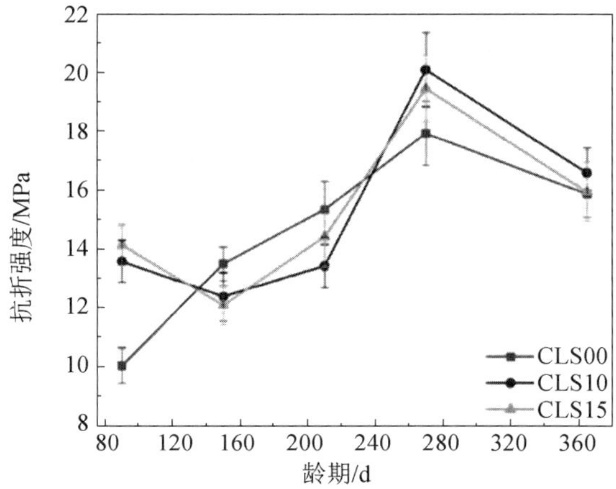

(a) 20 °C

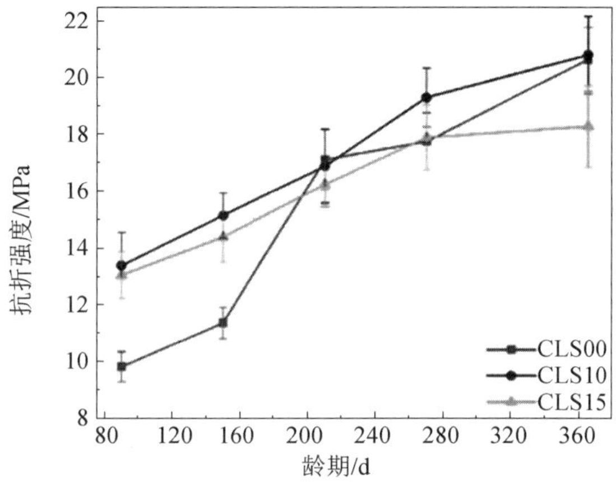

(b) 55°C,1 d

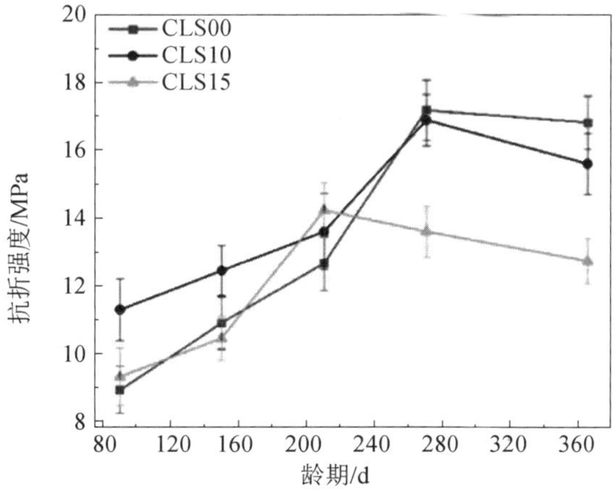

(c) 55°C,2 d

图 6.23　CLS 系列基体长期水浴养护下的抗折强度

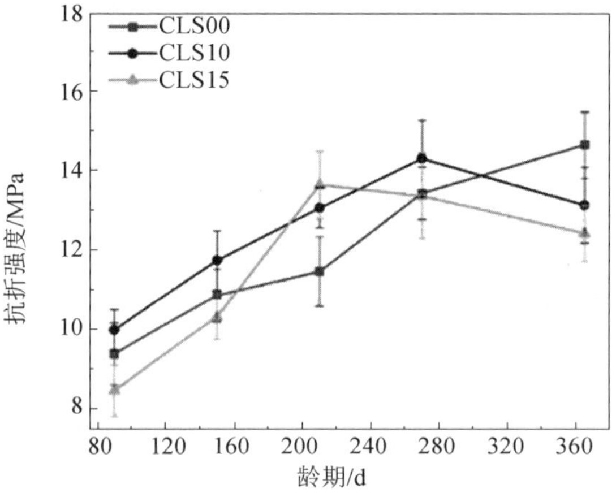

(d) 90°C,1 d

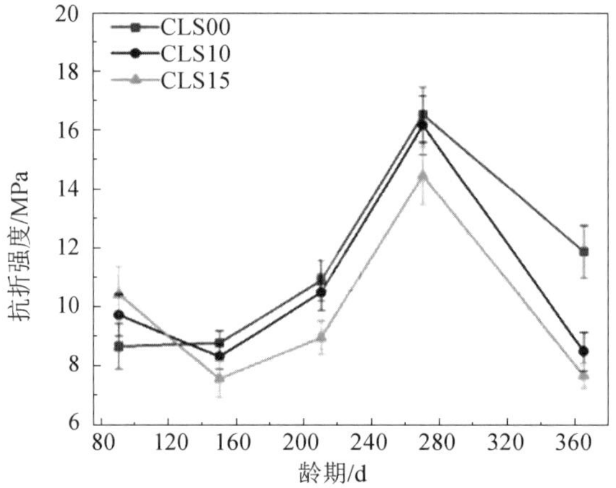

(e) 90 °C,2 d

续图 6.23

由图 6.23 可知,CLS 系列基体在长期水浴养护下,各种养护制度下的基体抗折强度都有显著变化,总体趋势是先迅速提高,后期增长缓慢甚至是明显降低。除 90 ℃ 养护 2 d 外,其余蒸汽养护制度下的 MK 改性基体 365 d 抗折强度相较 90 d 时都有不同程度的提升。6.2 节的试验结果表明,短期加速水养护下 MK 改性基体的抗折强度通常会有不同程度的损失,而本节的长期水浴养护对复掺偏高岭土与石灰石粉的改性基体抗折强度的提升是有利的,长期水浴养护后抗折强度通常会有增长。

由本节 C 系列和 CLS 系列的强度结果分析可知,MK 改性基体的抗压强度变化通常显著低于 C00 和 CLS00 对比试样。另外,尽管水养护后期的基体抗压强度会有所降低,但是 365 d 龄期时的强度往往仍高于或接近 90 d 龄期时的抗压强度。MK 改性基体后期的抗折强度变化非常显著,表明即便是微小的再水化反应也会引起 UHPC 基体抗折强度的显著改变,若选择合适的早期养护制度可显著减少长期水浴下引起的抗折强度损失。

3. 化学结合水

（1）单掺偏高岭土系列（C 系列）。

图 6.24 为早期不同养护制度下的 C 系列 P00 和 P15 浆体在长期水浴养护下化学结合水随龄期的演变规律图。

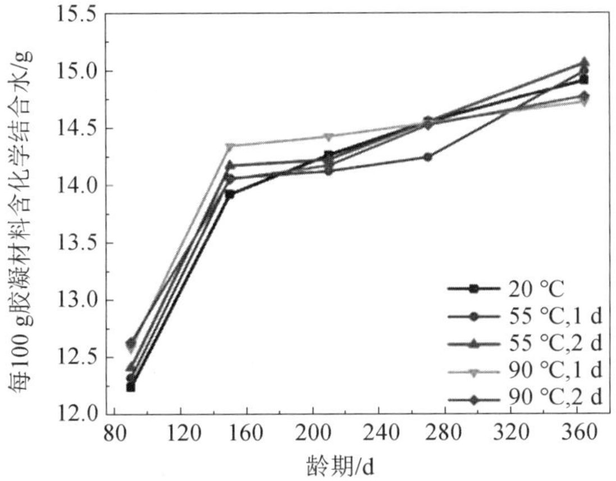

(a) P00

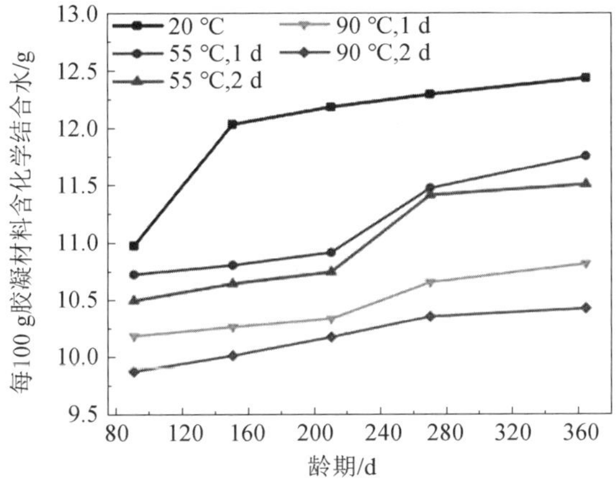

(b) P15

图 6.24　C 系列浆体长期水浴养护下浆体化学结合水变化图

由图 6.24 可知，各种养护制度下的对比浆体（P00）在 90 ～ 150 d 龄期内，其化学结合水都有明显增长，且增长幅度相似，之后结合水增长趋于缓慢，365 d 龄期时各养护制度下的 P00 浆体化学结合水量也相近。MK 改性浆体（P15）在常温养护制度下的化学结合水增长规律与 P00 浆体相似；而各蒸汽养护制度下的 P15 浆体发展规律相似，在90 ～ 150 d 龄期内其化学结合水增长速率明显低于常温养护，但 210 d 龄期后都有较大幅度增长。

（2）复掺偏高岭土与石灰石粉系列（CLS 系列）。

图 6.25 为 CLS 系列不同养护制度下的 PLS00 和 PLS15 浆体在长期水浴养护下化学结合水随龄期增长的演变规律图。由图 6.25 可知，各种养护制度下的对比浆体在（PLS00）90 ～ 150 d 龄期内化学结合水增长迅速，150 d 龄期后变化缓慢，与 P00 浆体的变

化规律相似。而各种养护制度下 PLS15 浆体的化学结合水量在长期水浴下增长较慢，但 210 d 后其结合水量也有可观增加。需要注意的是，蒸汽养护制度下，90 ℃ 蒸汽养护下的 MK 改性浆体在长期水浴下的化学结合水量增长速率超过了 55 ℃ 蒸养下的浆体，与常温养护时接近。随后的孔结构测试结果表明，PLS15 浆体 90 ℃ 蒸汽养护下的孔隙率明显超过常温养护，这可能是后期发生可观的再水化反应程度的原因。

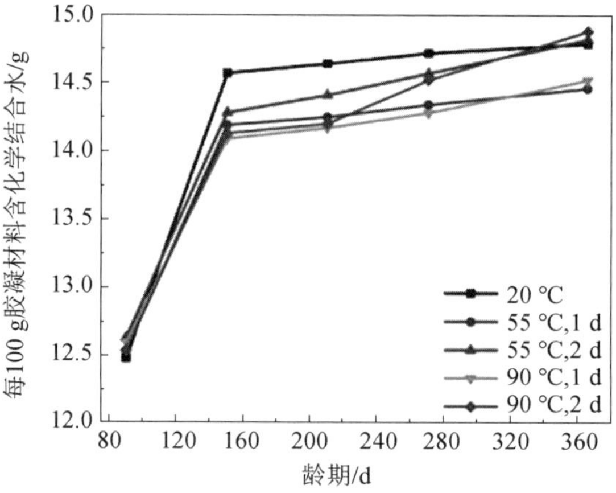

(a) PLS00

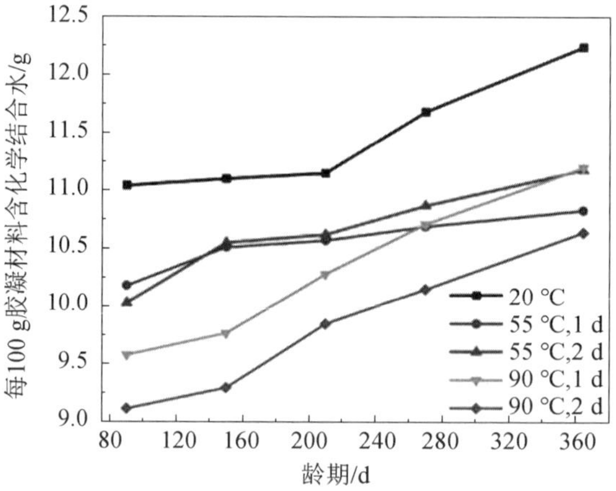

(b) PLS15

图 6.25　CLS 系列浆体长期水浴养护下浆体化学结合水变化图

4. 孔结构分析

(1) 单掺偏高岭土系列(C 系列)。

图 6.26 和图 6.27 分别为常温及 90 ℃ 蒸汽养护 1 d 两种养护制度下 C 系列的 P00 和 P15 浆体长期水浴养护下的孔径分布和孔隙率图。

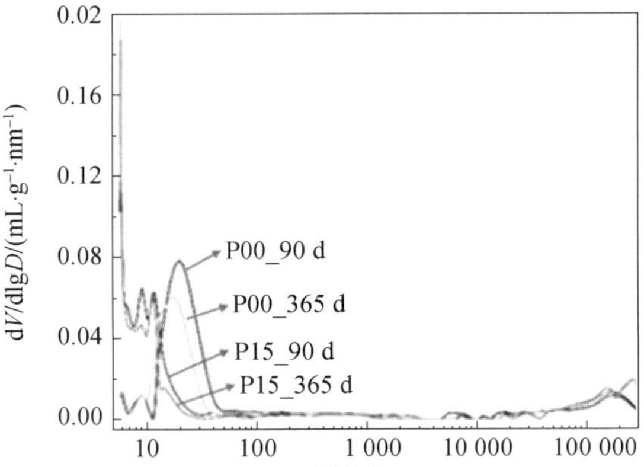

(a) 孔径分布

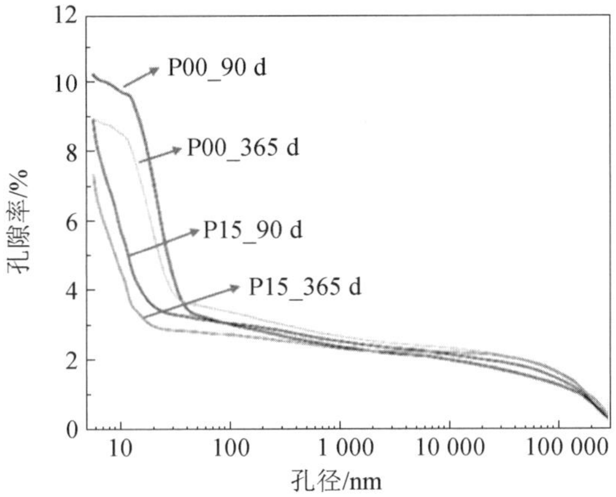

(b) 孔隙率

图 6.26　C 系列浆体常温养护制度下的孔结构

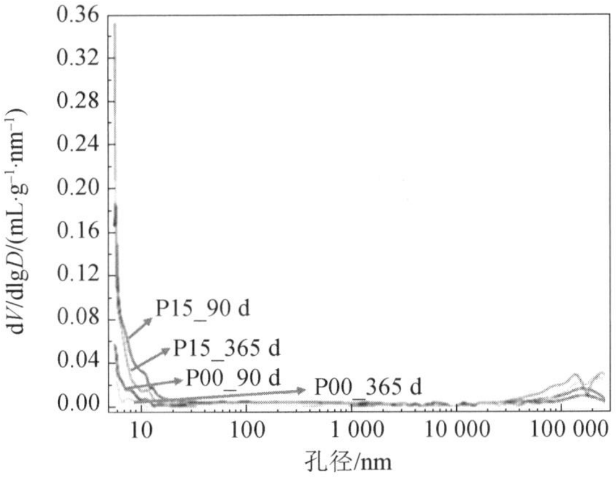

(a) 孔径分布

图 6.27　C 系列浆体 90 ℃ 蒸汽养护 1d 制度下的孔结构

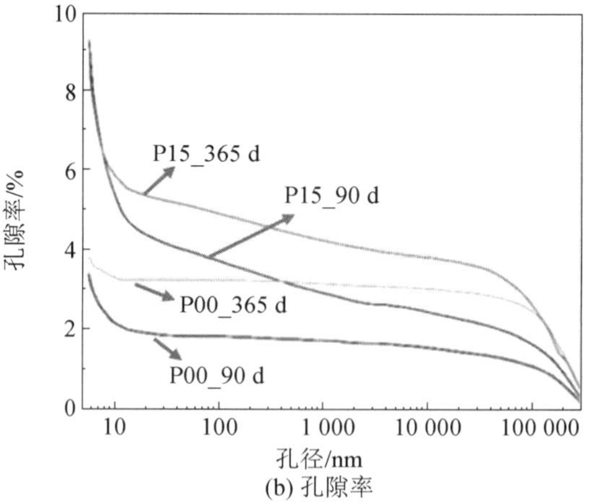

(b) 孔隙率

续图 6.27

由图 6.26 可知，常温养护制度下 C 系列的 P00 及 MK 改性浆体经长期水浴后孔径分布都有所细化，孔隙率进一步减小，但是孔径改善的幅度不如化学结合水量增长幅度显著。而图 6.27 表明 90 ℃ 蒸汽养护 1 d 制度下，两种浆体经长期水浴后 20 nm 以下的孔径同样会向小方向移动，但是 200 μm 孔径左右处的进汞量也有较大增加，说明蒸汽养护制度下的浆体对长期水浴下的再水化反应更加敏感，更易产生微裂缝。365 d 龄期时的孔隙率相较 90 d 龄期稍有增长，而孔隙率分布曲线表明，增长的孔隙率主要是由孔径为 20 nm 以下毛细孔以及 100 μm 以上细微裂缝比例增加引起的。

(2) 复掺偏高岭土与石灰石粉系列(CLS 系列)。

图 6.28 和图 6.29 分别为常温及 90 ℃ 蒸汽养护 1 d 两种养护制度下 CLS 系列的 PLS00 和 PLS15 浆体长期水浴养护下的孔径分布和孔隙率图。由图 6.28 可知，常温养护制度下的对比浆体(PLS00) 经长期水浴养护后 365 d 龄期的孔径分布与 90 d 龄期相似，但是总孔隙率有小幅度降低，仍然是由于 20 nm 以下小孔径的进一步细化造成的。MK 改性浆体(PLS15)90 d 和 365 d 龄期的孔径分布相近，但是 365 d 龄期时小孔径比例仍有

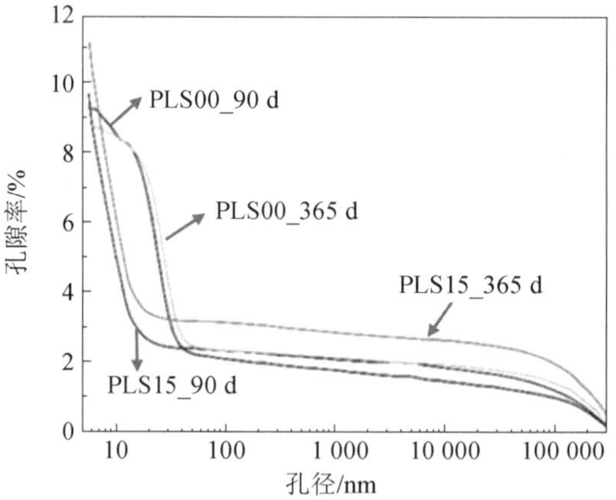

图 6.28　CLS 系列浆体常温养护制度下浆体压汞测试

显著增加，但是由于 200 μm 左右处的大孔径比例也有一定程度增加，其孔隙率有较大增长。由图6.29 可知，90 ℃ 蒸汽养护 1 d 制度下浆体经长期水浴养护后浆体孔径分布的变化规律与常温养护制度相似。但是长期水浴后 PLS15 即 MK 改性浆体内的 100 μm 左右处的孔径比例显著增加，而两个龄期的总孔隙率差别却较小，说明浆体内的小孔径同样有较大细化。

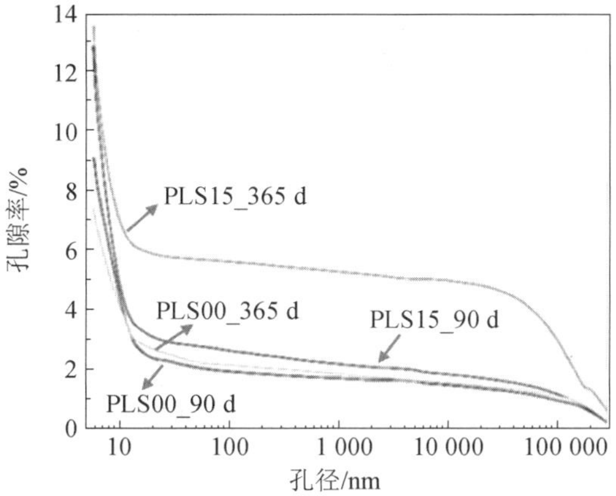

图 6.29　CLS 系列浆体 90 ℃ 蒸汽养护 1d 制度下浆体压汞测试

5. SEM 分析

(1) 单掺偏高岭土系列(C 系列)。

图 6.30 和图 6.31 分别为常温及 90 ℃ 蒸汽养护 1 d 的 C 系列浆体在长期水浴养护下的 SEM 照片。由此可知，常温和蒸汽养护两种养护制度下，365 d 龄期时 P00 浆体更加密实，而 P15 浆体表面明显疏松多孔。相比较常温养护，蒸汽养护制度下 365 d 龄期的 P00 浆体要更加密实。而 P15 浆体正好相反，蒸汽养护制度下长期水浴养护后其表面微孔的数量更多。

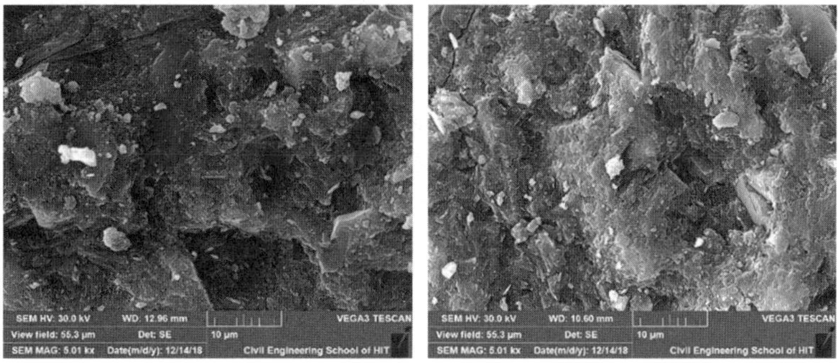

(a) P00_365 d　　(b) P15_365 d

图 6.30　C 系列常温养护浆体长期水浴下的 SEM 照片

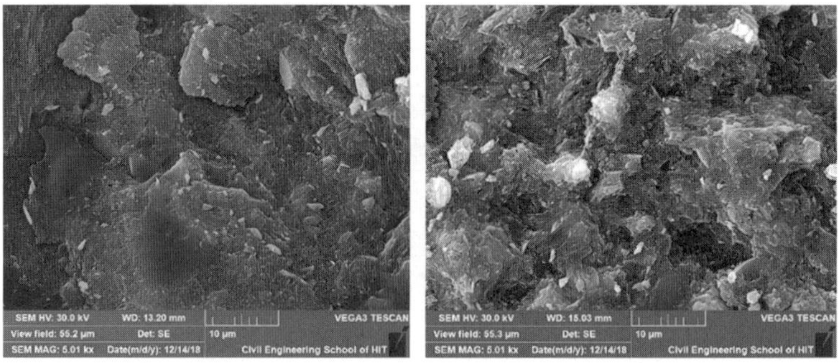

(a) P00_365 d　　(b) P15_365 d

图 6.31　C 系列 90 ℃ 蒸汽养护 1 d 浆体长期水浴下的 SEM 照片

(2) 复掺偏高岭土与石灰石粉系列(CLS 系列)。

图 6.32 和图 6.33 分别为常温及 90 ℃ 蒸汽养护 1 d 的 CLS 系列浆体在长期水浴养护下的 SEM 照片。

(a) PLS00_365 d　　(b) PLS15_365 d

图 6.32　CLS 系列常温养护浆体长期水浴下的 SEM 照片

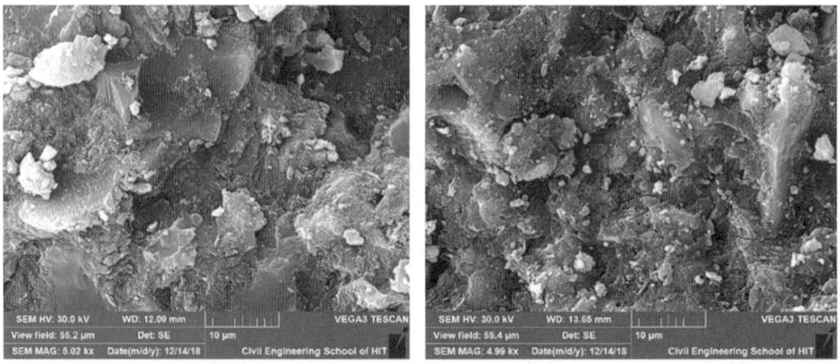

(a) PLS00_365 d　　(b) PLS15_365 d

图 6.33　CLS 系列 90 ℃ 蒸汽养护 1 d 浆体长期水浴下的 SEM 照片

与 C 系列相似，长期水浴养护下的再水化反应能使 PLS00 浆体更加密实，但是 MK 改性浆体的孔隙会增多，特别是蒸汽养护制度下这种趋势更加明显。

6. 再水化反应规律

为进一步理解不同养护制度下的基体在长期水浴浸泡下再水化的发展规律，选择常温和 90 ℃ 蒸汽养护 1 d 两种养护制度，以 90 d 龄期时浆体的化学结合水为基准，分别计算150 d、210 d、270 d 和 365 d 这 4 个龄期的化学结合水相对 90 d 龄期时的增长幅度，结果如图 6.34 所示。图 6.34(a)(b) 分别为 C 系列和 CLS 系列不同养护制度下的基体在长期水浴浸泡下各龄期化学结合水相对 90 d 龄期时的增长幅度。由图 6.34 可知，无论是常温还是蒸汽养护制度下，未掺加 MK 的 P00 和 PLS00 浆体的化学结合水增长速率在 90 d 龄期后都随龄期继续增长，都是先迅速提高，之后增长缓慢。

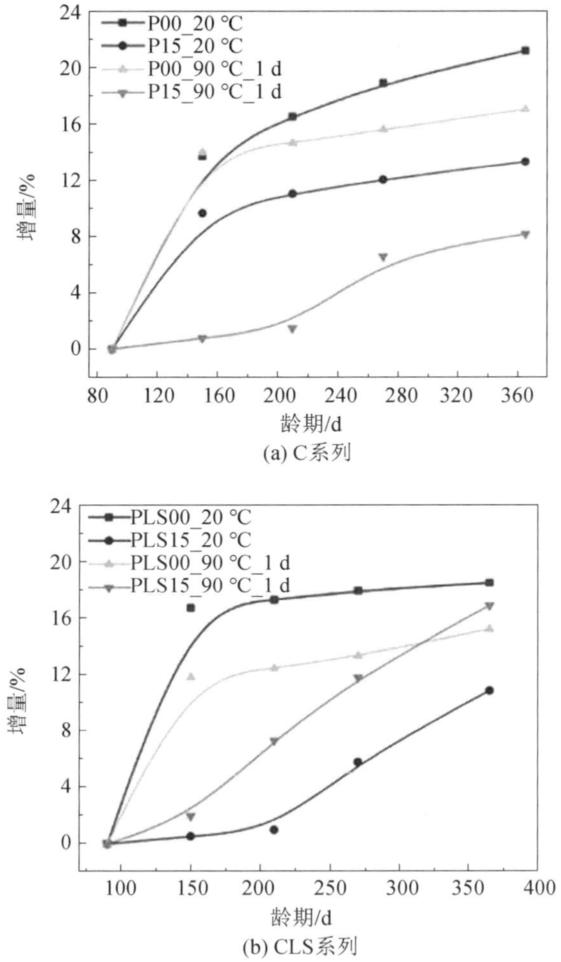

(a) C系列

(b) CLS系列

图 6.34　浆体化学结合水增长幅度

6.2 节的研究结果表明，短期高温水浴养护下，MK 改性浆体的再水化反应并不明显，再水化以 MK 活性反应为主，水泥的再水化程度较低；但是图 6.34 表明，在长期的水浴浸泡下，低水胶比 MK 改性浆体中水泥的再水化反应或许比较显著，随龄期增长也会伴随 MK 活性反应发生。这两种再水化反应的结合会使长期水浴下的基体内部产生微裂缝，孔隙率增加，浆体表面呈现疏松多孔的形貌。尽管 CLS 系列浆体中 LS 替代了 30% 质量的水泥，但是结果表明长期水浴浸泡下的再水化反应同样显著，这主要是由于其超低的水胶比造成的。Wang[14] 的研究表明，水胶比越低，长期水浴下的浆体再水化程度越大。从抗压强度的发展规律可知，再水化反应使得基体的抗压强度随龄期增长有较大变化，再水化程度越大变化越显著，这与水胶比大小仍然有直接关系。水胶比越小，早期水泥水化程度越低，浆体也越密实，但是长期水浴浸泡后再水化反应程度可能会比较大。但是由于浆体内小孔径孔隙所占比例很大，也易产生微裂缝，所以抗压强度呈现先增长后降低的趋势。这与高水胶比浆体长期水浴下的抗压强度发展规律有较大区别，如 Ding[15] 测定的水养护下高水胶比(≥ 0.40) 混凝土 90 d 后抗压强度随龄期增长变化非常缓慢。但是再水化反应并没有对各养护制度下的基体抗压强度造成较大损伤，若选择合适的养护制度，其 365 d 龄期的抗压强度还会有所提高，这与 Wang[14] 的研究结论是相似的。

本章参考文献

[1] HUANG H L, YE G, DAMIDOT D. Characterization and quantification of self-healing behaviors of microcracks due to further hydration in cement paste[J]. Cement and concrete research, 2013, 52: 71-81.

[2] ŞAHMARAN M, KESKIN S B, OZERKAN G, et al. Self-healing of mechanically-loaded self consolidating concretes with high volumes of fly ash[J]. Cement and concrete composites, 2008, 30(10): 872-879.

[3] VAN TITTELBOOM K, GRUYAERT E, RAHIER H, et al. Influence of mix composition on the extent of autogenous crack healing by continued hydration or calcium carbonate formation[J]. Construction and building materials, 2012, 37: 349-359.

[4] SAHMARAN M, YILDIRIM G, ERDEM T K. Self-healing capability of cementitious composites incorporating different supplementary cementitious materials[J]. Cement and concrete composites, 2013, 35(1): 89-101.

[5] PEI Y, AGOSTINI F, SKOCZYLAS F. Rehydration on heat-treated cementitious materials up to 700 ℃-coupled transport properties characterization[J]. Construction and building materials, 2017, 144: 650-662.

[6] PEI Y, LI S C, AGOSTINI F, et al. Effects of severe heating and rehydration on poro-mechanical properties of a mortar[J]. Cement and concrete research, 2019, 115: 460-471.

[7] SHUI Z H, XUAN D X, WAN H W, et al. Rehydration reactivity of recycled mortar from concrete waste experienced to thermal treatment[J]. Construction and building materials, 2008, 22(8): 1723-1729.

[8] VYŠVAŘIL M, BAYER P, CHROMÁ M, et al. Physico-mechanical and microstructural properties of rehydrated blended cement pastes[J]. Construction and building materials, 2014, 54: 413-420.

[9] 杨雷，管学茂. 不同水灰比混凝土中未水化水泥后期水化的危害研究[J]. 新材料新装饰，2004，2(4)：51-53.

[10] 管学茂，杨雷，姚燕. 低水灰比高性能混凝土的耐久性研究[J]. 混凝土，2004(10)：3-4，24.

[11] 刘娟红，王栋民，宋少民，等. 大掺量矿粉活性粉末混凝土性能与微结构研究[J]. 武汉理工大学学报，2008，30(11)，54-57，68.

[12] 葛晓丽. 低水胶比水泥基材料的水稳定性及机理[D]. 重庆：重庆大学，2016.

[13] AN M Z，WANG Y，YU Z R. Damage mechanisms of ultra-high-performance concrete under freeze-thaw cycling in salt solution considering the effect of rehydration [J]. Construction and building materials，2019，198：546-552.

[14] WANG Y，AN M，YU Z，et al. Impacts of various factors on the rehydration of cement-binder ratio using mathematical models[J]. Construction and building materials，2016，125：160-167.

[15] DING X X，LI C Y，XU Y Y，et al. Experimental study on long-term compressive strength of concrete with manufactured sand [J]. Construction and building materials，2016，108：67-73.

第 7 章　超高性能混凝土的耐久性

与一般混凝土相比，UHPC 的水胶比较低，成型后的 UHPC 内部组织结构较为致密，具有较低的总孔隙率和高密闭性的孔结构，孔径尺寸基本分布在纳米级，这种孔隙结构使得其抗渗性能、抗磨性能良好，对环境介质的抗侵蚀能力较强，具有极佳的耐久性能。UHPC 具有比强度高、资源消耗小、耐久性高等特点，不但能够满足 21 世纪土木工程高层、超高层建筑，工业厂房等对于结构轻质高强、大跨度空间和低碳环保的需求，而且在高侵蚀环境下的石油、核电、海洋及军事等工程设施中也有着广阔的应用前景，是未来混凝土技术发展的主要方向。然而，处于各种场合的 UHPC 结构仍然会不同程度地受到外部环境的作用。水坝和桥梁的混凝土结构长期处于淡水浸泡或冲刷作用下，混凝土中某些组分的持续浸出将逐渐导致其表面劣化；海洋和海岸工程混凝土结构物长期受到海水的作用，特别是受到氯盐、镁盐和硫酸盐的侵蚀，也存在毁坏的危险；其他 UHPC 结构可能受到 CO_2、SO_2 等有害气体和其他固体介质的侵蚀。传输过程是在一定的条件下由不同的动力（如压力差、浓度差等）所引起的，而混凝土的渗透性与不同介质在混凝土中的传输行为密切相关。各种介质在 UHPC 中的传输不是单一的过程，首先，介质有不同的状态，如气相、液相及离子；其次，传输方式不同，如渗透、扩散和迁移。混凝土中的介质传输可以分为水分传输、气体传输以及离子传输。UHPC 可有效减缓水分传输、气体传输以及离子传输带来的危害，明显提升建筑体的耐久性，与自身组分和结构有着密不可分的联系。

7.1　水吸附性能

7.1.1　水泥基材料中水分存在形式与传输方式

1. 水分存在形式

水泥基材料中存在固、液、气三相组成成分，这 3 种成分中均含水。如图 7.1 所示，水泥基材料中的水分有以下两种分类方法：按照存在形式，可分为自由水（毛细孔水）、物理吸附水、结晶水和结构水（层间水）；按照水分在 105 ℃ 时的蒸发情况，可分为可蒸发水和不可蒸发水。

从存在形式的角度看，自由水只存在于毛细孔中，以液态或气态的方式扩散移动；物理吸附水是指附在毛细孔孔壁上的一层水膜；结晶水是指结合在矿物中的水分，不具有移动性，不表现为液相，也难以失去；结构水又称层间水，存在于凝胶层的层间，只有在水的

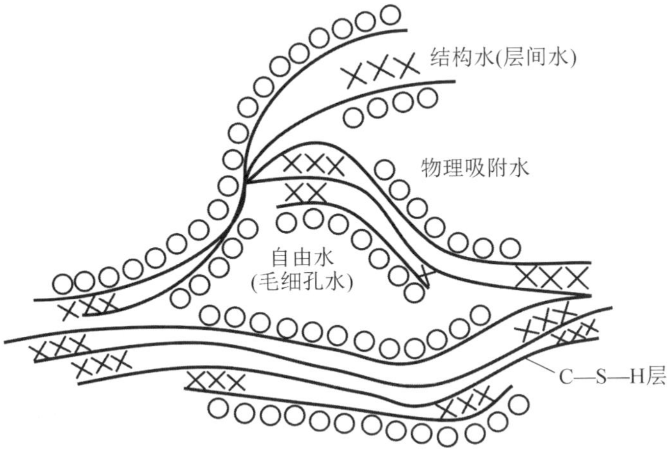

图 7.1　水泥基材料中水分存在形式

相对湿度小于 11% 的强烈干燥条件下才会失去。根据 Feldman－Sereda 模型，结晶水由于不呈现液态，不能参与传输；而自由水、吸附水和结构水能够参与传输。

水泥基材料中，水分的存在形式是可以相互转化的，但需要水泥基材料处于不平衡状态或水泥处于水化状态。不平衡状态下，在水化过程中，材料内部的结晶水主要由物理吸附水及自由水固化得到。不平衡状态下，物理吸附水可以在浸水阶段由材料内部的自由水转换而来；而在干燥过程中，材料内的结构水和物理吸附水也可以变换为自由水。由于水分的存在形式不断变化，水泥基材料的实际含水量难以确定，水分分布和存在形式同样难以获得。目前的技术只能支持对整体水泥基材料水分含量的测定，通过一些参数（如相对湿度等）来间接表征水分含量。

2. 水分传输方式

混凝土劣化过程（物理、化学和生物过程）和钢筋或预应力钢筋发生劣化的主要原因有冻融循环、碱骨料反应、硫酸盐侵蚀、收缩开裂和钢筋锈蚀等。无论哪种劣化，膨胀和开裂的原因都与水有关，同时水也是侵蚀性介质（如氯盐、硫酸盐等）迁移进入混凝土内的载体。水既是破坏性物质的传递介质，又是破坏发生的必要条件和许多失效机理与模型建立的基础。外界水分及有害离子主要通过混凝土的孔隙以渗透、毛细吸附、扩散、对流等形式进行迁移传输。

水在多孔材料中的传输分为 7 个阶段，如图 7.2 所示。第一阶段湿度低，水分仅通过吸附和表面扩散缓慢而少量地进入材料孔隙。第二阶段湿度相对有所增加，但水分依旧只能在孔壁上形成吸附层，水分通过蒸汽扩散进入材料内部。因为此时毛细管的压力大于水分运动的力，所以水分只能吸附于表面或者通过扩散进入材料内部。如果此时的扩散是稳定扩散，即可采用菲克第一定律进行计算（式 7.1），但如果是非稳定扩散，则可采用菲克第二定律进行计算（式 7.2）。第三阶段随着内部湿度的增加，蒸汽冷凝形成水膜，但水膜间出现水压差，所以水分在水膜之间进行渗透。第四阶段孔壁水层屈服，液相水渗透和气相蒸汽扩散共同传输。第五阶段孔内局部水饱和，形成液体渗流。第六阶段孔完全饱和，呈液体状态流动传输，符合达西定律。第七阶段是离子的扩散传输，氯离子等在浓度差和流动水存在的条件下极易发生离子扩散传输。

菲克第一定律表达式：

$$J=-D\frac{\partial C}{\partial x} \tag{7.1}$$

式中，J 为离子扩散量；D 为扩散系数；C 为离子浓度；x 为深度。

菲克第二定律表达式：

$$\frac{\partial C}{\partial t}=D\frac{\partial^2 C}{\partial x^2} \tag{7.2}$$

式中，J 为离子扩散量；D 为扩散系数；C 为离子浓度；x 为深度；t 为时间。

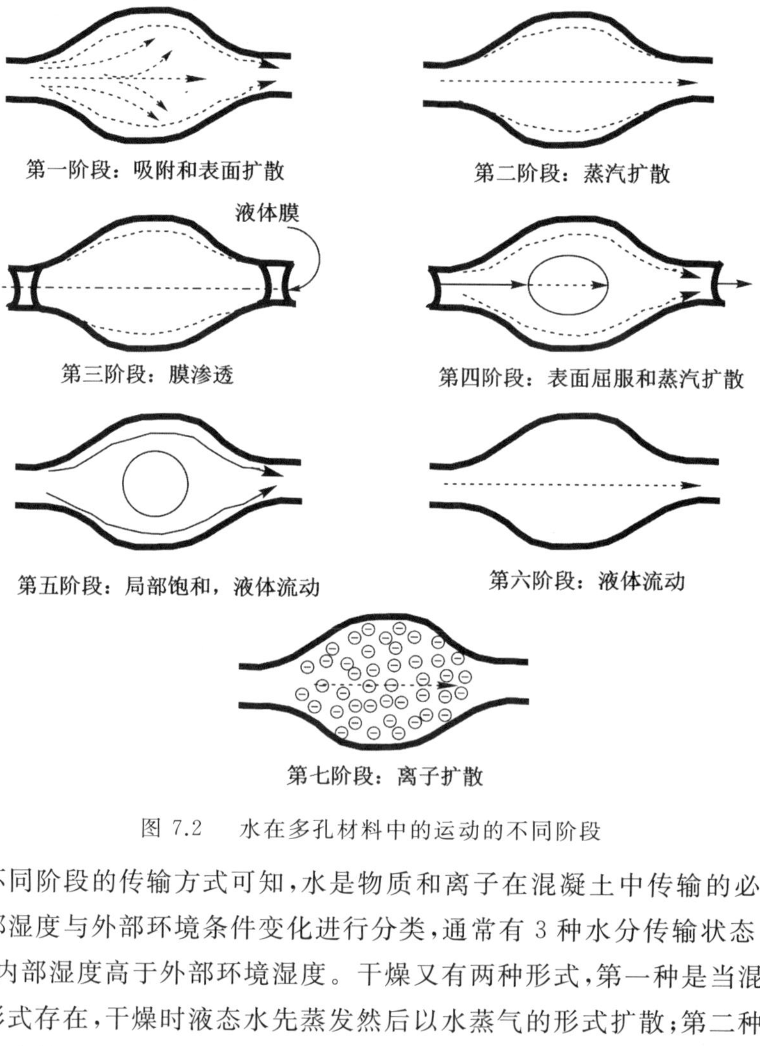

图 7.2　水在多孔材料中的运动的不同阶段

由上述不同阶段的传输方式可知，水是物质和离子在混凝土中传输的必要条件。按照混凝土内部湿度与外部环境条件变化进行分类，通常有 3 种水分传输状态。① 干燥状态，即混凝土内部湿度高于外部环境湿度。干燥又有两种形式，第一种是当混凝土内部孔隙以液态水形式存在，干燥时液态水先蒸发然后以水蒸气的形式扩散；第二种是水分在混凝土内部孔隙直接以水蒸气的形式存在，干燥时直接以水蒸气形式扩散。② 湿润状态，即混凝土内部湿度低于外部环境湿度，主要表现为非饱和混凝土的吸水过程。湿润也有两种形式，第一种是吸附试验，把干燥的混凝土置于密闭的高湿度环境中，通过气体扩散平衡混凝土内部湿度和外界环境湿度；第二种是毛细吸附试验，把非饱和混凝土的部分或全部表面与液态水接触，通过混凝土内部毛细孔间的毛细力将水吸入混凝土内部。③ 饱和状态，即混凝土内部孔隙充满水，水分是通过外部压强作用进行传输，即常说的渗透性。

混凝土干燥过程的实质是一种不稳态材料发生的局部气 — 液热动力学平衡过程，采用扩散理论描述水分的扩散，由于混凝土结构复杂，所以该扩散理论基于一系列假定而成立。根据菲克第一定律与质量守恒方程得如下扩散微分方程：

$$\frac{\partial W}{\partial t} = \mathrm{div}(\overline{D}\,\mathbf{grad}\ W) \tag{7.3}$$

式中，W 为汽化水密度；$\overline{D}$ 为混凝土渗透性能的系数，当扩散系数是常数时，$\overline{D} = \overline{D}_0$ 是常数；当上式表示为二次微分方程形式时，即为菲克第二定律，如下式：

$$\frac{\partial W}{\partial t} = D_0 \nabla^2 W \tag{7.4}$$

式中，W 为汽化水密度；D_0 为混凝土的湿度扩散系数；∇^2 为拉普拉斯算符。

湿润状态即混凝土在非饱和状态与外界水通过毛细力作用进入混凝土的传输过程。在不同饱和程度下，混凝土因自身孔结构引起的毛细管流动能很好地用达西渗流来描述。

非饱和流体理论用扩展的达西方程表达为

$$\boldsymbol{q} = K(\theta) F_c(\theta) \tag{7.5}$$

式中，$\boldsymbol{q}$ 为矢量流体速度；K 为水力传导率；F_c 为毛细力。K 与 F_c 均取决于水含量 θ。饱和状态下的水力传导率为传统的饱和渗透率。另外，毛细力等于毛细势能（浸润）梯度 ψ：

$$F_c = -\Delta\psi(\theta) \tag{7.6}$$

在一维情况以及各向同性条件下，传导率 $K(\theta)$ 可通过非饱和流体理论的扩展达西方程得到：

$$\boldsymbol{q} = -K(\theta)\frac{\mathrm{d}\psi}{\mathrm{d}x} \tag{7.7}$$

上式通常写为

$$\boldsymbol{q} = -D(\theta)\frac{\mathrm{d}\theta}{\mathrm{d}x} \tag{7.8}$$

式中，$D(\theta) = K(\theta)\dfrac{\mathrm{d}\psi}{\mathrm{d}\theta}$，为水分扩散系数，是水含量 θ 的函数。这样可把非饱和流体方程表达为水分吸附方程，在非饱和吸水状态下，应用式(7.8)，可以得到一维情况下初始干燥混凝土的水吸附性能。需要强调的是，该方程处理的是混凝土中的毛细作用，而不是水分子扩散的传输形式，这与混凝土实际情况相符合。

当混凝土处于饱和状态时，不存在毛细力，水分只能在外界压力或重力的作用下移动，此时水分是靠混凝土渗透性进行传输的。渗透是评价混凝土耐久性的一个重要指标。通常渗透性较好的材料采用渗透深度法求渗透系数，普通混凝土通常采用稳定流动法求得渗透系数。完全饱和混凝土扩散的微分方程可写成如下形式：

$$\frac{\partial p}{\partial t}=D_s\nabla^2 p \tag{7.9}$$

式中，p 为超过大气压的液体压力；D_s 表示在饱和混凝土中孔隙水的扩散系数。从测量渗透性的数据中可能计算出扩散系数。Murata 在 1965 年提出上式，认为 D_s 值的范围为 $10^{-8}\sim10^{-4}\ m^2/s$，比非饱和混凝土正常扩散系数高几个数量级。这意味着在饱和与非饱和混凝土的交界面预计存在着 D 与 D_s 间的间断跳跃。但在大体积混凝土结构中，由于存在水化作用，造成水分不足，这会导致实际水分的扩散系数的数值远远小于饱和状态下的理论扩散系数的数值。当混凝土完全处于水压力的情况下，水分迁移为典型的水分渗透方式，符合水分渗透方程。

7.1.2 水泥基材料的毛细吸收过程及测试方法

1. 毛细吸收过程

在一些海洋或水工结构的水下部分，水泥基材料处于饱和状态下，其孔隙中的毛细作用力可忽略，液体的传输主要是在压力梯度和重力作用下进行的。然而，陆上的大部分建筑材料均处于非饱和状态，水分被吸入基体内部的主要驱动力为毛细作用力。当孔隙内部为饱和状态时，流体的运动遵循达西定律；此外，对于非饱和流体运动的描述也可用该定律描述，主要是水的运动。非饱和流动的达西定律可描述为

$$\boldsymbol{q}=-\frac{K(\theta)}{\mu}\nabla\psi \tag{7.10}$$

式中，ψ 为基质势；μ 为流体的动力黏度。对于多孔介质，达西定律的质量连续性满足：

$$\frac{\partial(\rho_w\theta)}{\partial t}=-\nabla\cdot(\rho_w\boldsymbol{q}) \tag{7.11}$$

式中，ρ_w 为水密度；θ 为含水率，经化简可得

$$\frac{\partial\theta}{\partial t}=-\nabla\cdot\boldsymbol{q} \tag{7.12}$$

根据式(7.11)、式(7.12)可得到多孔介质中，非饱和水分的流动方程：

$$\frac{\partial\theta}{\partial t}=\nabla\cdot[K(\theta)\nabla\psi] \tag{7.13}$$

该状态下流体扩散率为

$$D(\theta)=K(\theta)/\frac{d\theta}{d\psi_m} \tag{7.14}$$

则式(7.14)可由非线性偏微分方程的形式进行表述：

$$\frac{\partial\theta}{\partial t}=\nabla\cdot[D(\theta)\nabla\theta] \tag{7.15}$$

令 $\overline{D}$ 为函数 $D(\theta)$ 上任意一段的平均值：

$$\overline{D}=\frac{1}{\theta_x-\theta_i}\int_{\theta_i}^{\theta_x}D(\theta)d\theta \tag{7.16}$$

式中，θ_x 为多孔介质的初始含水率；θ_i 为多孔介质的饱和含水率。

一维情况下，毛细吸收求解方程为(不考虑重力作用)

$$\begin{cases}\dfrac{\partial\theta}{\partial t}=\overline{D}\ \dfrac{\partial^2\theta}{\partial x^2}\\ \theta=\theta_x,\ x=0,\ t\geqslant 0\\ \theta=\theta_i,\ x>0,\ t=0\end{cases}\tag{7.17}$$

根据式(7.17)可得

$$x(\theta,t)=\phi(\theta)t^{1/2}\tag{7.18}$$

则，与流体相接平面上单位面积水的总吸附量为

$$i=t^{1/2}\int_{\theta_i}^{\theta_x}\phi(\theta)\mathrm{d}\theta=St^{1/2}\tag{7.19}$$

式中，S 为材料的毛细吸水率，反映了试件的水分传输能力及毛细吸收快慢，但根据其物理意义，S 主要表达了材料表面的水分传输能力。

流体在水泥基材料中传输时存在几种主要形式：自由扩散、毛细吸收和渗透。大部分介质(如水、氯离子、腐蚀性气体)能够通过多种传输方式进入水泥基材料内部，但一般以其中一种传输方式为主。由于在毛细作用下，水或其他有害液体能快速进入水泥基材料表层，不断侵蚀水泥基材料内部，使得水泥基材料耐久性能变差，所以毛细吸水率是一个重要的水泥基材料耐久性指标。此外，介质在水泥基材料中的传输形式会受到外界环境和受力情况的影响。例如在外界温度长时间低于 0 ℃ 的环境中，一些建筑材料中的水分经常会发生固液相转化，导致体积的变化，进而在基体内部产生裂纹或损伤；另外除冰盐等化学制剂中含有一些腐蚀性离子，对于地面材料或建筑底层的耐久性产生不利影响。因此，研究不同损伤程度下 UHPC 试件的毛细吸水性能，对进一步了解其渗透性意义重大。

2. 毛细吸水试验

毛细吸收作用是指在毛细作用力的主要驱动下，多孔介质吸收、传输流体的现象，毛细吸水率表征其吸收、传输的快慢。毛细吸收作用的理论背景及砂浆、混凝土毛细吸水率的测量问题在很多文献中都有详细描述。UHPC 的毛细吸水能力可通过试件进行毛细吸水试验测定，试验根据国际材料与结构研究实验联合会(RILEM)推荐的标准进行。

在气体渗透性试验结束后，对试件进行毛细吸水试验。首先，在浅盘中装入水，将试件其中的一个裸露表面置于水中，保证接触深度约 5 mm。然后采用秒表和电子秤(精度 0.01 g)，在 1 min，4 min，9 min，16 min，25 min，36 min，49 min 和 64 min 分别测量试件质量，得到 8 个时刻的质量变化，如图 7.3(a) 所示。毛细吸水率与单位面积的吸水质量和时间的关系为

$$m_{\mathrm{w}}=S\cdot t^{1/2}\tag{7.20}$$

式中，m_{w} 为单位吸水面积内的吸水量(吸水率)，$\mathrm{g/m^2}$；t 为吸水时间，min；S 为毛细吸水率，$\mathrm{g/(m^2\cdot min^{0.5})}$，可以通过实测的 $m_{\mathrm{w}}-t^{1/2}$ 曲线拟合得到。若线性回归相关系数 R^2

达到 0.99 以上,表明测试的准确性很高,如图 7.3(b) 所示。

(a) 试验概况

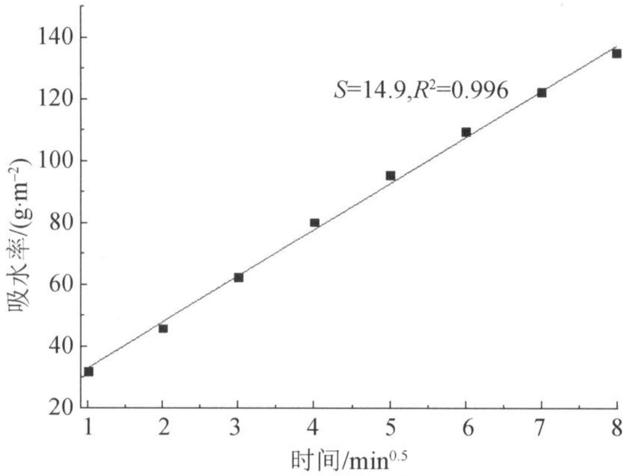

(b) 数据拟合

图 7.3　毛细吸水试验

根据试验基本假定,毛细吸水过程通过特定压力梯度∇p 下的一维模型进行描述,根据式(7.21),基体的吸水速率 v 可以被表达为

$$v = -\frac{k}{\mu}\frac{\nabla p}{h} \tag{7.21}$$

式中,h 为吸水高度;k 为圆管的渗透系数。由于毛细作用的存在,压力梯度根据拉普拉斯方程可表示为

$$\nabla p = 2\gamma\cos\omega \cdot \frac{1}{r} \tag{7.22}$$

式中,γ 为多孔介质与液体之间的表面张力;ω 为水面与孔隙接触角度;r 为吸入介质液面的曲率半径。

水与基体一般视为完全浸润(浸润角为 140° 左右),则式(7.22) 中 r 可等效为毛细孔半径,则式(7.21) 可变为以下形式:

$$\frac{\mathrm{d}h}{\mathrm{d}t} = -\frac{k}{\mu}\frac{2\gamma\cos\omega}{rh} \tag{7.23}$$

则，得到一个具有初始边界条件的微分方程：

$$\begin{cases} h \cdot \mathrm{d}h = -\dfrac{k}{\mu}\dfrac{2\gamma\cos\omega}{r}\mathrm{d}t \\ t = 0,\ h = 0 \end{cases} \tag{7.24}$$

求解式(7.24)得到吸水高度为

$$h = \sqrt{\frac{4k\gamma\cos\omega}{\mu \cdot r}} \cdot t^{1/2} \tag{7.25}$$

则吸水质量为

$$m_{\mathrm{w}} = \rho \cdot (\pi r^2 h) = \rho\pi r^{3/2}\sqrt{\frac{4k\gamma\cos\omega}{\mu}} \cdot t^{1/2} \tag{7.26}$$

式中，ρ 为水的密度。

定义毛细吸水率为 $S = \rho\pi r^{3/2}\sqrt{\dfrac{4k\gamma\cos\omega}{\mu}}$，可得到吸水质量与毛细吸水率之间的关系：

$$m_{\mathrm{w}} = S \cdot t^{1/2} \tag{7.27}$$

根据经典水力学，圆管的渗透系数为

$$k = \frac{r^2}{8} \tag{7.28}$$

代入式(7.26)可得单根毛细管的吸水量表达式：

$$m_{\mathrm{w}} = \rho\pi r^{5/2}\sqrt{\frac{\gamma\cos\omega}{2\mu}} \cdot t^{1/2} \tag{7.29}$$

对于含有大量毛细管束的混凝土表面，毛细吸水率为

$$S_{\mathrm{p}} = \rho\pi\sum r_i^{5/2}\sqrt{\frac{\gamma\cos\omega}{2\mu}} = \eta_{\mathrm{p}} \cdot r_{\mathrm{p}}^{5/2}\rho\pi\sqrt{\frac{\gamma\cos\omega}{2\mu}} \tag{7.30}$$

式中，η_{p} 为单位面积上的毛细孔个数；r_{p} 为等效毛细孔直径。

总体来说，毛细吸水法是一种低压条件下表征混凝土表面水分渗透性的方法。该方法主要以毛细作用力作为驱动力，将表面吸水分为两个过程：一是毛细孔吸水，该过程吸水快；二是凝胶孔吸水。常用的试验步骤遵循 ASTM C1585—13。在试验前，应确保试件被烘干至绝干，并将试件侧表面密封，以保证水的一维传输；然后将试件下表面浸于水中，通过记录指定时间的吸水质量计算毛细吸水率。该方法过程简单、无损，对气压无严格要求，在密封良好的前提下，对骨料外露等不理想表面也可进行测试，且试验结果可靠。

7.1.3　水分传输的其他评价方法

混凝土水分传输的评价方法主要包括抗渗等级法、渗透高度法、相对渗透系数法以及最新发展的试验方法如低场核磁(LF－NMR)法和中子散射照相法。

1. 抗渗等级法

抗渗等级法也称为逐级加压法，试验龄期宜为 28 d，试验采用符合现行行业标准的混

凝土抗渗仪，试验方法参考《水运工程混凝土试验检测技术规范》(JTS/T 236—2019)。试验所采用的试件需要进行密封处理，共计6个试件。试验时水压从0.1 MPa开始，每隔8 h增加0.1 MPa，并随时观察试件端面渗水情况，当6个试件中有3个试件表面出现渗水时，或者加至设计抗渗等级，在8 h内6个试件表面渗水试件少于3个时，可停止试验，记录此时的水压力，评定混凝土的抗渗等级。

当停止试验时，6个试件中有2个试件表面出现渗水，该组混凝土抗渗等级按下式计算：

$$P = 10H \tag{7.31}$$

式中，P 为混凝土抗渗等级；H 为停止试验时的水压力，MPa。

当停止试验时，6个试件中少于2个试件表面出现渗水，该组混凝土抗渗等级按下式计算：

$$P > 10H \tag{7.32}$$

式中，P 为混凝土抗渗等级；H 为停止试验时的水压力，MPa。

2. 渗透高度法

渗透高度法所采用的仪器及试件制备方法与渗透等级法相同。试验过程中，使水压在24 h内恒定控制在(1.2±0.05) MPa，且加压过程不大于5 min，以达到稳定压力的试件作为试验记录的起始时间，在稳压过程中随时观察试件端面的渗水情况，当有一个试件端面出现渗水时，停止该试件的试验并记录时间，并以试件的高度作为该试件的渗水高度；对于试件端面未出现渗水的情况，在试验24 h后停止试验，及时取出试件，使用压力机将试件沿纵断面劈裂为两半，用防水笔描出水痕，用钢尺沿水痕等间距测量10个测点的渗水高度值，精确至1 mm。

试件渗水高度按照下式进行计算：

$$\bar{h}_i = \frac{1}{10}\sum_{j=1}^{10} h_j \tag{7.33}$$

式中，$\bar{h}_i$ 为第 i 个试件的平均渗水高度，mm；h_j 为第 i 个试件第 j 个测点处的渗水高度，mm。

一组试件的平均渗水高度按下式计算：

$$\bar{h} = \frac{1}{6}\sum_{j=1}^{10} \bar{h}_i \tag{7.34}$$

式中，$\bar{h}$ 为一组6个试件的平均渗水高度，mm；$\bar{h}_i$ 为第 i 个试件的平均渗水高度，mm。

3. 相对渗透系数法

相对渗透系数法试验过程与渗透高度法完全相同。其中，相对渗透系数按照下式进行计算：

$$S_k = \frac{\alpha \bar{h}^2}{2TH} \tag{7.35}$$

式中，S_k 为相对渗透系数，mm/h；α 为混凝土的吸水率，一般为0.03；$\bar{h}$ 为一组6个试件的平均渗水高度，mm；T 为恒压经过的时间，h；H 为水压力，以水柱高度表示，1 MPa 水压力相当于 10 200 mm 水柱高度。

4. 低场核磁法

自 1945 年美国物理学家布洛齐(Bloch) 和珀塞尔(Purcell) 发现核磁共振现象以来，核磁共振作为一种重要的现代分析手段已广泛应用于多个领域，如物质结构分析、医学成像和油气资源的勘探等。低场核磁共振分析仪采用价格低廉的钕铁硼永磁材料作为场源，大大降低了仪器制造成本和运行成本，进一步拓展了核磁共振技术的应用。

低场核磁共振是具有特定核磁矩的原子核(常用的为氢原子核) 在恒定的磁场和变化的磁场(磁场强度 $B < 0.5$ T) 的共同作用下发生能量交换并发生能级跃迁，从而产生共振信号。该方法可在不破坏样品的前提下，通过监测过程中的样品中氢原子核在磁场中的弛豫特性来获得样品水分信息，其中横向弛豫时间(T_2) 的变化可从微观角度解释样品内部水分的分布状态及变化规律，具有准确、快速、连续、无损和非侵入的技术优势。

大致试验步骤可以确定为：首先对样品进行低场核磁试验，获得样品中心频率，再测定样品的 T_2，连续测量 3 次后，取平均值，然后利用特殊算法迭代数万次进行反演得到 T_2 谱(T_2 的信号幅度具有变化范围大、对多相态敏感、检测时间短等优势)。通过分析 T_2 的弛豫反演图谱就可以得出内部水分分布以及变化规律。氢原子核的 LF－NMR 信号二维分布(MRI) 通过图像颜色、明暗的变化就可以直观反映样品内部水分迁移过程。

近年来，核磁共振技术的应用已经逐步从生命科学、地球物理等领域扩展到水泥基材料领域。此处简要介绍一下采用低场核磁技术研究硬化水泥浆体中水分扩散行为的原理和方法。由扩散引起的弛豫对横向弛豫时间的贡献可以表示为式(7.36) 和式(7.37)：

$$\frac{1}{T_2}=\frac{1}{T_{2,\mathrm{bulk}}}+\frac{1}{T_{2,\mathrm{diff}}}+\frac{1}{T_{2,\mathrm{surf}}} \tag{7.36}$$

$$\frac{1}{T_{2,\mathrm{diff}}}=\frac{D}{12}(nG_1)^2T_{\mathrm{E}}^2 \tag{7.37}$$

式中，T_2 为横向弛豫时间；$T_{2,\mathrm{bulk}}$ 为流体自身贡献的弛豫时间；$T_{2,\mathrm{diff}}$ 为扩散贡献的弛豫时间；$T_{2,\mathrm{surf}}$ 为表面效应贡献的横向弛豫时间；T_{E} 为回波时间；D 为水的扩散系数；n 为核的旋磁比；G_1 为磁场梯度。

采用低场核磁共振研究水分的扩散通常采用脉冲梯度场核磁共振(PFG NMR)，由于水泥浆体中水的纵向弛豫时间(T_1) 远大于 T_2，所以采用受激回波代替自旋回波，但是由于硬化水泥浆体孔壁上会聚集一定量的铁离子，会产生较强的内部磁场，采用 Cotts 等改善的受激回波，可以降低内部磁场的影响。二维谱的发展为研究水分的迁移提供了更大的空间。自 2005 年 T_1-T_2 和 $T_2-\mathrm{store}-T_2$ 二维谱被首次报道应用于硬化水泥浆体以来，McDonald 等人对其展开了大量研究，观察到水在毛细孔和凝胶孔之间扩散，也计算了水分在 C—S—H 凝胶孔间的扩散系数，结果与采用分子动力学模拟的数据接近；通过研究含铁量很低的 C—S—H 凝胶的 T_1-T_2 谱，水泥浆体中水的扩散被认为是发生在不同孔径的孔之间，与孔壁上铁离子的聚集程度无关。

一些早期的研究是基于水分在干燥浆体中的一维迁移，Pel 等人在这个方面进行了大量的研究，采用自制的低场核磁共振仪(磁场为 0.78 T，磁场梯度为 0.3 T/m) 获得了黏土砖吸收水分的一维分布曲线：采用步进马达精确控制探头的移动，并在探头的 LC 电路和样品之间加上了法拉第屏蔽装置，以减少由于样品各部分湿度不同而导致的介电常数的改变，最终图像的分辨率达到 1 mm，证明了这种方法的有效性。他们采用上述装置研究了经烘箱和丙醇干燥后的砂浆样品一维吸水后的水分分布随时间的变化。将得到的水分分布数据经过玻尔兹曼转换之后，得到渗透因子 λ 与水分含量的关系，并且发现采用烘箱干燥后的浆体的渗透因子最大值 λ_{max} 是经丙醇干燥后的 4 倍，说明经烘箱干燥后的水泥浆体形成了大量连通的毛细孔，因此干燥破坏了硬化浆体的微观结构。2002 年他们采用同一装置进一步研究了砂浆毛细孔吸水的动力学过程，提出水通过毛细管的扩散过程满足一个基于扩展的达西定律的非线性方程，见下式：

$$U = -K(\theta)\nabla j(\theta) \tag{7.38}$$

式中，U 为液相中水的流量；K 为水的传导系数；j 为弯月面形成的毛细管压力；K 和 j 均为水含量 θ 的方程。水在砂浆中的扩散系数 $D(\theta)$ 与样品中的水分含量密切相关，且满足于一个双指数方程：

$$D(\theta) = D_{1\exp}(b_1\theta) + D_{2\exp}(b_2\theta) \tag{7.39}$$

式中，$D_{1\exp}$、$D_{2\exp}$、b_1、b_2 均可以采用计算机模拟。

5. 中子散射照相法(中子射线照相技术)

目前，有多个不同的无损检测方法来测定多孔材料中的水分含量，它们可以细分为两种，一个是基于与多孔材料中水的电磁相互作用的 NMR 方法，前面提到的低场核磁法就属于这种方法；另一个则是基于辐射通过材料的减弱特性发展起来的射线照相方法，如 X 射线、γ 射线和中子都可以被用来显示建筑材料中含有不同水量的区域。由于同 X 射线相比，中子吸收系数比 X 射线小 3～4 个数量级，且中子有更高的穿透能力，故针对实际混凝土结构中的大试样、厚试样，中子散射的适用性更强。此处对中子射线照相研究多孔建筑材料中的水分运动原理和方法作简要介绍。

中子散射照相是基于射线穿过物体时会发生衰减的基本原理的一种检测方法。当中子入射到待照的样品后，由于中子与样品中的原子核发生相互作用(散射和核反应)，透射中子的强度和空间分布将发生变化，利用中子射线穿过被检验物体在强度上的衰减变化可获得被检物体内部结构或缺陷的图像。中子照相与 X 射线照相类似，不同之处在于，X 射线的衰减系数与材料原子序数有一定的关系，材料的原子序数越大，核外电子数越多时，X 射线的衰减系数越大。而中子不带电，它能轻易穿透物质的电子层与原子核发生反应，其衰减系数取决于原子核与中子发生的核反应。

中子散射照相法的实验装置结构如图 7.4 所示，中子散射照相系统主要由中子源、准直器、探测器 3 个主要部分组成。由中子源发出的中子束经由准直器定义几何特性后，通过物体到达探测器，通过物体后的中子发生衰减，衰减后的中子空间分布被探测器接收形成被检物体的投射投影图像。中子射线衰减规律遵循指数衰减规律，如下式所示：

$$I = I_0 e^{-\mu_x T} \tag{7.40}$$

式中，I 为投射中子强度；I_0 为入射中子强度；T 为试样在辐射方向上的厚度；μ_x 为试样对中子的衰减系数。

如果试样不均匀或者有缺陷，则投射中子的强度就会发生变化，利用特定的技术和相关影像技术记录这些变化就能显示试样内部的情况。由于被发射出来的中子既可以在没有相互作用的情况下通过物体，也可以从另一个区域散射出去，故为了获得真实的水分分布，获得图像后还必须通过透射分析对获得的图像进行处理。值得注意的是，水的中子截面远大于一般多孔建筑材料的相应值，因此该方法对水分含量的测定非常精准，比如在厚度为 20 ～ 30 mm 的混凝土板上，中子照相法可以观察到很微量（mg/cm^3）的水，其空间分辨率可达 1 mm 甚至更高。

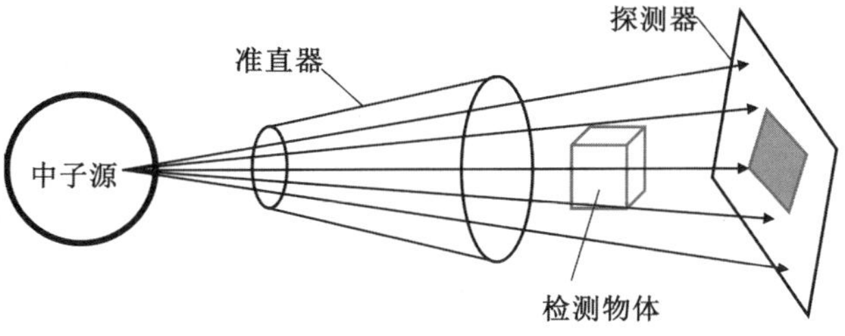

图 7.4　中子散射照相法的实验装置结构

在实际混凝土工程中，如果混凝土或砂浆等多孔材料的表面与水或任何其他湿润液体接触，液体将通过毛细作用被吸收。在最简单的情况下，例如半径为 r 的单个毛细管，水的吸收量随时间的变化可以通过式(7.41) 来描述：

$$\Delta W = A\sqrt{t} \tag{7.41}$$

式中，A 为毛细管吸力系数，$kg/(m^2 \cdot s^{1/2})$。可以证明 A 具有以下物理意义：

$$A = yr\sqrt{\frac{r_{eff}\gamma\cos\Theta}{2h}} \tag{7.42}$$

式中，y 为每立方米材料的吸水容量，m^3，代表多孔空间内可以通过毛细管吸力来填充的体积；r 为被吸收液体的密度，kg/m^3；r_{eff} 为指定的有效半径，m，表示给定材料的孔径分布；γ 为表面张力，N/m；Θ 为液体的润湿角；h 为液体的黏度，与温度有关，$N \cdot s/m^2$。

可以预测被吸收液体的渗透深度随时间的变化关系 $x(t)$：

$$x(t) = B\sqrt{t} \tag{7.43}$$

式中，B 为毛细管渗透系数，$m/s^{1/2}$，并有以下含义：

$$B = \frac{A}{yr} \tag{7.44}$$

如果毛细管吸力系数 A 和水容量 y 已通过实验测定，则毛细管渗透系数 B 可由式(7.43) 计算。显然，式(7.40) 到式(7.43) 严格层面上来说仅对单个毛细管或平行的毛细管束有效。但在一定范围内，这些方程也可以作为第一近似来描述具有复杂多孔系统的实际材料（如水泥基材料）的毛细吸收和渗透随时间变化的函数。

如上述几个方程所示，中子射线照相技术通过测量水随时间变化的渗透深度并绘制渗透深度随时间变化的关系曲线后，即可对渗透速率、渗透距离、主要渗透区位置（裂缝区）和宽度以及吸水量等数据进行分析，具有高精度和高空间分辨率的特点。

综上，中子散射照相法在跟踪混凝土或砂浆等多孔材料中水分运动方面具有独特的潜力，是观察混凝土、砂浆、木材或砖砌体等多孔材料中水的吸收和移动的有效方法。

7.2 气体渗透性能

混凝土材料的耐久性基本都和孔隙结构以及孔隙结构中发生的物质传输与交换过程有密切关系。气体是影响水泥基材料耐久性的外部侵蚀性介质之一，包括大气中 CO_2 和 O_2 等。大气中的 CO_2 可导致水泥基材料孔隙溶液的碳化反应，降低孔隙溶液碱度，造成钢筋混凝土结构中钢筋的脱钝；大气和环境中的 O_2 是混凝土内部钢筋发生锈蚀电化学反应的必要条件。因此，研究水泥基孔隙材料的气体传输性质是材料耐久性研究的基础问题。气体渗透性是气体介质在压力作用下在水泥基孔隙材料中迁移能力的直接物理表征，因而也是描述与气体介质迁移相关的耐久性过程的基础参数。同时，由于气体分子能相对容易地穿过水泥基材料的孔隙结构，尤其采用 N_2 等惰性气体作为渗流介质，其渗流过程和渗透系数能够更加准确地反映水泥基材料的孔隙结构对外部介质侵入的抵抗能力，因此，气体渗透性也是衡量水泥基材料致密性的理想物理参数。由于气体渗透性对于水泥基材料的耐久性和功能性的双重意义，所以其研究同时具有基础研究和工程应用的意义。

从目前结构工程的发展来看，实现针对使用年限和使用环境的指标化耐久性设计是必然的趋势。因此，系统开展我国超高性能混凝土材料的气体渗透理论与指标研究，并建立其标准的测试方法，对于健全我国超高性能混凝土结构耐久性设计的指标体系，从而提高超高性能混凝土结构的使用年限的保证率具有重大意义。

7.2.1 气体渗透性机理

描述气体在多孔介质中渗透过程最简单的理论模型，是气体在单一孔径的毛细管中渗透的哈根－泊肃叶(Hagen-Poiseuille)方程：

$$G=\left(\frac{d^3\Pi}{64RT}\right)\left[\Pi\mu_{\mathrm{m}}+\left(\frac{dp_{\mathrm{m}}}{2\mu}\right)\right]\left(\frac{\Delta p}{L}\right) \tag{7.45}$$

式中，G 为气体的摩尔流速，mol/s；d 为毛细孔直径，m；Π 为渗透压力；R 为理想气体常数，J/(K・mol^{-1})；T 为热力学温度，K；μ_{m} 为气体分子平均速率，m/s；p_{m} 为毛细管两端的平均压力，Pa；μ 为气体的黏度系数，Pa・s；Δp 是毛细管两端的压力差，Pa；L 为毛细管长度，m。

该定律右端括号内的第一项表示了气体分子的整体流动，即黏性流的贡献；第二项表示了压力对气体渗透系数的贡献，即边界滑流的贡献。Dullien 在式(7.45) 的基础上推导了包含努森扩散的毛细管气体渗透性的解析表达式：

$$\frac{G}{\Delta p/L}=\left\{1-\exp\left[-\sin h^{-1}\left(\frac{d}{\lambda_{\mathrm{m}}}\right)\right]\right\}\left(\frac{\pi d^3}{8M\mu_{\mathrm{m}}}+\frac{\pi d^4p_{\mathrm{m}}}{128\mu RT}\right)+\frac{2d^3}{3M\mu_{\mathrm{m}}}\exp\left[-\sin h^{-1}\left(\frac{d}{\lambda_{\mathrm{m}}}\right)\right] \tag{7.46}$$

式中，M 为气体分子摩尔质量，kg/mol；λ_{m} 为气体分子平均自由程，nm。

对于孔隙材料，通常直接使用宏观的渗透定律来表达气体在材料中的渗透过程。如果使用达西定律来表达压力梯度和流量的关系，则有：

$$Q = -A\frac{k_a}{\mu}\frac{\Delta p}{L} \tag{7.47}$$

式中，k_a 为表观气体渗透系数，m^2；L 为渗流路径长度，m；Q 为气体体积流量，m^3；A 为材料渗流面积，m^2。

达西定律最初用于水的渗透规律，水的体积模量很大，压力对体积的影响可以忽略。渗流过程中气体的体积与压力有直接关系，式(7.47) 需要对气体渗流路径长度 L 进行积分处理，得到修正的表达式为

$$k_a = 2\mu L\frac{p_2}{(p_1^2 - p_2^2)}\frac{Q}{A} \tag{7.48}$$

式中，p_1、p_2 为渗流长度两端的气体压力，Pa。

式(7.48) 并未考虑边界滑流，克林肯贝格(Klinkenberg) 对式(7.48) 进行修正，考虑了气体流动的边界滑移效应，得到式(7.49)：

$$k_a = k_0(1 + b/p_m) \tag{7.49}$$

式中，k_0 为孔隙材料的气体渗透的本征渗透率，对应平均压力为无穷大时的表观气体渗透率，m^2；b 为 Klinkenberg 修正系数，Pa。

理论上，当材料的压力梯度导致气体流量过高时，孔隙中的气体流动状态从黏性流向湍流(紊流) 转化，式(7.48) 和式(7.49) 基于黏性流的表达不再适用。Picandet 等通过对裂纹混凝土的研究为新的模型解释了渗透系数与气体流量之间的关系：

$$\frac{1}{k_a} = \frac{1}{k_0} + \left(\beta\frac{M}{RT}\frac{p_a}{\mu}\right)\frac{Q}{A} \tag{7.50}$$

式中，p_a 为大气压力，即孔隙材料流量测量端的压力，Pa；β 为修正模型参数。

7.2.2　气体渗透性测试方法

目前，混凝土渗透性测试介质主要是水和气体，与以水为介质的测试方法相比，以气体为介质的测试方法优点在于不会改变测试试件的微观结构和组成。测量气体渗透性的方法主要有欧洲水泥协会(Cembureau) 标准恒定压力差法、RILEM 推荐的 Figg 法、Torrent 法、Paulmann 法、Parrott 法等现场测试方法。实验室研究中多采用 Cembureau 标准恒定压力差法。

1. Cembureau 标准恒定压力差法

(1) 测试原理。

Cembureau 标准恒定压力差法由 RILEM 组织推出并在国际上获得广泛接受。研究表明气体渗透法可以灵敏反映混凝土连通孔结构变化特征。该方法的试验装置如图 7.5 所示。

试件为直径 150 mm，厚 50 mm 的圆盘，在(50 ± 5) ℃ 的烘箱中烘至恒重。试验时，试件一端通大气，另一端施加恒定压力的气体，30 min 后(为保证试件内气体流速达到恒定状态) 测出气体的流速，然后根据式(7.50) 计算试件在该压力下的气体渗透系数：

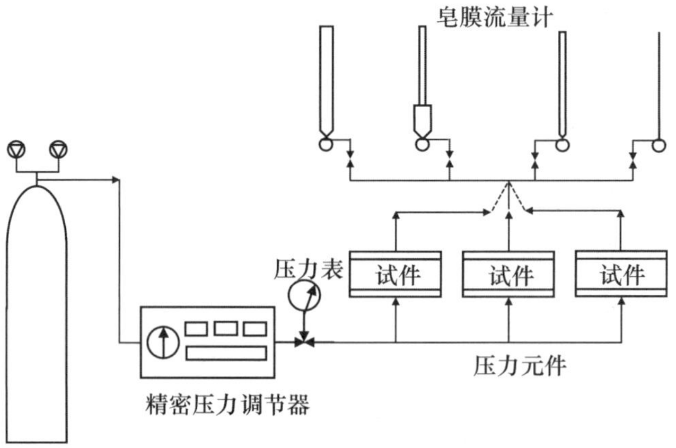

图 7.5　Cembureau 标准恒定压力差法试验装置示意图

$$K_g = \frac{Q}{t} \frac{L}{A} \mu \frac{2p_a}{(p^2 - p_a^2)} \tag{7.51}$$

式中,K_g 为试件的气体渗透系数,m^2;Q/t 为气体流速,m^3/s;p 为测试气体压力,Pa;p_a 为大气压力,Pa;L 为试件厚度,m;A 为试件截面面积,m^2;μ 为气体黏度,Pa·S。

(2) 测试过程。

Cembureau 标准恒定压力差法对试验步骤的要求较为严格,测试程序较复杂,得到的结果精度较高。进行试验时,密封混凝土圆饼形试件的侧面不能漏气,对试件施加稳定的气压,并测量和记录下稳定渗流状态时通过试件的气体流量,再根据达西定律计算渗透系数。

测试 UHPC 的气体渗透率,需要考虑的影响因素如下:

① 试件的含水状态与损伤状态。在进行气体渗透性试验时,应注意保证试件热力学状态的前后一致性,尤其是试件的损伤状态及饱水程度。在一定饱水程度下,液态水会阻断一定孔径以下的部分毛细孔及微裂纹的气体渗透。考虑到试件的饱水程度对气体渗透率的显著影响,在试验前将其烘干至恒重,测量其干燥状态下的渗透率。在烘干时,需要注意避免可能产生的额外的干燥损伤;此外,也要注意避免与水接触时可能产生的自修复等作用,以保证试件的力学损伤状态不变。

② 加压方式对气体渗透性的影响。试验过程中,应确保气体不渗漏,并只通过进出口之间的渗透路径运动。常用的试验设备多采用横向加压密封的方法,如果不能保证仪器气密性,试验所得渗透率会受到横向压力变化的影响,甚至会产生数量级的差别。此外,施加的横向压力会对损伤混凝土试件中裂纹的开合产生影响。为此,需要正确设计试验驱动压力与横向压力,以减小对力学损伤状态的影响。同时,在外界高气压作用下避免试件的力学损伤也是该测试方法的难点之一。

③ 试件的尺寸选取。已有研究表明,试件厚度应至少是粗骨料最大粒径尺寸的 3 倍,否则气体渗透过程会直接选择穿过界面过渡区的短路径,而不能反映试件的真实渗透性。而从基于代表性单元体的等效连续多孔介质的方法来考虑,力学损伤混凝土试件的尺寸选取是否具有代表性还是一个需要研究的问题。

在进行试验之前，需要在试件侧面涂刷环氧树脂，以确保气体渗透性试验和毛细吸水试验的一维性（沿试件的厚度方向）。考虑到饱水程度对气体渗透率测量的巨大影响，需要将所有试件放入一定温度的烘干箱内干燥一定时间，直至总质量变化小于 1% 后停止，认为试件绝干。之后再将试件置于干燥器内冷却 24 h 至室温（20±1）℃。试验中将试件与气体渗透仪的硅橡胶轮胎紧紧嵌套起来，以保证侧面的密封效果，再开始进行气体渗透性试验。

采用的 Cembureau 标准恒定压力差法具体试验步骤如下：接通各个橡胶导气管，高压钢瓶内气体选用氮气，出气压力为 1.0 MPa。为了减小试验误差，保证试件侧面与气体渗透仪内壁的橡胶套间没有气流渗透，通过调节减压阀，设置气体渗透仪的围压为 0.9 MPa。将气体渗透仪的进气口压力减至 0.2 MPa，使得气体由试件下表面加入，试件上表面与大气连通。之后每间隔 10 min 记录一次数据，直至连续记录的两次测量值之差小于 2% 时，认为气体渗透趋于稳定，记录此时的出口大气压力值，并准备进行下一个进气压力的测试。根据试件的实际情况，调整进气口压力，使出气流量值在流量计的量程之内，保证试件正常测量。测量过程中按步骤升高或降低进气压力，确保每个试件至少切换 4 个进气口压力值，为后续的数据拟合做准备。

在气体渗透仪中，具有压力梯度的气流在 UHPC 试件运动的过程如图 7.6 所示。根据测得的进 / 出口气压，可以得到试件的表观气体渗透率 k_a，在多孔基体的气体渗透过程中，会产生两种气流形式。对于未损伤的混凝土试件，Klinkenberg 效应可以很好地描述其气体的流动情况。由于其内部孔隙和初始微裂纹的尺度较小，因此在所有的试验气压范围内气体流动速度较低，并渐渐趋于稳流渗透阶段，表观气体渗透率 k_a 与固有渗透率 k_v 的关系为

$$k_a = k_v\left(1 + \frac{\beta_k}{p_m}\right) \tag{7.52}$$

式中，β_k 为 Klinkenberg 系数，N/m²；p_m 为平均气体压力，$p_m = (p_1 + p_2)/2$。

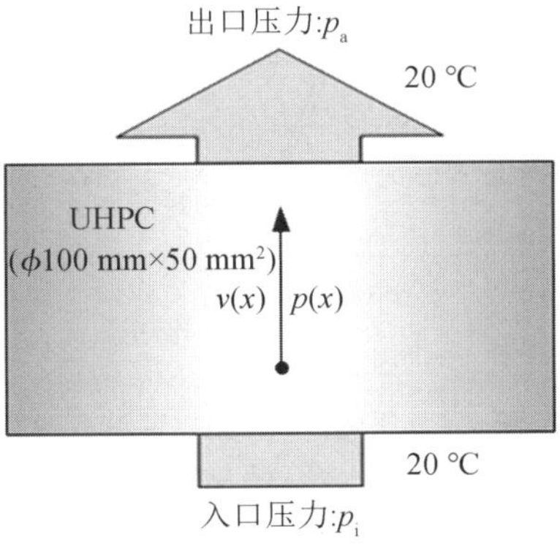

图 7.6　恒定压力梯度气流在 UHPC 试件中的运动

对于加载后存在裂纹损伤的试件，存在局部宽度较大且连通度较高的裂纹，在较小气压作用下，就会产生很大的流量，因此气体流动可能呈紊流形态，表观气体渗透率 k_a 与固有渗透率 k_v 的关系为

$$k_a = \frac{1}{k_v} + \left(\beta \frac{M}{RT} \frac{p_a}{\mu A}\right) Q \tag{7.53}$$

式中，M 为气体摩尔质量，kg/mol；R 为理想气体常数，J/(mol·K)；T 为试验温度，K；β 为试验常数，1/m。稳流和紊流的区分，可以通过实测数据对式(7.52)和式(7.53)的拟合度进行界定，选择固有渗透率 k_v 由相关系数 R^2 更接近于1的公式来确定试件的气体渗透率。

2. Figg 法

Figg 法测定混凝土密实性属于半破损的方法，测试时，在混凝土表面钻 10 mm 的小孔，深度约 40 mm，将孔中的浮灰清除后打入一个紧贴孔壁的橡胶塞子，在孔的下部形成一个密封的区域，再在橡胶塞的中心穿上一根细针管，该针管外接一个带阀门的真空泵；试验时将密封区域抽真空，区域内的绝对压力值要小于0.45 MPa；关闭真空泵，由于混凝土微孔的泄漏，真空度将随时间逐步减小，其测量的指标为密封区域内的绝对压力从0.45 MPa 变到 0.50 MPa 所要花费的时间，单位为 s。此方法虽然所需设备简易，但密封效果不理想，试验结果的重复性和可靠性受到学术界的质疑。Figg 法试验装置示意图如图 7.7 所示。

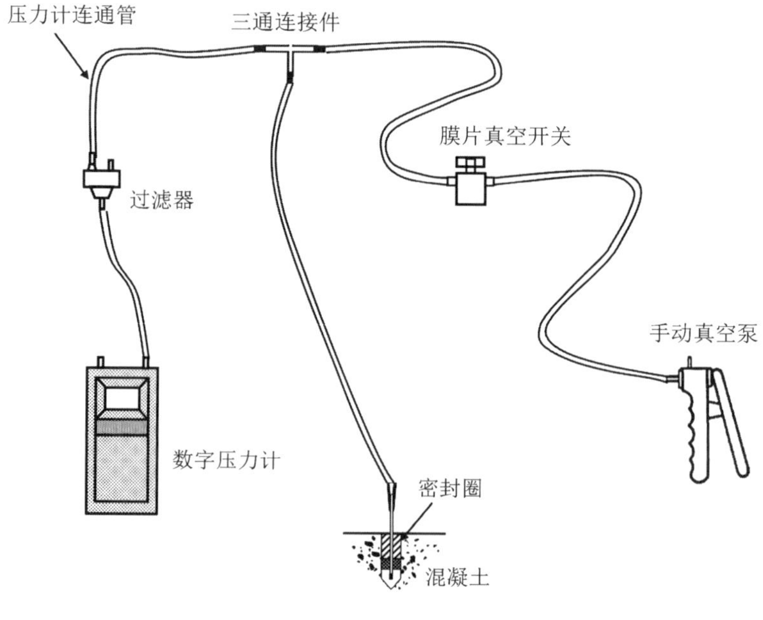

图 7.7　Figg 法试验装置示意图

首先将试件在(55±5) ℃ 的烘箱中烘至恒重。试验时，试件一端抽真空，由于试件两端压力差的作用，空气不断从试件另一端通过混凝土试件渗透到抽真空的一端，从而使真空试验槽内的真空度不断下降。测定规定的真空度下降所需的时间，然后按式(7.54)计算试件的气体渗透系数：

$$K_g = \frac{V}{t}\frac{L}{A}\mu\frac{(p_1 - p_0)}{p_a - \frac{p_0 + p_1}{2}} \tag{7.54}$$

式中，p_0、p_1分别为试验开始和结束时真空试验槽内的真空度，MPa；t 为测试时间，s；V 为真空试验槽及连接管路、阀门体积的总和，m^3。

3. Torrent 法

Torrent 法是由学者 Torrent 在 1992 年提出的一种气体渗透性测试方法，被瑞士采纳为标准试验方法，用于无损检测混凝土保护层的透气性，室内和现场均可使用。Torrent 方法有着良好的理论基础，且得到了 Cembureau 标准恒定压力差法的验证，测试结果相近。

Torrent 法的试验原理如图 7.8 所示，将双室真空腔附着于待测试的混凝土表面，通过真空泵抽气，可以产生一股从混凝土内通向内室的气流，称之为试验气流。恒压器使内外室气压处于平衡状态，真空泵只作用于外室，将多余气体抽出，使得通向外室的气流在试验气流周围形成保护气流，起保护作用，消除可能影响试验结果的侧向干扰气流，这也是 Schonlin 方法中存在的问题，Torrent 法在此基础上解决了它。

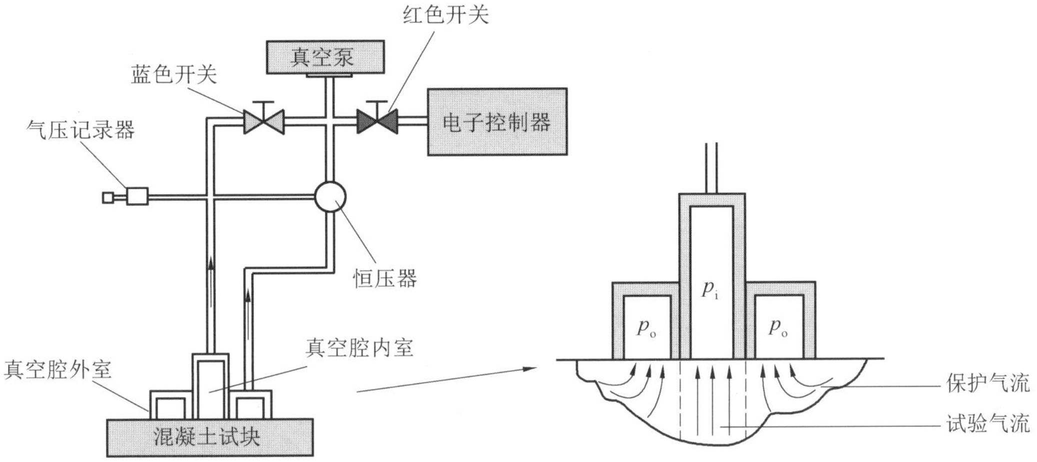

图 7.8　Torrent 法装置和原理示意

Torrent 装置记录局部真空气压随时间的变化，并推算气体渗透性，计算方法见式(7.55)。其测试受到混凝土表层性质和孔隙含水状态的影响。Romer 使用 Torrent 装置测试了不同干燥条件下不同水胶比普通混凝土材料的表面气体渗透性，测试值为 $1 \times 10^{-17} \sim 4 \times 10^{-16}\ m^2$。

$$K_T = \left(\frac{V_c}{A}\right)^2 \frac{\mu}{2\varepsilon p_a}\left[\frac{\ln\left(\frac{p_a + \Delta p}{p_a - \Delta p}\right)}{\sqrt{t} - \sqrt{t_0}}\right] \tag{7.55}$$

式中，K_T 为透气性系数，$10^{-16}\ m^2$；p_a 为大气压；V_c 为内室体积，m^3；A 为内室横截面面积，m^2；ε 为混凝土空隙率，取为 0.015，m^3/m^3；μ 为空气黏滞系数，Pa·s；Δp 为内室气压增量；t_0为测量开始时间；t 为测量持续时间。

Torrent 法既可用于室内测试，也可用于现场结构混凝土测试。当 Torrent 法运用于室内试验时，有文献推荐采用类似于 Cembureau 标准恒定压力差法中的处理方法：先在一批试块中取出测试值较为接近的试块，借此最小化相同混凝土透气性系数的测量误差，然后对这些试块采取不同时长的烘干方法，以获得不同含水状态下的混凝土透气性系数。

除了以上两种表面测试方法以外，还有①Schonlin 空气渗透性表面测试法，该法采用了负压，范围是 −95 kPa 至 −70 kPa；② 表面空气流法(SAF)，这是一种利用石油工业中检测岩芯渗透性的方法。目前 Torrent 法推荐根据所测气体渗透性 K_T 将 28 d 龄期干燥混凝土的质量分为 5 个等级，而南非标准则将混凝土质量分为 4 个等级。

4. 规范方法

《水运工程混凝土试验检测技术规范》(JTS/T 236—2019) 中给出的透气性试验装置如图 7.9 所示。

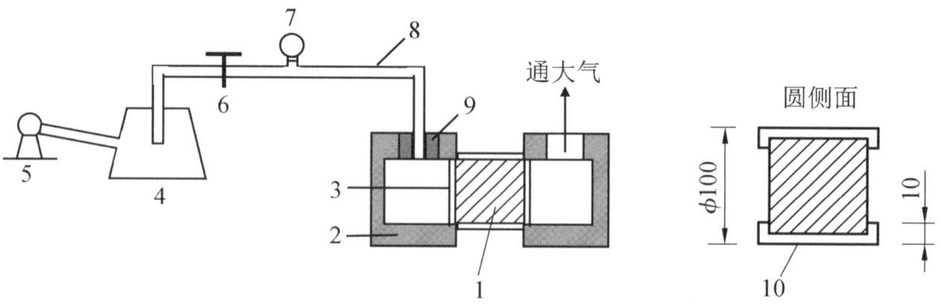

图 7.9　混凝土透气性试验装置

1— 试件；2— 试验槽；3— 真空橡皮垫圈(两层)；4— 真空瓶；5— 真空泵；6— 阀门；7— 真空表；8— 真空橡皮管；9— 橡皮塞

图 7.9 中装置基本试验原理为将混凝土试件一边抽真空，一边通大气。由于试件两边气体压差的作用，空气不断从通大气一边透过混凝土试件，使抽真空试验槽内的真空度下降。测定真空度由 0.056 MPa 下降至 0.05 MPa 所需的透气时间 t_d。根据 t_d 算出混凝土的气体扩散系数，以此来比较混凝土的透气性。气体扩散系数按下式计算：

$$K = 0.113\,\frac{V_s}{t_d}\cdot\frac{L}{A} \tag{7.56}$$

式中，K 为气体扩散系数，m^2/s；t_d 为所测的透气时间，s；V_s 为抽真空试验槽体积与连接阀门、试验槽皮管的体积之和，m^3；L 为试件厚度，m；A 为试件透气截面面积，m^2。

7.2.3　气体渗透性与混凝土孔隙结构

干燥状态下水泥基材料的气体渗透性主要受孔隙的物理结构所影响。孔隙物理结构包含总孔隙率和孔隙之间的连通关系。对于孔隙结构的表征，硬化水泥浆相对比较简单；而砂浆和混凝土由于存在骨料和过渡区，比较困难。本节将从理论和文献数据角度来分析目前已知的水泥基材料的气体渗透性与孔隙结构的关系。

经典多孔材料的渗透性与孔隙结构的关系在文献中已经有较多的理论研究：包括经典的Carman－Kozeny 模型、束管（bundle of capillary tubes）模型、随机网络模型以及经验模型。多数模型最终可归结为数学表达式(7.57)：

$$k_0 = c\phi d_c^2 \tag{7.57}$$

式中，ϕ 为材料的孔隙率；d_c 为气体渗流过程中材料孔隙结构的某个特征尺寸，m；c 为模型参数，与孔隙结构相关。

压汞法(MIP)是测量水泥基材料，尤其是硬化水泥浆孔隙结构的常规方法，因此本章参考文献[8]中使用了MIP测试结果中孔隙分布曲线上读取的临界孔径作为式(7.57)中的 d_c。

Shi研究了水泥基材料的部分孔隙结构参数和气体渗透性之间的关系后得到：临界孔径、平均孔径和总孔隙率与气体渗透性存在一定的线性相关性，但相对于临界孔径和平均孔径，总孔隙率可以拟合得到最佳的相关系数，如图 7.10 所示。Hamami 等和 Luo 研究了水泥基材料的孔隙结构 ϕd_c^2 和气体本征渗透系数的关系，得到了更好的线性关系，如图 7.11 所示。

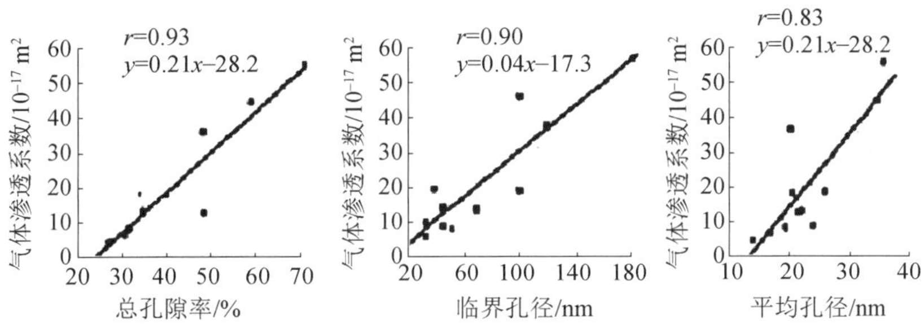

图 7.10　Shi 得到的混凝土气体渗透性与总孔隙率、临界孔径、平均孔径的相关性

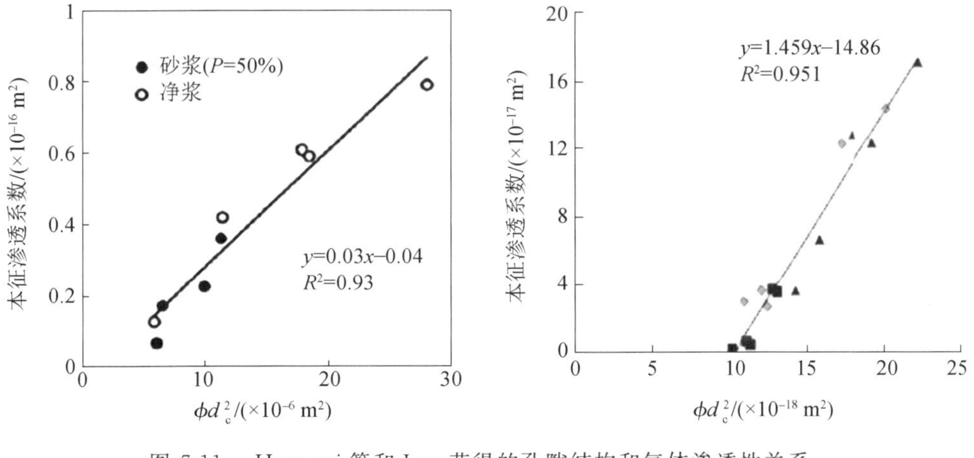

图 7.11　Hamami 等和 Luo 获得的孔隙结构和气体渗透性关系

从图 7.12 中的硬化水泥浆结果可以看出，硬化水泥浆气体渗透性随着孔隙率的增大而增大，相应地与 ϕd_c^2 存在有较为明显的线性关系，一定程度上验证了式(7.57)对硬化水泥浆的适用性以及采用MIP曲线的临界孔径作为特征孔径尺寸 d_c 的合理性；但是对于砂

浆和混凝土的气体渗透系数，尽管总体上仍然有随着孔隙率的增大而增大的趋势，但是与 ϕd_c^2 的线性关系不明显，表明骨料和过渡区的存在使式(7.57)对砂浆和混凝土气体渗透性的适用性受到影响。故很多学者开始开发更多的模型来预测水泥基材料的气体渗透性。

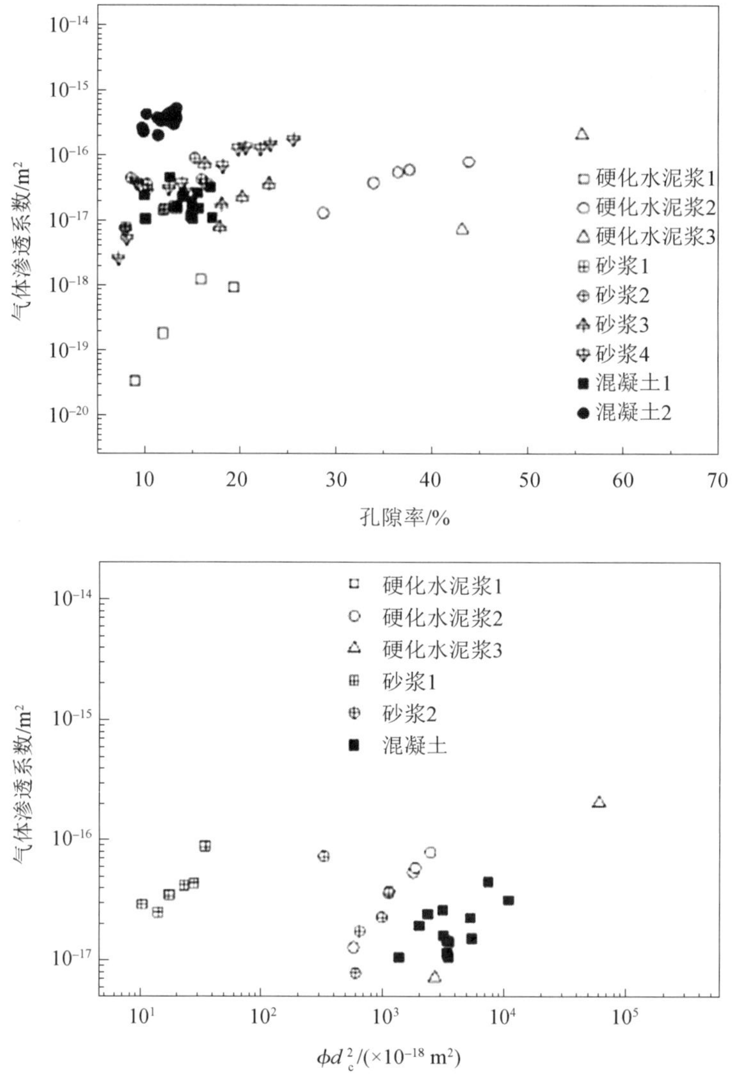

图 7.12　气体渗透系数与孔隙率关系及气体渗透系数与孔隙结构 ϕd_c^2 关系

图 7.13 汇总了一些相关文献数据，根据文献数据的硬化水泥浆的气体渗透性以及骨料体积分数，利用 Hamami 的两相模拟结果预测了相应的砂浆和混凝土的气体渗透系数，并与文献中的试验值 k_{exp} 相对比。从该图可以观察到，该两相模型预测的气体渗透性 k_{mod} 与实测值的比值大部分维持在 0.5 ～ 2，并且随着骨料体积分数的增加而增大。总体上，实测值比预测值稍大，这可能是因为随着骨料含量的增加，过渡区的体积随之增加，不同骨料周围的过渡区相互搭接，形成了气体渗流的逾渗通路。

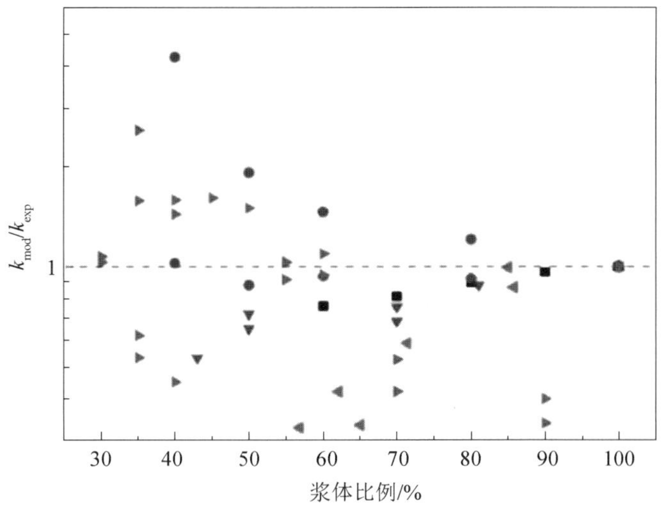

图 7.13　使用 Maxwell 模型预测砂浆与混凝土的气体渗透率
(不同图例代表不同文献中的实验数据,此处不一一列举)

7.3　氯离子电通量

7.3.1　离子传输机理

混凝土中离子的传输过程主要有扩散、渗透和电化学迁移 3 种不同的方式。在渗透过程中,离子以水为载体,在水压作用下随渗滤液流动而迁移,其驱动力为水压差,迁移速度取决于混凝土渗透系数;在扩散过程中,离子通过液相自高浓度向低浓度方向迁移,其驱动力为浓度差,迁移速度取决于离子扩散系数。在某些情况下,这 3 种传输机制可能共同发挥作用。

随着混凝土耐久性研究的发展,氯离子对混凝土结构的腐蚀研究也越来越受重视。由于氯离子在混凝土结构中传输方式复杂多变,所以针对混凝土结构中的氯盐腐蚀的研究一直是关注重点。由于混凝土是孔隙结构复杂的多孔介质材料,所以氯离子在混凝土中的传输属于离子在孔隙溶液中迁移的复杂过程,目前的研究中主要发现以下几种传输方式:

(1) 扩散。

发生在饱和或含自由水多的混凝土中,氯离子在浓度差的驱动下,由高浓度一侧向低浓度一侧迁移。

(2) 渗透。

混凝土内部孔隙溶液在压力差作用下发生定向运动。

(3) 电化学迁移。

混凝土孔溶液由于含有不同带电离子而产生不平衡分布的电化学势能，氯离子在电场势能的影响下发生迁移。

以上几种传输方式是混凝土在上述各种条件下易发生的传输，而通常在复杂环境下，氯离子在混凝土中的传输可能是几种传输方式的耦合作用。

如果假设扩散过程中各离子浓度不随时间变化，仅随距离变化，此时适合用稳态下的菲克第一定律表示。对菲克第一定律求导就可以得到菲克第二定律，但需要假定混凝土材料是各向均质同性且氯离子不与混凝土材料发生反应产生结合，且扩散过程是一维方向上的。1970 年，Callepari 等首先将上述菲克定律用于混凝土氯离子的传输中，其扩散方程为

$$\frac{\partial C}{\partial t}=\frac{\partial}{\partial x}\left(D\frac{\partial C}{\partial x}\right) \tag{7.58}$$

式中，C 为扩散浓度；t 为扩散时间；D 为扩散系数；x 为扩散深度。$x=0$，$t=0$ 时，边界条件 $C=C_0$，这就是经典的菲克定律模型。

氯离子扩散系数是氯离子在混凝土中传输能力的一种表征，也是混凝土抗氯离子侵蚀能力的反映。求解氯离子扩散系数的模型有很多，从最初的菲克第二定律到以菲克定律为基础修正的公式、数学模型等。经典的菲克第二定律模型如下：

$$\frac{\partial C}{\partial t}=D\frac{\partial^2 C}{\partial x^2} \tag{7.59}$$

式中，t 为扩散时间；x 为侵入深度；D 为氯离子扩散系数；C 为氯离子浓度。

当初始条件为 $x=0$，$t>0$ 时，$C=C_s$；$x>0$，$t>0$ 时，$C=C_0$。由上述边界条件和初始条件得以下菲克第二定律解析解：

$$C=C_0+(C_s-C_0)\left(1-\operatorname{erf}\frac{x}{2\sqrt{Dt}}\right) \tag{7.60}$$

式中，C_0 为初始氯离子浓度，即初始时混凝土材料中含有的氯离子浓度；C_s 为表层混凝土的氯离子浓度；erf 为误差函数，$\operatorname{erf}(u)=\frac{2}{\sqrt{\pi}}\int_0^u e^{-t^2}\,dt$。

菲克第二定律常用于非稳态饱和混凝土的纯扩散中，虽然该方程是在一些假定条件下成立，但在一定程度上仍能反映混凝土一维方向上氯离子的扩散情况，故被很多学者引用。典型的氯离子扩散试验除上述菲克第二定律外还有稳态扩散试验所用的菲克第一定律和加速扩散试验所用的 Nernst Planck 方程。以上 3 种典型扩散试验所用经验方程都适用于饱和混凝土一维方向的传输，而实际工程中混凝土常处于非饱和状态下工作。非饱和状态下氯离子在混凝土中的传输过程主要是孔隙溶液中氯离子的浓度扩散和氯离子随孔隙溶液的对流过程。

7.3.2 离子传输的评价方法

离子传输方法（主要为氯离子传输评价方法）包括电通量法、电迁移法、快速迁移法、

电导率法等。

(1) 电通量法。

电通量法是利用外加电场来加速试件两端溶液离子的迁移速度，此时外加电场成为氯离子迁移的主要驱动力；区别于浓度梯度导致的驱动力，在直流电压作用下，溶液中离子能够快速渗透，透过混凝土试件向正极方向移动，测定一定时间内通过的电量即可反映混凝土抵抗氯离子渗透的能力。测量流过混凝土的电荷量电导，就能反映出透过混凝土的氯离子量，同时根据 Nernst Planck 方程式，可以推算出氯离子的电迁移扩散系数。试验所用设备示意图如图 7.14 所示。

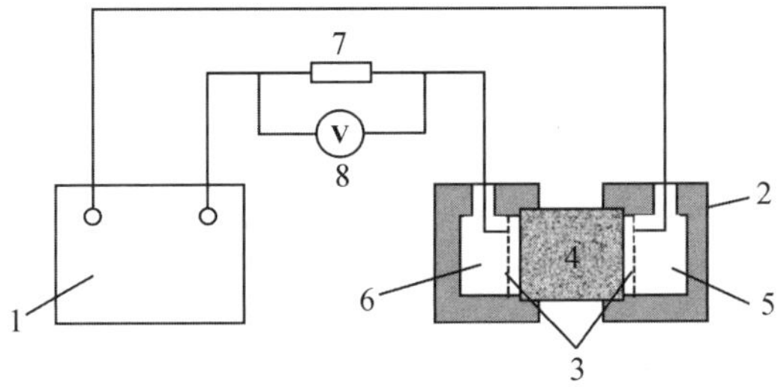

图 7.14　电通量法试验装置示意图

1— 直流稳压电源；2— 试验槽；3— 铜网；4— 混凝土试件；5— 质量分数3.0% 的 NaCl 溶液；6—0.3 mol/L 的 NaOH 溶液；7—1 Ω 标准电阻；8— 直流数字式电压表

电通量试验规定：混凝土试件的直径为 95 ～ 102 mm，厚度为 48 ～ 64 mm，两端水槽所用的溶液分别为质量分数 3.0% 的 NaCl 溶液（负极）和 0.3 mol/L 的 NaOH 溶液（正极），在 60 V 外加电场作用下，每隔 30 min 记录一次电流，持续 6 h，由电流－时间函数曲线计算通过的总电量，用来评价混凝土的氯离子渗透性。

常用的电通量法分为 3 种：端电极法、双电极法及四电极法。端电极法直接对混凝土试件施加直流电，根据欧姆定律和测得的电压、电流，计算混凝土电导率。该方法虽然简便，但受极化效应、电容效应以及离子分布变化影响较大，试验结果误差大。相关文献中，采用双电极法时，将混凝土试件两端垫上湿海绵，再施加交流电。当电流稳定后，测得混凝土电阻，进而求得电导率。该方法试验结果可靠，适合实验室测试。但存在的问题是，当与电极接触面积较小时，骨料接触面面积占比对试验结果存在影响，占比越大，测得电导率结果越小；此外，试件密实度大时，电流到达稳定的时间长，此时试件发热会产生测量误差。四电极法顾名思义，用电压表、电流表外接的 4 个探针分别测得电压、电流，进而求解电导率。其中，4 个海绵探针在测试区等距离排列。电通量方法虽然试验周期短，效果直观，但对仪器精度要求高，设备昂贵，当试件内存在其他导体（如钢纤维）时，对试验结果的影响极大。

同时，电通量法虽然简便快捷，但是随着研究的深入发展，普遍认为该方法存在一定缺陷。首先，随着混凝土品种以及组成的不同，试验结果的相关性不同。其次，混凝土电阻率不仅与孔结构有关，还与孔溶液中离子强度有关，因此试验反映的不仅是氯离子的运动，还包含其他离子的运动。最后，对于抗氯离子扩散性较差的混凝土，较大的外加电压会使混凝土产生较高的温升，导致结果失真。

（2）电迁移法。

典型的电迁移法为加速氯离子迁移法（ACMT），该方法采用比电通量法更低的外加电压来测定氯离子的迁移。ACMT 法包括 3 个测试步骤：① 试件准备，包括真空、保水及安装测试；② 测定试件室中的电流和温度值；③ 定期对阴极溶液的氯离子浓度进行监测。

图 7.15 所示为 ACMT 法试验装置示意图。该方法采用外加 24 V 电场，每隔 5 min 记录通过的电流，测试时间为 9 h。试件的厚度约为 30 mm，溶液室的容积为 4 750 mL，较大的溶液体积可以减少电流热效应对试验结果的影响。

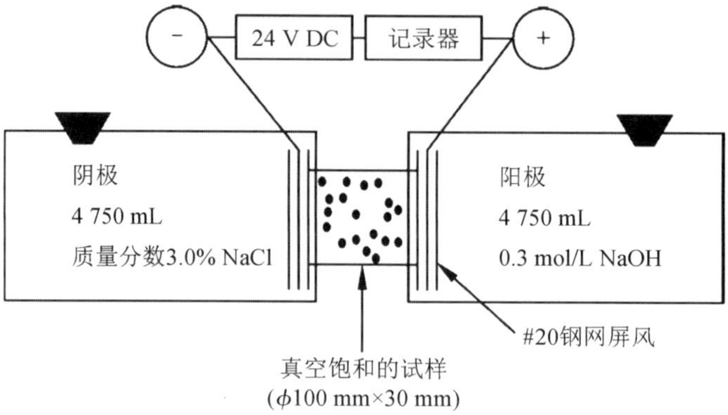

图 7.15　ACMT 法试验装置示意图

（3）快速迁移法。

快速迁移法也称为 RCM 法，是我国相关标准规范推荐使用的方法，也是欧洲众多标准所采纳的方法。图 7.16 所示为 RCM 法试验装置示意图。试件的标准尺寸为直径（100 ± 1）mm，高度为（50 ± 2）mm。试件需要在标准养护水池中浸泡 4 d，然后进行试验。在橡胶筒中注入约 300 mL 的 0.2 mol/L 的 KOH 溶液，使阳极板和试件表面均浸没于溶液中。在试验槽中注入含 5%NaCl（质量分数）的 0.2 mol/L 的 KOH 溶液，直至与橡胶筒中的 KOH 溶液的液面齐平。测试开始，记录时间并立即同步测定并联电压、串联电流和电解液初始温度，试验需要的时间按测得的初始电流确定。通电测试完毕取出试件，将其劈成两半，利用 0.1 mol/L 的硝酸银滴定氯离子的扩散深度。混凝土的氯离子扩散系数按照下式计算：

$$D_{\mathrm{RCM},0} = 2.872 \times 10^{-6}\,\frac{Th\left(x_{\mathrm{d}} - \alpha\sqrt{x_{\mathrm{d}}}\right)}{t} \tag{7.61}$$

式中，$D_{\mathrm{RCM},0}$ 为 RCM 法测定的混凝土氯离子扩散系数，$\mathrm{m^2/s}$；T 为阳极电解液初始和最终温度的平均值，K；h 为试件高度，m；x_{d} 为氯离子扩散深度，m；t 为通电试验时间，s；α 为辅助变量，$\alpha = 3.338 \times 10^{-3}\sqrt{Th}$。

（4）电导率法。

直流电导率法，也称为 NEL 法。该方法是利用 Nernst - Einstein 方程，通过快速测定混凝土中氯离子扩散系数来评价混凝土渗透性的新方法。图 7.17 所示为 NEL 氯离子扩散系数测定装置示意图。

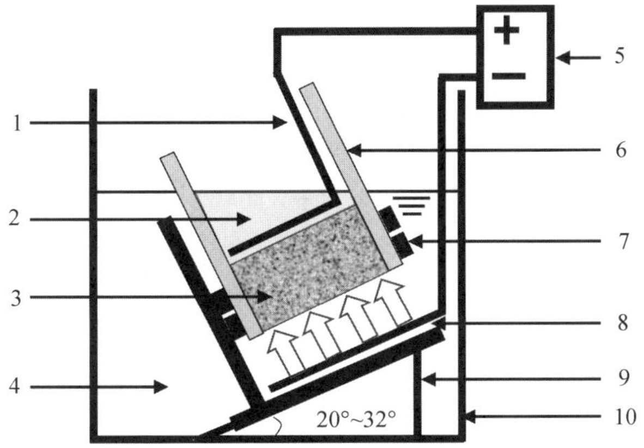

图 7.16　RCM 法试验装置示意图

1— 阳极；2— 阳极溶液；3— 试件；4— 阴极溶液；5— 直流稳压电源；
6— 橡胶筒；7— 环箍；8— 阴极；9— 支架；10— 试验槽

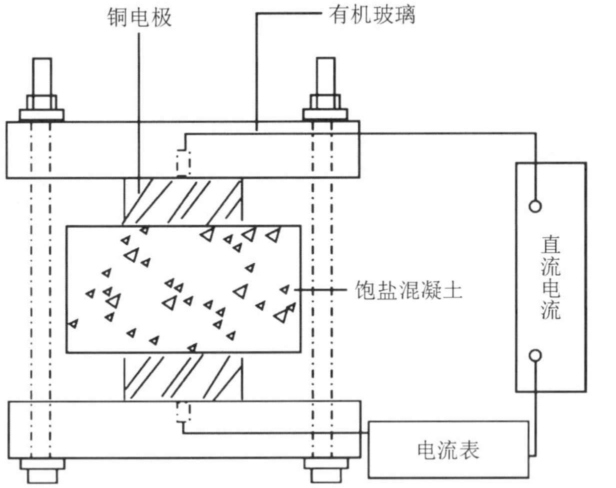

图 7.17　NEL 氯离子扩散系数测定装置示意图

NEL 法用真空抽吸的方法加速混凝土试件饱盐，使之成为线性原件，然后用 Nernst —Einstein 方程确定混凝土中的氯离子扩散系数。将标准养护或水中养护 28 d 的混凝土试件表面切去 2 cm，然后切成 100 mm × 100 mm × 50 mm 或 ϕ100 mm × 50 mm 的试件，上下表面应平整；取其中 3 块试件在 NEL 形真空饱盐设备中用 4 mol/L 的 NaCl 溶液真空饱盐。擦去饱盐试件表面盐水并置于试样夹具上尺寸为 ϕ50 mm 的两个紫铜电极之间，利用离子扩散系数测试系统在低电压下(1 ～ 10 V) 对饱盐混凝土试件的氯离子扩散系数进行测定，饱盐完成后，可在 15 min 内得到结果。

NEL 法采用的小电压可大大减少电极反应的不良影响，巧妙解决了 Nernst — Einstein 方程中离子迁移系数难以确定的问题，测试结果可转化为自由和表观氯离子扩散系数值，对于预测氯盐环境中混凝土结构的使用寿命十分有用。NEL 法尤其适用于评价高性能混凝土的渗透性，它计算得到的氯离子扩散系数与混凝土的孔隙率有很好的相关性。

7.3.3 抗氯离子侵蚀性能

许多文献中对UHPC的渗透性进行了试验，比较了其圆盘试件和普通混凝土及高强混凝土的孔隙度、透气性、吸水率、扩散性和氯离子的迁移等渗透性能，显示了UHPC极佳的颗粒紧凑度和耐久性能。

Tafraoui对掺加偏高岭土的UHPC渗透性进行分析，对于完好试件分别进行了吸水孔隙率、氧气渗透率、氯离子扩散能力、毛细吸水率、加速碳化和硝酸盐浸出试验，实验得出UHPC空气渗透率小于10～19 m^2，但由于仪器精度所限，并未测得具体数值；氯离子的扩散结果维持在10～14 m^2/s数量级、吸水率小于0.5 kg /m^2、零碳化，这样的结果与其他混凝土相比，UHPC中的离子扩散，尤其是造成钢筋腐蚀的氯离子扩散绝对要更低（平均比普通混凝土弱1 000倍），这与UHPC的低孔体积及其不连续性有关。

Abbas等比较分析了不同钢纤维长度和掺量对UHPC的渗透性的影响，将纤维长度分别为8 mm、12 mm和16 mm，体积分数为1%、3%、6%的纤维加强UHPC试件分别进行吸水试验、快速氯离子渗透试验和盐浸试验（氯离子浓度为3%、3.5%和10%）。UHPC的可渗透孔体积远小于高性能混凝土（HPC）和普通混凝土，增加的纤维掺量降低了孔隙连通度，如图7.18所示。氯离子渗透试验证实纤维增加了试件的致密性，进而提高了UHPC的耐久性能；但氯离子浓度对渗透程度（库伦数）的影响很小，这是由于致密的纤维基质具有很低的渗透性；盐浸试验同样表明纤维长度对UHPC渗透性影响较小，在高纤维掺量下，UHPC表现出相对较好的渗透性能，并且在各种氯离子侵蚀环境下，UHPC力学性能无明显恶化。

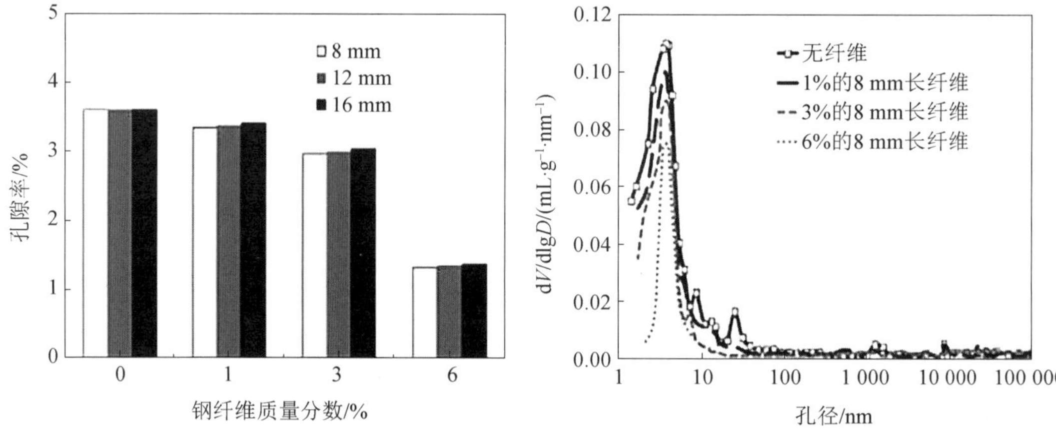

图7.18　纤维长度和掺量与UHPC的孔隙率的相互关系

Roux等人对UHPC试件的渗透性进行测试，相比于C30和C60混凝土，氯离子侵入水泥基更少（图7.19），且相比C30（1.1×10^{-12} m^2/s）和C60（0.6×10^{-12} m^2/s），RPC200测得其热扩散系数低至0.02×10^{-12} m^2/s。此外，试验发现混凝土中最容易受到腐蚀的水泥水化产物氢氧化钙，几乎全部与硅微粉反应转化为硅酸钙凝胶，因此 UHPC 对氯盐、硫酸盐和酸性物质的抗腐蚀性优良，但对于硝酸铵的耐受性较差，钢纤维会较快锈蚀。

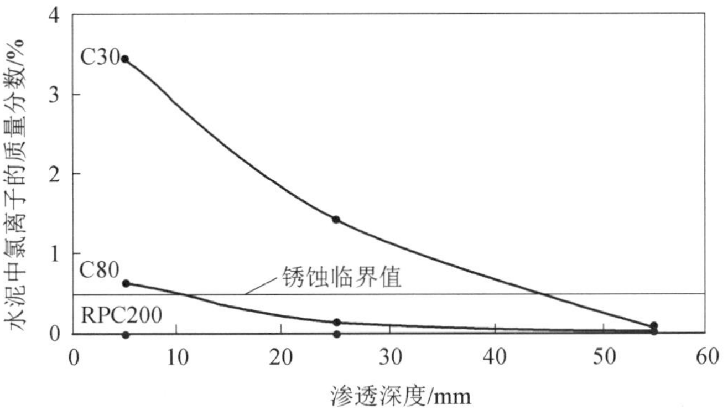

图 7.19　不同强度等级混凝土在不同深度测得的氯离子量

7.4　纤维分布的影响

7.4.1　UHPC 纤维分布评价新方法

王睿等对于 UHPC 中的纤维分布状况进行了系统研究。在保持干料配合比一定，固定水灰比条件下，设置不同减水剂及纤维的掺量来评定纤维随机分布对于 UHPC 性能的影响。

首先制备 UHPC 试件，其干料质量的比例固定不变，水泥：硅灰：粗石英砂：细石英砂＝1：0.3：0.88：0.22，水胶比为 0.22。为了获取不同的新拌 UHPC 流变性，选取 4 种不同的减水剂质量分数：1.0%，1.2%，1.4% 和 1.6%。对于减水剂质量分数为 1.0% 和 1.6% 的配合比，配以 0%，1%，2% 和 3% 这 4 种不同的纤维体积分数；其他 2 种减水剂含量的配合比，则分别制作纤维体积分数为 0 和 2% 的试件。共计 12 组配合比，具体见表 7.1。

表 7.1　UHPC 配合比

水胶比	干料比例				钢纤维体积分数 /%
	水泥质量比	硅灰质量比	石英砂质量比	减水剂质量比	
0.22	1.0	0.3	1.1	1.0	0,1,2,3
	1.0	0.3	1.1	1.2	0,2
	1.0	0.3	1.1	1.4	0,2
	1.0	0.3	1.1	1.6	0,1,2,3

试验选用直径 100 mm、高 200 mm 的圆柱形试件，使用相应尺寸的塑料模具进行制作。UHPC 试件浇筑完毕后，振捣 90 s 后静置成型。其余有关试件的制备及养护方法与

前述相同。

试件测量采用哈尔滨工业大学交通科学与工程学院采购的德国微焦点工业 CT 扫描系统。该系统可以根据测量要求配置测试参数，有效地应用于混凝土材料检测。该设备包括射线源、辐射探测器、机械系统、数据采集系统、数据存储系统、计算机处理系统及辅助系统(如辐射安全系统和辅助电源等)等，其主要组成及工作流程如图 7.20 所示。

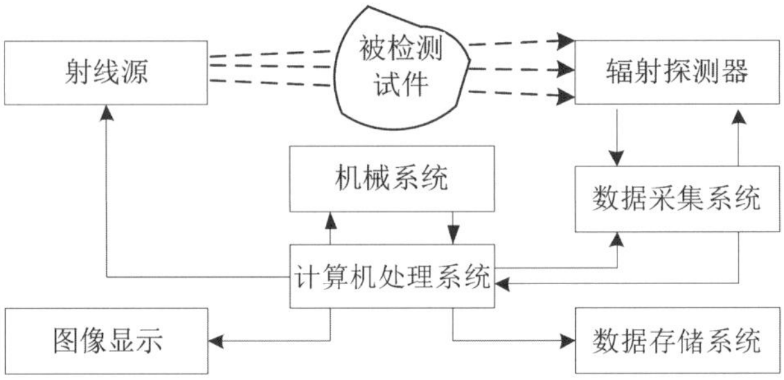

图 7.20　工业 CT 扫描系统的主要组成及工作流程

该设备采用 X 射线锥束扫描的方式对试件内部结构进行探测，在辐射探测器端利用锥束滤波反投影重建算法对断层图像进行重构。设备的主要性能指标见表 7.2。

表 7.2　工业 CT 扫描系统性能指标

最大管电压 /kV	最大管功率 /W	细节分辨率 /μm	焦点到工件最小距离 /mm	最大像素分辨率 /μm	几何放大倍数(2D)/ 倍	几何放大倍数(3D)/ 倍
240	320	1	4.5	＜ 2(3D)	1.46 ～ 180	1.46 ～ 100

此外，该装置对扫描试件的尺寸和质量也有一定要求，规定尺寸(高度 × 直径)应小于 420 mm×135 mm，质量小于 10 kg。工业 CT 扫描系统装置的整体外观和内部结构如图 7.21 所示，扫描过程中试件放置在装置内部的水平台上接受扫描。

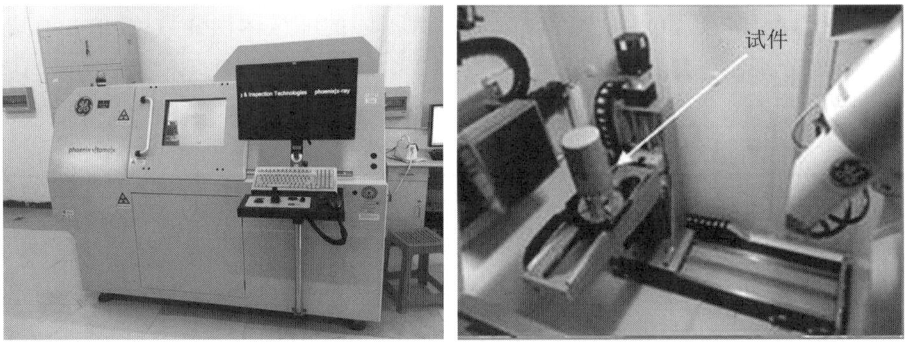

(a) 外观　　(b) 内部

图 7.21　微焦点工业 CT 扫描系统

7.4.2 UHPC 纤维分布评价过程

(1) 图像获取。

已有研究结果表明，X 射线的穿透能力取决于设备的扫描电流和电压，为了增大扫描结果的空间分辨率和各物质间的对比度，需要增大设备运转功率。但过高的功率也同时会降低 CT 扫描仪的功能稳定性，易造成试验中断或仪器损坏。综合考虑以上两点因素，本试验的 CT 扫描仪的工作电压确定为 190 kV，电流为 0.45 mA，相应的最高像素分辨率为 0.1 mm，足以胜任对 100 mm×200 mm 的 UHPC 试件内钢纤维和大孔分布规律的分析任务。仪器设置完毕后，UHPC 圆柱形试件由一个密度较低的泡沫塑料底座固定在仪器的旋转载物台上，以避免试件与高密度金属载物台接触而影响扫描结果。由于射线采集设备需要均匀接收各部位的射线，圆柱形试件在数据采集过程中需要随载物台不断旋转并上下移动，整个测试过程大约需要 2 h。这一过程中，CT 图像沿试件高度方向每 0.1 mm 拍摄一张，由于本次试验的试件高度为 200 mm，每个圆柱体试件都将被获取 2 000 张 2D 图像，如图 7.22 所示。

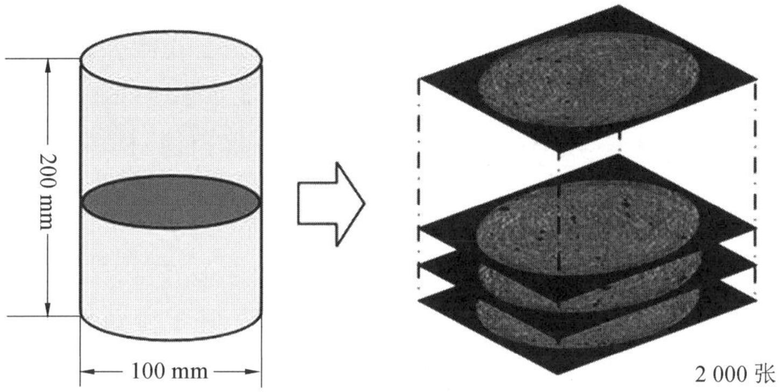

图 7.22　CT 图像获取

(2) 图像处理与分析。

①2D 图像增强。

由于不同密度的物质在 X 射线照射下产生不同的衰减效果，因此被照射物体内部各材料可以在 CT 图像中按不同的灰度区分出来。密度越大的材料，在图像中呈现出越低的灰度值。因此对于 UHPC 试件来说，钢纤维由于其密度最高，在 2D 图像中颜色最浅，接近于白色；气孔或微裂纹密度最低，在图像中灰度最大，呈暗黑色；砂浆基体包括凝胶体和骨料，在图像中的颜色应介于黑白之间，呈灰色状态。

图像增强是一种增强 CT 扫描系统初始采集的 2D 图像中各物质对比度的关键方法，可在不丢失典型图像信息的前提下对数码图像的质量进行改善，为后续实现更完美的 3D 图像重构做准备。为了达到这一目的，本书选用 VGStudio MAX 2.2 软件，用于去除图像中无效的灰度区域，并进一步增强纤维、浆体和气孔之间的灰度差异。增强后的效果如图 7.23 所示。

图 7.23

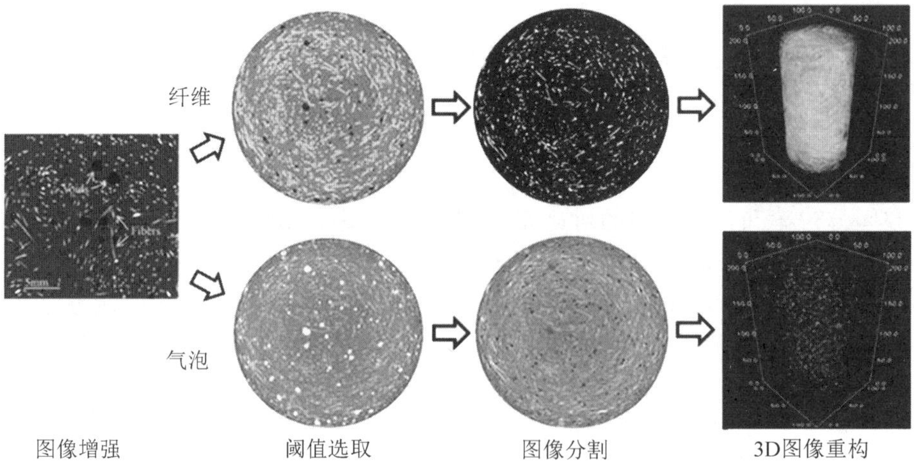

图 7.23　CT 图像处理过程

②2D 图像分割。

图像分割是衔接 2D 图像处理与 3D 图像重构的重要过程，其目的是将目标材料或感兴趣区域（ROI）进行区分、选取和单独呈现。目前，CT 图像处理中最常用且有效的图像分割手段是阈值选取法。本书依然采用 VGStudio MAX 2.2 软件进行图像分割操作。在清除图像中目标图像灰度阈值范围外的其他灰度值后，即可得到只含有目标材料（钢纤维和气孔）灰度值的 2D 图像。之后，灰度图转换为黑白二值图像，通过形态学处理对图中与目标材料灰度值相近的噪点进行过滤清除，获得仅含有纤维和气孔的 2D 图像。

③3D 图像重构与分析。

经过 2D 图像处理后，同一试件所拍摄的 2 000 张 2D 图像经由 VGStudio MAX 2.2 软件进行空间重构，形成针对不同目标材料的数码 3D 模型。基于得到的 3D 模型，UHPC 试件中纤维和气孔的分布特性可以直接经由计算机处理进行量化。本书试验的 12 组不同配合比 UHPC 圆柱形试件中自浇筑面至底部不同位置处钢纤维和气孔的实际含量，均可由上述过程获取。

7.4.3　纤维分布对 UHPC 强度的影响

为了分析纤维分布对 UHPC 强度的影响，本试验选用经 CT 扫描后的 UHPC 圆柱体试件进行强度测定。每一个圆柱体试件都经由 HQP－200 岩石双刀切割机沿侧向平均切成 4 段。从试件的浇筑面至试件底部，分别用字母 A，B，C 和 D 代表切割后的 4 个部分，如图 7.24 所示。对 10 个 UHPC 圆柱试件切割得到的共 40 个圆饼形试件进行劈裂抗拉强度试验。试验参照《混凝土物理力学性能试验方法标准》（GB/T 50081—2019）进行，全程控制加载速率不超过 0.5 kN/s。

以下是试验结果与分析。

（1）纤维分布。

钢纤维在 UHPC 圆柱形试件中的实际 3D 空间分布经由可视化处理，其中 2 个典型配

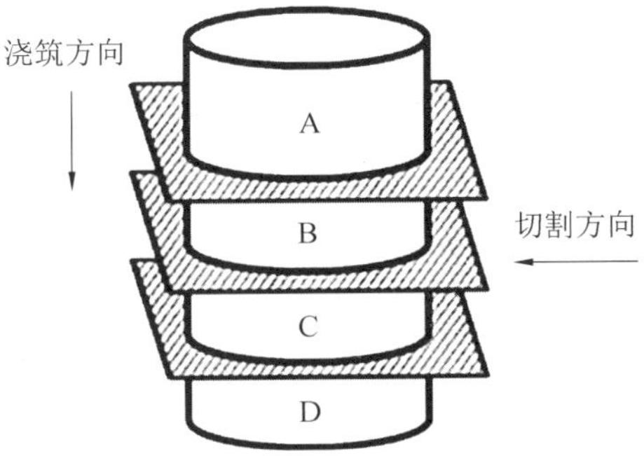

图 7.24　试件切割

合比的试件如图 7.25 所示，右侧小图像为试件浇筑面至底部 4 个试件不同高度处的局部纤维分布情况。可见，当钢纤维体积分数均为 2% 时，减水剂质量分数为 1.0% 试件的新拌浆体具有相对高的屈服剪切应力，由此展现出较均匀的纤维分布状态。相反，减水剂含量为 1.6% 的试件则表现出了非常明显的内部纤维沉降，大部分纤维堆积在试件的中下部。

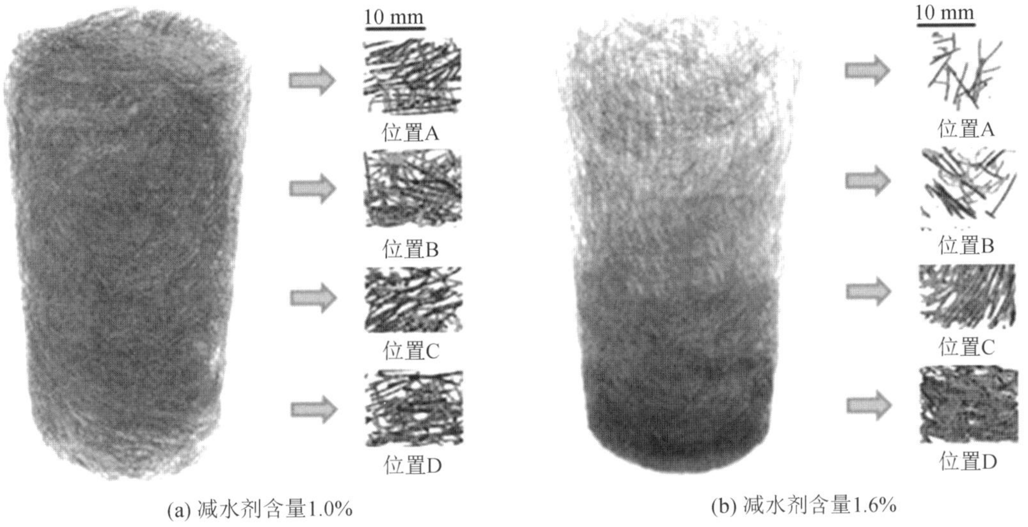

图 7.25　UHPC 试件内 3D 纤维分布图像(钢纤维体积分数为 2%)

基于重构后试件的3D纤维模型，对钢纤维在各试件不同浇筑高度处的实际含量进行量化，具体结果如图 7.26 所示。图中可以看到，当减水剂含量为 1.0% 时，无论钢纤维体积分数为 1%，2% 还是 3% 的试件，其 4 个高度位置处的实际纤维含量都与其总体体积分数相近，仅出现细微波动。由于纤维分布较均匀，这 3 个圆柱体试件 4 个位置处的强度波动也相对较小。对于较高减水剂含量的试件来说，实际纤维含量表现出随浇筑深度增加而显著增加的特性。例如减水剂含量为 1.6%，钢纤维体积分数为 2% 的 UHPC 试件，其 A，B，C 和 D 4 个不同高度处的实际纤维含量分别为 0.52%，0.85%，2.37% 和 4.52%。这种极不均匀的纤维分布情况，同样会引起试件内各部位的强度分布不均匀。当然，这种由减水剂含量增加而引起的沿试件浇筑方向的纤维不均匀分布，通过增加纤维总体体积分数得到了改善。这是由于减水剂含量和纤维体积分数对于 UHPC 新拌浆体流动度起到了不同效果，导致其对成型后试件内部纤维分散情况的作用截然相反。

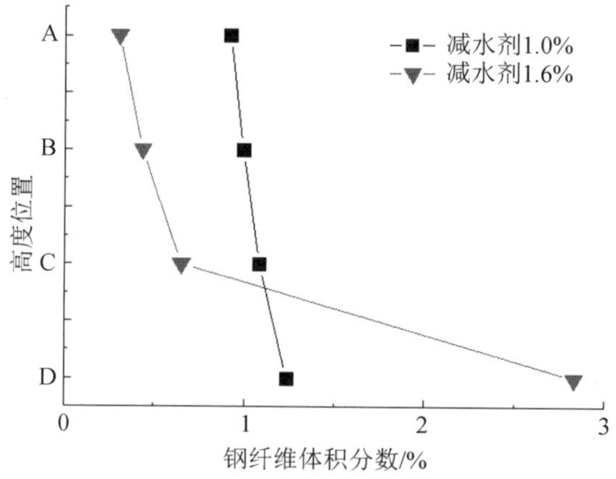

(a) 钢纤维1%

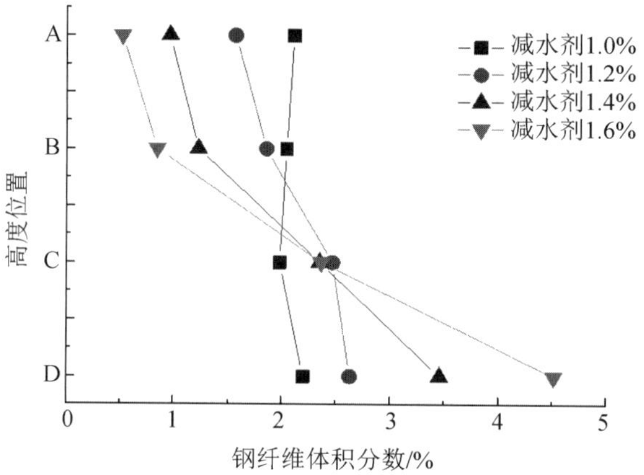

(b) 钢纤维2%

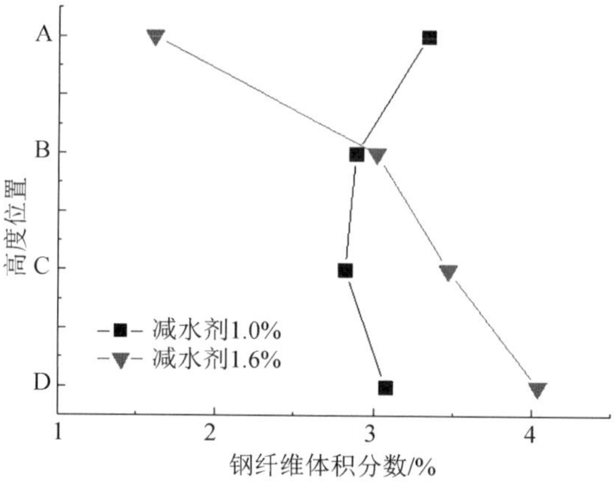

(c) 钢纤维3%

图 7.26　UHPC 试件内沿浇筑深度的实际纤维含量

(2) 气孔分布。

与纤维类似，UHPC 内的气孔也通过 X 射线 CT 扫描系统试验处理，几组有代表性的试件 3D 模型如图 7.27 所示，为方便观察气孔分布情况，只保留体积大于 1 mm^3 的气孔。

图 7.27

图 7.27　UHPC 试件内 3D 气孔分布图像(钢纤维体积分数为 2%)

由图可见试件中的气孔体积整体随减水剂的掺量的升高而降低,这也与普通混凝土的研究结果类似。另外,更高的减水剂掺量也导致了试件内气孔沿浇筑方向分布的不均匀。这是因为较高的新拌浆体流动度可以促进浆体内的气泡移动,使其在浇筑振捣过程中排出。这种不均匀的气孔分布也可能进一步导致圆柱体试件内不同位置处的强度变化。

图 7.28 所示为试件内气孔的总含量和各位置处气孔的实际含量。结果表明,UHPC 试件内的气孔总含量在 3.9% ~ 5.9% 间变化。UHPC 材料的性能可能会由于制备过程中引入了更多的气泡而受到不利影响,因此降低其气泡含量的制备方法值得研究。减水剂含量对于气孔分布的影响与钢纤维相似,因此可以推断,气孔和钢纤维不均匀分布的耦合效应,会破坏 UHPC 试件浇筑表面附近的力学强度。UHPC 试件的气孔含量也受其配合比中纤维体积分数的影响。在相同减水剂含量下,试件内部的气孔含量随纤维掺量的增加而降低。这可能是由于在试件的搅拌和浇筑过程中,纤维在浆体内交织分割了试件内部分大气泡,并压缩了气泡形成的空间,由此导致其在试件中的含量降低。

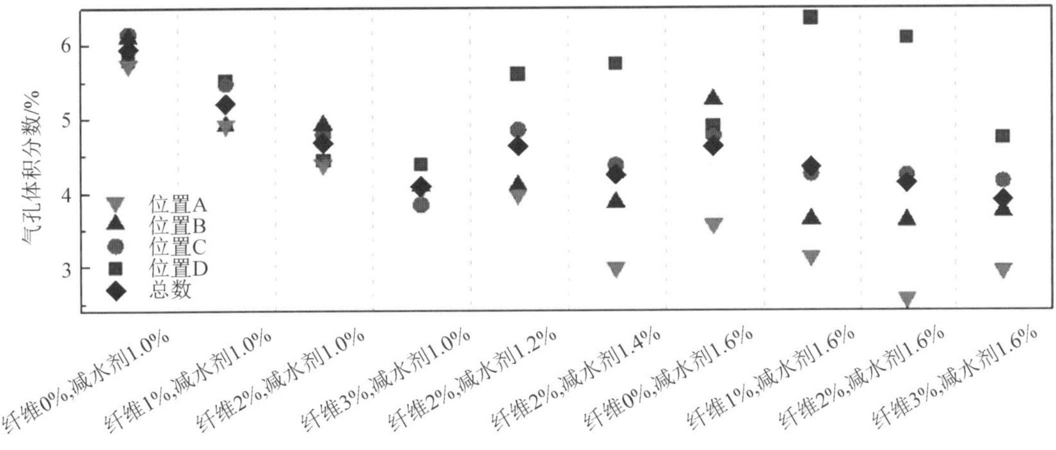

图 7.28　UHPC 试件内沿浇筑深度的实际气孔含量

（3）劈裂抗拉强度试验结果。

劈裂抗拉强度试验结果显示，与抗压和抗折强度试验类似，纤维的掺入同样影响着UHPC试件劈裂抗拉强度试验的破坏模式。素UHPC试件在劈拉荷载作用下呈现出脆性破坏特征，如图7.29(a)所示。破坏时发出清脆响声，试件从中间劈裂为大小相近的两半。而含有纤维的UHPC由于延性增加，加载过程中除初始开裂外几乎无声响，破坏时声音也较小。加载结束后试件中间有明显裂纹，但由于纤维的拉结作用，依然保持较完整形态，如图7.29(b)所示。

(a) 素UHPC试件

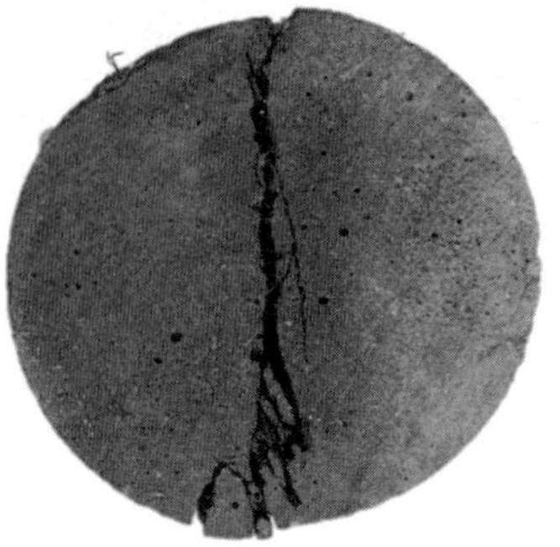

(b) 纤维增强UHPC试件

图 7.29　UHPC试件劈裂破坏形态

各配合比UHPC圆柱体试件4个不同深度位置处的劈裂抗拉强度试验结果如图7.30所示。图中A，B，C和D表示圆柱形UHPC试件切割后，距离浇筑面分别为0～50 mm，50～100 mm，100～150 mm和150～200 mm的4个部分。对于配合比中不含有纤维的两组素UHPC试件来说，4个不同深度位置处的劈裂抗拉强度基本相近，没有显著差别，而减水剂含量为1.6%试件的平均强度略高于减水剂为1.0%的试件。

与抗压和抗折强度类似，钢纤维的加入对各配合比的UHPC试件的平均劈裂抗拉强度均有不同程度的提升。对于减水剂含量为1%的试件来说，新拌浆体的屈服剪切应力相对较高，沿浇筑深度的各位置处的劈裂抗拉强度比较相近。与相应的素UHPC试件相比，在纤维体积分数为1%，2%和3%时，其劈裂抗拉强度分别提升了78.7%，105.3%和126.7%。一方面，这是由于纤维在浆体中的均匀分布，降低了基体内缺陷产生的可能性；另一方面，经由纤维的拉结作用，试件劈拉破坏界面处裂缝的开展得到延缓，由此提高了强度。

对于减水剂掺量相对较高的试件，其劈裂抗拉强度沿浇筑深度方向表现出明显的增长趋势，这可能是其较低的屈服剪切应力导致相对高的新拌浆体流动能力，使其材料内部的纤维发生了不同程度的沉降导致的。例如减水剂含量1.6%、纤维体积分数为2%的试件，其A位置处试件的劈拉强度仅为D位置处试件的一半。为了更明确地体现试件沿深度方向劈裂抗拉强度的离散程度，可以采用相对标准差(RSD)，即该组数据标准差与平均值的商，对数据进行分析。对于纤维体积分数为2%的UHPC试件，当减水剂从1.0%增长到1.6%时，其劈拉强度的RSD从3.4%增长到24.6%。这种沿深度剧烈变化的强度不但带来局部缺陷，也直接导致了UHPC试件平均劈裂抗拉强度的降低。若将这样的材料应用于实际工程中，一定会对结构的整体性能产生负面影响。因此，提高 UHPC 纤维分布的均匀性在确保工程结构质量安全方面显得尤为重要。

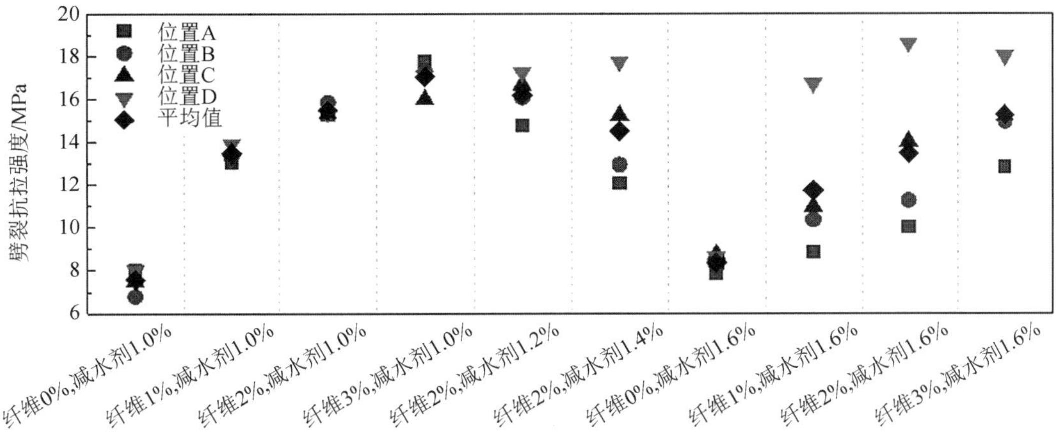

图 7.30　UHPC 试件 4 个不同深度位置处的劈裂抗拉强度

(4) 流变性与纤维和气孔分布的关系。

由于原材料变化，本章试验新拌 UHPC 浆体的流变性需要重新测量，其结果如图7.31所示。随着配合比中减水剂的质量分数从 1.0% 升高至 1.6%，新拌浆体的屈服剪切应力迅速从 952.1 Pa 降至 84.1 Pa。而黏度的波动相对较低，基本保持在 12 Pa · s 左右。

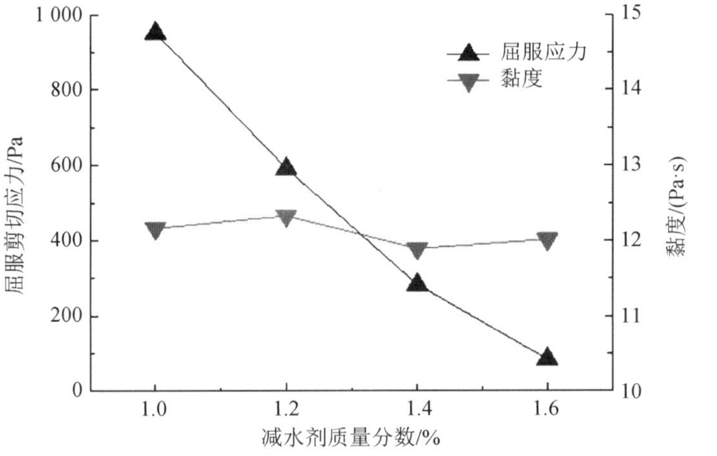

图 7.31　新拌浆体流变参数

将实测数据的 RSD 用于分析钢纤维和气孔的实际含量沿 UHPC 试件不同深度的变化情况。图 7.32(a) 所示为新拌浆体屈服剪切应力与成型后试件内 4 个位置钢纤维掺量 RSD 的关系。可见纤维掺量 RSD 随屈服剪切应力的降低而逐渐升高，表明了纤维沉降在试件内愈发明显的趋势。这也说明相对高的屈服剪切应力，可以在成型过程中为抵抗钢纤维在浆体中的沉降提供足够的阻力，并在一定程度上改善纤维的不均匀分布程度。另外纤维体积分数的增加也对改善纤维分布情况起到了一定的有利影响。

图 7.32(b) 所示为不同纤维掺量下，新拌浆体屈服剪切应力与 UHPC 试件内气孔分布的关系。与纤维分布规律相近，气孔含量的 RSD 也随着屈服剪切应力的降低而升高。这是气体中相对低的运动阻力使气泡在浮力及振捣力作用下更易向试件浇筑面移动所导致。当纤维体积分数从 1% 增长到 3% 时，试件内气孔的均匀程度也有一定改善。这同样是纤维量的增加提高了新拌浆体的稳定性，降低了其流动能力引起的。相比素 UHPC 试件中气孔分布相对均匀的情况，纤维的沉降造成的体积压缩进一步促进了气泡向浆体浇筑面的移动。

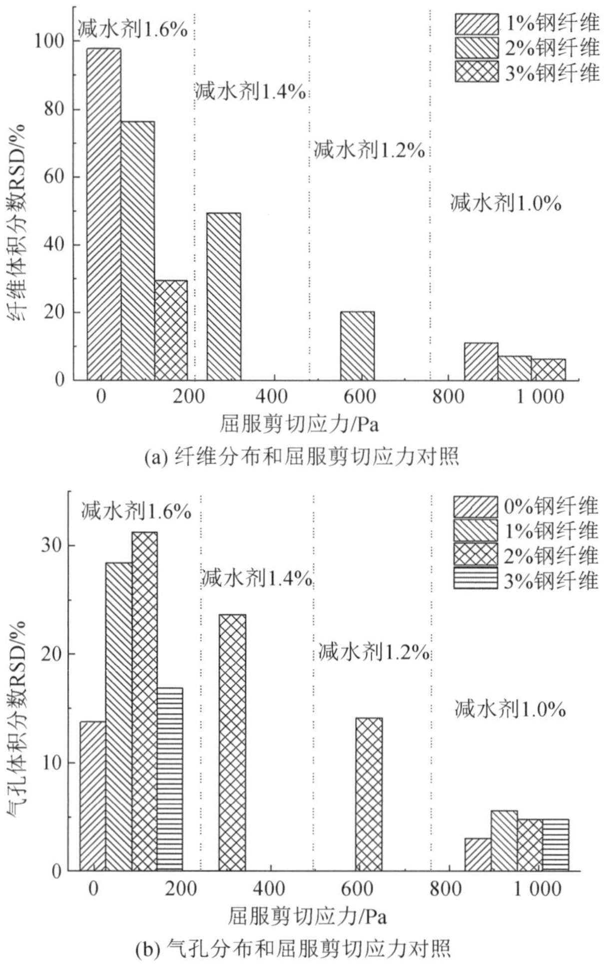

图 7.32　纤维和气孔分布与屈服剪切应力之间的关系

(5) 劈裂抗拉强度与纤维和气孔分布的关系。

根据纤维对水泥基材料的增强机理可知，纤维增强混凝土单轴抗拉强度 σ_c 的理论计算公式为

$$\sigma_c = \sigma_m(1 - V_f) + \sigma_f V_f \tag{7.62}$$

式中，σ_m 为素混凝土的抗拉强度；V_f 为试件的实际纤维体积分数；σ_f 为与混凝土相同应变下的拉伸强度。

可见,从理论上讲,纤维增强混凝土的强度与纤维体积分数成正比。而实际情况往往并非如此,由于混凝土基体的不均匀性及基体与纤维过渡界面常存在缺陷等不利因素,钢纤维对于混凝土强度的增强作用并非呈线性关系。

为了探讨劈裂抗拉强度与纤维和气孔分布的关系,汇集本章所有测量数据进行分析。图 7.33 (a) 所示为劈裂抗拉强度与试件内实际纤维含量的关系,通过拟合可得

$$F_t = 8.6 + 4.1V_f - 0.47V_f^2 \quad (R^2 = 0.86) \tag{7.63}$$

式中,F_t 为劈裂抗拉强度,MPa;V_f 为试件的实际纤维体积分数。

可见劈裂抗拉强度与纤维掺量呈二次函数关系,随着纤维实际掺量的增长而增长,与纤维增强机理基本吻合。这表明本试验中 UHPC 试件劈裂抗拉强度的变化,正是由试件中的实际纤维掺量随浇筑深度变化而增加引起的。

图 7.33(b) 所示为 UHPC 劈裂抗拉强度与试件内实际气孔含量之间的关系。试件的强度展现出随实际气孔含量升高而降低的趋势。众所周知,混凝土材料的气孔特征直接影响其力学性能。但气孔对于劈裂抗拉强度的影响明显弱于钢纤维,由此导致了图中所示较低的相关性。

综合上述 2 个参数对 UHPC 劈裂抗拉强度的影响,可将三者关系拟合为图 7.33 (c) 所示的曲面:

$$F_t = 8.8 + 4.2V_f - 0.13V_a - 0.53V_f^2 + 0.06V_fV_a \quad (R^2 = 0.93) \tag{7.64}$$

式中,V_a 为试件内实际气孔含量。

从方程中可见,试件的劈裂抗拉强度随着纤维掺量的增加和气孔掺量的减少而增加,而纤维掺量比气孔含量对强度的影响要大得多。如前所述,由于新拌浆体的流变性决定了成型试件中钢纤维沉降和气孔不均匀分布程度,导致了其劈裂抗拉强度沿浇筑深度变化的结果。一方面,较低的屈服剪切应力改善了 UHPC 混合物的流动性,有利于浇筑成型和内部气泡排出,对 UHPC 力学性能有积极的影响;另一方面,过低的屈服剪切应力也导致了 UHPC 内部纤维和气孔分布的不均匀,对 UHPC 结构的整体性能不利。

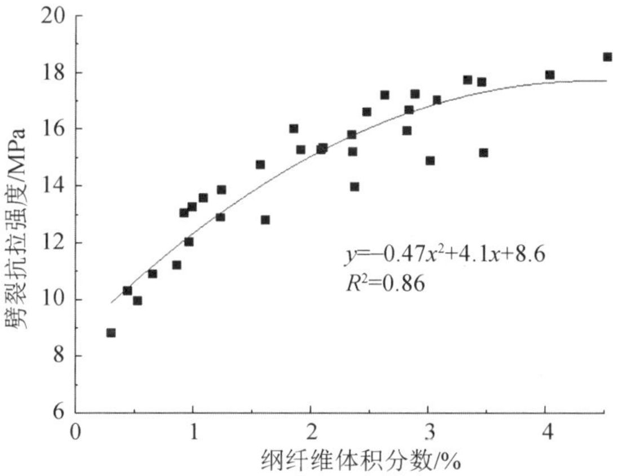

(a) 纤维掺量及强度对照

图 7.33　UHPC 试件内实际纤维和气孔含量对劈裂抗拉强度的影响

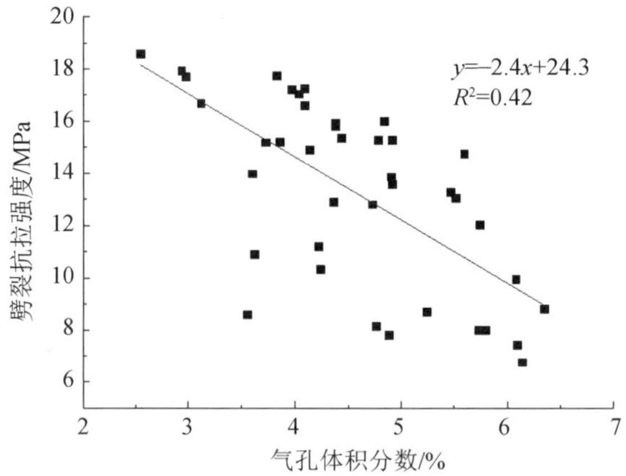

(b) 气孔含量及强度对照

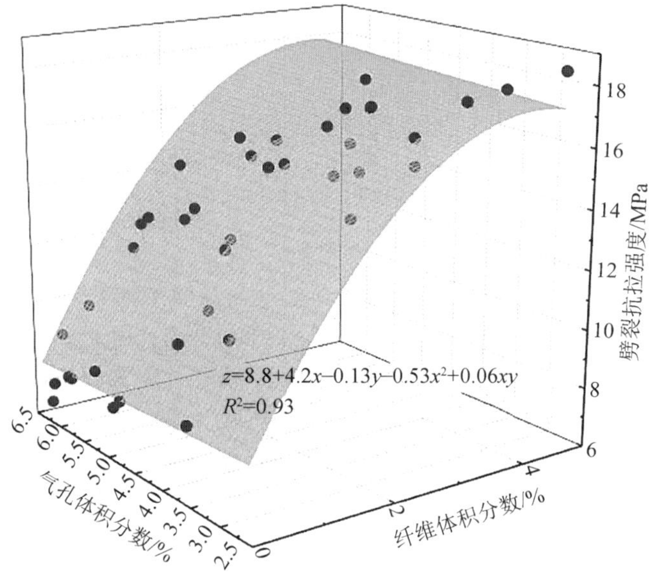

(c) 纤维和气孔含量及强度对照

续图 7.33

(6) 气体渗透率与残余侧向变形(COD_{res})和有效孔隙率关系。

各劈裂预加载荷载等级下，实测不同纤维掺量 UHPC 试件气体渗透率和 COD_{res} 以及有效孔隙率的关系如图 7.34 所示。UHPC 的气体渗透率总体随着 COD_{res} 和有效孔隙率的增加而迅速增长。不含纤维试件的气体渗透率随 COD_{res} 和有效孔隙率的增加变化不大，这是由于其 COD_{res} 有限、有效孔隙率较小。而纤维的掺入增大了 UHPC 试件的不可逆变形和有效孔隙率，是使其在荷载作用之后的抗渗性减弱的重要原因，可见 UHPC 的渗透性不止由试件的受荷等级决定，也与其损伤后的变形密切相关。此外，纤维掺量的增加对相同损伤程度造成的渗透性的增加具有改善作用。例如在 COD_{res} 同为 40 μm 左右时，随着纤维体积分数从 1% 增长到 3%，试件的气体渗透率实测从 1×10^{-14} m² 降低为 1×10^{-17} m²。这一点通过有效孔隙率的变化也可以得到证实。对于相同的有效孔隙率，纤维体积分数为 3% 的 UHPC 试件的气体渗透率约为纤维体积分数为 1% 的试件的 1%。一方面，裂纹末端的纤维在试件受荷时提供了一定的缝合能力，有效缩短了裂缝，减少了气体流通的区域；另一方面，纤维的增加影响了试件中的裂纹形式，将单一裂纹转化为几条较小裂纹，有效降低了主裂纹的宽度并限制了裂纹之间的连接。从理论上讲，材料裂纹的气体渗透率与裂纹宽度的平方成正比，这也意味着更细小的微裂纹相比于总宽度相同的大裂纹的气体渗透率大幅降低。以上两方面可以合理地解释纤维对于预开裂后 UHPC 试件气体渗透性的影响。

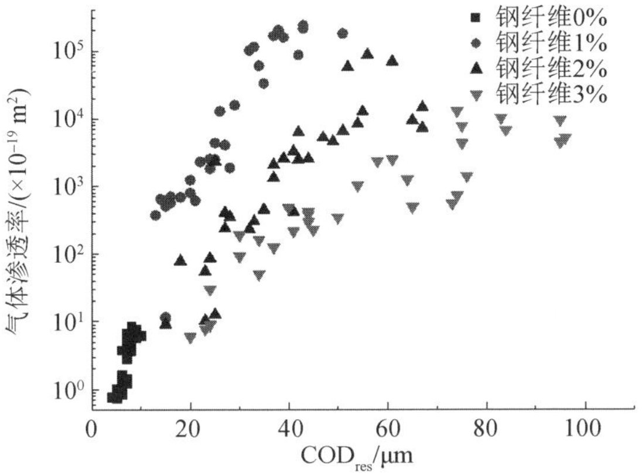

(a) 气体渗透率及 COD_{res} 对照

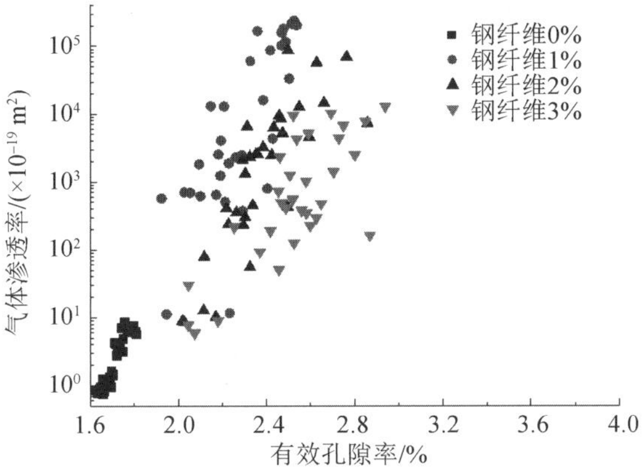

(b) 气体渗透率及有效孔隙率对照

图 7.34　预开裂加载后气体渗透率与 COD_{res} 和有效孔隙率之间的关系

(7) 毛细吸水率与 COD_{res} 和有效孔隙率的关系。

各劈裂预加载荷载等级下，实测不同纤维掺量 UHPC 试件毛细吸水率和 COD_{res} 的关系如图 7.35 所示。显而易见，随着试件 COD_{res} 的增大，各纤维掺量 UHPC 试件的有效孔隙率逐步上升。在试件的 COD_{res} 小于 20 μm 的情况下，各纤维掺量下 UHPC 毛细吸水率变化相近。当试件的 COD_{res} 进一步升高时，试验数据的差距趋于明显，纤维对试件毛细吸水率的影响得以显现。

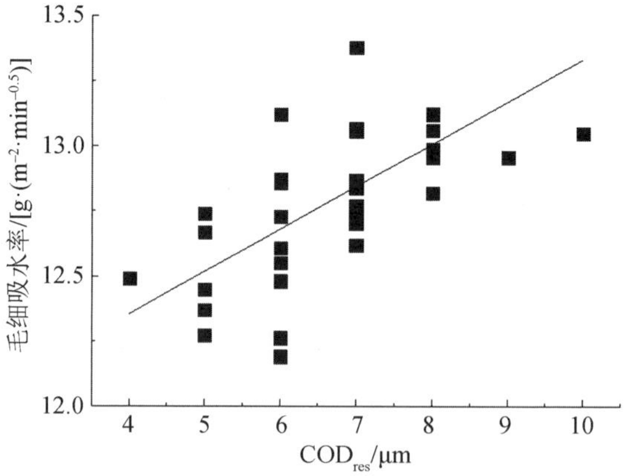

(a) 钢纤维0%

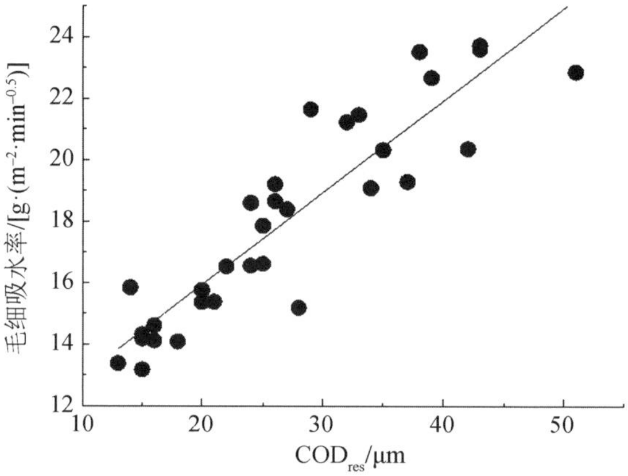

(b) 钢纤维1%

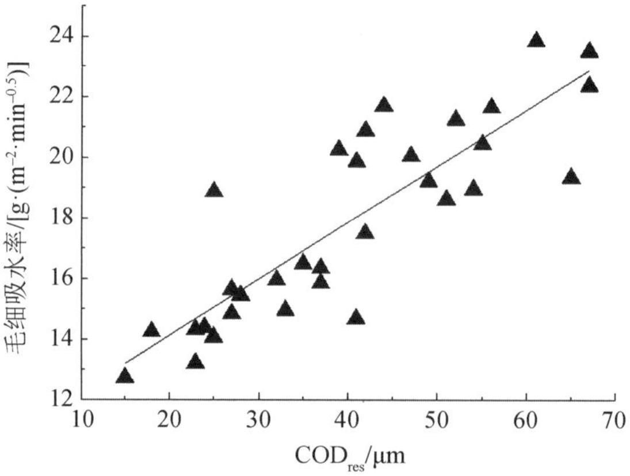

(c) 钢纤维2%

图 7.35　预开裂加载后毛细吸水率与 COD_{res} 之间的关系

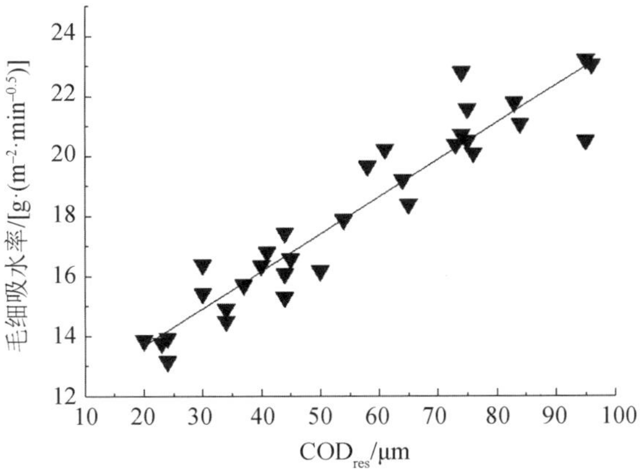

(d) 钢纤维3%

续图 7.35

通过拟合，得到毛细吸水率与 COD_{res}(C_{res}) 之间的经验关系如下：

钢纤维体积分数为 0% 时，

$$S = 12.3 + 0.077C_{res} \quad (R^2 = 0.38) \tag{7.65}$$

钢纤维体积分数为 1% 时，

$$S = 11.4 + 0.25C_{res} \quad (R^2 = 0.79) \tag{7.66}$$

钢纤维体积分数为 2% 时，

$$S = 11.2 + 0.17C_{res} \quad (R^2 = 0.71) \tag{7.67}$$

钢纤维体积分数为 3% 时，

$$S = 10.8 + 0.13C_{res} \quad (R^2 = 0.88) \tag{7.68}$$

其中常数项为未损伤 UHPC 试件的毛细吸水率。拟合结果显示，随着钢纤维掺量的增加，数据拟合直线的斜率逐步降低。这表明，钢纤维体积分数为 1% 的 UHPC 试件相比体积分数为 2% 和 3% 的试件抗裂性差，在经过相同等级的劈裂预加载后，其内部产生了更多的局部破坏和宏观裂纹。这些裂纹的毛细管吸收能力相比微裂纹更强，增大了试件对水分的吸收速率。例如，在 COD_{res} 为 40 μm 时，纤维体积分数为 1%，2% 和 3%UHPC 试件的毛细吸水率分别为 23 g/(m^2·min$^{0.5}$)，18 g/(m^2·min$^{0.5}$) 和 16 g/(m^2·min$^{0.5}$)。在相同 COD_{res} 变形下，钢纤维的掺入可以有效阻止外部物质的入侵，再一次证实了纤维的阻裂性对 UHPC 抗渗性能的改善作用。

图 7.36 所示为毛细吸水率和预开裂 UHPC 试件有效孔隙率的试验数据。与 COD_{res} 不同的是，纤维体积分数对于毛细吸水率和有效孔隙率之间关系的影响并不明显。试件有效孔隙率的变化在不同程度上促进了试件的吸水性能。通过拟合，得到二者之间的关系如下：

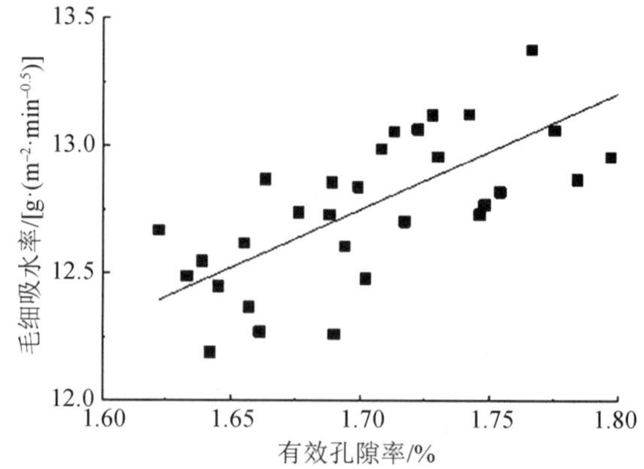

(a) 钢纤维0%

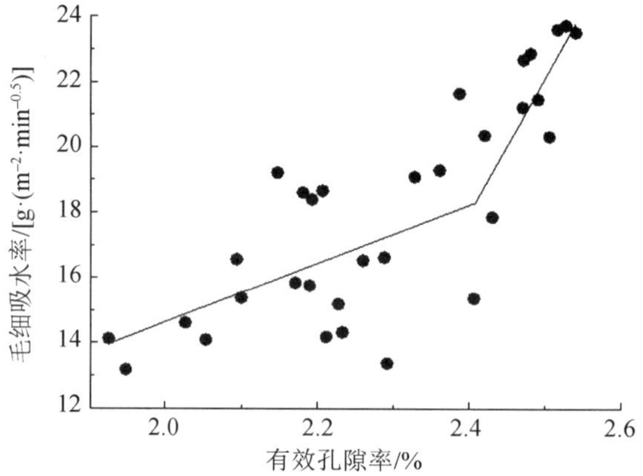

(b) 钢纤维1%

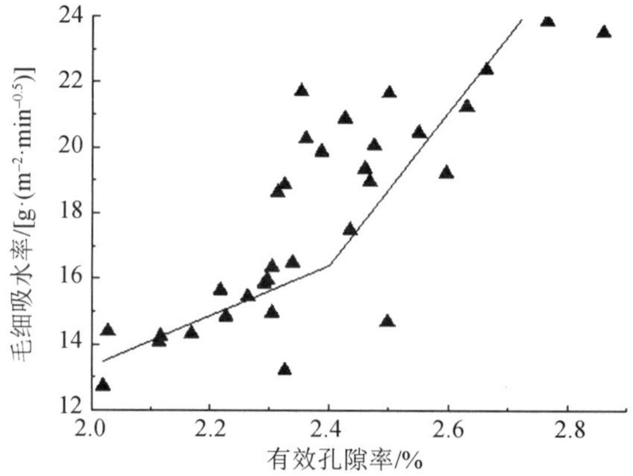

(c) 钢纤维2%

图 7.36　预开裂加载后毛细吸水率与有效孔隙率之间的关系

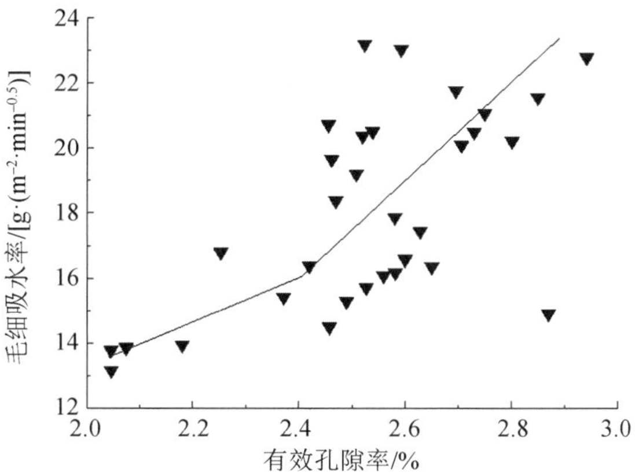

(d) 钢纤维3%

续图 7.36

钢纤维体积分数为 0% 时，

$$S=5.0+4.6P_e \quad (R^2=0.51) \tag{7.69}$$

式中，P_e 为有效孔隙率。

钢纤维体积分数为 1% 时，

$$\begin{aligned} S&=-3.3+9.0P_e & P_e<2.4, R^2=0.45 \\ S&=-78.5+40.3P_e & P_e\geqslant 2.4, R^2=0.51 \end{aligned} \tag{7.70}$$

钢纤维体积分数为 2% 时，

$$\begin{aligned} S&=-2.2+7.7P_e & P_e<2.4, R^2=0.59 \\ S&=-39.9+23.5P_e & P_e\geqslant 2.4, R^2=0.35 \end{aligned} \tag{7.71}$$

钢纤维体积分数为 3% 时，

$$\begin{aligned} S&=-0.47+6.8P_e & P_e<2.4, R^2=0.63 \\ S&=-20.4+15.2P_e & P_e\geqslant 2.4, R^2=0.35 \end{aligned} \tag{7.72}$$

由图可见，针对含有钢纤维的 UHPC 试件，其毛细吸水率随有效孔隙率变化时存在一个明显的转折点，影响着二者之间的关系。当预开裂 UHPC 试件的有效孔隙率小于 2.4% 时，其毛细吸水率增长较平缓，拟合直线斜率较低。而在试件的有效孔隙率从 2.4% 增加到 2.8% 的过程中，其毛细吸水能力迅速提高，毛细吸水率从15 g/(m^2 · $min^{0.5}$) 左右增长到 23 g/(m^2 · $min^{0.5}$) 左右，拟合直线斜率升高。水泥基材料中裂纹总长和宽度对其毛细管吸收能力的共同作用，可能是导致二者关系变化的原因。UHPC 作为一种多孔材料，其开裂后的毛细吸水率由孔隙吸水与裂纹吸水共同决定。在本书试验中，毛细吸水同时发生于孔隙和裂纹之间，可将毛细孔及裂纹看作并联关系存在于基体中。裂纹与毛细孔的区别主要体现为平均曲率 r 与渗透率 k 的不同。假定基体内裂纹为平板型裂纹，则裂纹在裂纹长度方向的曲率半径为 ∞，平均曲率与其之间关系为

$$\frac{1}{r_{\mathrm{eff}}}=\frac{1}{2}\left(\frac{1}{b/2}+\frac{1}{\infty}\right) \tag{7.73}$$

式中，b 为裂纹宽度。

单条平板裂纹的毛细吸水率 S_c 为

$$S_c = \rho \cdot b^{3/2} l \cdot \sqrt{\frac{\gamma \cos \omega}{3\mu}} \tag{7.74}$$

式中，l 为单条裂纹长度。

对含多条裂纹的介质来说，引入裂纹的等效宽度 b_c：

$$S_c = \rho \cdot \sum (b_i^{3/2} l_i) \cdot \sqrt{\frac{\gamma \cos \omega}{3\mu}} = b_c^{3/2} l_c \cdot \rho \sqrt{\frac{\gamma \cos \omega}{3\mu}} \tag{7.75}$$

式中，b_i 为第 i 条裂缝的宽度；l_i 为第 i 条裂缝的长度；l_c 为单位面积裂纹总长度。

该公式表达了裂纹长度和宽度与毛细吸水率 S_c 之间的关系。在试件的有效孔隙率低于临界阈值的阶段，UHPC 基体中的微裂纹逐步形成，裂纹的数量逐步增加而宽度保持恒定，即 l_c 持续增长，b_c 变化不大，由此毛细吸水率增长较慢。而当损伤继续累积，使有效孔隙率超过 2.4% 的临界阈值时，随着试件内贯穿裂纹的出现，裂纹数量基本不再增加，而裂纹宽度 b_c 持续增长，由此毛细吸水率增长较快。纤维掺量的不同导致 UHPC 试件在相同的劈裂预加载等级下产生不同的裂纹形态，具体表现为试件中不同的裂纹数量和裂纹宽度，同样影响着毛细吸水率有与有效孔隙率之间的关系，这也合理地解释了前文所述纤维掺量的变化对二者之间关系影响较小的现象。

本章参考文献

[1] 吴建华，张亚梅.混凝土抗氯离子渗透性试验方法综述[J].混凝土，2009，2：38-41，46.

[2] FIGG J W.Methods of measuring the air and water permeability of concrete[J]. Magazine of concrete research，1973，25(85)：213-219.

[3] ROUX N.Experimental study of durability of reactive powder concretes[J].Journal of materials in civil engineering，1996，8(1)：1-6.

[4] 王睿.基于纤维分布的 UHPC 制备及其渗透性能研究[D].哈尔滨：哈尔滨工业大学，2018.

[5] 鞠彦忠，汪志，刘红星.RPC 冻融性能试验研究[J].山西建筑，2009(35)：3-5.

[6] 李刚.混凝土气体渗透系数影响因素研究[D].哈尔滨：哈尔滨工业大学，2011.

[7] 郭亮.矿物掺合料对混凝土渗透性影响的研究[D].哈尔滨：哈尔滨工业大学，2010.

[8] 马富.损伤及饱和度影响混凝土物质传输性能的研究[D].哈尔滨：哈尔滨工业大学，2014.

[9] 董必钦，徐建芝.混凝土渗透性试验方法进展研究[J].混凝土，2008(1)：40-44.

第 8 章　植物纤维混杂超高性能混凝土

超高性能混凝土现阶段并没有被大规模地推广和应用，其原因主要有 3 个：第一，成本高，其中钢纤维的造价占总造价的 33%；第二，超高性能混凝土相比普通混凝土更容易在高温下爆裂，这是因为超高性能混凝土的微观结构致密，在高温下蒸汽压不能有效释放，从而导致超高性能混凝土发生严重的爆裂现象；第三，由于超高性能混凝土水胶比较低，并且含有大量的硅灰，因此基体内部自干燥会产生较大的自收缩。目前，植物纤维已广泛应用于增强普通混凝土或砂浆，而植物纤维增强超高性能混凝土尚未见相关研究报道。由于植物纤维与水泥基体间的黏结强度较低，单独使用植物纤维来增强超高性能混凝土难以满足其超高弯曲强度及韧性的要求，因此本章采用植物纤维与钢纤维混杂的方式增强超高性能混凝土，并研究纤维混杂对超高性能混凝土力学性能、体积稳定性以及耐高温性能的影响，旨在通过利用经济环保、可再生的天然植物纤维来生产耐高温、低收缩的超高性能混凝土。

8.1　力学性能

8.1.1　原材料及配合比设计

试验所用的水泥为某公司生产的 P·O 42.5 普通硅酸盐水泥；使用粒径为 0.1 ～ 1 μm 的硅灰作为火山灰材料，二氧化硅质量分数为 87.67%，水泥和硅灰的物理和化学性能指标见表 8.1；使用 0.109 ～ 0.212 mm 和 0.212 ～ 0.380 mm 两种粒径范围的石英砂；减水剂为聚羧酸减水剂，含固量为 40%，减水率超过 30%。

表 8.1　水泥和硅灰的物理性能和成分

成分		水泥	硅灰
质量分数 /%	CaO	66.45	0.63
	SiO_2	17.84	87.67
	Al_2O_3	4.26	0.28
	Fe_2O_3	3.58	0.60
	MgO	2.14	3.41
	Na_2O	0.16	1.30
	K_2O	0.96	4.12
	SO_3	4.10	0.84

续表8.1

物理性能	水泥	硅灰
表观密度/($g \cdot m^{-3}$)	3.10	2.25
比表面积/($m^2 \cdot g^{-1}$)	0.36	17.30
火山灰活性指标	—	108.6

剑麻纤维购买自广东省某公司，纤维长度为13 mm，直径为0.14～0.20 mm，密度为1.45 g/cm^3，抗拉强度为530～630 MPa，纤维素质量分数为67%～78%，半纤维素质量分数为10%～14%，木质素质量分数为8%～11%。剑麻纤维的外观形貌及其微观结构如图8.1所示，可以看到剑麻纤维的表面具有纵向的凹槽且横截面为不规则形状。与大多数植物纤维类似，剑麻纤维的细胞壁同样具有层次结构（图8.2），此种构造有助于剑麻纤维吸水和释水。为了去除剑麻纤维表面的杂质，本试验中将剑麻纤维在质量分数为5.0%的NaOH溶液中常温浸泡4 h，然后用自来水清洗至中性，最后将剑麻纤维均匀平铺在不锈钢网上并放入60 ℃烘箱中干燥6 h。钢纤维长度为13 mm，直径为0.20 mm，密度为7.9 g/cm^3，抗拉强度为2 850 MPa，弹性模量为200 GPa。

图8.1 剑麻纤维的外观形貌及其微观结构

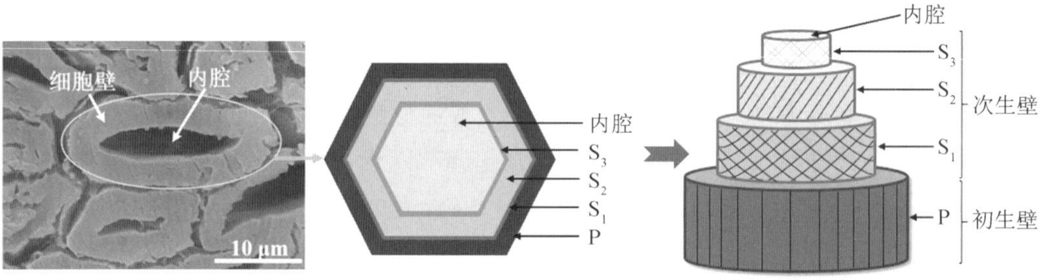

图8.2 剑麻纤维的细胞壁结构示意图

超高性能混凝土的配合比设计见表8.2。ST代表钢纤维，SI代表剑麻纤维，随后的数字表示的是体积分数。例如，ST1.0－SI0.3表示体积分数为1.0%的钢纤维与体积分数为0.3%的剑麻纤维混杂增强超高性能混凝土。

表 8.2　超高性能混凝土的配合比设计

编号	水泥/(kg·m^{-3})	硅灰/(kg·m^{-3})	细砂/(kg·m^{-3})	粗砂/(kg·m^{-3})	减水剂/(kg·m^{-3})	w/b	钢纤维体积分数/%	剑麻纤维体积分数/%
ST1.0－SI0.0							1.0	0.0
ST1.0－SI0.3							1.0	0.3
ST1.0－SI0.6							1.0	0.6
ST1.0－SI0.9							1.0	0.9
ST1.5－SI0.0							1.5	0.0
ST1.5－SI0.3							1.5	0.3
ST1.5－SI0.6	920.00	258.00	340.00	690.00	32.98	0.21	1.5	0.6
ST1.5－SI0.9							1.5	0.9
ST2.0－SI0.0							2.0	0.0
ST2.0－SI0.3							2.0	0.3
ST2.0－SI0.6							2.0	0.6
ST2.0－SI0.9							2.0	0.9

8.1.2　试验方法

1. UHPC 的制备

首先将水泥、硅灰、粗砂和细砂在水泥胶砂搅拌机中干拌 4 min；然后在 6 min 内分 2 次加入含减水剂、消泡剂和拌合水的预混合溶液；接着将纤维在 6 min 内缓慢加入搅拌机中，同时保持搅拌机处于搅拌状态；最后额外搅拌 4 min，使纤维均匀分散在 UHPC 浆体中。整个搅拌过程耗时约 20 min，并且搅拌机均在低速下进行搅拌。将新拌 UHPC 倒入模具中，并用振动台振实。用塑料薄膜覆盖在试件表面以减少水分散失，在室温下养护 2 d 后脱模。UHPC 试件脱模后立即放入温度为 90 ℃ 的蒸汽养护箱中养护 3 d。

2. UHPC 流动度测定

新拌浆体的流动度参照《水泥胶砂流动度测定方法》(GB/T 2419—2005) 进行测定，首先将新拌浆体装入截锥圆模中(上口内部直径为 70 mm，下口内部直径为 100 mm，高度为 60 mm)，然后垂直提起截锥圆模，开启跳桌，在跳动 25 次后测量两互相垂直方向的最大流动直径并取平均值作为最终的流动度测定结果。由于跳桌尺寸的限制，本试验中 UHPC 浆体的最大流动度为 300 mm。

3. 力学性能测定

采用 40 mm×40 mm×160 mm($b\times l\times h$) 的棱柱体试件通过三点弯曲试验测定混杂纤维增强超高性能混凝土的弯曲强度和韧性，加载速率为 0.4 mm/min，跨度为 100 mm。弯曲强度 f 可由下式求得：

$$f=\frac{3PL}{2bh^{2}} \tag{8.1}$$

式中，P 为施加的极限荷载值，kN；L 为跨距，mm；b 和 h 分别为试件的宽度和高度，mm。

利用三点弯曲强度试验结束后的断裂试件(有效尺寸为 40 mm × 40 mm × 40 mm)测定抗压强度，加载速率为 2.4 kN/s。

8.1.3　抗压强度

UHPC 试件的抗压强度如图 8.3 所示。当剑麻纤维掺量保持一定时，UHPC 的抗压强度随钢纤维掺量的增加而显著提高。例如，试件 ST1.0 － SI0.6、ST1.5 － SI0.6 和 ST2.0 －SI0.6 的抗压强度分别比试件 ST0.0 － SI0.6 的抗压强度高 34.6%、50.6% 和 60.9%。这是因为钢纤维在基体内部形成三维空间网络结构，在应力作用下能够有效消耗能量，延缓裂缝的扩展，并且纤维之间的间距随着纤维体积分数的增加而减小，从而有效提高了承载能力[1,2]。当钢纤维掺量一定时，随着剑麻纤维掺量的增加，UHPC 的抗压强度也随之提高。例如，当体积分数为 0.3% ～ 0.9% 的剑麻纤维与体积分数为 1.5% 的钢纤维混杂时，试件的抗压强度相比体积分数为 1.5% 的钢纤维单独增强试件提高了 2.4% ～17.1%。与钢纤维的作用相同，当混凝土受压时，剑麻纤维可以有效传递应力，起到横向约束作用，从而延缓微裂纹贯通为宏观裂纹[3]。此外，剑麻纤维能够对 UHPC 基体起到内养护作用，可有效降低 UHPC 的自收缩，从而减少早龄期微裂缝的数量，提高 UHPC 的抗压强度[4]。试件 ST1.5 － SI0.6 的抗压强度比试件 ST2.0 － SI0.0 高 8.4%，试件ST1.0 －SI0.6 的抗压强度比试件 ST1.5 － SI0.0 高 4.6%。尽管对抗压强度而言小于 5.0% 的增量是不显著的，但也从侧面说明加入适量剑麻纤维替代钢纤维并不会对 UHPC 的抗压强度产生不利影响，却可以降低 UHPC 的生产成本。然而，试件 ST2.0 － SI0.9 的

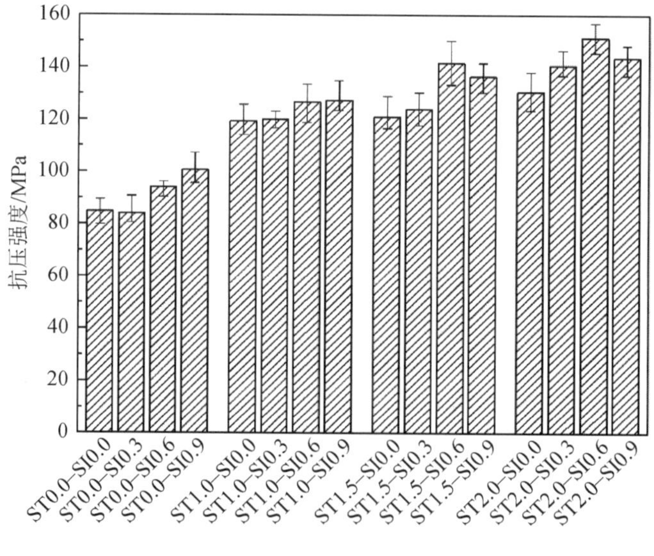

图 8.3　混杂纤维增强超高性能混凝土试件的抗压强度

抗压强度比试件 ST2.0－SI0.6 低 5.2%，这是由于纤维掺量过高使 UHPC 的流动度显著降低，导致纤维分布不均匀以及纤维结团，从而使抗压强度下降。

8.1.4　弯曲强度和韧性

材料的韧性是强度和延性的综合，宏观上来讲，韧性可以定义为材料从加载到失效整个过程中所吸收的能量。对于纤维增强混凝土而言，韧性指标比强度指标更能反映纤维的增强作用。本试验中，韧性指标 T 通过计算荷载－挠度曲线下的积分得到，挠度取值为 $L/50$，计算公式如下：

$$T=\int_{s=0}^{s=L/50} F(s)\mathrm{d}s \tag{8.2}$$

式中，s 为试件的挠度值；$F(s)$ 为随挠度 s 而变化的荷载。

UHPC 试件的荷载－挠度曲线如图 8.4 所示。当达到极限荷载时，单独掺加剑麻纤维的 UHPC 试件突然发生断裂，表现出脆性破坏特征。钢纤维或混杂纤维增强 UHPC 试件开裂后表现为挠度硬化的特征，这是因为钢纤维在基体开裂后能够通过纤维与基体之间的强黏结力继续承担更高的荷载[5]。

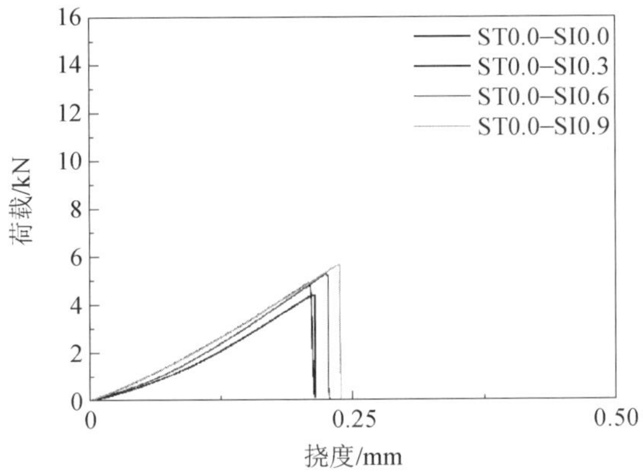

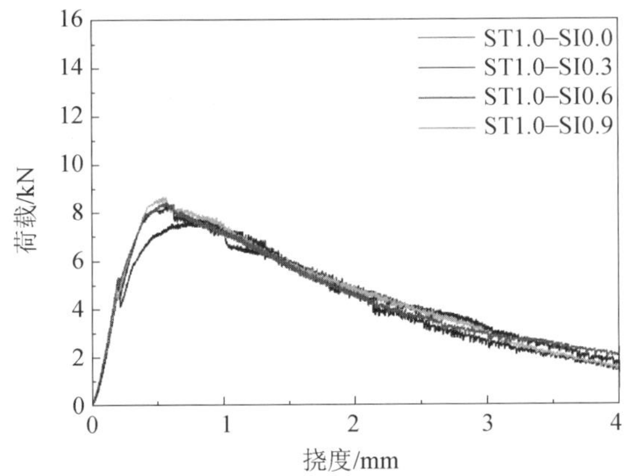

图 8.4　UHPC 试件的荷载－挠度曲线

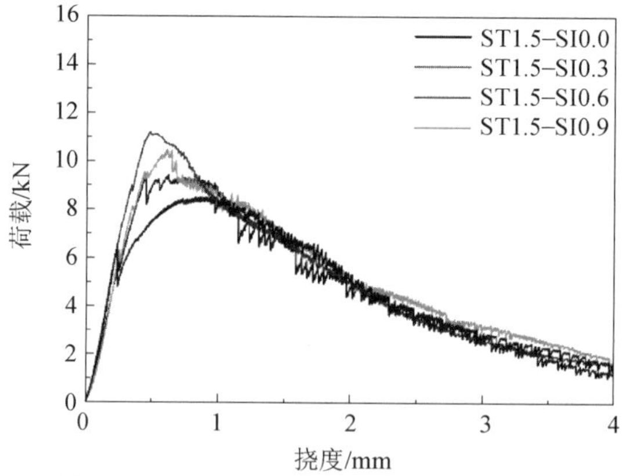

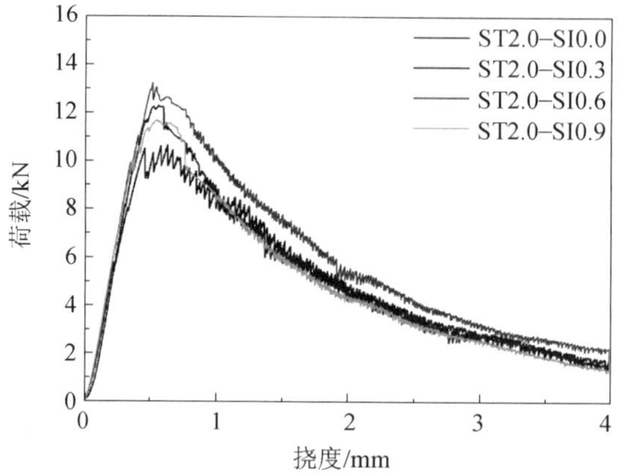

图 8.4

续图 8.4

UHPC 试件的弯曲强度和韧性如图 8.5 所示。对于单独掺加钢纤维或剑麻纤维的 UHPC 试件而言，其弯曲强度和韧性均随着纤维掺量的增加而增大，这与抗压强度的提高规律相同。例如，掺加体积分数为 0.3%、0.6% 和 0.9% 的剑麻纤维试件的弯曲强度（韧性）分别比未掺纤维的 UHPC 试件提高了 12.7%(20.0%)、20.4%(30.0%) 和 28.7%(57.5%)。随着纤维掺量的增加，断裂面存在更多的纤维，这不仅提高了纤维之间的桥接强度，而且增加了纤维与基体之间的黏结面积，从而提高了试件的弯曲强度和韧性。当钢纤维与剑麻纤维混杂后，试件的弯曲强度和韧性进得到一步提高。对于掺加体积分数为 1.0% 的钢纤维的试件而言，其弯曲强度和韧性随剑麻纤维掺量的增加而增大。例如，试件ST1.0 −SI0.3、ST1.0 − SI0.6 和 ST1.0 − SI0.9 的弯曲强度（韧性）分别比试件 ST1.0 − SI0.0 提高了 6.8%(4.7%)、7.9%(4.9%) 和 10.6%(6.7%)。但是当钢纤维体积分数为 1.5% 或 2.0% 时，掺加体积分数为 0.6% 的剑麻纤维使试件获得最高的弯曲强度和韧性。值得注意的是，试件 ST1.5 − SI0.6 的弯曲强度甚至比试件 ST2.0 − SI0.0 高 2.8%。这说明利用适量的剑麻纤维取代钢纤维不仅可以降低成本，并且不会对 UHPC 的弯曲性能产生不利影响。同样，Dawood[6] 等人研究了钢纤维与棕榈纤维混杂对高强混凝土力学性能的影响，试验结果表明混杂掺加体积分数为 1.75% 的钢纤维和体积分数为 0.25% 的棕榈纤维试件的弯曲强度比单独掺加体积分数为 2.0% 的钢纤维试件的弯曲强度高 5.3%。

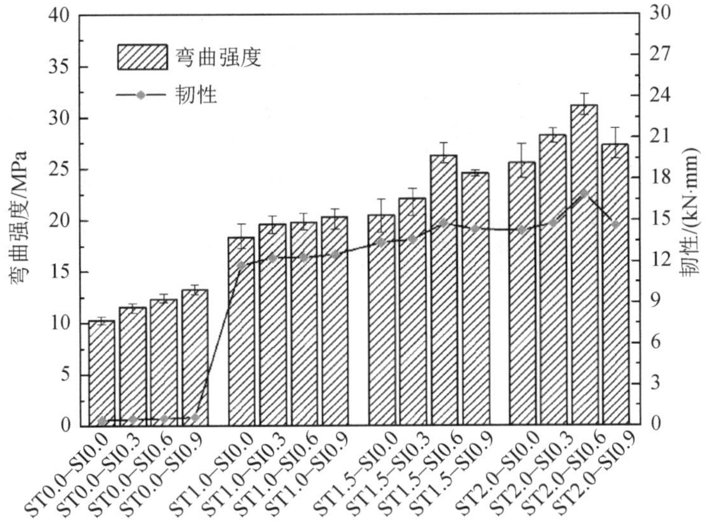

图 8.5　UHPC 试件的弯曲强度和韧性

弯曲强度 f_f 与抗压强度 f_{cu} 之间的关系如图 8.6 所示。根据试验结果可知，弯曲强度与抗压强度之间存在较强的线性关系（$R^2=0.97$）。

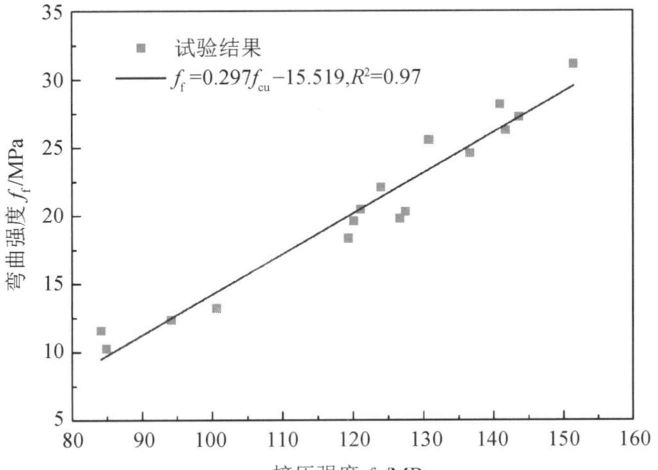

图 8.6　弯曲强度与抗压强度间的关系

剑麻纤维从 UHPC 基体中拔出后留下了带划痕的通道，如图 8.7(a) 所示。图 8.7(b) 为拔出剑麻纤维的表面微观结构，可以看到剑麻纤维表面附着有许多 UHPC 基体。剑麻纤维从基体中拔出会耗散一部分能量，因此试件的韧性会在掺加剑麻纤维后得到提升。

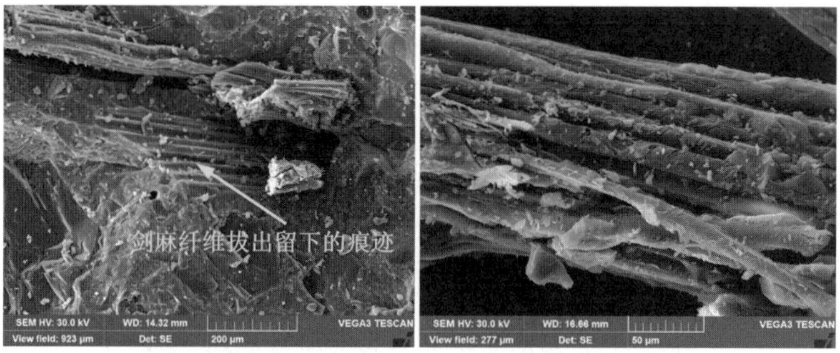

(a) 剑麻纤维拔出后留下的通道　　(b) 拔出剑麻纤维的表面微观形貌

图 8.7　剑麻纤维从 UHPC 基体中拔出的 SEM 图像

8.1.5　剑麻纤维与钢纤维的协同效应

Banthia[7] 等人提出了一个计算不同种类纤维混杂协同效应(Synergy)的公式,可以用于评价纤维混杂的成功与否,如下式所示:

$$\text{Synergy}=\frac{\text{PCT}_{\text{hybrid, steel+sisal}}}{\text{PCT}_{\text{steel}}+\text{PCT}_{\text{sisal}}}-1 \tag{8.3}$$

式中,$\text{PCT}_{\text{steel}}$ 为钢纤维增强混凝土的开裂后弯曲韧性因子,kN·mm;$\text{PCT}_{\text{sisal}}$ 为剑麻纤维增强混凝土的开裂后弯曲韧性因子;$\text{PCT}_{\text{hybrid, steel+sisal}}$ 为钢纤维和剑麻纤维混杂增强混凝土的开裂后弯曲韧性因子。

PCT 等于试件在挠度点 $L/50$(L 为跨距,100 mm)处的韧性值减去未掺纤维 UHPC 试件的韧性值。协同值大于 0 表示纤维混杂对混凝土的增强作用大于单一纤维的作用之和,从而实现纤维的正面协同效果;协同值等于 0 表示纤维之间不存在协同作用;协同值小于 0 表示纤维混杂产生了负面协同效应。以试件 ST1.5－SI0.6 为例,详细的计算变量见表 8.3。

表 8.3　协同值计算(以试件 ST1.5－SI0.6 为例)

项目	值
$\text{PCT}_{\text{ST1.5}}$/(kN·mm)	12.97
$\text{PCT}_{\text{SI0.6}}$/(kN·mm)	0.12
$\text{PCT}_{\text{ST1.5-SI0.6}}$/(kN·mm)	14.35
协同值	0.096

剑麻纤维与钢纤维混杂增强 UHPC 的协同值如图 8.8 所示。从图中可以看到,所有混杂纤维组合下的协同值均大于 0,说明剑麻纤维与钢纤维混杂表现为正面协同作用。此外,当钢纤维体积分数为 1.0%、1.5% 和 2.0% 时,分别掺加体积分数为 0.9%、0.6% 和 0.6% 的剑麻纤维表现出最佳的协同效果。在所有纤维混杂组合中,试件 ST2.0－SI0.6 的协同值最大。由此可知,本研究中体积分数为 2.0% 的钢纤维与体积分数为 0.6% 的剑麻纤维混杂对弯曲韧性的协同效果最佳。

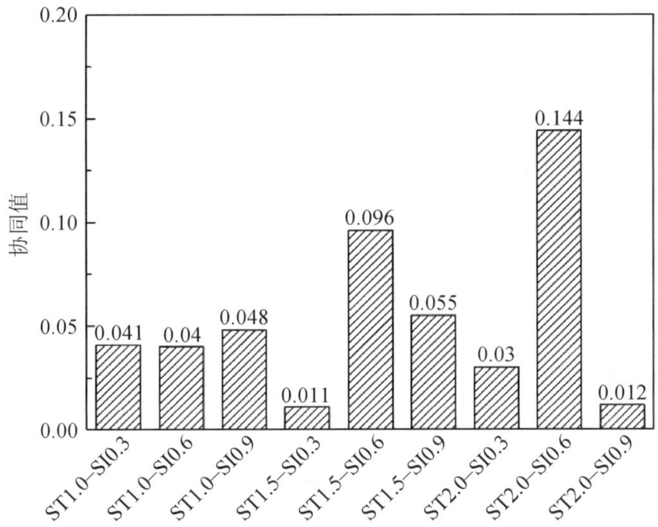

图 8.8　钢纤维与剑麻纤维对 UHPC 韧性的协同作用

8.1.6　纤维混杂对力学性能的增强作用

为更好地区分剑麻纤维和钢纤维对 UHPC 力学性能的影响，参照 Yang 等人[8] 提出的方法分别计算了剑麻纤维和钢纤维的增强系数 η。以剑麻纤维为例，剑麻纤维的抗压强度 f_{cu} 和弯曲强度 f_f 的增强系数 $\eta_{SI-compressive}$、$\eta_{SI-flexural}$ 可分别通过式(8.4) 和式(8.5) 计算得到：

$$\eta_{SI-compressive} = \frac{f_{cu}(STx\,SIy)}{f_{cu}(STx)} \tag{8.4}$$

$$\eta_{SI-flexural} = \frac{f_f(STx\,SIy)}{f_f(STx)} \tag{8.5}$$

式中，STx 为单独掺加体积分数为 $x\%$($x=0/1.0/1.5/2.0$) 的钢纤维 UHPC 的强度，MPa；STxSIy 为体积分数 $x\%$ 的钢纤维和体积分数为 $y\%$($y=0/0.3/0.6/0.9$) 的剑麻纤维混杂增强 UHPC 的强度，MPa。

根据钢纤维掺量，试件可分为 4 组：ST0.0、ST1.0、ST1.5 和 ST2.0。每组试件分别选取 ST0.0－SI0.0、ST1.0－SI0.0、ST1.5－SI0.0 和 ST2.0－SI0.0(单独掺加钢纤维) 作为对照试件。

同理，钢纤维的增强系数可分别通过式(8.6) 和式(8.7) 计算得到：

$$\eta_{ST-compressive} = \frac{f_{cu}(STx\,SIy)}{f_{cu}(SIy)} \tag{8.6}$$

$$\eta_{ST-flexural} = \frac{f_f(STx\,SIy)}{f_f(SIy)} \tag{8.7}$$

式中，SIy 为单独掺加体积分数为 $y\%$($y=0/0.3/0.6/0.9$) 的剑麻纤维 UHPC 的强度，MPa。

将试件ST0.0－SI0.0、ST0.0－SI0.3、ST0.0－SI0.6和ST0.0－SI0.9分别作为SI0.0、SI0.3、SI0.6和SI0.9组的对照试件。剑麻纤维和钢纤维的抗压和弯曲强度增强系数如图8.9所示。剑麻纤维和钢纤维的弯曲强度增强系数均大于抗压强度增强系数，说明纤维对弯曲强度的增强作用更明显。此外，钢纤维的抗压和弯曲强度增强系数大于剑麻纤维，这是因为钢纤维具有较高的抗拉强度和弹性模量，并且与混凝土的黏结性能较好，相比剑麻纤维，钢纤维为混凝土提供了更高的承载能力。因此，对于剑麻纤维和钢纤维混杂增强UHPC，钢纤维对力学性能起主导作用。当钢纤维体积分数为0%、1.0%、1.5%和2.0%时，分别掺加0.9%、0.9%、0.6%和0.6%的剑麻纤维带来的增强效果最好。

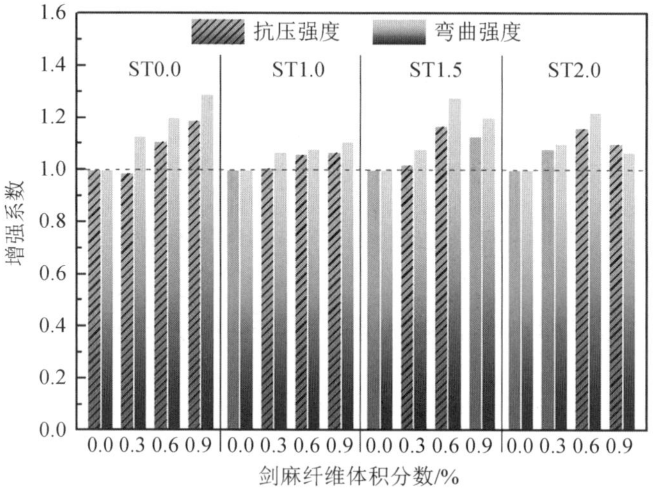

(a) 剑麻纤维

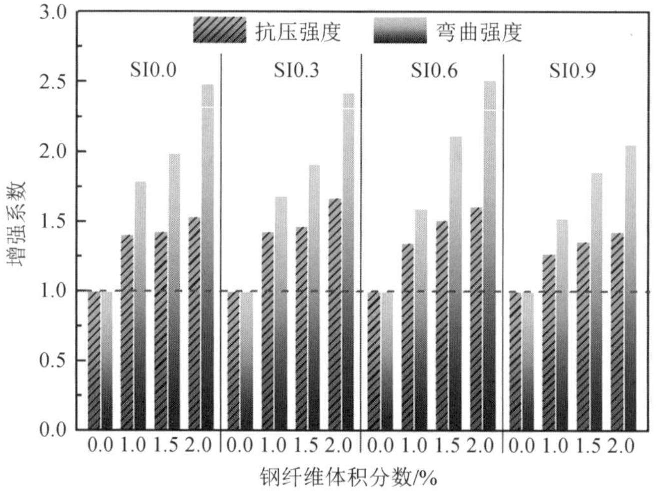

(b) 钢纤维

图 8.9　高温前纤维对UHPC增强系数的影响

8.1.7　力学强度的多元线性回归分析

多元线性回归分析可用于评估两个或两个以上的自变量与一个因变量之间的关系，

并建立预测模型进行预测[9]。在本章试验中，自变量有 2 个(钢纤维掺量和剑麻纤维掺量)，因此通过多元线性回归分析研究钢纤维体积分数(0%，1.0%，1.5%，2.0%)和剑麻纤维体积分数(0%，0.3%，0.6%，0.9%)分别对 UHPC 的抗压强度 f_{cu} 和弯曲强度 f_f 的影响，并建立相应的预测模型。以抗压强度为例(弯曲强度同理)，设抗压强度 f_{cu} 为因变量，钢纤维掺量 X_{ST} 和剑麻纤维掺量 X_{SI} 为自变量，可建立如下所示的回归模型[10]：

$$f_{cu} = \beta_0 + \beta_1 \cdot X_{ST} + \beta_2 \cdot X_{SI} \tag{8.8}$$

式中，β_0 为常数；β_1、β_2 为回归系数。

利用 SPSS 软件进行多元回归分析，相关的回归结果见表 8.4。对于 UHPC 试件的抗压强度和弯曲强度，它们的调整后 R^2 均较高，表明模型的拟合度较优；德宾－沃森(D－W)值均在 1.5～2.5 的最佳范围之内，并且越接近于数值 2，说明自相关程度越小，模型构建越良好。图 8.10 为 UHPC 抗压强度、弯曲强度的标准化残差直方图和正态概率图。

表 8.4　高温前 UHPC 试件的强度回归结果

因变量	调整后 R^2	D－W 值
高温前抗压强度	0.932	1.814
高温前弯曲强度	0.955	2.074

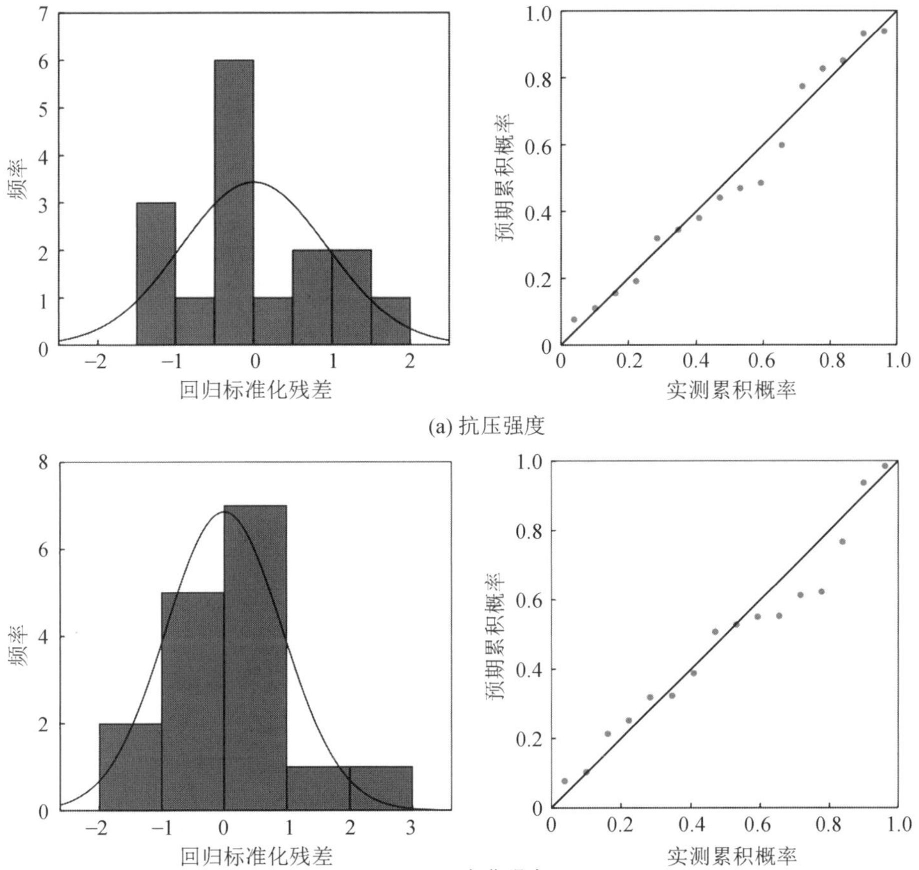

(a) 抗压强度

(b) 弯曲强度

图 8.10　标准化残差直方图和正态概率图

除了对回归模型的标准化残差进行正态分布检验外，还需要对模型的整体显著性和各自变量的影响程度进行检验。线性回归模型的典型方差分析(ANOVA)结果见表8.5；单个自变量(钢纤维掺量、剑麻纤维掺量)对UHPC试件抗压强度和弯曲强度的影响程度见表8.6。从表8.5中可以看到，该模型对抗压强度和弯曲强度的F值均大于$F_{0.05}$(3.806)和$F_{0.01}$(6.701)，说明该模型回归整体显著。通过考察每个自变量对因变量的影响(即T检验，用于检验单个回归系数的显著性)，表8.6显示出钢纤维掺量和剑麻纤维掺量对抗压强度和弯曲强度具有显著积极的影响(P值小于0.05)。同时，钢纤维掺量的T值比剑麻纤维掺量的T值要高，表明钢纤维掺量对抗压强度和弯曲强度的影响更显著。

表8.5　线性回归模型的方差分析(ANOVA)

抗压强度		弯曲强度	
F值	P值	F值	P值
103.891	0.000	158.509	0.000

注：F统计量用于检验整个回归模型的显著性；P值是在假设检验中，用于衡量拒绝原假设的证据强度的指标，与给定的显著性水平(如0.05)进行比较来判断统计量是否显著。$F_{0.05}$和$F_{0.01}$是统计学中显著性水平为0.05(即5%)和0.01(即1%)时对应的F分布临界值，用于判断假设检验中F统计量是否达到统计学显著性的阈值。F值均大于$F_{0.05}$和$F_{0.01}$表示结果具有较高的可靠性和较强的统计学意义。

表8.6　线性回归模型中单个自变量的影响程度

自变量	抗压强度		弯曲强度	
	T值	P值	T值	P值
钢纤维掺量	13.801	0.000	17.491	0.000
剑麻纤维掺量	4.162	0.001	3.330	0.005

最后，分别得出了UHPC抗压强度、弯曲强度与钢纤维掺量和剑麻纤维掺量之间的关系式，分别如式(8.9)和式(8.10)所示。

$$f_{cu}=85.736+25.281\cdot X_{ST}+16.812\cdot X_{SI} \tag{8.9}$$

$$f_{f}=10.175+7.996\cdot X_{ST}+3.357\cdot X_{SI} \tag{8.10}$$

通过上述试验可知：剑麻纤维与钢纤维混杂可以有效提高超高性能混凝土的抗压强度、弯曲强度和韧性，两种纤维间展现出了优异的协同作用。目前制约超高性能混凝土广泛应用的其中一个重要原因是钢纤维的价格昂贵，约占超高性能混凝土生产总成本的33%，而剑麻纤维价格低廉并且可再生，通过额外掺加一定量的剑麻纤维可以降低钢纤维的用量而不会对力学性能产生负面影响，因此能够降低成本，节约能源，为生产绿色可持续超高性能混凝土提供了一条新思路。

8.2　体积稳定性

超高性能混凝土相比普通混凝土含有更多的胶凝材料(水泥和硅灰)、较少的骨料以及较低的水灰比，因此具有更大的自收缩。早期自收缩引起的开裂会显著降低超高性能混凝土的力学性能及耐久性，严重影响其服役寿命。如何有效降低超高性能混凝土的自收缩成为近年来研究的热点。目前常用的降低超高性能混凝土自收缩的技术手段见表8.7。

表 8.7　常用的降低超高性能混凝土自收缩的技术手段

机理	技术手段	优点	缺点
控制水化	使用其他补充胶凝材料(SCMs)来部分取代水泥或硅灰	降低成本;生产具有长期耐久性的可持续混凝土	早期强度低
	使用减水剂或黏度改性剂	降低用水量	须考虑与硫酸盐等掺合料的相容性;会在不同颗粒表面选择性吸附
	调节养护温度	提高早期强度的发展	成本高
添加内部约束	掺加骨料或纤维	减少胶凝材料的用量	纤维分散不均匀;骨料存在局部应力
降低孔溶液表面张力	掺加减缩剂	降低毛细应力发展和塑性阶段水分蒸发	减缩效果随时间的延长而降低;延缓水泥水化
生成膨胀产物	掺加膨胀剂或具有产生膨胀效果的材料	补偿混凝土收缩	膨胀时间和膨胀值难以控制
通过内养护补充水分	掺加内养护材料,如超吸水树脂、轻骨料等	可以直接补充内养护水	对力学性能产生负面影响

由表 8.7 可知,各种技术手段均有一定的负面影响。例如,减缩剂会大大影响水泥的水化并且其减缩效率随着时间的延长而降低;膨胀剂的膨胀时间和膨胀值则难以控制,因此会引起局部大的膨胀;超吸水树脂容易分散不均匀导致结团,随后在基体中形成较大的孔隙,严重降低了超高性能混凝土的力学性能。此外,上述材料在生产制造过程中不仅消耗自然资源并且会排放大量的温室气体。因此,亟须寻求一种使用方便并且绿色无污染的减缩材料。基于上述背景,本章通过试验研究利用天然剑麻纤维来降低超高性能混凝土的自收缩的可行性。

8.2.1　试验材料及配合比设计

本章试验所使用的水泥、硅灰、石英砂以及减水剂均与 8.1 节相同,剑麻纤维长度为 6 mm。超高性能混凝土的配合比设计见表 8.8,本试验中的变量为剑麻纤维的体积分数(0%、0.5%、1.0%、1.5%)。剑麻纤维在水泥滤液中的吸水率为 93.24%,因此额外添加一定量的水来补偿剑麻纤维所吸收的水分。试件的制备过程同前文所述。

表 8.8 超高性能混凝土的配合比设计

编号	水泥/(kg·m³)	硅灰/(kg·m³)	粗砂/(kg·m³)	细砂/(kg·m³)	减水剂/(kg·m³)	钢纤维/(kg·m³)	剑麻纤维/(kg·m³)	引入水/(kg·m³)	基础水胶比	总水胶比
SI0.0	920.00	258.00	690.00	340.00	35.34	79.00	0.00	0.00	0.210	0.000
SI0.5							7.25	6.76	0.210	0.216
SI1.0							14.50	13.52	0.210	0.221
SI1.5							21.75	20.28	0.210	0.227

8.2.2 试验方法

UHPC 的制备、流动度测试以及力学性能测试方法同 8.1.2 节所述。

1. 剑麻纤维吸释水性能测试

Snoeck 等人[11] 指出，当材料作为降低混凝土自收缩的外加剂时，应使用水泥滤液来确定其吸水和脱吸能力。水泥滤液的制备过程如下所述：首先，将 50 g 胶凝材料(39.1 g 水泥和 10.9 g 硅灰)加入盛有 250 g 水的烧杯中，然后使用封口膜将烧杯密封并利用磁力搅拌器在常温下连续搅拌 24 h，最后通过真空抽滤装置过滤得到水泥滤液[12]，如图8.11 所示。所制备的模拟孔溶液 pH 为 11.9。将剑麻纤维浸入装有模拟孔隙溶液的密闭不锈钢容器中，然后分别置于蒸汽或标准养护环境中 3 d，最后用去离子水冲洗纤维并烘干(40 ℃)。

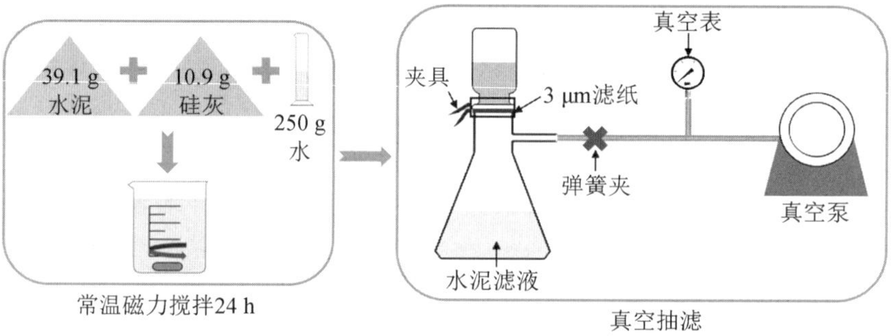

图 8.11 水泥滤液的制备过程

剑麻纤维在水泥滤液中的吸水率测试过程如下所述。首先称取约 0.2 g 的干燥剑麻纤维，然后分别在水泥滤液中常温浸泡不同时间(t)：10 min、0.5 h、1 h、3 h、6 h、12 h 和 24 h；到达指定时间后，取出纤维并用纸巾吸干纤维表面的水分，然后在分析天平(精度为 0.000 1 g) 上称重。剑麻纤维的吸水率 w_{SI} 可以通过下式计算得到：

$$w_{\mathrm{SI}} = \frac{M_t - M_{\mathrm{d}}}{M_{\mathrm{d}}} \times 100\% \tag{8.11}$$

式中，M_t 为浸泡时间为 t 时剑麻纤维的质量，g；M_{d} 为试验前干燥剑麻纤维的质量，g。

此外，使用超景深显微镜观察了剑麻纤维在水泥滤液中浸泡 12 h 后的体积润胀情况，并通过下式计算了剑麻纤维的径向应变 ε：

$$\varepsilon=\frac{d_{t=12\ \mathrm{h}}-d_{\mathrm{d}}}{d_{\mathrm{d}}} \tag{8.12}$$

式中，$d_{t=12\ \mathrm{h}}$ 为剑麻纤维在水泥滤液中浸泡 12 h 后的直径，mm；d_{d} 为试验前干燥剑麻纤维的直径，mm。

使用美国康塔仪器公司生产的 Aquadyne DVS 型动态水蒸气吸附仪测试了剑麻纤维随湿度降低的水分解吸特性。动态水蒸气吸附仪可以在恒定温度下准确、快速地测定剑麻纤维的重量随环境湿度降低的变化，通过解吸曲线可以直观地反映整个解吸过程。首先，将干燥的剑麻纤维在水泥滤液中预吸水 12 h，然后取出纤维并用纸巾吸去纤维表面多余的水泥滤液，使纤维达到饱和表面干燥状态。将大约 50 mg 的纤维放入预先清洁好的样品盘中，然后小心地放入动态水蒸气吸附仪的测试箱内。在(25 ± 0.1) ℃ 的恒定温度下，将箱内湿度从 95.0% RH 以 5.0% RH 的梯度降低到 80.0% RH(水泥水化的湿度下限为 80.5% RH)。纤维在每个湿度点下 10 min 内的质量变化小于 0.002% RH 时转入下一个湿度点，依此类推。最后，将样品在 60 ℃、0% RH 下干燥至恒重。

2. UHPC 凝结时间测试

新拌 UHPC 的凝结时间依据标准《建筑砂浆基本性能试验方法标准》(JGJ/T 70—2009) 中规定的“贯入阻力法”进行测试。将横截面面积为 30 mm^2 的钢针在 10 s 内缓慢插入 UHPC 拌合物 25 mm 深度处，当贯入阻力达到 15 N 时确定为 UHPC 的凝结时间。

3. UHPC 自收缩和内部相对湿度测试

采用北京某公司生产的非接触式自收缩测试装置(波纹管法) 测试 UHPC 的自收缩，如图 8.12 所示。UHPC 搅拌完成后立即倒入内径为 20 mm，长度为 420 mm 的波纹管中，然后用塞子密封；然后通过配有电涡流位移传感器的非接触式测试系统每隔 60 s 自动记录一次自收缩值，直至 7 d 龄期。以 UHPC 拌合物的凝结时间作为自收缩测试的起点。此外，自收缩测试在恒温恒湿室中进行((23 ± 1) ℃、(50 ± 3)% RH)。

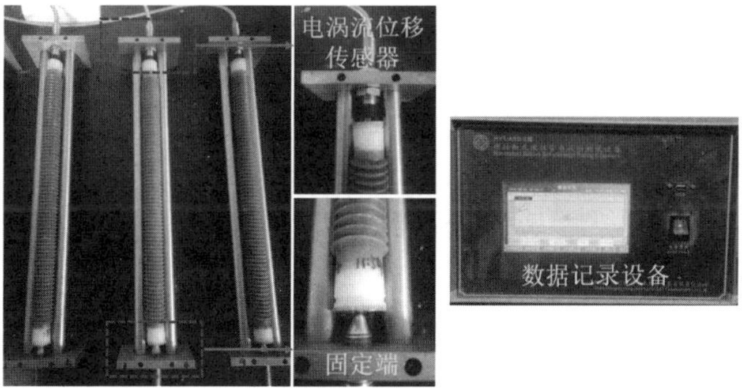

图 8.12　自收缩测试设备

参照 Chen 等人[13] 的研究，作者自行设计了一套测试 UHPC 内部相对湿度的试验装置，如图 8.13 所示。具体测试步骤如下：① 将一根直径约等于 PVC 管内径(18 mm)的不锈钢棒插入管中并伸出管底部 10 mm；② 将新拌 UHPC 倒入直径为100 mm，高度为100 mm 的圆柱形模具中，然后将步骤 ① 中的套件垂直插入距离圆柱形模具底部 50 mm 处；③ 在 UHPC 凝结前将不锈钢棒从 PVC 管中拔出并立即放入湿度传感器(精度为 ±1.5% RH)；④ 将模具使用多层塑料薄膜和环氧树脂密封，并置于(23 ± 1) ℃、(50 ± 3)% RH 的恒温恒湿室中。该装置中，传感器底部的传感元件区域有足够的空间监测周围环境的湿度变化。此外，在传感元件区域的上方安装了两个橡胶 O 形圈以隔绝空气。传感器每分钟记录一次数据，直至 7 d 龄期。需要注意的是，传感器在放入试件中之前，需要提前将传感器放在干燥箱(40 ℃)内干燥 1 h，以防止试件内部温度高于传感器表面温度导致冷凝现象发生，进而影响测试结果的准确性。

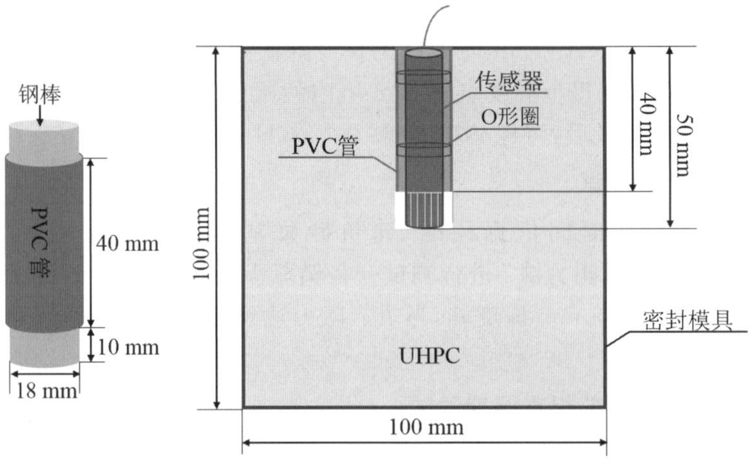

图 8.13　内部相对湿度测试装置示意图

4. 水化热测试

采用某公司生产的 TAM air 八通道等温量热仪对 UHPC(不含钢纤维)的水化热进行测试。由于 UHPC 的水胶比低，需要较高的搅拌能，因此按照 UHPC 的搅拌程序通过水泥胶砂搅拌机制备得到新拌浆体。预先在玻璃安瓿瓶中放入相应掺量的剑麻纤维(剑麻纤维粉)，然后将 11 g 新拌 UHPC 装入安瓿瓶中，并用细棒进行搅拌以使剑麻纤维(剑麻纤维粉)均匀分散在浆体中，最后将安瓿瓶密封并放入等温量热仪中开始测试。水化放热从新拌浆体通过搅拌机搅拌完成后的 1 h 为起点，这是为了使外搅拌和样品处理所引起的初始温度升高达到平衡。水化热试验结果以拌合物中胶凝材料的质量进行归一化处理。此外，掺剑麻纤维 UHPC 水化热测试过程中等温量热仪的内部温度始终保持在(20 ± 0.02) ℃；由于等温量热仪放置地点的更换，在对掺剑麻纤维粉 UHPC 进行测试时，等温量热仪的内部温度始终保持在(25 ± 0.02) ℃。

5. 热重分析(TGA)

采用某公司生产的 Discovery SDT 650 同步热分析仪对掺加不同体积分数剑麻纤维或剑麻纤维粉 UHPC 净浆试件的后期水化进行测试。净浆试件养护至28 d 龄期后进行取样，将样品在无水乙醇中终止水化后放入真空冷冻干燥机(SCIENTZ－18N)中干燥48 h，最后使用研钵将样品研磨并过200目标准筛获得测试用粉末样品。将大约15 mg粉末样品在氮气环境下从室温以10 ℃/min的升温速率加热至1 000 ℃。

6. 剑麻纤维分布测试

由于剑麻纤维是一种直径较小并且不导电的植物纤维，因此难以采用传统的图像分析技术来观察剑麻纤维在基体中的分布。参考Kawashima等人[14]的方法，利用荧光增白剂对植物纤维具有靶向作用(只对植物纤维具有吸附作用，而对UHPC基体无吸附作用)的特点，在紫光灯照射下可以清晰地观察到剑麻纤维在试件横截面中的分布情况，具体操作过程如图8.14所示。

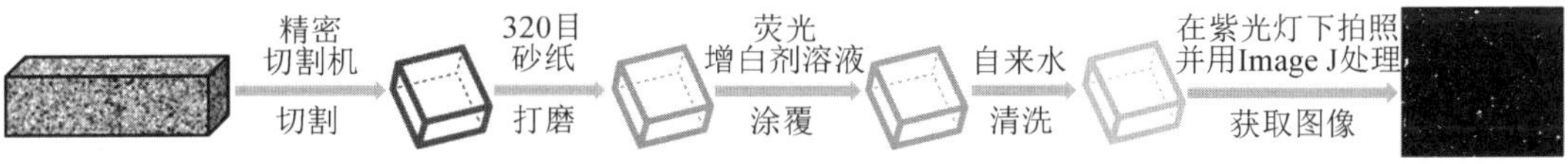

图 8.14　观察剑麻纤维分布的操作过程

首先使用精密切割机在棱柱体试件(40 mm×40 mm×160 mm)中间位置切取厚度约为5 mm的薄片；然后用320目砂纸对此样品进行打磨；打磨完成后，将预先配置好的荧光增白剂溶液(质量分数为5%，二苯乙烯三嗪型)均匀地涂抹到样品表面并静置5 min；随后用自来水冲洗样品以去除残余的荧光增白剂溶液；最后在紫光灯照射下使用超景深显微镜对样品进行拍照，并把照片导入Image J软件中进行二值化处理，获得剑麻纤维在UHPC横截面中的分布图像。

7. 扫描电子显微镜(SEM)观察

采用扫描电子显微镜在背散射电子(BSE)扫描模式下对UHPC中剑麻纤维的截面微观结构和元素分布进行表征。BSE样品的制备过程如下：① 利用精密切割机从棱柱体力学性能试件中部切取边长约为10 mm的立方体样品；② 通过真空树脂浸渍装置将高流动性环氧树脂浸入样品中，在室内静置12 h后脱模；③ 抛光样品，直至样品表面达到镜面效果；④ 观察前对样品进行喷金处理。图8.15为BSE样品的制备过程。此外，磨抛的详细参数见表8.9。

图 8.15　BSE样品的制备过程

表 8.9　制备 BSE 样品的磨抛参数

砂纸类型	目数	力 /N	磨盘转速 /(r・min^{-1})	磨头转速 /(r・min^{-1})	时间
SiC	1 200	15	100	100	直至磨去表面的树脂
D	2 000	9			180 s
D	4 000	9			180 s
D	8 000	9			180 s

8.2.3　剑麻纤维的吸释水性能

剑麻纤维在水泥滤液中浸泡 10 min、0.5 h、1 h、3 h、6 h、12 h 和 24 h 后的吸水率见表 8.10。可以发现，剑麻纤维能够快速吸水，10 min 的吸水率便达到了 72.57%。剑麻纤维的吸水率随着时间的延长而增加，直到 12 h 后趋于稳定，达到 93.24%。

表 8.10　剑麻纤维在水泥滤液中浸泡不同时间后的吸水率

时间	10 min	0.5 h	1 h	3 h	6 h	12 h	24 h
吸水率 /%	72.57	75.09	76.12	82.80	90.93	93.24	93.50

剑麻纤维在水泥滤液中浸泡 12 h 前后的外观形貌如图 8.16(a) 和图 8.16(b) 所示。可以发现，剑麻纤维吸水后有明显的润胀，径向应变为 23.85%。由于纤维素、半纤维素和木质素的存在，剑麻纤维细胞壁上的大分子之间形成了许多氢键。水在穿透纤维时，会破坏大分子之间的二次相互作用并通过氢键吸附到细胞壁中，从而导致纤维润胀[15,16]，其分子间作用过程示意图如图 8.16(c) 所示。

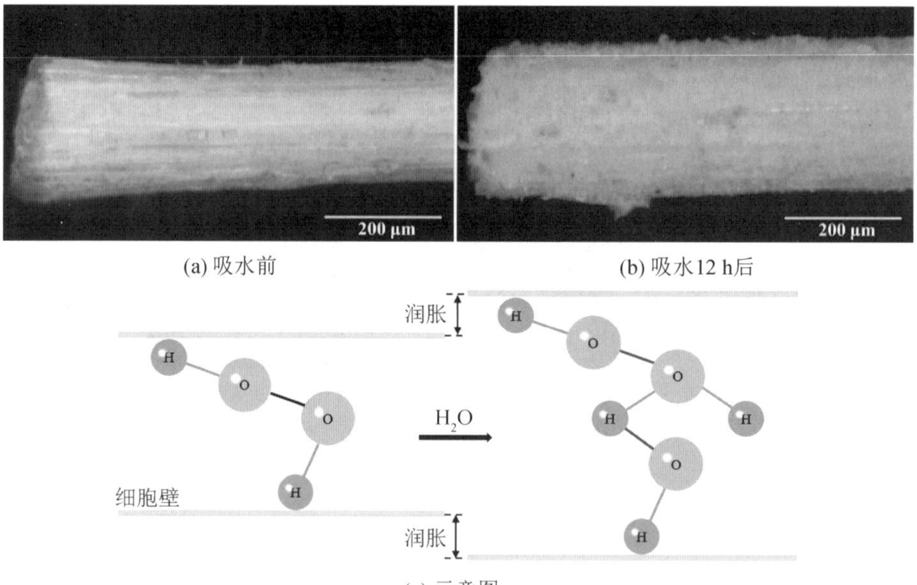

(a) 吸水前　(b) 吸水12 h后

(c) 示意图

图 8.16　剑麻纤维吸水引起的润胀

剑麻纤维解吸等温线如图 8.17 所示。从图中可以发现，剑麻纤维从饱和表面干燥状态到第一个相对湿度点(94.1% RH)，纤维中的水分损失了约 60.7%，这表明剑麻纤维在高湿度下能够释放大量水分，当相对湿度降至 80% RH 时，剑麻纤维中 82.3% 的水分已经散失。剑麻纤维具有较高的吸水率，并且能够随环境相对湿度降低而快速解吸，这两个特点表明剑麻纤维对于 UHPC 而言是良好的内养护材料。

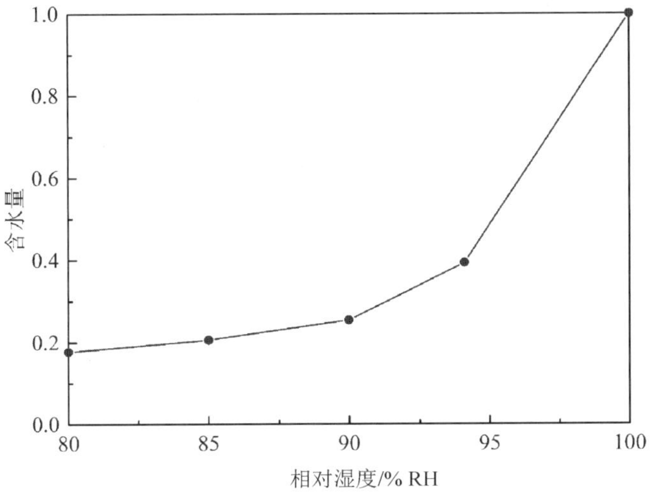

图 8.17　剑麻纤维解吸等温线

8.2.4　流动度与凝结时间

剑麻纤维对 UHPC 流动度和凝结时间的影响如图 8.18 所示。从图中可以发现，UHPC 的流动度随着剑麻纤维掺量的增加而降低。与未掺剑麻纤维的 UHPC 相比，掺加体积分数为 0.5% ～ 1.5% 的剑麻纤维使新拌 UHPC 的流动度降低了 9.6% ～ 19.2%。这是因为随着剑麻纤维掺量的增加，纤维的比表面积增大，增加了对新拌浆体流动的摩擦阻力[17]。此外，剑麻纤维的掺入延长了 UHPC 的凝结时间。试件 SI0.5、SI1.0 和 SI1.5 的凝结时间比试件 SI0.0 分别延长了 0.65 h、1.02 h 和 1.46 h。这一试验现象将通过 8.2.5 节的水化热测试结果得到证明。

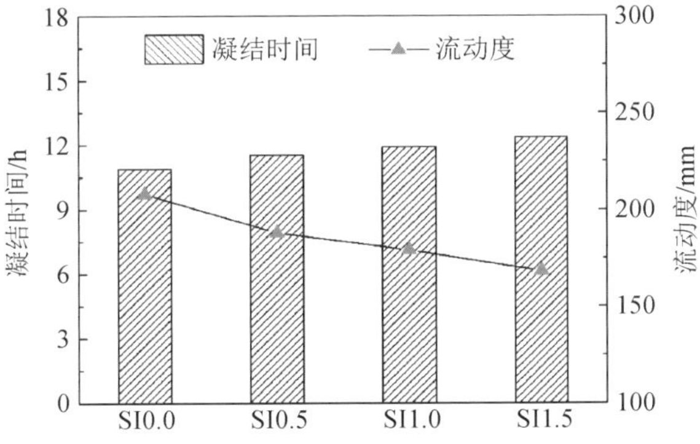

图 8.18　UHPC 的凝结时间和流动度

8.2.5 水化热

掺剑麻纤维 UHPC 拌合物的水化热试验结果如图 8.19 所示。从图 8.19 (a) 中可以发现,剑麻纤维的掺入延长了主放热峰的出现时间并且降低了主放热峰的放热速率,即对放热速率曲线具有延峰、削峰作用,且这种影响随着剑麻纤维掺量的增加而更加显著。例如,拌合物 SI0.0、SI0.5、SI1.0 和 SI1.5 的主放热峰出现时间分别为 20.17 h、21.55 h、23.17 h 和 24.95 h;主放热峰的放热速率分别为 0.001 92 W/g、0.001 90 W/g、0.001 77 W/g 和 0.001 67 W/g。此外,从图 8.19 (b) 中可以发现,第 37 ~ 55 h 掺剑麻纤维拌合物的累计放热量超过未掺剑麻纤维拌合物的累计放热量,这表明掺剑麻纤维拌合物的水化反应虽然开始较为缓慢,但后期的水化反应速率略高于未掺剑麻纤维的拌合物。同时,不同剑麻纤维掺量的拌合物在 72 h 的累计放热量大致相同。

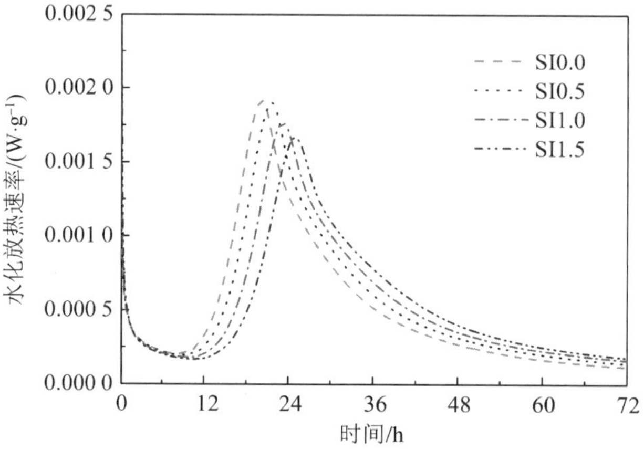

(a) 水化放热速率

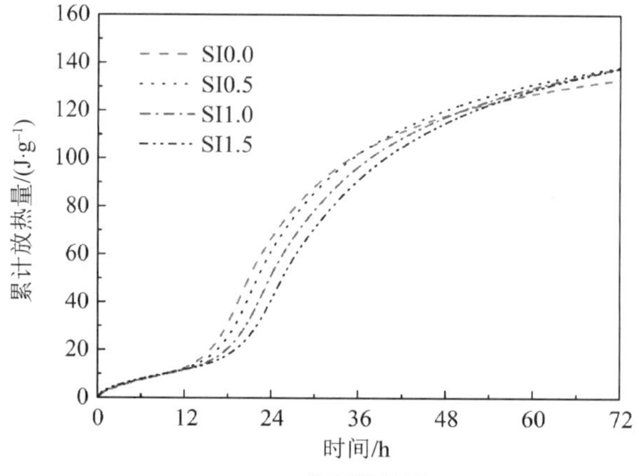

(b) 累积放热量

图 8.19 剑麻纤维对 UHPC 水化热的影响

图 8.19

从上述水化热试验结果可以发现,剑麻纤维具有调控水化放热的效应,这主要是以下两个原因导致的[18,19]:① 剑麻纤维主要由纤维素、半纤维素、木质素和果胶等成分组成,在 UHPC 搅拌过程中剑麻纤维会在碱性孔溶液中析出有机糖类物质并包覆在部分水化的水泥颗粒周围形成保护层,如图 8.20 所示;② 析出的糖类物质能够与水泥水化过程中存在的阳离子发生螯合作用,不仅会破坏水泥水化反应的平衡,并且会降低水泥水化产物的成核和生长速率。剑麻纤维调控水化放热的效应与用辅助胶凝材料取代水泥和硅灰的作用类似,同样会对 UHPC 的自收缩发展起到一定的抑制作用。

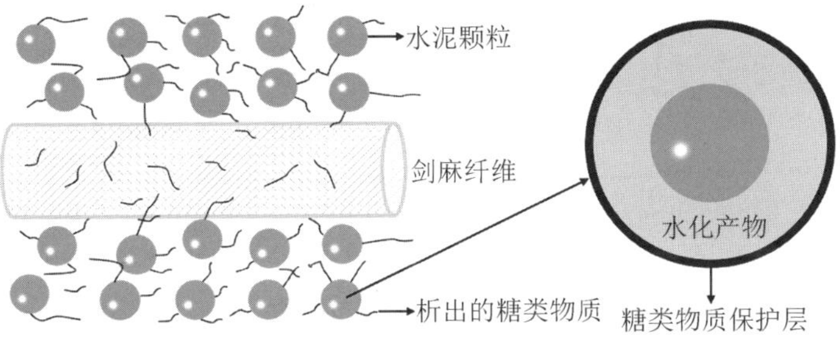

图 8.20　剑麻纤维延缓水泥水化的机理示意图

8.2.6　自收缩与内部相对湿度

剑麻纤维对 UHPC 自收缩和内部相对湿度发展的影响如图 8.21 所示。未掺剑麻纤维试件(SI0.0) 的自收缩发展非常迅速,1 d 时便达到了 395 $\mu\varepsilon$,7 d 时的自收缩达到了 837 $\mu\varepsilon$。试件 SI0.0、SI0.5、SI1.0 和 SI1.5 在 3 d 时的自收缩分别达到了 7 d 时自收缩的 77.8%、74.7%、69.1% 和 68.4%,这表明 UHPC 的自收缩主要发生在早期。剑麻纤维的掺入显著降低了 UHPC 的自收缩,且自收缩随着剑麻纤维掺量的增加而减小。例如,当 UHPC 中掺加体积分数为 0.5%,1.0%,1.5% 的剑麻纤维时,与未掺剑麻纤维 UHPC 相比,7 d 的自收缩分别降低了 23.2%,45.3%,71.4%。未掺剑麻纤维(SI0.0) 的试件由于在水化过程中水分被消耗,内部相对湿度迅速下降,7 d 后降至 89.9%。剑麻纤维的掺入有效减小了内部相对湿度的降低速率,使内部相对湿度维持在较高水平,尤其是在剑麻纤维掺量较高时。例如试件SI0.5、SI1.0 和 SI1.5 的内部相对湿度在 7 d 时分别达到了 91.8%、94.1% 和 96.3%,这表明剑麻纤维对 UHPC 具有良好的内养护作用。

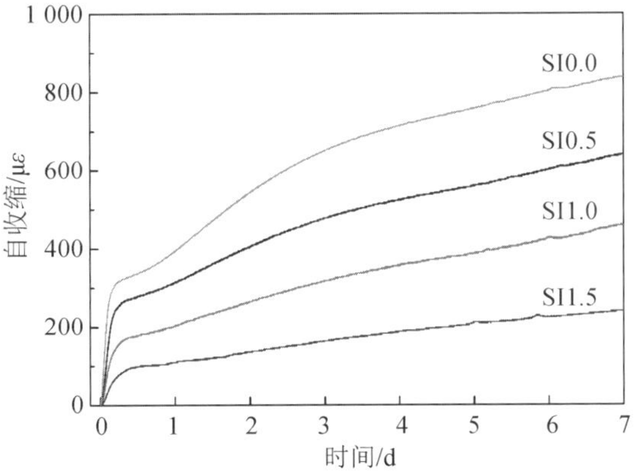

图 8.21　UHPC 的自收缩和内部相对湿度发展

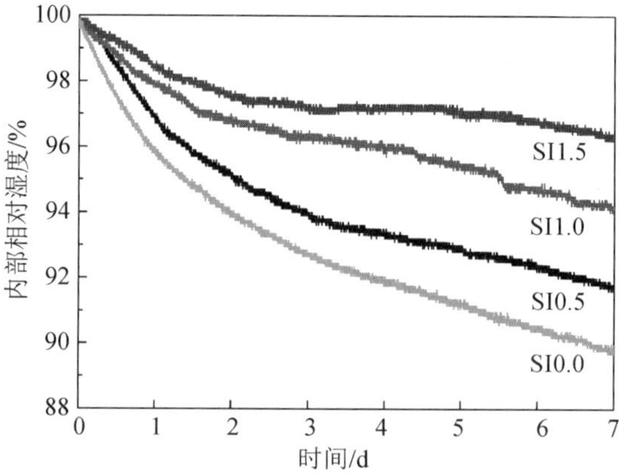

续图 8.21

利用 FHWA 模型[20]、改进 Yoo 模型[21] 以及 Dilger 模型[22] 来预测 UHPC 的自收缩发展，分别如式(8.13)、式(8.14) 和式(8.15) 所示。

$$\varepsilon(t)=\frac{t}{A+t}\times\varepsilon_{\text{ult}} \tag{8.13}$$

$$\varepsilon(t)=A\varepsilon_{\text{ult}}[1-\exp(-B\sqrt{t})] \tag{8.14}$$

$$\varepsilon(t)=\frac{t^{0.7}}{A+B\times t^{0.7}}\times\varepsilon_{\text{ult}} \tag{8.15}$$

式中，t 为时间，d；$\varepsilon(t)$ 为 t 时的自收缩，$\mu\varepsilon$；ε_{ult} 为极限自收缩，本试验中为 7 d 时的自收缩，$\mu\varepsilon$；A、B 为定义曲线形状的参数。

图 8.22 对比了各剑麻纤维掺量下 UHPC 的预测自收缩和试验自收缩曲线。

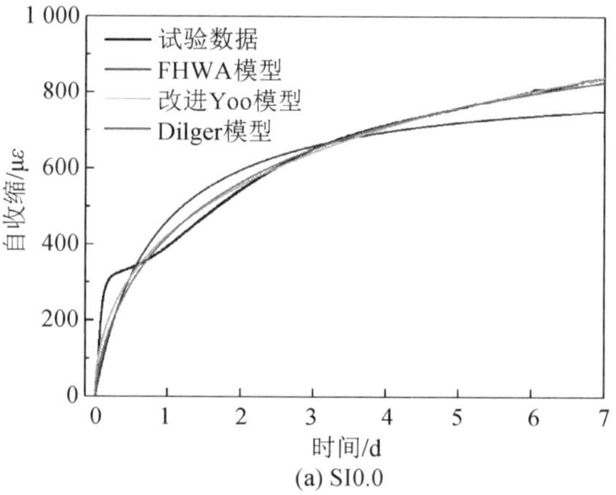

(a) SI0.0

图 8.22　掺剑麻纤维 UHPC 的预测和试验自收缩

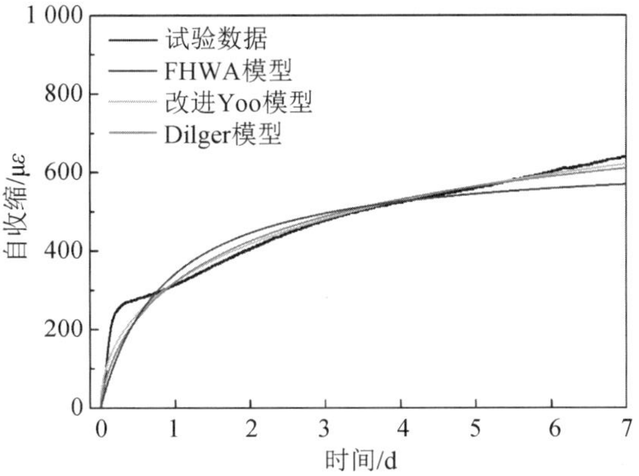

(b) SI0.5

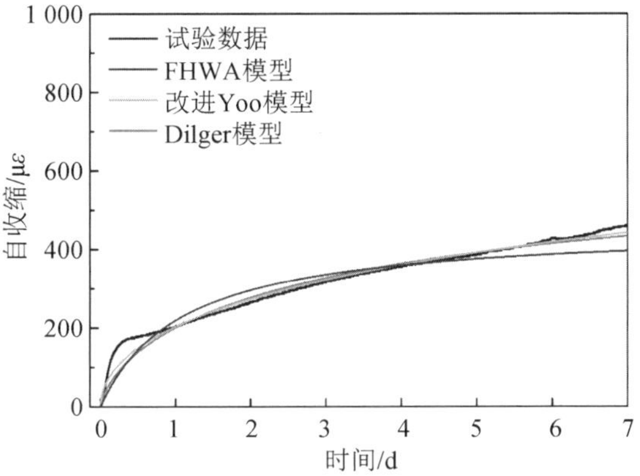

(c) SI1.0

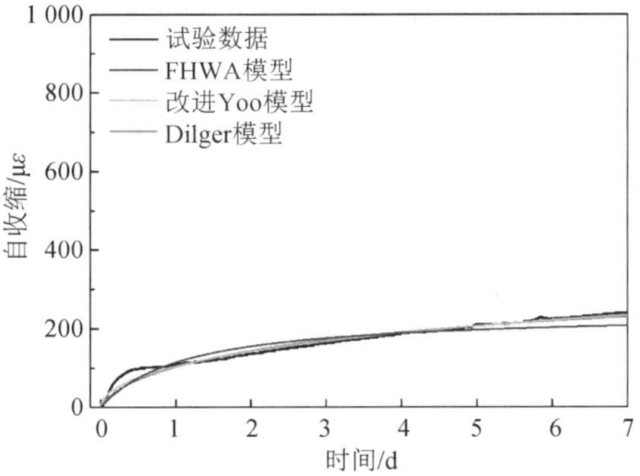

(d) SI1.5

续图 8.22

图 8.22

对于UHPC在1 d前的自收缩发展，3个模型的预测值均要低于试验值。对于UHPC在第1～7 d内的自收缩，发展如下：改进Yoo模型和Dilger模型的预测曲线与试验曲线较为吻合，7 d时的预测自收缩与试验自收缩误差很小；FHWA模型的预测精度相比前两者要低，7 d时的预测自收缩要低于试验自收缩，但是随着剑麻纤维掺量的提高，该误差逐渐减小。各预测模型的拟合参数和相关系数见表8.11。改进Yoo模型和Dilger模型均具有较高的相关系数,并且相关系数没有随剑麻纤维掺量的变化而显著降低,表明这两个模型可以较好地用来预测本试验中掺剑麻纤维UHPC的自收缩发展。

表8.11　预测模型的拟合参数和相关系数

模型	拟合参数	SI0.0	SI0.5	SI1.0	SI1.5
FHWA模型	R^2	0.89	0.90	0.90	0.88
	A	1 176.20	1 255.00	1 573.06	1 569.30
改进Yoo模型	R^2	0.98	0.98	0.98	0.98
	A	1.54	1.41	1.97	2.25
	B	0.01	0.01	0.01	0.01
Dilger模型	R^2	0.97	0.96	0.96	0.96
	A	215.25	206.00	268.78	280.37
	B	0.67	0.72	0.63	0.60

8.2.7　力学性能

剑麻纤维对UHPC抗压强度、弯曲强度和韧性的影响如图8.23所示。从图中可以发现,剑麻纤维的掺入降低了UHPC的抗压强度,试件的7 d抗压强度随着剑麻纤维掺量的增加而降低,但纤维掺量对28 d抗压强度无显著影响。例如,试件SI0.5、SI1.0和SI1.5的7 d(28 d)抗压强度较试件SI0.0分别降低了8.5%(7.7%)、11.2%(8.2%)和17.8%(8.2%)。剑麻纤维的掺入增加了UHPC基体的孔隙率和内部缺陷,从而对抗压强度产生不利影响。但随着纤维掺量的增加,UHPC的后期水化程度会随之提高,因此28 d抗压强度得到补偿。Justs[23]等人的研究结果表明,掺加0.3%水泥质量的SAP使UHPC的7 d和28 d抗压强度分别降低了21.3%和18.6%。因此,与SAP相比,剑麻纤维对UHPC抗压强度的负面影响较小。此外,试件SI1.5的7 d(28 d)弯曲强度和韧性比试件SI0.0高16.8%(18.6%)和24.9%(12.6%)。这是因为断裂面中存在大量剑麻纤维,增加了纤维的桥联强度,提高了UHPC的弯曲性能。

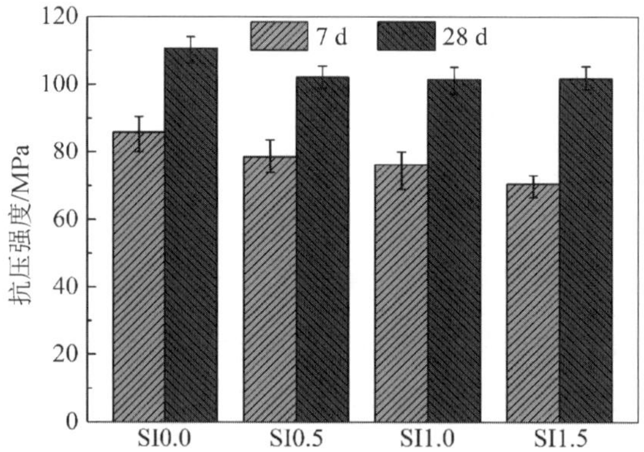

(a) 抗压强度

图8.23　剑麻纤维对UHPC力学性能的影响

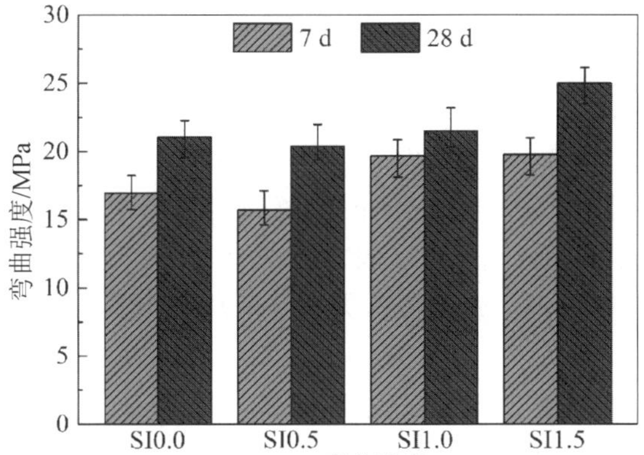

(b) 弯曲强度

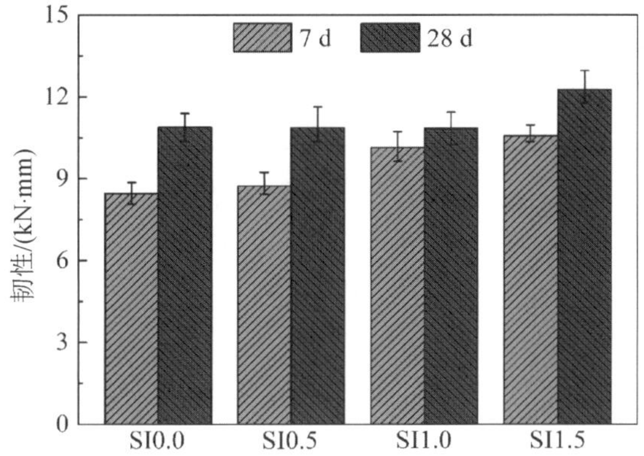

(c) 韧性

续图 8.23

8.2.8　纤维分布

不同掺量剑麻纤维在UHPC试件横截面中的分布如图8.24所示。从图中可以发现，随着剑麻纤维掺量的增加，试件横截面上的剑麻纤维数量也随之增多。此外，剑麻纤维在基体中分布均匀且无纤维团聚现象出现，表明本试验中剑麻纤维在UHPC中具有良好的分散性。

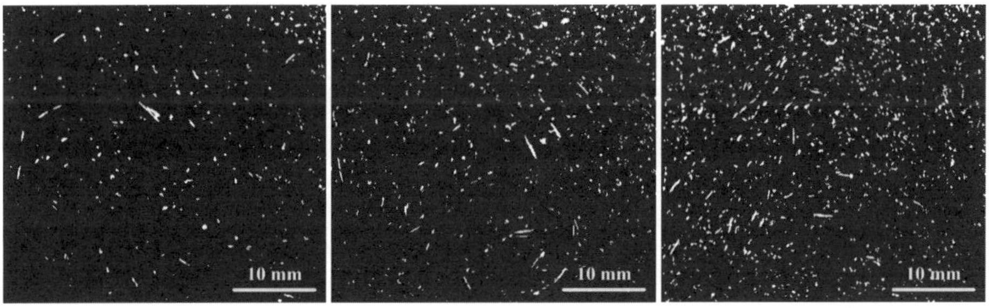

(a) SI0.5　(b) SI1.0　(c) SI1.5

图 8.24　UHPC试件横截面中剑麻纤维分布的二值图像

8.2.9 微观结构

掺剑麻纤维UHPC净浆试件在28 d龄期时的热重(TG)曲线及其对应的导函数(DTG)曲线如图8.25所示。200 ℃之前的分解峰与自由水蒸发、AFt(钙矾石)、AFm(单硫型水化硫铝酸钙)以及部分C—S—H脱水有关[24];400 ℃和690 ℃附近的分解峰分别与$Ca(OH)_2$的脱羟基和$CaCO_3$的分解有关[25];800～900 ℃之间的分解峰是由部分C_2S的晶型转变引起的。Liu等人[26]的研究指出,105～800 ℃范围内的失重量可以用来评价UHPC的水化程度。从图8.25可以发现,所有样品在105 ℃之前的质量损失几乎相同,但是105～800 ℃之间的质量损失随着剑麻纤维掺量的增加而增大。例如,样品SI0.0、SI0.5、SI1.0和SI1.5在105～800 ℃之间的质量损失率分别为10.77%、11.59%、12.09%和12.37%。这表明掺入剑麻纤维后UHPC的水化程度有所提高,这是因为剑麻纤维释放出的内养护水促进了水泥的水化。

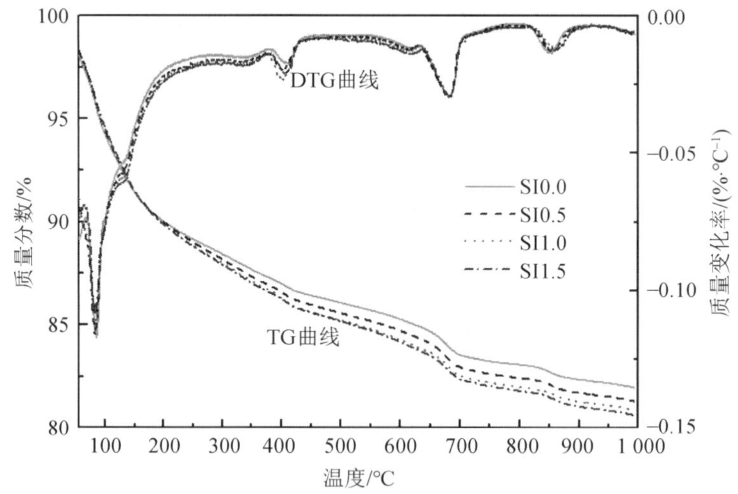

图 8.25

图8.25 不同剑麻纤维掺量UHPC净浆样品的TG曲线及其DTG曲线

剑麻纤维在UHPC中的背散射电子图像如图8.26所示。从图中可以看到,剑麻纤维与UHPC基体之间存在明显的空隙,这是水分散失导致剑麻纤维体积收缩造成的。图8.27为剑麻纤维在UHPC中体积收缩过程的示意图,在浆体搅拌过程中,剑麻纤维会吸收水分并且发生体积膨胀。随着水泥的不断水化,基体内部的相对湿度逐渐降低。此时,纤维会将吸收的水分释放出来,有效缓解了自干燥的发生,对基体起到了内养护的作用,从而大大降低了UHPC的自收缩,但纤维的体积也因水分的流失而减小,在纤维与基体之间形成了明显的空隙。

剑麻纤维增强UHPC的SEM电子图像如图8.28所示。从图中可以发现,剑麻纤维从基体中拔出后会留下带有划痕的通道,并且纤维表面附着有许多水化产物。剑麻纤维与UHPC基体间具有一定的黏结力,三维乱向分布于基体中的剑麻纤维能够有效分散、均化收缩应力,约束混凝土变形,降低了UHPC的自收缩。

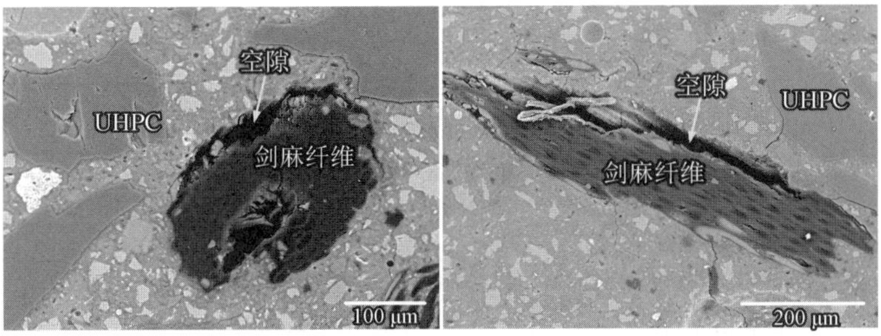

图 8.26　剑麻纤维在 UHPC 基体中的背散射电子图像

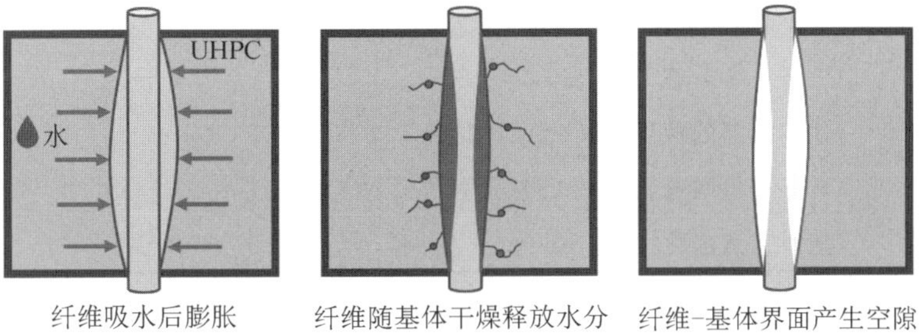

图 8.27　剑麻纤维在 UHPC 中体积收缩的示意图

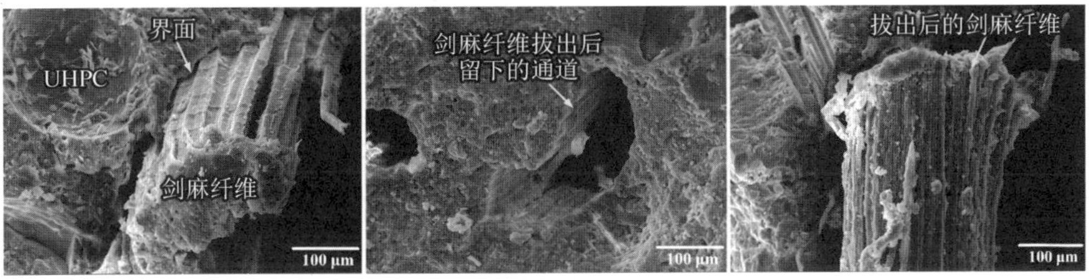

图 8.28　剑麻纤维增强 UHPC 的 SEM 图像

通过上述试验可知剑麻纤维是一种良好的内养护材料，可以有效降低超高性能混凝土的自收缩，可将 7 d 的自收缩降低 71.4%。此外，剑麻纤维的掺入使基体内部的相对湿度维持在较高水平，并且对超高性能混凝土的力学性能没有较大的影响。因此，利用天然剑麻纤维来降低超高性能混凝土的自收缩具有较大的应用潜力。

8.3　耐高温性能

超高性能混凝土由于具有密实的微观结构和较低的渗透性，在高温下会阻止混凝土内部水蒸气的迁移和逸出，从而产生了蒸汽压，当蒸汽压超过混凝土的抗拉强度后便会发生爆裂现象，对结构造成极大的损伤，危害人们的生命和财产安全。表 8.12 列出了不同温度变化下混凝土内部的劣化程度。可以看到，随着温度的升高，混凝土内部劣化不断加剧，最终导致完全破坏，结构失去承载能力。

表 8.12　混凝土内部随温度升高而引起的变化

温度 /℃	混凝土内部变化
100	水化产物分解并且释放自由水
150	C—S—H 分解的第一阶段达到峰值
200 ～< 300	释放化学结合水
300 ～< 550	C—S—H 和 $Ca(OH)_2$ 的不断分解导致裂缝的产生
550 ～ 600	骨料开始劣化
700 ～ 750	石英由三斜晶系转变为六方晶系(发生在硅质骨料内)，导致骨料体积增大，降低了骨料与基体间的黏结性能
800 ～< 900	C—S—H 分解的第二阶段
900	基体内部的液压键转化为陶瓷键
1 000 ～ 1 200	石灰石骨料脱碳释放 CO_2 破坏基体结构
> 1 200	基体完全劣化

如何提高超高性能混凝土的耐高温性能逐渐成为近年来研究的热点问题。目前，主要通过以下两种方式来提高混凝土的耐高温性能。

(1) 掺加纤维。

各种各样的纤维被用于增强混凝土以提高其力学性能，如钢纤维、玻璃纤维、玄武岩纤维、聚丙烯纤维和聚乙烯醇纤维等，表 8.13 列出了常用纤维的性能指标。不同类型的纤维会对混凝土的性能产生不同的影响，掺加高抗拉强度的钢纤维、玄武岩纤维不仅可以提高混凝土的抗拉强度，还会提高混凝土的韧性、应变能力和能量吸收能力；掺加碳纤维可以提高混凝土的导电性、压敏性和磁灵敏度。对于提高混凝土的耐高温性能而言，掺加钢纤维和聚合物纤维成了首选手段。在混凝土内部掺入熔点较低的聚合物纤维后，当温度达到纤维的熔点，纤维便会熔化从而留下众多的孔道，这些孔道相互连通，为混凝土内部蒸汽压的逃逸提供了通道，因此能够有效阻止高温下混凝土爆裂的发生。钢纤维与混凝土间具有良好的黏结性能，纤维之间相互搭接形成的三维空间结构能够有效约束混凝土的开裂，从而降低混凝土高温爆裂的程度；此外，钢纤维具有良好的导热性，能够降低混凝土基体的温差，减小热应力，从而提高混凝土的耐高温性。

表 8.13　常用纤维的性能指标

纤维类型	抗拉强度 /MPa	弹性模量 /GPa	伸长率 /%	密度 /($g \cdot cm^{-3}$)	熔点 /℃
钢纤维	200 ～ 2 760	200	0.5 ～ 35	7.8	1 370
玻璃纤维	1 034 ～ 3 792	72	1.5 ～ 3.5	2.5 ～ 2.7	860
聚乙烯纤维	～ 690	0.14 ～ 0.41	～ 10	0.95	141.4
聚丙烯纤维	552 ～ 690	3.45	～ 25	0.9	170
聚乙烯醇纤维	1 000 ～ 1 600	22 ～ 42	6 ～ 7	1.3	220 ～ 240

续表8.13

纤维类型	抗拉强度 /MPa	弹性模量 /GPa	伸长率 /%	密度 /(g·cm^{-3})	熔点 /℃
玄武岩纤维	872 ～ 2 800	40 ～ 89	3.15	2.8	1 500 ～ 1 700
碳纤维	1 550 ～ 6 960	159 ～ 965	2.5 ～ 3.2	1.8	＞ 3 000
尼龙纤维	750 ～ 1 000	2.5 ～ 5.17	15 ～ 30	1.14	231 ～ 252

(2) 采用碳酸盐骨料。

骨料是混凝土的主要组分之一，传统的骨料可以分为碳酸盐骨料和硅质骨料，在高温作用下这两种骨料具有不同的性质。碳酸盐骨料相比硅质骨料在高温下可以吸收更多的热量(10 倍左右)，从而为混凝土提供了更好的耐高温性能。

目前，提高混凝土耐高温性能较为常用的方法为在混凝土内部掺加钢纤维和聚合物纤维，但是聚合物纤维价格昂贵并且生产过程消耗的能源和排放的温室气体较多，因此本试验旨在通过利用植物纤维来取代聚合物纤维，增强超高性能混凝土耐高温性能。

8.3.1　试验材料及配合比设计

本节试验是在 8.1 节试验的基础上进行的，试验材料及配合比设计均与 8.1 节相同。

8.3.2　试验方法

1. 高温试验

Kodur 等人[27] 指出 800 ℃ 的高温适合用来反映水泥混凝土的抗火性能。因此，本试验选取的高温温度为 800 ℃。采用箱式电炉进行加热，升温速率设定为10 ℃/min，到达 800 ℃ 后恒温 2 h，最后在炉内自然冷却至室温。电炉的升温曲线如图 8.29 所示。

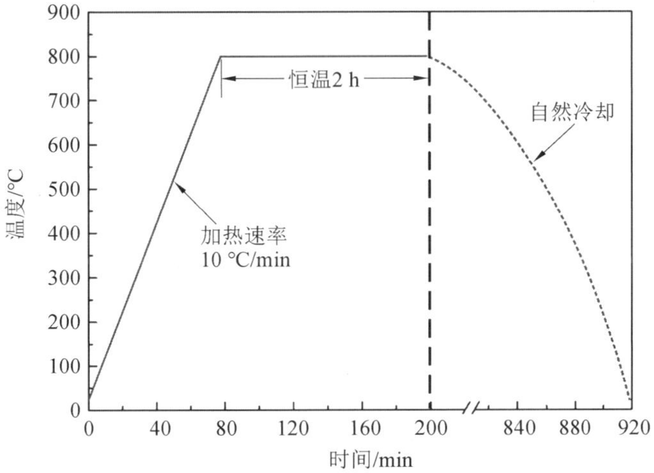

图 8.29　UHPC 高温试验的升温曲线

为了避免试件内毛细水蒸发引起早期爆裂，将用于测试高温后力学性能的棱柱体试件在 100 ℃ 的烘箱中预干燥 3 h 后再进行高温试验。此外，在圆柱体试件中心位置预埋了 K 型热电偶以监测 UHPC 爆裂时的温度。

2. 气体渗透性试验

利用精密切割机在圆柱形试样(ϕ50 mm × 100 mm)的中部切取厚度为 25 mm 的圆盘试件(ϕ50 mm × 25 mm)用于气体渗透性测试。200 ℃ 时的气体渗透性对防止 UHPC 的高温爆裂至关重要。因此，将试件在电炉中从室温加热到 200 ℃，然后恒温 48 h。为了避免试件中产生不良的热应力，加热速率选为 1.0 ℃/min[28]。试件加热完成后在电炉中自然冷却至室温，然后放入真空干燥器中保存。气体渗透性测试前将圆盘试件侧面用环氧树脂密封。气体渗透性测试依据 RILEM 标准推荐的 Cembureau 测试方法，采用图 8.30 所示的混凝土气体渗透性测试系统，具体测试原理与操作过程同前文，在此不再赘述。

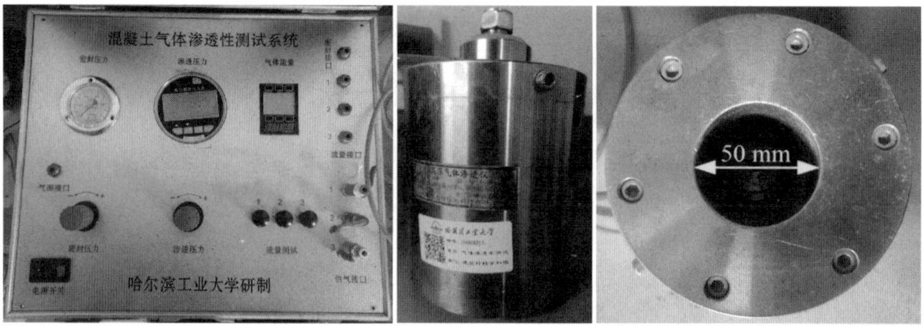

图 8.30　混凝土气体渗透性测试系统

表观气体渗透率 k_a 的单位为 m^2，可通过式(8.16)求得：

$$k_a = \frac{Q}{A}\frac{2\mu L p_a}{(p_i^2 - p_a^2)} \tag{8.16}$$

式中，Q 为稳态气体流量，m^3/s；A 为试件横截面面积，m^2；L 为试件厚度，m；μ 为氮气的动态黏度，20 ℃ 时为 1.76×10^{-5} Pa·s；p_i 为入口压力，Pa；p_a 为大气压力，Pa。

由于表观气体渗透率会受到入口压力的影响，因此采用本征气体渗透率 k_0，单位为 m^2。本征气体渗透率和表观气体渗透率的关系如式(8.17)所示：

$$k_a = k_0\left(1 + \frac{2b}{p_i + p_a}\right) \tag{8.17}$$

式中，b 为 Klinkenberg 修正系数。

因此，本征气体渗透率可通过线性拟合求得。以试件 ST0.0－SI0.0 为例，k_0 的拟合结果如图 8.31 所示。

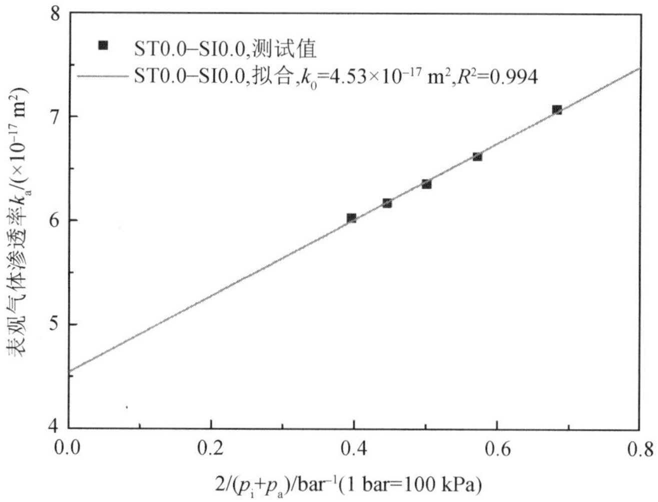

图 8.31　典型的气体渗透率拟合(以试件 ST0.0－SI0.0 为例)

3. 毛细吸水率试验

气体渗透性试验结束后,将试件的上表面用铝箔密封以防止与水接触,如图 8.32 所示,然后利用简单的"测重法"来测试试件的毛细吸水率[29]。

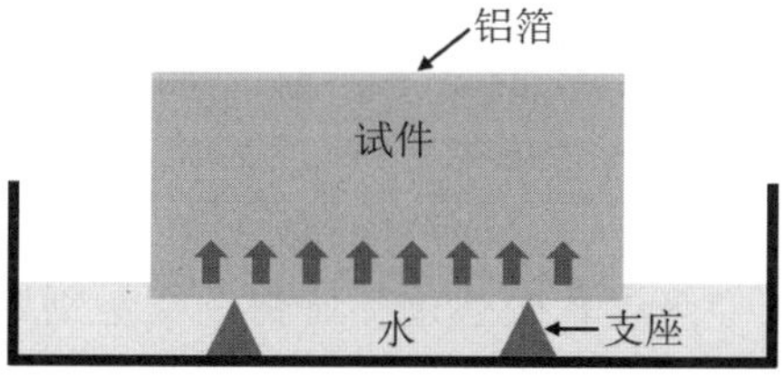

图 8.32　毛细吸水率试验示意图

试验前首先对试件进行称重,然后将试件浸入水中,水位保持在超出试件底面以上 3～5 mm。前 2 h 内每隔 15 min 对试件进行称重(精确到 0.01 g),称重前用干毛巾擦去试件表面的自由水。在随后的 1 h 内,每隔 30 min 对试件进行称重,同样在称重前用干毛巾擦去试件表面的自由水。单位面积吸收水的体积 V_w(mm) 随时间 t(min) 的变化可由式(8.18) 计算得到:

$$V_w = \frac{m_t}{A} \tag{8.18}$$

式中,m_t 为试件在浸水时间 t 时的质量变化,g。

毛细吸水率 S 可通过式(8.19) 进行线性拟合得到:

$$V_w = S\sqrt{t} + c \tag{8.19}$$

式中,c 为拟合常数。

毛细吸水率(以 ST0.0－SI0.9 为例) 的典型线性拟合如图 8.33 所示。

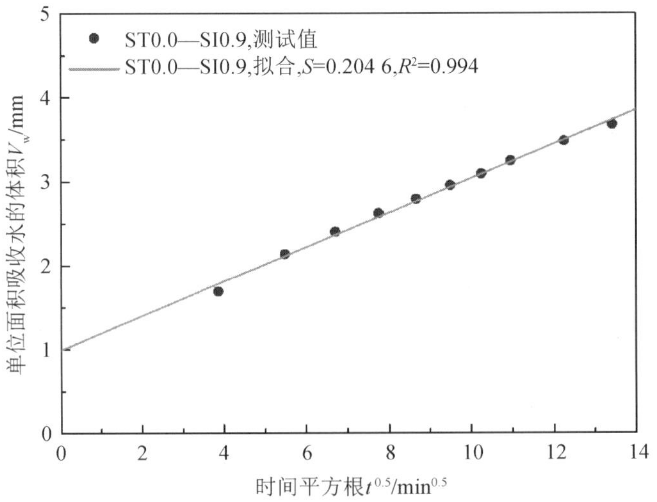

图 8.33　典型的毛细吸水率拟合(以试件 ST0.0－SI0.9 为例)

4. 剑麻纤维热重分析

热重分析采用SDT 650同步热分析仪进行测试。将10 mg剑麻纤维以10 ℃/min的升温速率从室温加热到800 ℃,以氮气(50 mL/min)作为吹扫气体。

5. 剑麻纤维热机械分析

采用热机械分析仪(TMA Q400)测试了剑麻纤维的径向尺寸随温度的变化规律。将单根剑麻纤维放置于热机械分析测试装置中,然后以10 ℃/min的升温速率从室温加热至250 ℃。测试温度限制在250 ℃是因为剑麻纤维在此温度以上会剧烈分解,从而污染热机械分析仪的探针。在加热过程中通过膨胀探针测量剑麻纤维的径向尺寸变化。

6. 扫描电子显微镜(SEM)观察

采用Tescan Vega 3扫描电子显微镜对样品的微观形貌进行表征,加速电压为30 kV。本试验中分别制备了两种不同用途的样品:一种用于揭示纤维混杂抗爆裂机理;另一种用于观察高温后纤维和基体的劣化。用于研究纤维混杂抗爆裂机理样品的制备过程如图8.34所示。首先用精密切割机从混杂纤维棱柱体试件的中间位置切取尺寸为20 mm×20 mm×5 mm的薄片,然后分别用320目、800目和1 200目的金刚砂纸打磨,使薄片表面光滑。将薄片置于电炉中,以10 ℃/min的加热速率从室温升温至250 ℃,然后在250 ℃下恒温30 min。温度选择为250 ℃是为了与热机械分析仪的测试结果相对应。待自然冷却至室温后,对样品进行喷金处理。为观察高温(800 ℃)作用后钢纤维、剑麻纤维和UHPC基体的微观结构劣化,在力学性能测试结束后收集残骸并在烘箱(60 ℃)中干燥24 h,然后对样品进行喷金处理,如图8.35所示。

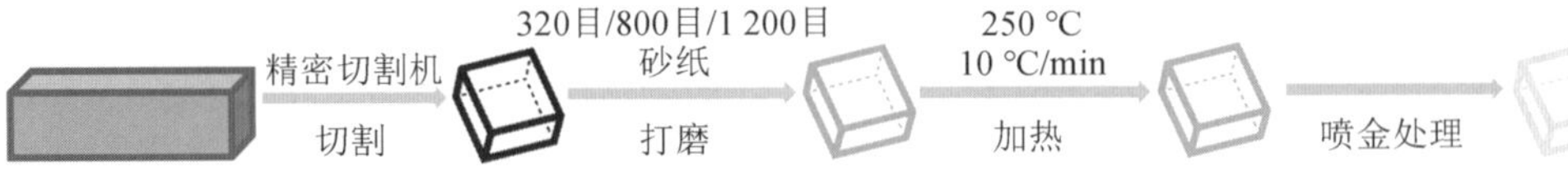

图 8.34　用于研究纤维混杂抗爆裂机理样品的制备过程

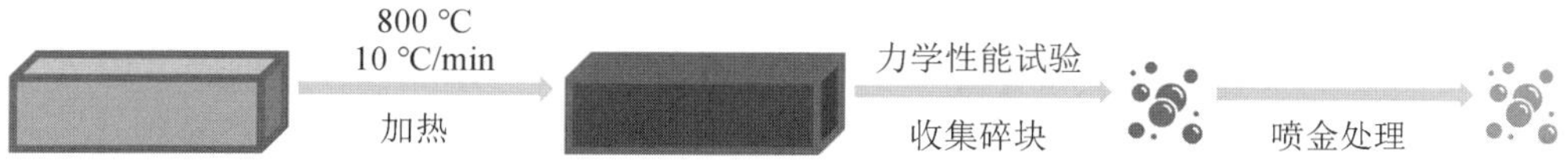

图 8.35　用于观察微观结构劣化的样品

8.3.3　高温后 UHPC 的外观形貌与质量损失

高温(800 ℃)作用后 UHPC 的外观形貌见表 8.14。对于未掺加纤维的 UHPC 试件而言,其高温爆裂现象十分严重,发生爆裂时的内部核心温度(通过埋入在试件中心的热电偶测得)为 236 ℃。对于单独掺加钢纤维的试件而言,随着钢纤维掺量的增加,爆裂程度逐渐降低,并且由于钢纤维的桥联作用,爆裂的碎块并未完全分离。然而,这种桥联作用是有限的,即使掺加体积分数为 2.0% 的钢纤维仍然会出现较为严重的爆裂现象。对于单独掺加剑麻纤维的试件而言,体积分数为 0.6% 的剑麻纤维便可以完全抑制高温爆裂现象的发生,并且试件表面未观察到明显的裂纹。因此,完全防止 UHPC 高温爆裂的临界剑麻纤维体积分数可取为 0.6%。钢纤维与剑麻纤维混杂可以进一步有效防止高温爆裂的发生。对于试件 ST1.5 − SI0.3 而言,虽然试件开裂严重,但仍保持相对完整;对于试件 ST2.0 − SI0.3 和 STa − SIb(a = 1.0,1.5,2.0;b = 0.6,0.9),遭受高温后没有发生爆裂现象。

表 8.14　高温作用后 UHPC 的外观形貌

纤维混杂		剑麻纤维体积分数/%			
		0.0	0.3	0.6	0.9
钢纤维体积分数/%	0.0	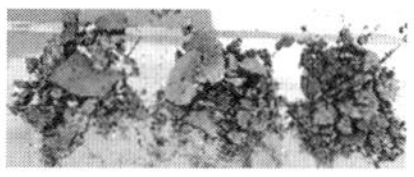			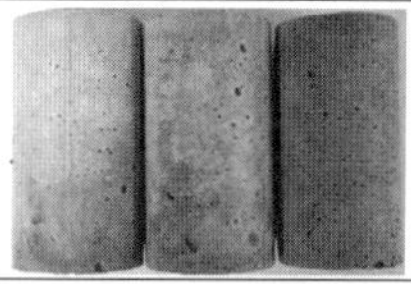
	1.0				
	1.5		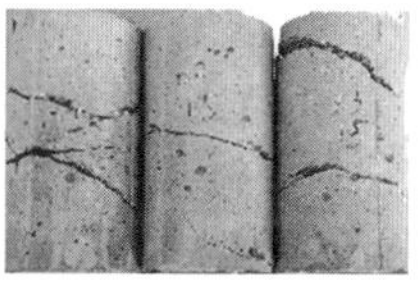		
	2.0	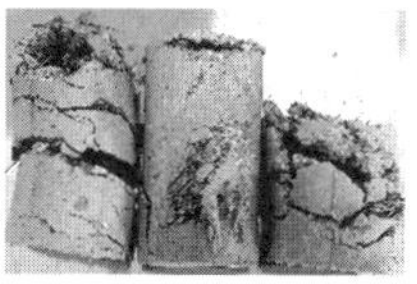			

高温作用后 UHPC 试件的质量损失如图 8.36 所示。选取最大残余部分的质量来计算爆裂试件的质量损失。对于单独掺加钢纤维的试件而言,随着钢纤维体积分数的增加,

质量损失大幅降低。对于单独掺加剑麻纤维的试件而言，随着剑麻纤维体积分数增加到 0.6%，质量损失也显著降低，但超过 0.6% 后对质量损失影响不大。同样，对于纤维混杂增强试件而言，当剑麻纤维体积分数达到 0.6% 时，试件之间的质量损失差异很小。这是因为当剑麻纤维体积分数达到 0.6% 时，UHPC 的爆裂现象已被完全消除，此时的质量损失主要是由水分散失和水化产物分解引起的[30]。

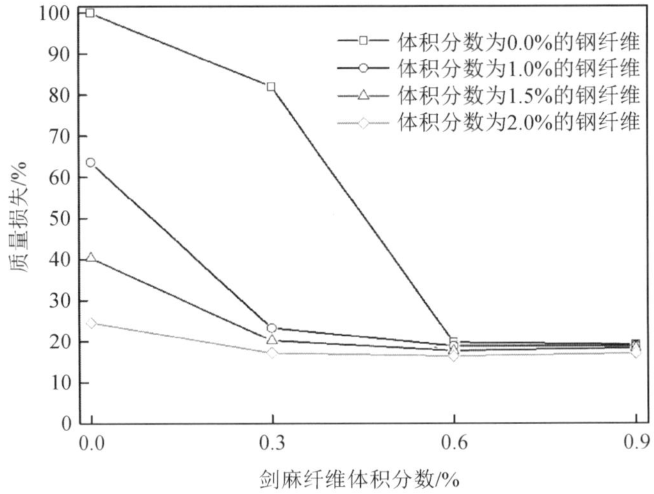

图 8.36 高温后 UHPC 试件的质量损失

8.3.4 高温后 UHPC 的渗透性

高温(200 ℃)后 UHPC 试件的气体渗透率如图 8.37 所示。当钢纤维体积分数一定时，UHPC 的气体渗透率随剑麻纤维体积分数的增加而显著增大。例如，当钢纤维体积分数为 1.0% 时，随着剑麻纤维体积分数从 0% 增加到 0.9%，UHPC 的气体渗透率从 4.83×10^{-17} m^2 增加到 888.98×10^{-17} m^2。因此，掺入剑麻纤维后 UHPC 的爆裂程度明显降低。值得注意的是，与试件 ST2.0－SI0.6 相比，试件 ST2.0－SI0.9 的气体渗透率没有得到改善，这是由于新拌混合物的低流动性使纤维分散不均匀。

此外，当剑麻纤维体积分数为 0% 或 0.3% 时，随着钢纤维掺量的增加，UHPC 的气体渗透率略有提高；但是当剑麻纤维体积分数为 0.6% 或 0.9% 时，UHPC 的气体渗透率随钢纤维掺量的变化趋势不明朗。对于未掺加剑麻纤维的 UHPC 试件而言，其气体渗透率很低，但随着钢纤维掺量的增加，爆裂现象逐渐缓解，这归因于钢纤维对微裂纹的桥联作用。气体渗透率并不是决定爆裂程度的唯一因素。尽管试件 ST0.0－SI0.3(156.4×10^{-17} m^2)的气体渗透率远大于试件 ST2.0－SI0.0(13.9×10^{-17} m^2)，但试件 ST0.0－SI0.3 的爆裂程度比试件 ST2.0－SI0.0 严重。这表明低掺量(体积分数为 0.3%)的剑麻纤维释放蒸汽所产生的抗爆裂效果不如单独掺入体积分数为 2.0% 钢纤维搭接微裂纹所产生的抗爆裂效果。高温后 UHPC 试件的毛细吸水率试验结果如图 8.38 所示。从图中可以看到，剑麻纤维的掺入显著提高了 UHPC 的毛细吸水率，且在钢纤维掺量一定时，毛细吸水率随剑麻纤维掺量的增加而增大。例如，试样 ST1.0 − SI0.3、ST1.0 − SI0.6 和 ST1.0 − SI0.9 的毛细吸水率分别是试样 ST1.0 − SI0.0 的 2.05 倍、2.34 倍和 2.56 倍。这表明由于剑麻纤维的加入，UHPC 高温后的孔隙率显著提高。

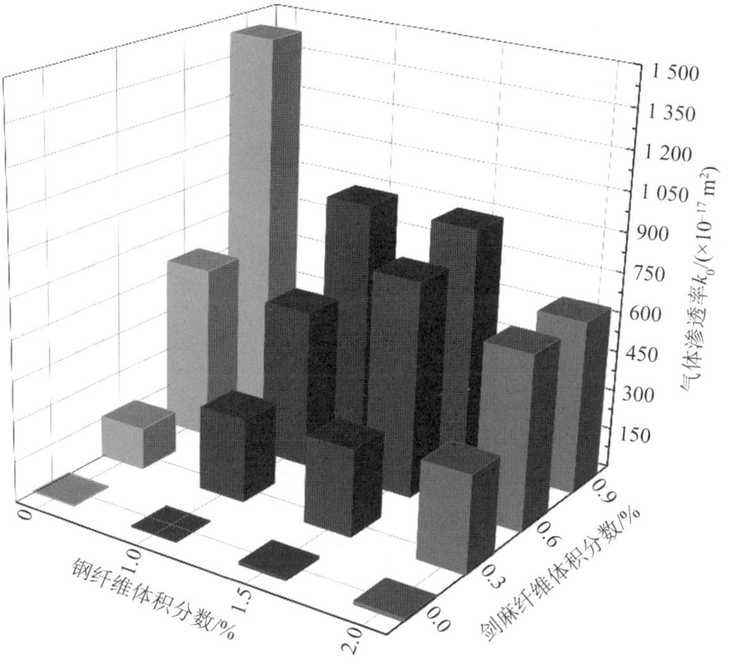

图 8.37　高温后 UHPC 试件的气体渗透率

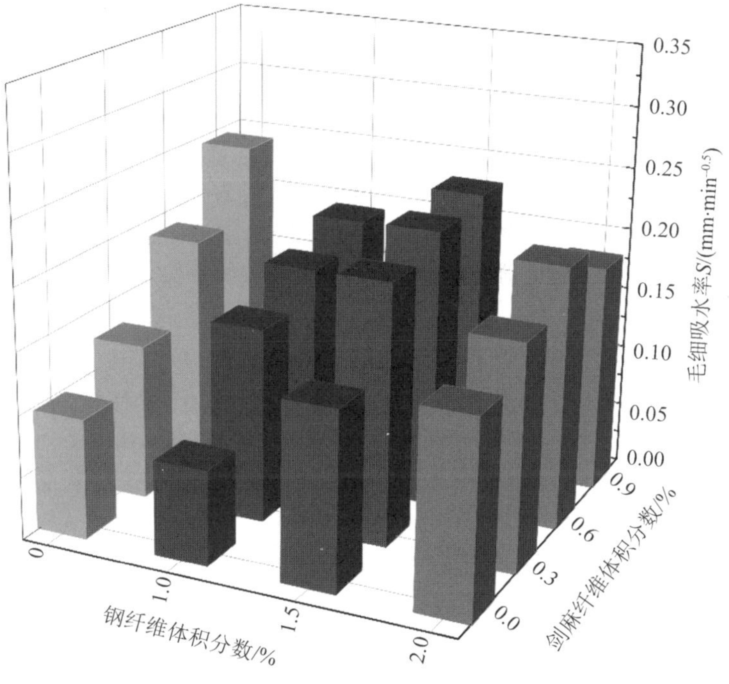

图 8.38　高温后 UHPC 试件的毛细吸水率

气体渗透率与毛细吸水率的关系如图 8.39 所示。可见，高温后钢纤维和剑麻纤维混杂增强 UHPC 的毛细吸水率与气体渗透率之间存在幂函数关系。

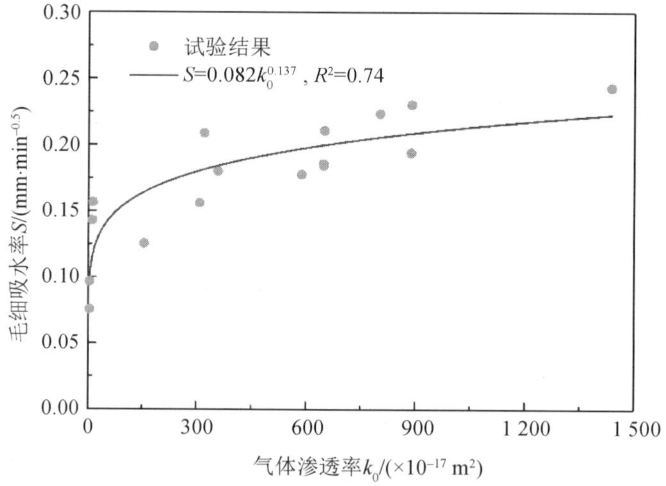

图 8.39　气体渗透率和毛细吸水率间的关系

8.3.5　高温后 UHPC 的力学性能

UHPC 试件遭受 800 ℃ 高温作用后的抗压强度、弯曲强度和韧性如图 8.40 所示。UHPC 遭受高温后的强度与高温前的强度比值也已在图中标注。虽然试验前对试件进行干燥处理以避免毛细水蒸发造成爆裂，但单独掺加钢纤维试件以及试件 ST0.0－SI0.3 仍发生爆裂现象，因此无法测得这些试件的高温后力学性能。从图 8.40 可以看出，高温后 UHPC 的力学性能均大幅下降。例如，试件 ST1.0－SI0.6 遭受高温后的抗压强度（弯曲强度）相比高温前降低了 77.9%（72.0%）。高温后试件强度的降低是混凝土和纤维共同劣化的结果。根据 Abid 等人[31] 的研究结果可知，随着温度的升高，UHPC 的抗压强度变化可分为 3 个阶段：①350 ～ 400 ℃ 之间的初始强度波动阶段；② ＞ 400 ～ 800 ℃ 之间的强度损失阶段；③800 ℃ 后的强度完全损失阶段。800 ℃ 高温下水化硅酸钙凝胶、钙矾石和水化碳铝酸盐等物质会发生分解，并且 $Ca(OH)_2$ 脱羟基，$CaCO_3$ 脱碳[32]。与此同时，由于钢纤维周围基体的微开裂和高温下钢纤维的氧化，导致钢纤维与基体之间的黏结变差。尽管如此，钢纤维和剑麻纤维混杂增强 UHPC 仍具有较高的强度。如试件 ST2.0－SI0.6 的高温后抗压强度和弯曲强度分别为 36.2 MPa 和 8.9 MPa。这是由于剑麻纤维可以有效释放蒸汽并且防止爆裂发生，钢纤维可以搭接裂缝从而提高试件开裂后的承载能力[33]。

此外，试件的高温后力学性能随着钢纤维掺量的增加而提高。例如，试件 ST1.5－SI0.6 和试件 ST2.0－SI0.6 的高温后抗压强度（高温后弯曲强度）分别比试件 ST1.0－SI0.6 高 14.7%（38.2%）和 29.3%（59.5%）。尽管高温后钢纤维氧化严重并且钢纤维与基体之间存在微裂纹，但仍在一定程度上限制了混凝土内部裂纹的产生和发展，提高了混凝土的强度。Tai 等人[34] 的研究同样发现钢纤维体积分数为 2.0% 的活性粉末混凝土试件在遭受 800 ℃ 高温作用后的抗压强度为 38.0 MPa，比钢纤维体积分数为 1.0% 的试件高 37.2%。从图中还可以发现，在相同钢纤维掺量下，混杂纤维增强 UHPC 试件的高温后抗压强度、弯曲强度和韧性在剑麻纤维体积分数为 0.6% 时最高。一方面，剑麻纤维可以有效降低高温对 UHPC 的损伤；另一方面，剑麻纤维增加了基体孔隙率（如毛细吸水率试验结果所示），对高温后强度产生负面影响。因此，当剑麻纤维体积分数超过一定值（本研究中为 0.6%）时，试件的高温后力学性能会降低。

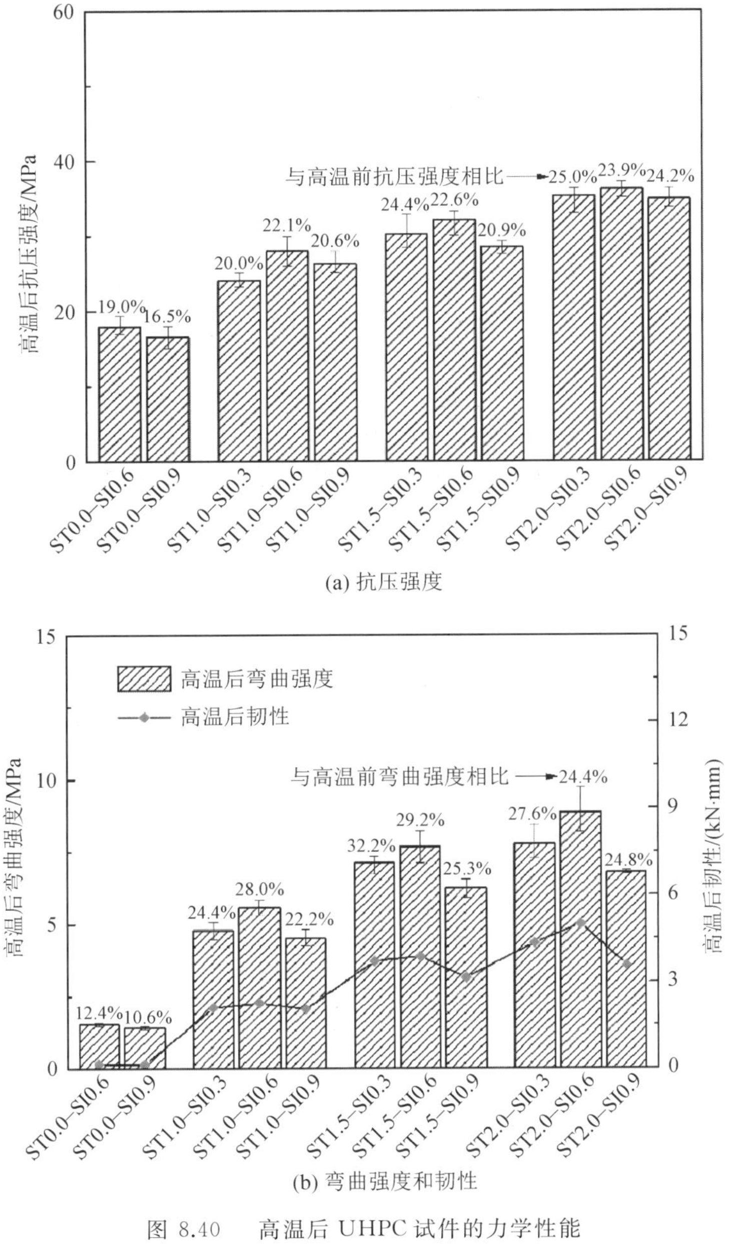

图 8.40　高温后 UHPC 试件的力学性能

剑麻纤维和钢纤维对高温后 UHPC 力学强度的增强系数如图 8.41 所示。由于单独掺加钢纤维的试件在遭受高温时发生爆裂，故未测得其力学强度。因此，将试件 ST1.0－SI0.3、ST1.5－SI0.3 和 ST2.0－SI0.3 作为各组的对照试件。对于剑麻纤维而言，当钢纤维掺量保持不变时，增强系数随着剑麻纤维体积分数增加到 0.6% 时增大，当体积分数达到 0.9% 时减小。这是由于剑麻纤维会增加 UHPC 的孔隙率从而降低其强度，因此过量掺加剑麻纤维会降低高温后 UHPC 的力学性能。对于钢纤维而言，当剑麻纤维掺量一定时，随着钢纤维掺量的增加，增强系数显著增大。这表明高温后钢纤维对 UHPC 的力学性能仍有重要影响。此外，钢纤维的增强系数要大于剑麻纤维，说明钢纤维对高温后 UHPC 的力学强度也起着主导作用。

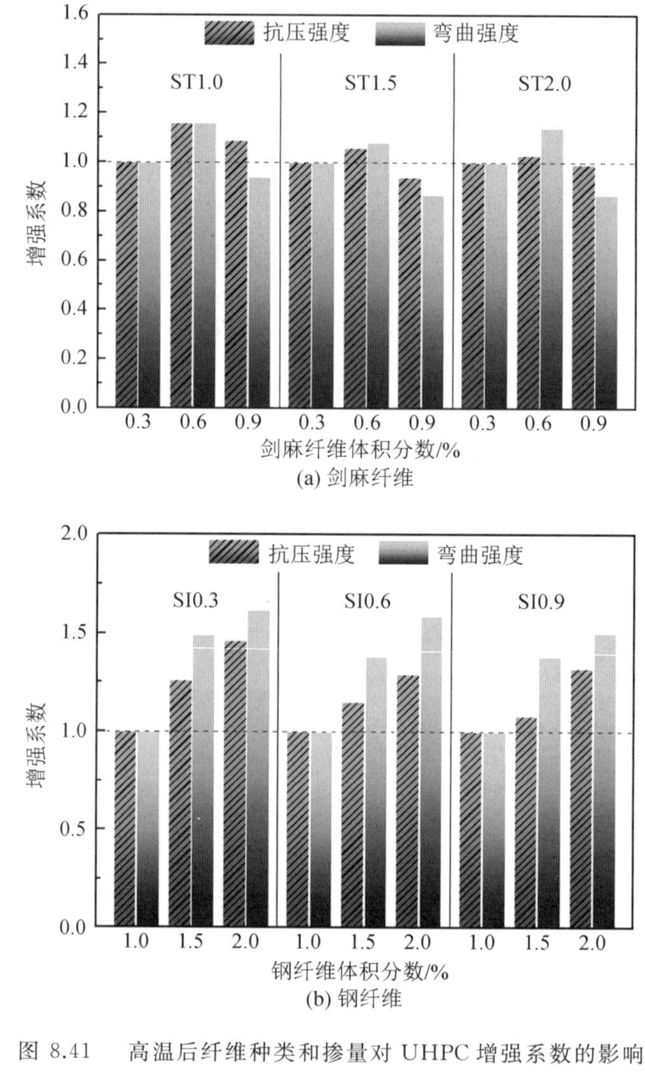

图 8.41　高温后纤维种类和掺量对 UHPC 增强系数的影响

8.3.6　纤维混杂抗高温爆裂机理

1. 剑麻纤维作用机理

剑麻纤维的横截面微观结构如图 8.42 所示，每一根剑麻纤维由 100 ～ 200 根单纤维组成。单纤维的细胞壁主要由以下 4 部分组成：胞间层、初生壁、次生壁（S_1、S_2、S_3）和中空的内腔。因此，高温下 UHPC 内部的蒸汽可以通过中空的内腔释放[35]。剑麻纤维的热机械分析仪试验结果如图 8.43 (a) 所示，从图中可以看到剑麻纤维的热应变为负值，这表明纤维在径向上发生收缩并且随着温度的升高而增大。这是由剑麻纤维失水以及分子间滑移导致的。在 300 ℃ 之前，UHPC 基体几乎不产生热应变。因此，剑麻纤维与周围基体之间产生了切向空间，如图 8.43 (b) 所示。

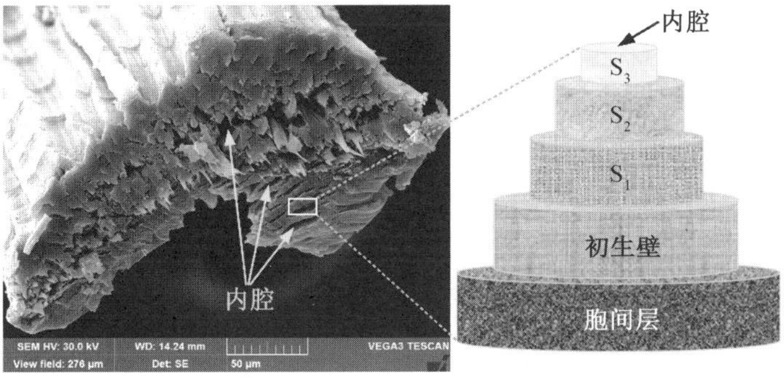

图 8.42　剑麻纤维的横截面微观结构

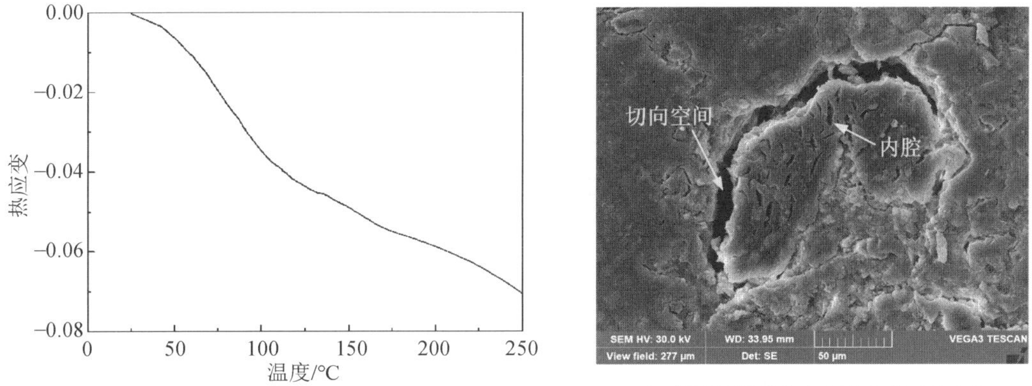

(a) 热机械分析仪试验结果　　(b) 剑麻纤维产生的切向空间(250 °C)

图 8.43　剑麻纤维的热机械分析仪试验结果及其热收缩引起的切向空间

图 8.44 显示了剑麻纤维的热重(TG) 曲线及其对应的导函数(DTG) 曲线。从图 8.44 中可以看到，37 ～ 100 ℃ 范围内为剑麻纤维中水分的蒸发；225 ～ 315 ℃ 范围内为剑麻纤维中半纤维素的分解；315 ～ 380 ℃ 范围内为剑麻纤维中纤维素的分解。因此，在遭受高温作用时，UHPC 内部的剑麻纤维会发生分解，这一过程也被称作“碳化”，这也促进了剑麻纤维的热收缩，因此进一步增进了蒸汽的释放，提高了 UHPC 的抗爆裂性能。

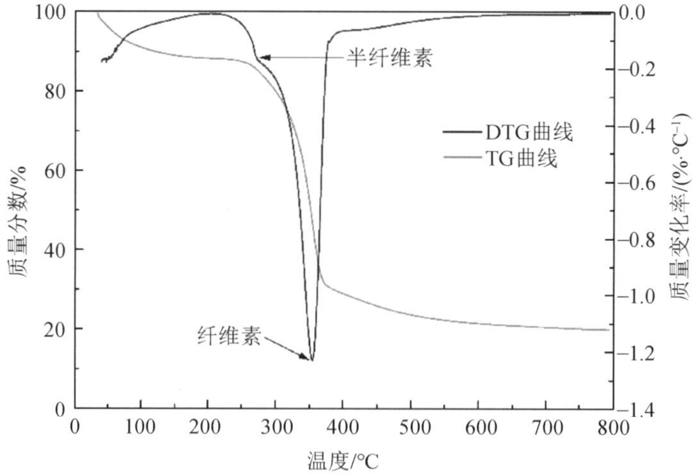

图 8.44 剑麻纤维的 TG 曲线与 DTG 曲线

综上所述，高温下 UHPC 内部的蒸汽可以从剑麻纤维的内腔以及剑麻纤维热收缩产生的切向空间中释放，如图 8.45 所示。因此，剑麻纤维的加入显著提高了 UHPC 的气体渗透率，有效防止了 UHPC 高温爆裂现象的发生。

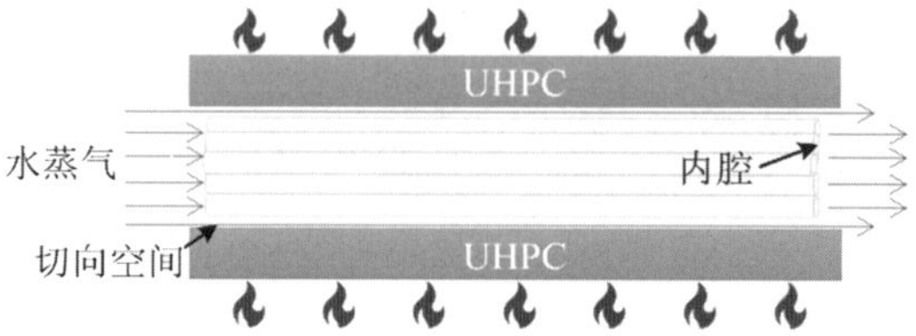

图 8.45 蒸汽从内腔和热收缩诱导的切向空间逸出的示意图

2. 钢纤维作用机理

尽管 UHPC 中掺加钢纤维不能完全阻止高温爆裂的发生，但可以降低爆裂的程度。这主要是因为钢纤维能够对 UHPC 的裂缝起到桥联作用以及降低了混凝土内部的温度梯度。与混凝土相比，钢纤维具有更高的导热系数，当受到高温作用时，钢纤维的存在可以加速热量向混凝土内部传递，从而降低温度梯度，在一定程度上提高了混凝土的耐高温性能。图 8.46 给出了高温下 UHPC 内部钢纤维热膨胀产生应力的机理示意图以及钢纤维周围基体开裂的微观形貌。由于钢纤维（$1\times10^{-4}\sim7\times10^{-3}/℃^{-1}$）与混凝土（$6\times10^{-6}\sim1\times10^{-2}/℃^{-1}$）的热膨胀系数差异较大，高温下钢纤维与基体之间会产生热应力，当应力超过 UHPC 的抗拉强度时会在钢纤维周围产生微裂缝[36]。因此，当剑麻纤维体积分数为 0% 或 0.3% 时，随着钢纤维掺量的增加，气体渗透率略有增大。然而，这些由钢纤维热膨胀引起的微裂纹是孤立的并且数量有限，因此不能有效地释放蒸汽。

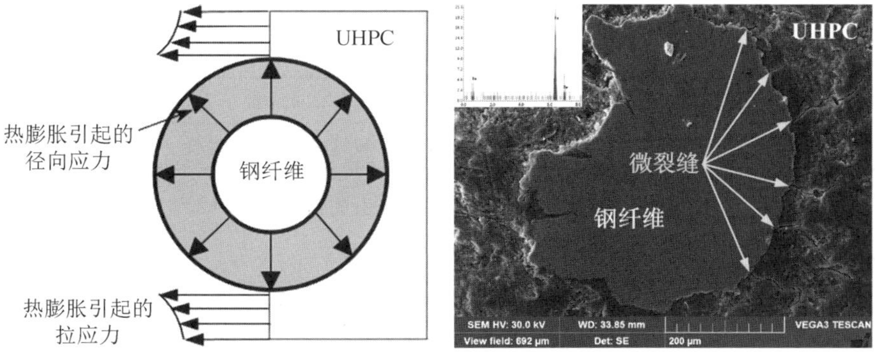

(a) 钢纤维周围的热应力　　(b) 钢纤维与基体间的微裂缝(250 °C)

图 8.46　高温下 UHPC 内部钢纤维热膨胀产生应力的机理及周围基体开裂

3. 剑麻纤维与钢纤维协同作用机理

对于剑麻纤维和钢纤维混杂增强 UHPC 试件而言，剑麻纤维在高温下热解收缩以及碳化，留下了许多空隙和通道，从而能够将钢纤维热膨胀产生的微裂纹连接起来，形成可以有效释放蒸汽的通道，避免了 UHPC 高温爆裂的发生，其微观机理示意图如图 8.47 所示。剑麻纤维与钢纤维混杂增强 UHPC 遭受 250 ℃ 高温作用后的微观形貌如图 8.48 所示。从图中可以看到，钢纤维热膨胀引起的微裂纹与剑麻纤维热解收缩产生的空隙相连通，从而产生了协同作用。

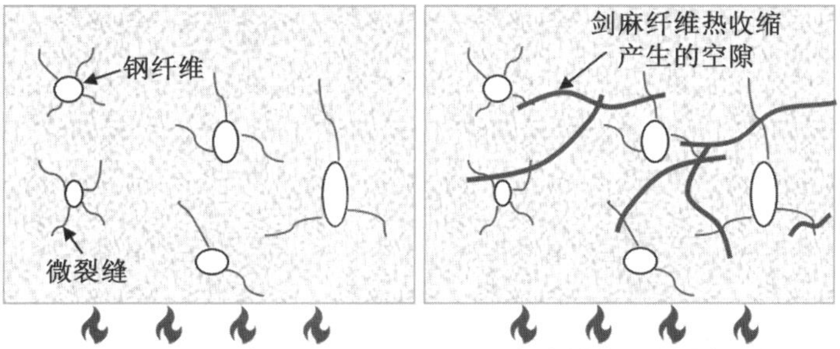

(a) 钢纤维　　(b) 剑麻纤维与钢纤维混杂

图 8.47　剑麻纤维与钢纤维混杂消除 UHPC 高温下爆裂的概念图解

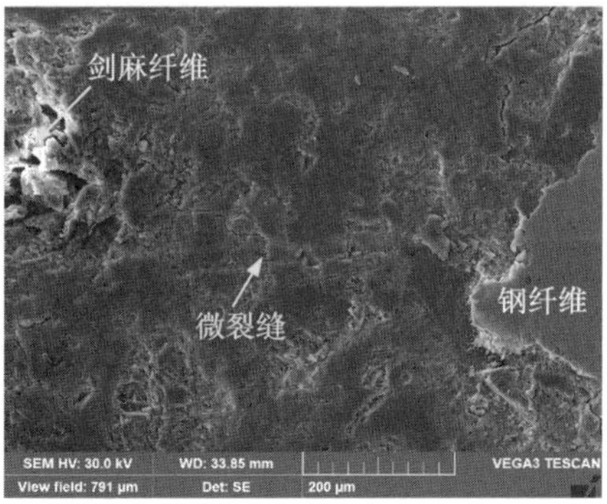

图 8.48　剑麻纤维与钢纤维混杂增强 UHPC 遭受 250 ℃ 高温作用后的微观形貌

本试验中所确定的混杂纤维抗爆裂机理与其他纤维的对比见表 8.15。

表 8.15　混凝土抗高温性能提升机理的对比

纤维种类	机理
钢纤维	钢纤维可以有效搭接微裂缝并且降低混凝土内部的温度梯度
聚合物纤维：如 PP(聚丙烯)和 PET(聚对苯二甲酸乙二酯)纤维	纤维熔化前受热膨胀产生的微裂缝和纤维熔化后留下的通道有效释放了混凝土内部的蒸汽压
纤维素纤维	纤维分解留下的通道释放了混凝土内部的蒸汽压
碳纤维	纤维具有桥联裂缝的作用，并且由于其具有导热性，使混凝土的热应力得到缓解
钢纤维＋PP 纤维	钢纤维和 PP 纤维热膨胀产生的微裂缝与 PP 纤维熔化留下的通道相连，增加了混凝土的气体渗透性，有效释放了蒸汽压
本试验	蒸汽可以从剑麻纤维的中空内腔、剑麻纤维热收缩引起的切向空间以及剑麻纤维碳化留下的通道中释放；此外，钢纤维热膨胀产生的微裂纹能够与这些通道相互连通，从而起到协同作用

8.3.7　高温后 UHPC 的微观形貌

图 8.49 (a) 为高温前后钢纤维的微观形貌变化。高温后钢纤维被严重氧化，并且外层剥落、直径缩小。因此，钢纤维与 UHPC 基体间的黏结变差，导致高温后 UHPC 的力学强度显著降低。图 8.49 (b) 为高温前后剑麻纤维的微观形貌变化，由于剑麻纤维高温下发生分解，导致基体中存在许多通道，这些通道增加了基体的孔隙率，因此当剑麻纤维掺量过高时也会对高温后 UHPC 的力学强度产生不利影响。如图 8.49 (c) 所示，高温前 UHPC 基体的微观结构均匀致密，但遭受高温后，基体出现了网状的宽裂缝，从而导致力学性能显著降低。

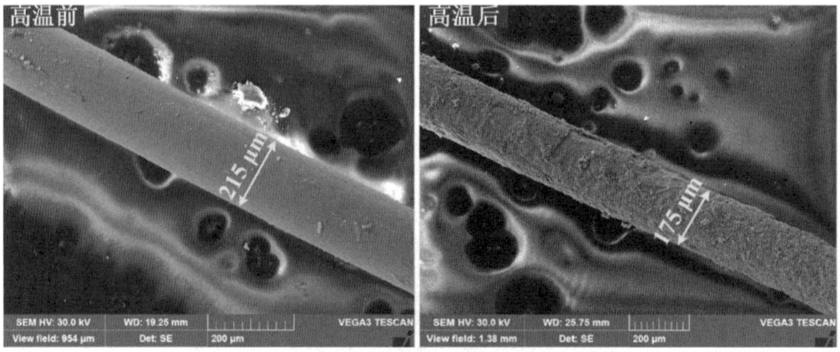

(a) 钢纤维

图 8.49　高温暴露前后钢纤维、剑麻纤维和 UHPC 基体的微观结构变化

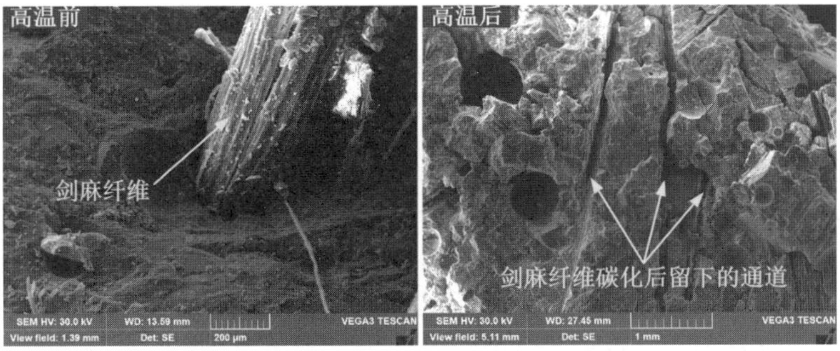

(b) 剑麻纤维

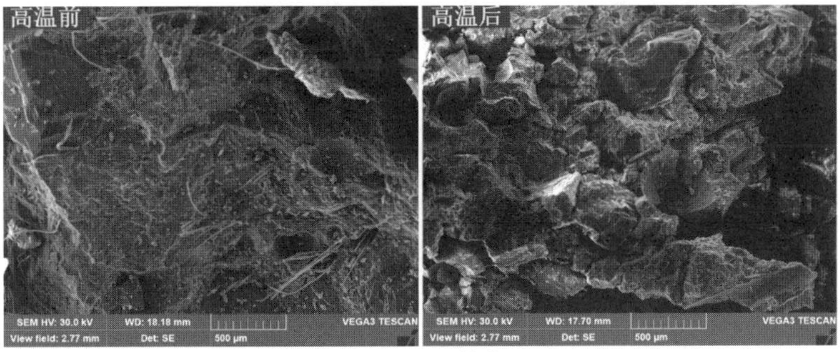

(c) UHPC基体

续图 8.49

由前文可知，剑麻纤维的掺入有效抑制了高温下超高性能混凝土试件爆裂现象的发生，剑麻纤维通过自身在高温下发生碳化在基体内部形成了相互贯通的三维空间孔道，为基体内部蒸汽压的逃逸提供了通道，因此降低了高温对基体的损伤。此外，体积分数0.6％剑麻纤维的超高性能混凝土试件的残余力学性能最高，当超过这一临界值后残余力学性能会降低。综上所述，利用剑麻纤维为生产耐高温型的超高性能混凝土提供了新思路。

8.4　动力冲击性能

8.4.1　动力冲击性能试验装置

1. 重力落锤装置

重力落锤试验装置是通过重锤的下落对试件产生动力冲击荷载，该装置原理简单，操作方便，可以通过调节落锤的高度和质量来产生不同的加载速率和输入能量。

2. 霍普金森压杆

霍普金森压杆(SHPB) 最早是1914 年由 Hopkinson 提出的，后来逐渐发展成为测试材料在冲击荷载下应力—应变关系的试验装置。SHPB试验原理是通过撞击杆以一定速度沿轴向冲击入射杆，从而在入射杆中产生压缩应力波。当入射杆中的应力脉冲到达试件表面时，一部分会被反射回入射杆形成反射波，另一部分则会通过试件进入透射杆中形成透射波。在入射杆和透射杆表面粘贴应变片可以连续记录脉冲信号随时间的变化，从而得到试件的应力、应变和应变率随时间变化的整个过程。SHPB试验装置如图8.50所示，此装置是目前研究混凝土试件的抗冲击性能最为常用的。

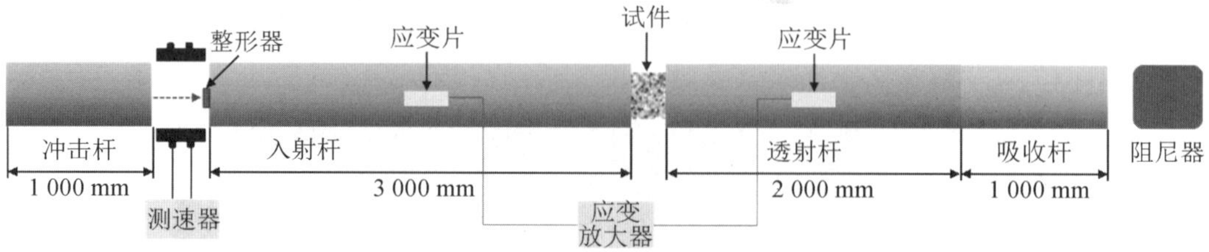

图 8.50　SHPB试验装置[37]

3. 射弹冲击装置

射弹冲击法是利用高速的子弹对目标试件进行冲击，子弹冲击的速度可由光学传感器或雷达测试得到，通过侵彻深度、弹坑直径和试件破坏形态来评价抗冲击性能[38]。射弹冲击法和SHPB法均属于高速冲击试验，射弹冲击试验装置如图8.51所示。射弹冲击法可以真实反映建筑物在遭受子弹冲击时的性能，但是射弹冲击试验操作危险并且所需的试验条件较高。

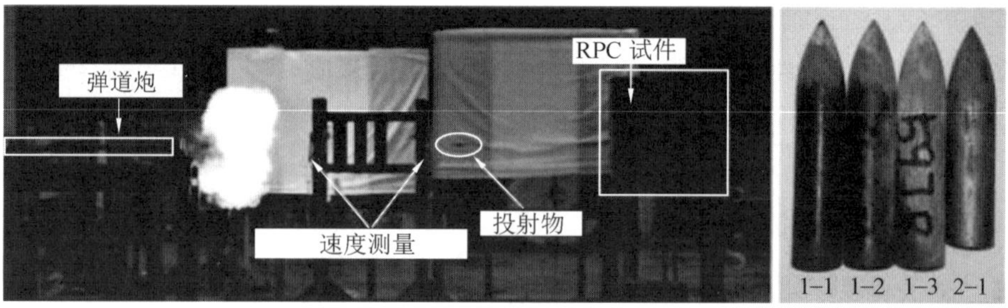

图 8.51　射弹冲击试验装置[39]

8.4.2　植物纤维增强混凝土的抗冲击性能

台湾科技大学Hwang等人[40]通过落锤试验研究了椰壳纤维对水泥基材料抗冲击性能的影响，椰壳纤维体积分数分别为0%、1%、2.5%和4%。该试验制作40 cm×30 cm×0.12 cm的纤维增强板，使用一个质量为530 g的钢球从180 cm高度处自由落体至板表面，观测纤维板表面的开裂情况，试验结果如图8.52所示。从图中可以看到，未掺加纤维的试件在冲击荷载作用下完全破坏；掺加1%体积分数椰壳纤维的试件表面出现了3条裂纹;掺加 2.5% 和 4% 体积分数椰壳纤维试件表面没有裂纹产生。因此掺加椰壳纤维可以有效提高水泥基材料的抗冲击性能,这是由于椰壳纤维吸收了冲击能。

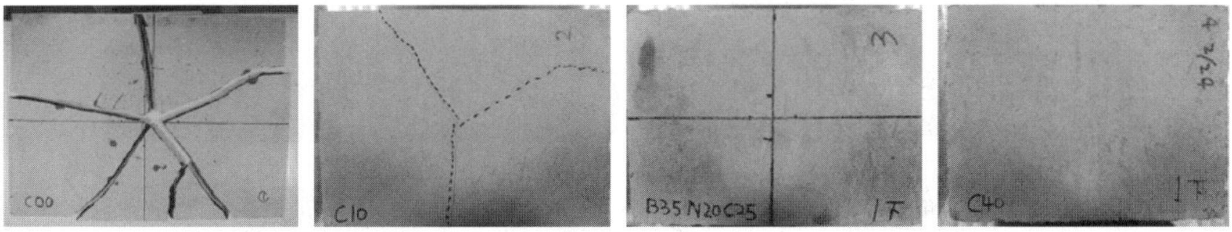

(a) 0%　(b) 1%　(c) 2.5%　(d) 4%

图 8.52　椰壳纤维增强水泥板冲击试验结果[40]

Trabelsi 等人[41] 分别将 5 kg/cm³、10 kg/cm³、15 kg/cm³ 的仙人掌纤维掺入高性能混凝土中研究其抗冲击性能,试件尺寸为 500 mm × 500 mm × 50 mm,500 mm × 500 mm ×100 mm,500 mm × 500 mm × 150 mm。通过步枪将一颗重为 3.61 g,直径为 5.56 mm 的子弹以 715 mm/s 的冲击速度打入试件。通过测量弹坑直径和侵彻深度来评价混凝土试件的冲击损伤,结果表明随着纤维掺量的增加,混凝土的抗侵彻能力显著提高。

Ma[42] 通过 SHPB 试验研究了剑麻纤维对高强珊瑚骨料海水混凝土抗冲击性能的影响,结果表明当动态增加因子相同时,剑麻纤维增强混凝土的能量吸收比素混凝土提高了 49.06% ~ 140.29%。从图 8.53 中可以看到,未掺加剑麻纤维试件在受冲击荷载后破坏严重,而掺加了剑麻纤维后试件的破坏形态得到了显著改善,因此剑麻纤维的掺入显著提高了混凝土的抗冲击性能。

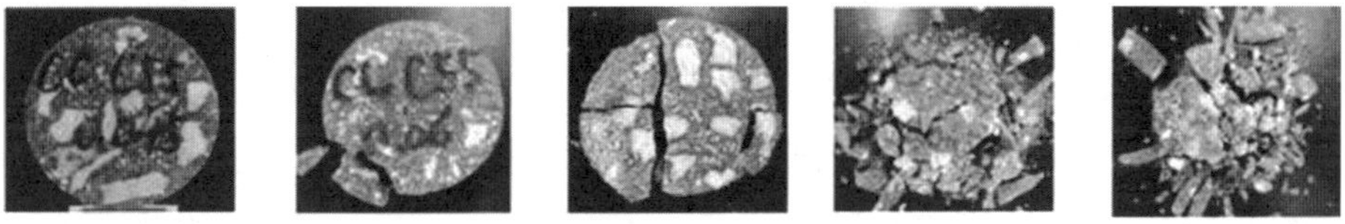

42.1 s^{-1}　62.3 s^{-1}　79.2 s^{-1}　93.1 s^{-1}　137.4 s^{-1}

(a) 未掺加剑麻纤维

53.3 s^{-1}　70.3 s^{-1}　104.7 s^{-1}　128.4 s^{-1}　152.5 s^{-1}

(b) 掺加剑麻纤维

图 8.53　冲击试验后剑麻纤维增强试件的外观形貌[42]

Zhang 等人[43] 通过 SHPB 试验研究了不同长度(6 mm,12 mm) 剑麻纤维混杂对 UHPC 动态抗拉性能的影响,结果表明含有体积分数 1%、12 mm 长剑麻纤维和体积分数 1%、6 mm 短剑麻纤维的 UHPC 具有最佳的动态力学性能,试件破坏时的图像如图 8.54 所示。

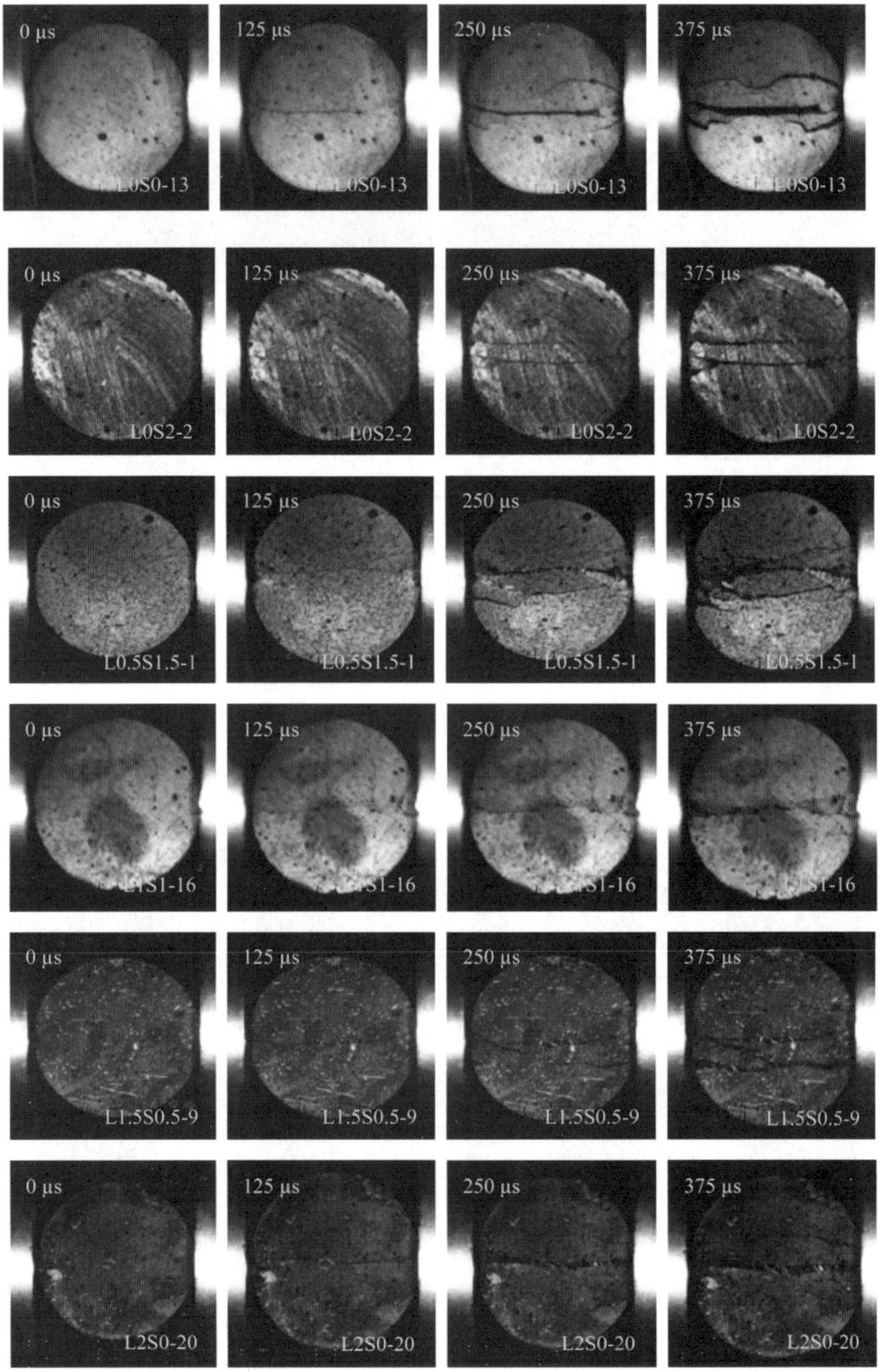

图 8.54　UHPC 试件在 101.50 ～ 168.68 s^{-1} 应变速率下的破坏过程[43]

8.5　植物纤维表面纳米改性

纤维与混凝土基体间的黏结性能决定了纤维增强混凝土的力学性能是否优异。一般而言，纤维混凝土中的纤维由于纤维－基体界面间的黏结力相对较小，造成了纤维的利用率低，增强效果不明显。为了提高界面间的黏结性能，向基体中添加纳米二氧化硅、纳米碳酸钙、氧化石墨烯和碳纳米管等纳米材料的方法受到了广泛的关注。然而，为了使纳米材料能够在基体中均匀分散，通常需要复杂的工艺。如果纳米材料分散不均匀，不仅起不到增强效果，还会降低基体的强度。此外，纳米材料的直接加入往往是通过提高基体强度以及细化基体的微观结构来间接改善纤维与基体间的黏结性能，因此价格昂贵的纳米材料使用率并不高。

将纳米材料直接涂覆在纤维上是一种增强纤维－基体间黏结性能的技术，该技术不仅省去了纳米材料复杂的分散工艺，还能够将纳米材料直接作用于纤维－基体的界面，大大提高了纳米材料的利用率。目前，在纤维表面涂覆纳米二氧化硅最为常见，这是因为纳米二氧化硅可以消耗纤维－基体界面间的氢氧化钙来生成体积膨胀的 C—S—H，密实了纤维－基体间的界面过渡区。在纤维表面涂覆纳米二氧化硅通常有两种途径：第一种是利用硅烷偶联剂将商用纳米二氧化硅接枝到纤维表面；第二种是利用溶胶－凝胶法或水热法在纤维表面自生长纳米二氧化硅。溶胶－凝胶法是一种成熟的制备纳米二氧化硅的化学工艺，该方法生产成本相对较低而且操作过程安全、简单，因此较为广泛地应用于纤维改性方面。

众多研究表明植物纤维与水泥基材料间的黏结性能较差，这主要是植物纤维与水泥基体之间化学不相容导致的。通过查阅文献，尚未见有关在植物纤维表面涂覆纳米材料来提高纤维与 UHPC 基体间黏结性能的试验研究。基于此，本节试验利用溶胶－凝胶法在剑麻纤维表面沉积了纳米二氧化硅来提高剑麻纤维与 UHPC 基体间的黏结性能。首先，通过场发射扫描电子显微镜（FESEM）、傅里叶变换红外光谱仪（FTIR）、原子力显微镜（AFM）、热重分析仪（TGA）和 X 射线衍射仪（XRD）对改性前后的剑麻纤维进行表征；其次，测试剑麻纤维与 UHPC 基体间的黏结性能；最后，研究纤维改性对 UHPC 水化热和力学性能的影响。

8.5.1　试验材料及配合比设计

1. 原材料

溶胶－凝胶法所使用的试剂包括无水乙醇（AR，质量分数 $\geqslant$ 99.7%）、正硅酸乙酯（GC，质量分数 $>$ 99.0%）、氨水（GR，质量分数为 25.0% ~ 28.0%）和去离子水。试验中使用的剑麻纤维长度为 13 mm，直径为 140 ~ 200 μm，密度为 1.45 g/cm^3。制备 UHPC 所用的水泥和硅灰同 8.1 节，减水剂类型为聚羧酸高效减水剂，而本节试验所使用的石英砂为实验室所购买的，两种粒径同样为 0.109 ~ 0.212 mm 和0.212 ~ 0.380 mm，分别作为细骨料和粗骨料。

2. 纤维改性过程

为了让纳米二氧化硅容易在纤维表面沉积，通常对纤维进行预处理以去除纤维表面杂质，碱处理是最常用的方法，因此本试验中首先将原始剑麻纤维在质量分数为6.0%的氢氧化钠溶液中常温浸泡4 h，然后将纤维取出并使用去离子水反复清洗，直至清洗液变为中性。最后，将纤维均匀平铺在不锈钢网上并放入烘箱中(60 ℃)干燥6 h。然后是利用溶胶—凝胶法在纤维表面原位生长纳米二氧化硅，具体步骤如下：① 将1.5 g碱处理后的剑麻纤维浸泡在盛有30.0 mL无水乙醇的烧杯中，然后缓慢加入1.0 mL正硅酸乙酯并超声处理(超声波功率为60 W，超声波频率为40 kHz)10 min，获得溶液A；② 将2.0 mL去离子水和10.0 mL无水乙醇均匀混合，然后迅速倒入溶液A中，获得溶液B；③ 将5.0 mL无水乙醇和2.0 mL氨水均匀混合，使用滴管缓慢加入溶液B中然后超声处理10 min，获得溶液C；④ 将盛有溶液C的烧杯使用封口膜密封，并在40 ℃恒温水浴中持续搅拌11 h；⑤ 将纤维取出并利用去离子水反复冲洗以去除残留在纤维上的反应溶液，最后在60 ℃烘箱中干燥6 h。图8.55为整个纤维改性过程的示意图。

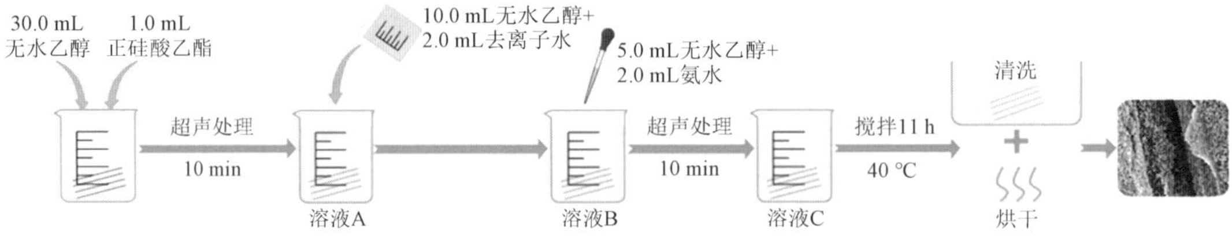

图 8.55　在纤维表面沉积纳米二氧化硅的操作步骤

本节试验共出现了3种剑麻纤维，分别是原始剑麻纤维、碱处理剑麻纤维以及沉积纳米二氧化硅处理剑麻纤维。

8.5.2　试验方法

1. 试件制备

本节试验中UHPC的配合比同前。UHPC水胶比为0.21，水泥、硅灰、粗砂、细砂和减水剂的用量分别为920 kg/m^3、258 kg/m^3、690 kg/m^3、340 kg/m^{3}和35.3 kg/m^3。分别制备了未掺剑麻纤维、掺原始剑麻纤维、掺碱处理剑麻纤维以及掺沉积纳米二氧化硅处理剑麻纤维的UHPC试件，共4组，分别简称为：未掺纤维、原始纤维、碱处理、沉积纳米二氧化硅。对于掺加剑麻纤维的试件，其剑麻纤维体积分数均为1.25%。UHPC的搅拌过程同前所述。

2. 剑麻纤维表征

剑麻纤维表面沉积纳米二氧化硅后的微观形貌通过场发射扫描电子显微镜(Merlin Compact)观察得到，纤维样品在观察前首先通过精密刻蚀镀膜仪(Gatan 682)在其表面镀金；剑麻纤维的表面粗糙度通过原子力显微镜(Dimension FastScan)获得；通过傅里叶变换红外光谱仪(Nicolet iS50)在ATR模式(全反射衰减模式)下测试剑麻纤维改性前后表面化学基团的变化；利用同步热分析仪（Discovery SDT 650）来研究剑麻纤维的热分解过程，将大约 10 mg 剑麻纤维从室温以 10 ℃/min 的加热速率在氮气环境下（50 mL/min）加热到 600 ℃；利用 X 射线衍射仪（Empyrean）在 2θ 范围内（5° ～ 60°）进行 Cu－Kα 辐射，测试得到了剑麻纤维的 XRD 图谱；此外，溶胶－凝胶法改性纤维后的反应溶液在 60 ℃ 下烘干，然后将残余物质进行 XRD 测试。利用电子万能试验机（WDW－100L）测试剑麻纤维改性前后的抗拉强度，加载速率为 1.0 mm/min，每种样品测试 15 根纤维，纤维的横截面面积通过超景深显微镜测得。

3. 沉积纳米二氧化硅的活性测试

为了验证沉积在剑麻纤维表面的纳米二氧化硅在水泥水化环境中的活性，将沉积纳米二氧化硅的剑麻纤维常温下在饱和氢氧化钙溶液中浸泡 3 d，之后将纤维用去离子水清洗并真空干燥。利用扫描电子显微镜（Tescan Vega 3）对剑麻纤维的微观形貌和元素分布进行表征。同样，将剑麻纤维样品在观察前进行镀金处理。

4. 水化热测试

为了研究纤维改性对 UHPC 早期水化的影响，同样利用 TAM air 八通道等温量热仪对 UHPC 拌合物的水化热进行了测试。具体测试过程同前文所述。测试过程中等温量热仪的内部温度始终保持在（25 ± 0.02）℃。

5. 剑麻纤维与 UHPC 基体间黏结性能测试

剑麻纤维拔出试验所使用的试件尺寸为 20 mm × 20 mm × 12 mm，如图 8.56(a) 所示。剑麻纤维预先固定在硅胶模具的中心位置处，然后倒入不含纤维的新拌 UHPC，在室温下养护 2 d 后脱模并立即放入蒸汽养护箱（90 ℃）中养护 3 d，同样采用一端密封的薄壁铜管防止暴露在外部的纤维在养护过程中吸收水分。图 8.56(b) 所示为纤维拔出试验装置，荷载通过装配有 30 N 力传感器（精度为 0.001 N）的 WDW－100L 形电子万能试验机施加，加载速率为 0.4 mm/min。原始纤维、碱处理和沉积纳米二氧化硅分别测试 10 个试件。剑麻纤维拔出后，利用超景深显微镜测量剑麻纤维的横截面周长。剑麻纤维与 UHPC 基体间的黏结强度 τ 和单位面积拔出能 G_w 计算方法如下：

$$\tau = \frac{P_{max}}{Cl} \tag{8.20}$$

$$G_w = \frac{\int_0^l P(s)\,ds}{Cl} \tag{8.21}$$

式中，P_{max} 为最大拔出荷载，N；C 为剑麻纤维的横截面周长，mm；l 为剑麻纤维的埋置长度，mm；s 为滑移值，mm；$P(s)$ 为随滑移 s 而变化的荷载值。

6. UHPC 力学性能测试

UHPC 力学性能测试的试件尺寸为 40 mm × 40 mm × 160 mm，浇筑完成后在室温下养护 2 d，之后将试件脱模并立即放入 90 ℃ 蒸汽养护箱中养护 3 d。弯曲性能和抗压强度测试的具体方法同前文所述。

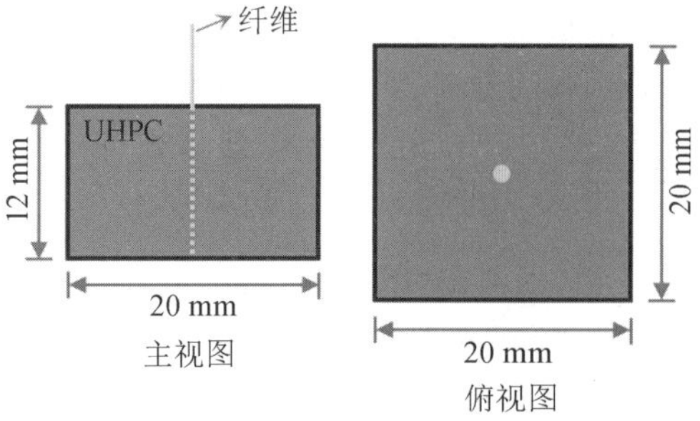

(a) 拔出试件的几何形状

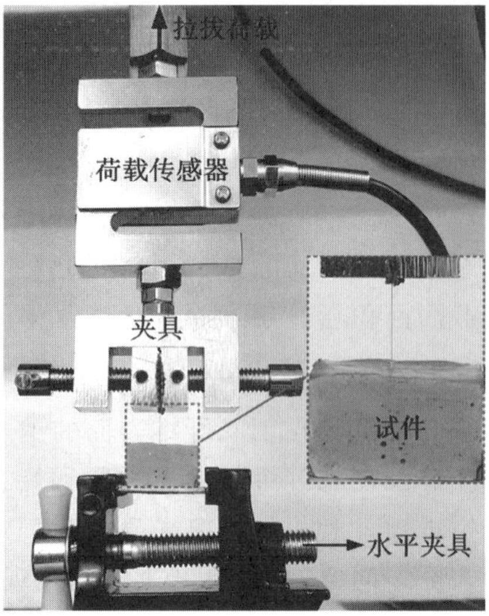

(b) 纤维拔出试验装置

图 8.56　剑麻纤维拔出试验

8.5.3　剑麻纤维性能表征

1. 微观形貌

剑麻纤维表面沉积纳米二氧化硅后的微观形貌如图 8.57 所示。从图中可以看到，大量的球形纳米二氧化硅附着在纤维表面，这表明通过溶胶－凝胶法可以成功地在剑麻纤维表面沉积纳米二氧化硅，所沉积的纳米二氧化硅颗粒微观形貌如图 8.58(a) 所示。同时，对超过 200 个颗粒的直径进行统计得到了纳米二氧化硅的直径分布，如图 8.58(b) 所示。

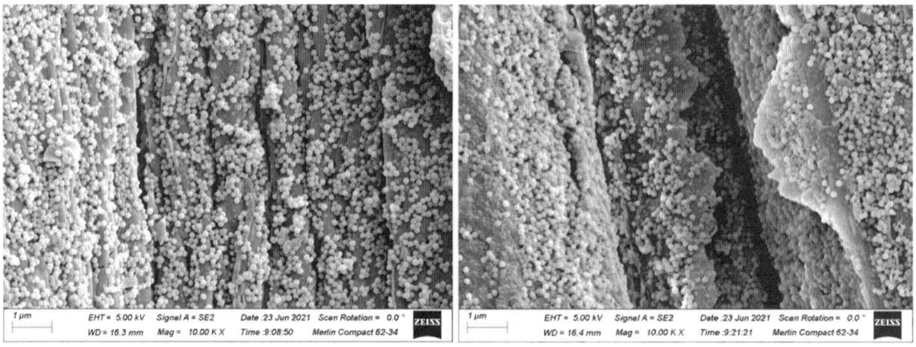

图 8.57　剑麻纤维表面沉积纳米二氧化硅后的微观形貌

溶胶－凝胶法改性纤维的反应溶液经烘干后所得粉末的 XRD 图谱如图 8.59 所示，可见在 23° 附近有一个典型的宽峰，表明该物质为非晶相。这与文献[44] 中纳米二氧化硅的 XRD 图谱特征相一致。

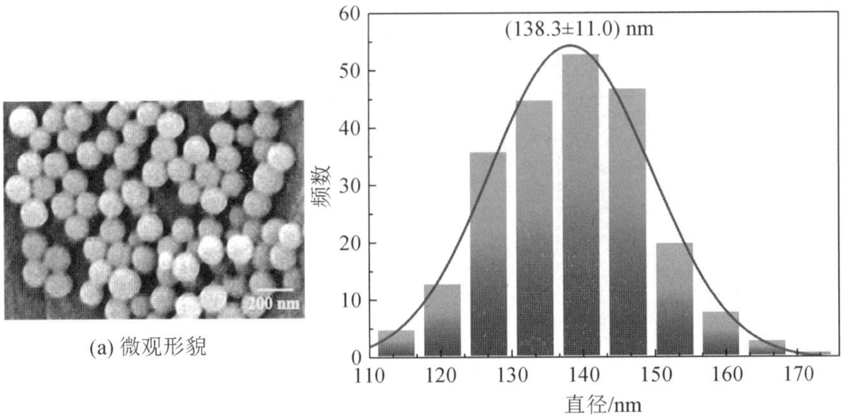

(a) 微观形貌　　(b) 直径分布

图 8.58　纳米二氧化硅的微观形貌及直径分布

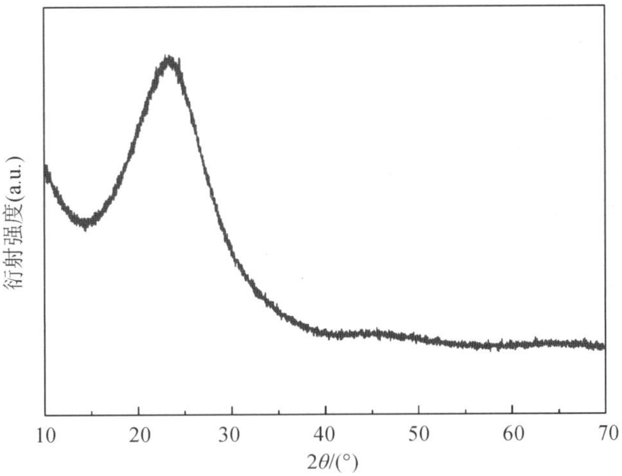

图 8.59　改性纤维的反应溶液经烘干后所得粉末的 XRD 图谱

2. 表面粗糙度

剑麻纤维改性前后的原子力显微镜图像如图 8.60 所示。由于剑麻纤维是一种天然植物纤维，其表面不像人造纤维一样较为平整，而是高低起伏。因此选取边长为 1 μm 的正方形区域进行放大，以更加清晰地显示纤维改性前后的表面形貌。从图中可以看到，原始剑麻纤维的表面较为光滑并且有许多杂质。经碱处理后，剑麻纤维表面较原始纤维变得清洁并且产生了粗糙的纹理，这是由以下两个原因导致的：① 碱处理去除了纤维表面的蜡质；② 碱溶液对纤维具有蚀刻作用。此外，沉积纳米二氧化硅后纤维表面可以观察到许多纳米二氧化硅颗粒的凸起，这与场发射扫描电子显微镜图像相一致。

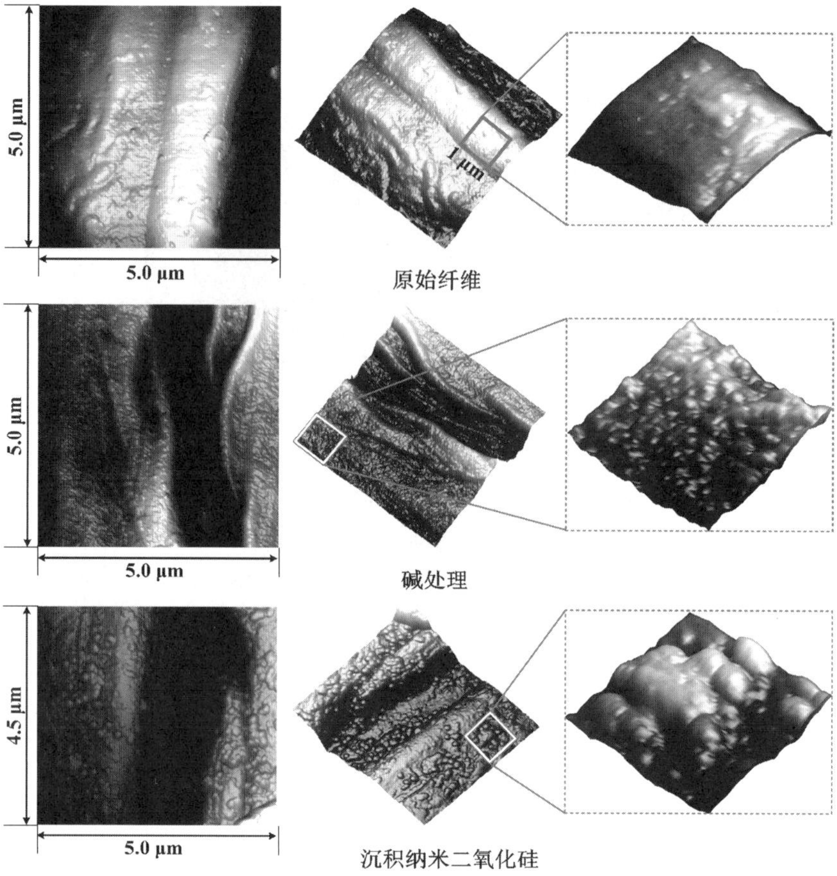

图 8.60　剑麻纤维改性前后的原子力显微镜图像

3. 纤维组分

图8.61为剑麻纤维改性前后的FTIR光谱。图中，3 335 cm^{-1}处代表—OH伸缩振动峰，该峰在碱处理后变得更加强烈，说明碱处理可以促进剑麻纤维表面—OH的暴露。在碱处理剑麻纤维表面并沉积纳米二氧化硅后，该峰的强度变小，这是因为—OH与纳米二氧化硅之间发生了缩合反应，导致剑麻纤维表面的自由—OH数量减少。此外，2 901 cm^{-1}处代表C—H的对称与不对称伸缩振动峰，1 027 cm^{-1}处为C—O—C伸缩振动峰，还与纤维素中的C—O和O—H伸缩振动峰有关。沉积纳米二氧化硅纤维中这些峰的强度相比碱处理纤维都有所降低。1 735 cm^{-1}处为半纤维素的羰基特征峰，该峰仅出现在原始纤维中，而未出现在碱处理纤维和沉积纳米二氧化硅纤维中，这是因为碱处理可以有效去除剑麻纤维中的半纤维素。804 cm^{-1}处为Si—O—Si键的特征峰，该峰的出现证实了正硅酸乙酯发生水解和缩合反应生成了纳米二氧化硅。对于沉积纳米二氧化硅的剑麻纤维而言，1 052 cm^{-1}处为Si—O—C键的特征峰，但是该峰与纤维素的一些吸收峰重叠在一起；由于Si—O—C键的出现，使1 052 cm^{-1}处的峰强度提高到与1 027 cm^{-1}处的峰强度大致相同。Si—O—C特征峰的存在表明剑麻纤维与纳米二氧化硅之间形成了化学键。

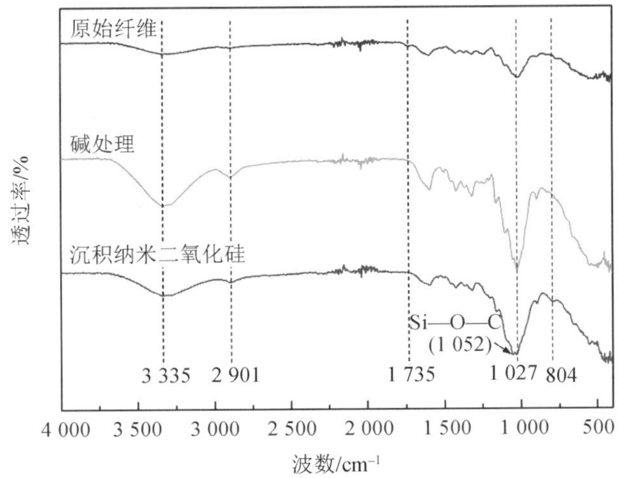

图 8.61　剑麻纤维改性前后的 FTIR 光谱

此外，为了进一步验证 1 052 cm^{-1} 处峰的强度提高，对该峰和 1 027 cm^{-1} 处的峰进行了拟合并计算了面积，如图 8.62 所示。可以看到，1 052 cm^{-1} 处峰的面积占比由原来的 28.23% 提高到了 40.18%，1 027 cm^{-1} 处峰的面积占比由 71.77% 降至 59.82%，这验证了上述的推论。

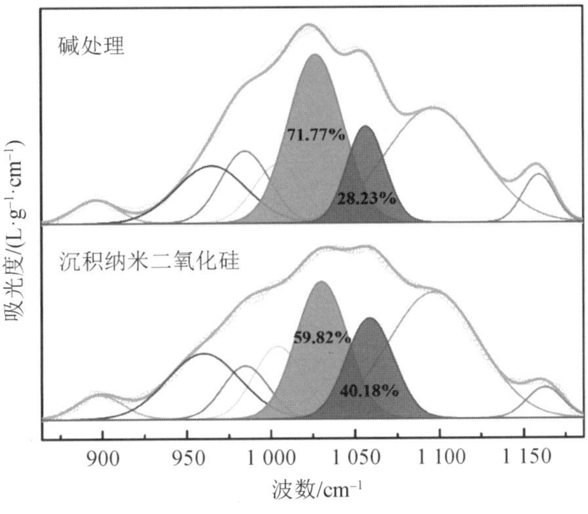

图 8.62　FTIR 光谱的分峰拟合

4. 热稳定性

剑麻纤维改性前后的热重（TG）曲线及其对应的导函数（DTG）曲线如图 8.63 所示。原始剑麻纤维的热分解过程可分为以下 3 个阶段：①30 ～ 100 ℃ 为纤维中水分的蒸发；②225 ～ 315 ℃ 为半纤维素的热解聚；③315 ～ 380 ℃ 为纤维素的分解。碱处理后，半纤维素分解峰消失，表明碱处理可以去除纤维中的半纤维素，这与 FTIR 结果相一致。对于沉积纳米二氧化硅的纤维而言，其 TG 曲线和 DTG 曲线较碱处理剑麻纤维没有明显变化。

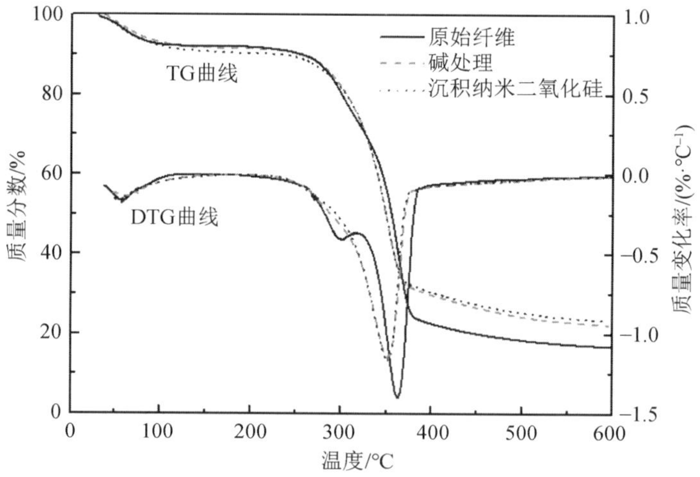

图 8.63　剑麻纤维改性前后的 TG 曲线及 DTG 曲线

5. 结晶度

图 8.64 为剑麻纤维改性前后的 XRD 图谱。碱处理后，纤维素的峰强显著提高，这是因为碱处理可以去除纤维表面覆盖的无定形组分。对于沉积纳米二氧化硅后的剑麻纤维，由于许多无定形的纳米二氧化硅覆盖在纤维表面，导致纤维素的衍射峰强度降低[45]。纤维的结晶度是指结晶区所占纤维整体的百分比。通常结晶度越大，纤维的强度、尺寸稳定性和耐热性越好，结晶度可由式(8.22)[46] 计算得到：

$$CrI=\frac{(I_{002}-I_{am})}{I_{002}}\times 100\% \tag{8.22}$$

式中，CrI 为计算得到的结晶度，%；I_{002} 为(002)晶面的最大衍射强度，$2\theta=22.5°$；I_{am} 为无定形区的衍射强度，取 18° ～ 19° 之间的最小强度值。

经计算，原始纤维、碱处理纤维、沉积纳米二氧化硅纤维的结晶度分别为 66.1%、75.9% 和 72.4%。

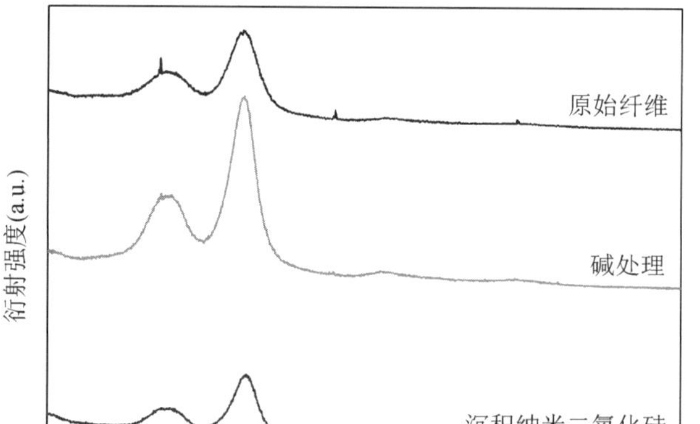

图 8.64　剑麻纤维改性前后的 XRD 图谱

6. 抗拉强度

剑麻纤维改性前后的抗拉强度如图 8.65 所示。相比原始剑麻纤维，碱处理剑麻纤维的抗拉强度提高了 27.9%。这是因为纤维中原纤维间的半纤维素被去除，使得纤维中的微纤维能够更多地沿着拉伸变形方向重新排列。沉积纳米二氧化硅处理后剑麻纤维的抗拉强度较碱处理剑麻纤维进一步提高了 6.9%，原因是纳米二氧化硅能够填充纤维表面的缺陷，消除了缺陷处的应力集中。

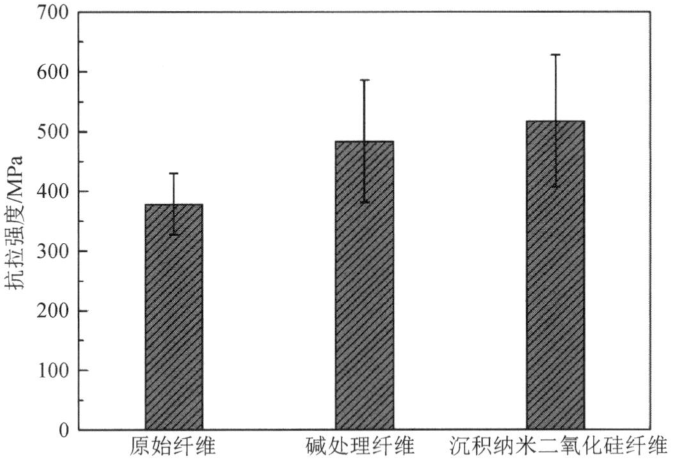

图 8.65　剑麻纤维改性前后的抗拉强度

8.5.4　纳米二氧化硅在水泥水化环境中的活性

原始剑麻纤维和经沉积纳米二氧化硅处理的剑麻纤维在饱和氢氧化钙溶液中浸泡 3 d 后的微观形貌及元素分布如图 8.66 所示。从图中可以看到，原始剑麻纤维的表面相对光滑且有少量杂质，Ca、Si 元素的含量极少；而沉积纳米二氧化硅处理的剑麻纤维表面附着有一层富含 Ca、Si 元素的产物，推测该产物为 C—S—H，是由于下述反应所生成的，表明沉积在纤维表面的纳米二氧化硅在水泥水化环境中具有良好的反应活性[47]。

$$x\mathrm{Ca(OH)_2} + y\mathrm{SiO_2} + z\mathrm{H_2O} \longrightarrow x\mathrm{CaO}\cdot y\mathrm{SiO_2}\cdot(x+z)\mathrm{H_2O}$$

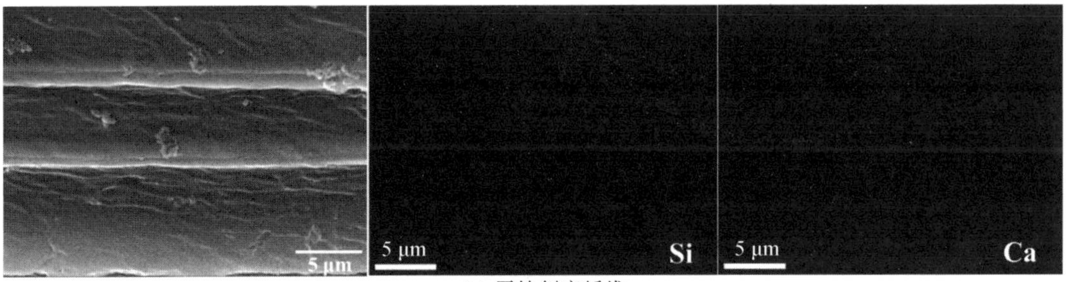

(a) 原始剑麻纤维

图 8.66　剑麻纤维在饱和氢氧化钙溶液中浸泡 3 d 后的微观形貌及元素分布

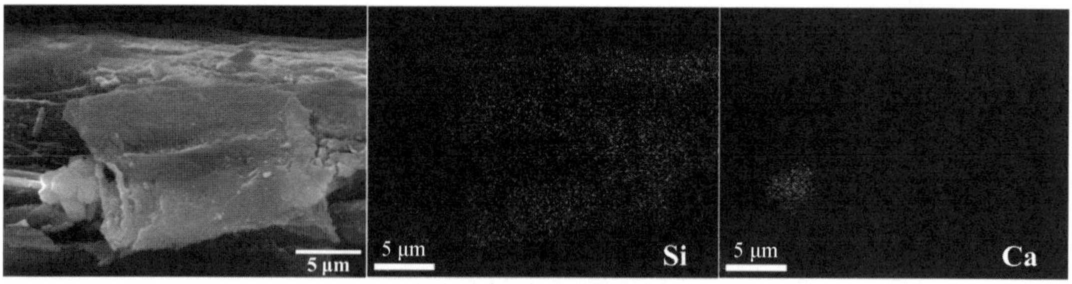

(b) 沉积纳米二氧化硅的剑麻纤维

续图 8.66

8.5.5 水化热

不同UHPC的水化热试验结果如图8.67所示。从图8.67(a)中可知,掺加原始剑麻纤维显著延缓了UHPC的水化进程。掺加原始剑麻纤维UHPC的主放热峰出现时间相比未掺纤维UHPC延缓了大约5.33 h,并且主放热峰的放热速率由0.002 21 W/g降低到0.001 47 W/g,从而导致72 h累计放热量减小了4.1%。这同样是因为剑麻纤维中的可溶性有机糖类物质析出,作为保护层覆盖在水泥颗粒表面,并且与水化过程中的阳离子发生螯合作用,阻碍了水泥的水化。碱处理可以去除原始剑麻纤维中的半纤维素和木质素以及一些蜡质,有效消除了这种延缓效应。掺加碱处理剑麻纤维的UHPC与未掺纤维的UHPC相比,主放热峰的出现时间仅延迟了0.57 h,并且主放热峰的放热速率仅从0.002 21 W/g降低到0.002 W/g。此外,在剑麻纤维上沉积纳米二氧化硅后能够在一定程度上加快水泥的水化。与掺加碱处理剑麻纤维的UHPC相比,掺加沉积纳米二氧化硅处理剑麻纤维UHPC的主放热峰提前,并且主放热峰的放热速率由0.002 W/g提高到0.002 05 W/g。值得注意的是,掺加沉积纳米二氧化硅处理剑麻纤维的UHPC在56.8 h的累计放热量超过了未掺纤维的UHPC,并且在72 h的累计放热量最高。一方面,沉积纳米二氧化硅处理过程中的有机溶剂可以进一步去除纤维表面的有机类物质;另一方面,沉积的纳米二氧化硅可以作为晶核提供成核位点,从而加速了水泥的水化[48,49]。

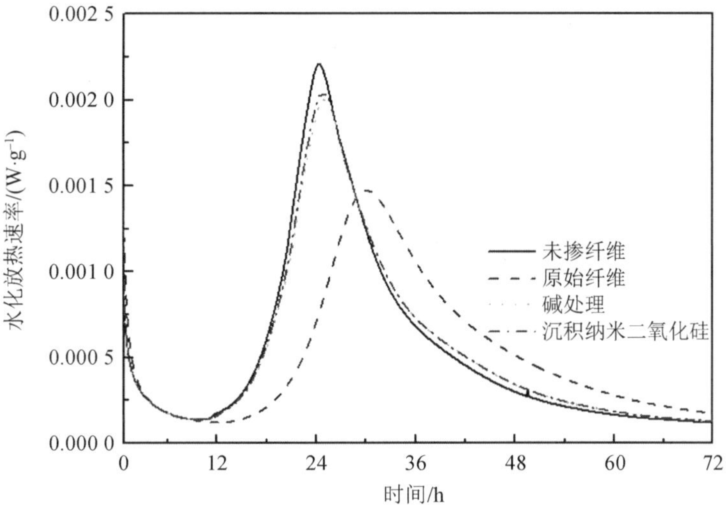

(a) 水化放热速率

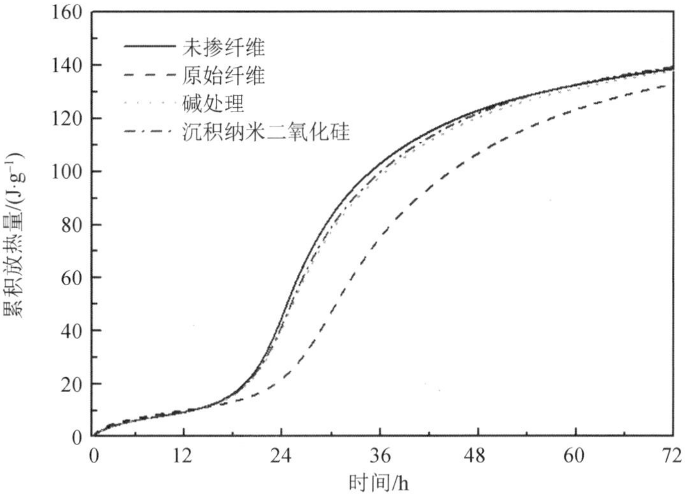

(b) 累计放热量

图 8.67　改性剑麻纤维对 UHPC 水化热的影响

图 8.67

8.5.6　剑麻纤维与 UHPC 基体间的黏结性能

改性剑麻纤维与 UHPC 基体间的黏结性能如图 8.68 所示。改性处理后剑麻纤维与 UHPC 之间的黏结强度和单位面积拔出能得到了显著提高。碱处理剑麻纤维的黏结强度和单位面积拔出能分别为 0.85 MPa 和 820 J/m^2，相比原始剑麻纤维的 0.75 MPa 和 710 J/m^2 分别提高了 13.3% 和 15.5%。这是因为碱处理通过蚀刻作用清除了剑麻纤维表面的杂质，增加了剑麻纤维表面的粗糙度。对于沉积纳米二氧化硅的剑麻纤维，其黏结强度和单位面积拔出能分别为 0.96 MPa 和 1 000 J/m^2，相比原始剑麻纤维分别提高了 28.0% 和 40.8%。沉积纳米二氧化硅对纤维－基体间黏结性能的增强机理如图 8.69 所示。

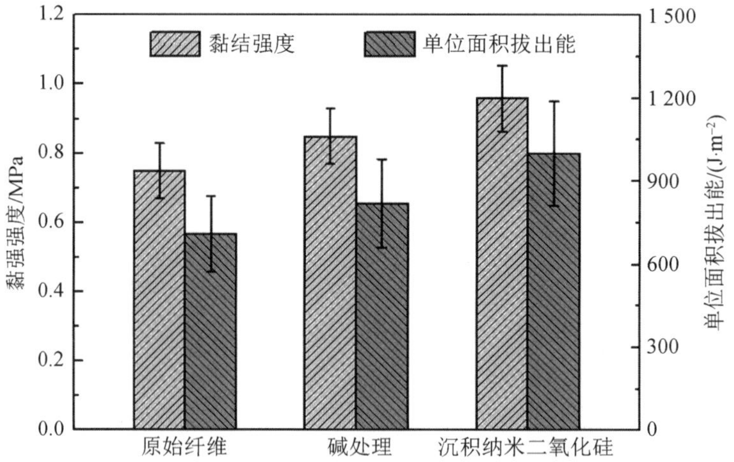

图 8.68　改性剑麻纤维与 UHPC 基体间的黏结性能

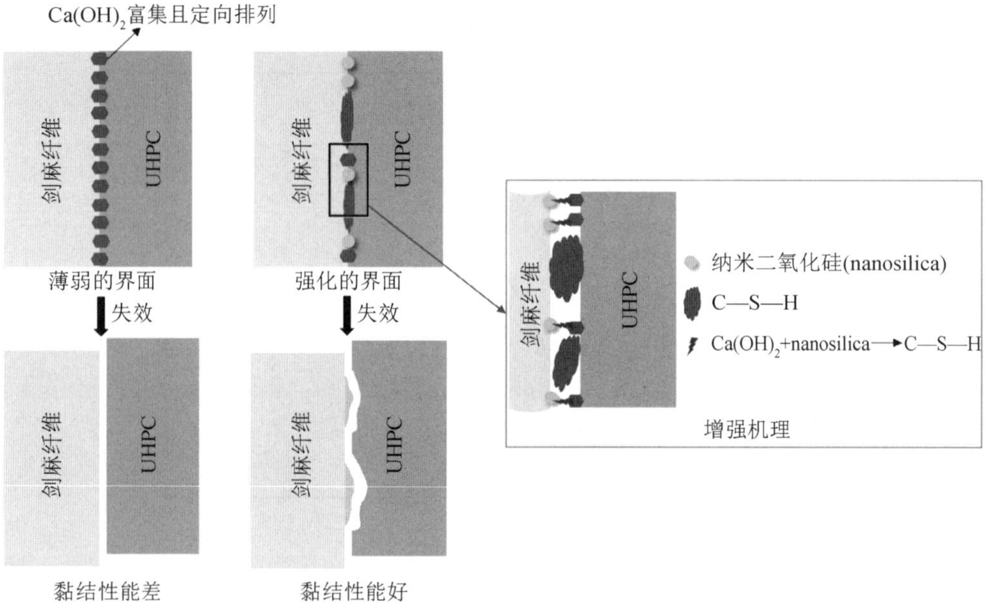

图 8.69　沉积纳米二氧化硅改善黏结性能的机理

由于水泥水化和局部应力条件的原因，在纤维－基体界面处产生了许多具有一定取向的氢氧化钙晶体，导致黏结性能降低[50]。对于沉积纳米二氧化硅的剑麻纤维而言，纳米二氧化硅能够与氢氧化钙反应生成体积膨胀的 C—S—H[51]。这不仅消耗了界面处的氢氧化钙，而且增加了 C—S—H 的数量，从而有效地提高了黏结性能。

8.5.7　剑麻纤维增强 UHPC 的力学性能

剑麻纤维对 UHPC 试件抗压强度的影响如图 8.70 所示。与未掺加剑麻纤维的素 UHPC 试件相比，掺加原始剑麻纤维 UHPC 试件的抗压强度降低了 3.1%。如前文所述，一方面，剑麻纤维可以有效传递应力，对基体具有约束作用，延缓了微裂缝的贯通；另一方面，剑麻纤维的掺入增大了基体的孔隙率，对抗压强度产生不利影响。然而，掺加改性处理的剑麻纤维可以大大提高 UHPC 的抗压强度。例如，相比掺加原始剑麻纤维的 UHPC 试件，碱处理和沉积纳米二氧化硅处理剑麻纤维使 UHPC 试件的抗压强度分别提高了 10.1% 和 13.0%，这是改性处理后剑麻纤维与 UHPC 基体间的黏结性能提高所导致的[52]。

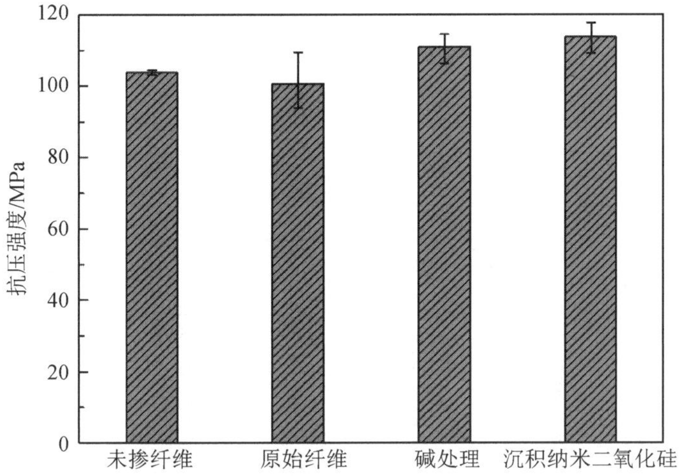

图 8.70　UHPC 试件的抗压强度

掺加不同剑麻纤维 UHPC 试件的弯曲荷载－挠度曲线如图 8.71 所示。未掺纤维的 UHPC 试件在达到极限荷载后表现为脆性断裂的特征，而对于掺加剑麻纤维的试件而言，在达到极限荷载后出现挠度软化的现象。UHPC 试件的弯曲强度和韧性如图 8.72 所示。从图中可以发现，掺加原始剑麻纤维试件的弯曲强度与未掺纤维试件大致相同，但前者的韧性却比后者高 58.0%。剑麻纤维经改性处理后可以有效地提高 UHPC 的弯曲强度和韧性。例如，碱处理或沉积纳米二氧化硅处理剑麻纤维增强 UHPC 试件的弯曲强度(韧性) 比原始剑麻纤维增强 UHPC 试件分别高 5.7%(12.7%) 或 9.8%(40.5%)。Meng 等人[53] 的研究结果同样表明，掺加纳米二氧化硅颗粒包覆的聚乙烯醇(PVA) 纤维相比原始 PVA 纤维可使水泥砂浆的弯曲强度提高 28.0%，这同样归因于纳米二氧化硅颗粒与基体中的氢氧化钙反应，增强了纤维与基体间的黏结性能。从图中还可以发现，纤维改性对韧性的增强效果要高于对弯曲强度的增强效果。这是因为韧性主要取决于纤维－基体间的黏结性能，纤维拔出所消耗的能量越多，UHPC 的韧性就越大。

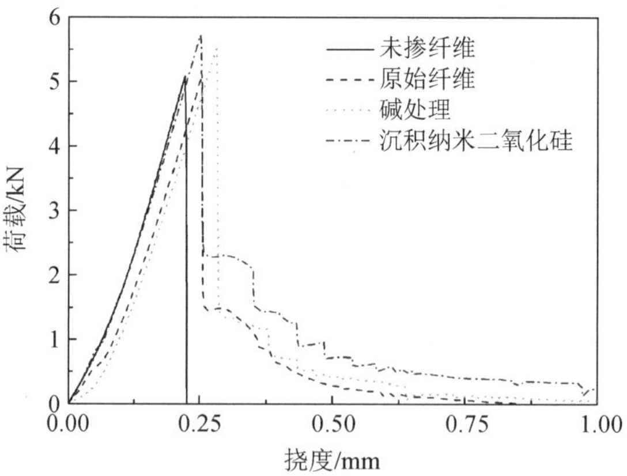

图 8.71 UHPC 试件的荷载－挠度曲线

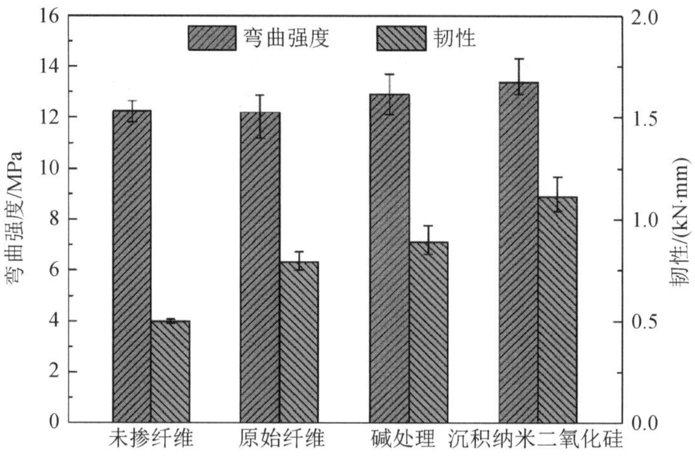

图 8.72 UHPC 试件的弯曲强度和韧性

综上所述，采用溶胶－凝胶法可成功将纳米二氧化硅沉积在剑麻纤维上，改性后的剑麻纤维表面粗糙度增加并且抗拉强度提高。掺入原始剑麻纤维延缓了 UHPC 的水化放热，但这种影响可以通过对纤维进行碱处理而消除。此外，由于纳米二氧化硅的晶种效应，掺加沉积纳米二氧化硅的剑麻纤维可以加速 UHPC 的水化放热。沉积纳米二氧化硅后，剑麻纤维与 UHPC 基体间的黏结强度和单位面积拔出能相比原始剑麻纤维分别提高了 28.0% 和40.8%，从而使沉积纳米二氧化硅剑麻纤维增强 UHPC 试件的弯曲强度和韧性提高了 9.8% 和 40.5%。

本章参考文献

[1] LI V C, MAALEJ M. Toughening in cement based composites. Part Ⅱ: fiber reinforced cementitious composites[J]. Cement and concrete composites, 1996, 18(4): 239-249.

[2] LIU Y W,ZHANG Z H,SHI C J,et al. Development of ultra-high performance geopolymer concrete (UHPGC):influence of steel fiber on mechanical properties [J]. Cement and concrete composites,2020,112:103670.

[3] KHAN M Z N,HAO Y F,HAO H,et al. Mechanical properties of ambient cured high strength hybrid steel and synthetic fibers reinforced geopolymer composites [J]. Cement and concrete composites,2018,85:133-152.

[4] TOLÊDO F R D,SANJUÁN M A. Effect of low modulus sisal and polypropylene fibre on the free and restrained shrinkage of mortars at early age[J]. Cement and concrete research,1999,29(10):1597-1604.

[5] ABDALLAH S,FAN M Z,REES D W A. Bonding mechanisms and strength of steel fiber-reinforced cementitious composites:overview[J]. Journal of materials in civil engineering,2018,30(3):04018001.

[6] DAWOOD E T,RAMLI M. Mechanical properties of high strength flowing concrete with hybrid fibers[J]. Construction and building materials,2012,28(1):193-200.

[7] BANTHIA N,MAJDZADEH F,WU J,et al. Fiber synergy in hybrid fiber reinforced concrete (HyFRC) in flexure and direct shear[J]. Cement and concrete composites,2014,48:91-97.

[8] YANG Y Y,ZHOU Q,DENG Y,et al. Reinforcement effects of multi-scale hybrid fiber on flexural and fracture behaviors of ultra-low-weight foamed cement-based composites[J]. Cement and concrete composites,2022,128:104422.

[9] 冷建飞,高旭,朱嘉平. 多元线性回归统计预测模型的应用[J]. 统计与决策,2016,32(7):82-85.

[10] SHAO R Z,WU C Q,LI J,et al. Investigation on the mechanical characteristics of multiscale mono/hybrid steel fibre-reinforced dry UHPC[J]. Cement and concrete composites,2022,133:104681.

[11] SNOECK D,SCHRÖFL C,MECHTCHERINE V. Recommendation of RILEM TC 260-RSC:testing sorption by superabsorbent polymers (SAP) prior to implementation in cement-based materials[J]. Materials and structures,2018,51(5):116.

[12] KANG S H,HONG S G,MOON J. Absorption kinetics of superabsorbent polymers (SAP) in various cement-based solutions[J]. Cement and concrete research,2017,97:73-83.

[13] CHEN W W,LI B,WANG J,et al. Effects of alkali dosage and silicate modulus on autogenous shrinkage of alkali-activated slag cement paste[J]. Cement and concrete research,2021,141:106322.

[14] KAWASHIMA S,SHAH S P. Early-age autogenous and drying shrinkage behavior of cellulose fiber-reinforced cementitious materials[J]. Cement and concrete composites,2011,33(2):201-208.

[15] FERREIRA S R,DE ANDRADE S F,LIMA P R L,et al. Effect of fiber treatments

on the sisal fiber properties and fiber-matrix bond in cement based systems[J]. Construction and building materials,2015,101:730-740.

[16] PLACET V,CISSE O,BOUBAKAR M L. Influence of environmental relative humidity on the tensile and rotational behaviour of hemp fibres[J]. Journal of materials science,2012,47(7):3435-3446.

[17] WU Z M,SHI C J,HE W,et al. Static and dynamic compressive properties of ultra-high performance concrete (UHPC) with hybrid steel fiber reinforcements [J]. Cement and concrete composites,2017,79:148-157.

[18] GUO A F,SUN Z H,SATYAVOLU J. Impact of modified kenaf fibers on shrinkage and cracking of cement pastes[J]. Construction and building materials, 2020,264:120230.

[19] JO B W,CHAKRABORTY S. A mild alkali treated jute fibre controlling the hydration behaviour of greener cement paste[J]. Scientific reports,2015,5:7837.

[20] GRAYBEAL B A. Material property characterization of ultra-high performance concrete[R]. Washington. DC.: Federal Highway Administration, Office of infrastructure Research and Development,2006.

[21] WU Z M,SHI C J,KHAYAT K H. Investigation of mechanical properties and shrinkage of ultra-high performance concrete:influence of steel fiber content and shape[J]. Composites part B:engineering,2019,174:107021.

[22] DILGER W,WANG C. Creep and shrinkage of high-performance concrete[J]. Special publication,2000,194:361-380.

[23] JUSTS J,WYRZYKOWSKI M,BAJARE D,et al. Internal curing by superabsorbent polymers in ultra-high performance concrete [J]. Cement and concrete research,2015,76:82-90.

[24] LI P P,BROUWERS H J H,CHEN W,et al. Optimization and characterization of high-volume limestone powder in sustainable ultra-high performance concrete[J]. Construction and building materials,2020,242:118112.

[25] MA R,GUO L P,YE S X,et al. Influence of hybrid fiber reinforcement on mechanical properties and autogenous shrinkage of an ecological UHPFRCC[J]. Journal of materials in civil engineering,2019,31(5):04019032.

[26] LIU Y L,WEI Y. Effect of calcined bauxite powder or aggregate on the shrinkage properties of UHPC[J]. Cement and concrete composites,2021,118:103967.

[27] KODUR V K R,BANERJI S,SOLHMIRZAEI R. Test methods for characterizing concrete properties at elevated temperature[J]. Fire and materials,2020,44(3): 381-395.

[28] LI Y,PIMIENTA P,PINOTEAU N,et al. Effect of aggregate size and inclusion of polypropylene and steel fibers on explosive spalling and pore pressure in ultra-high-performance concrete (UHPC) at elevated temperature[J]. Cement and concrete

composites,2019,99:62-71.
[29] REN F Z,ZHOU C S,ZENG Q,et al. The dependence of capillary sorptivity and gas permeability on initial water content for unsaturated cement mortars[J]. Cement and concrete composites,2019,104:103356.
[30] LI Y,TAN K H,YANG E H. Synergistic effects of hybrid polypropylene and steel fibers on explosive spalling prevention of ultra-high performance concrete at elevated temperature[J]. Cement and concrete composites,2019,96:174-181.
[31] ABID M,HOU X M,ZHENG W Z,et al. High temperature and residual properties of reactive powder concrete—a review[J]. Construction and building materials, 2017,147:339-351.
[32] ALARCON-RUIZ L, PLATRET G, MASSIEU E, et al. The use of thermal analysis in assessing the effect of temperature on a cement paste[J]. Cement and concrete research,2005,35(3):609-613.
[33] GAO D Y,YAN D M,LI X Y. Splitting strength of GGBFS concrete incorporating with steel fiber and polypropylene fiber after exposure to elevated temperatures [J]. Fire safety journal,2012,54:67-73.
[34] TAI Y S,PAN H H,KUNG Y N. Mechanical properties of steel fiber reinforced reactive powder concrete following exposure to high temperature reaching 800 ℃ [J]. Nuclear engineering and design,2011,241(7):2416-2424.
[35] OZAWA M,MORIMOTO H. Effects of various fibres on high-temperature spalling in high-performance concrete[J]. Construction and building materials,2014, 71:83-92.
[36] DING Y N,AZEVEDO C,AGUIAR J B,et al. Study on residual behaviour and flexural toughness of fibre cocktail reinforced self compacting high performance concrete after exposure to high temperature[J]. Construction and building materials,2012,26(1):21-31.
[37] CAO S J,HOU X M,RONG Q. Dynamic compressive properties of reactive powder concrete at high temperature:a review[J]. Cement and concrete composites, 2020,110:103568.
[38] 陈相宇. 纤维混凝土抗冲击性能的试验研究[D]. 大连:大连理工大学,2010.
[39] XU S,ZHOU F,LI Q,et al. A novel dynamic cavity expansion model to predict the resistance of reactive powder concrete (RPC) against projectile impact[J]. Composites part B:engineering,2021,223:109107.
[40] HWANG C L,TRAN V A,HONG J W,et al. Effects of short coconut fiber on the mechanical properties,plastic cracking behavior,and impact resistance of cementitious composites[J]. Construction and building materials,2016,127:984-992.
[41] TRABELSI A,KAMMOUN Z. Mechanical properties and impact resistance of a high-strength lightweight concrete incorporating prickly pear fibres[J]. Construc-

tion and building materials,2020,262:119972.
[42] MA H Y,YUE C J,YU H F,et al. Experimental study and numerical simulation of impact compression mechanical properties of high strength coral aggregate seawater concrete[J]. International journal of impact engineering,2020,137:103466.
[43] ZHANG A M,LIU K W,LI J,et al. Static and dynamic tensile properties of ultra-high performance concrete (UHPC) reinforced with hybrid sisal fibers[J]. Construction and building materials,2024,411:134492.
[44] DUBEY R S,RAJESH Y B R D,MORE M A. Synthesis and characterization of SiO_2 nanoparticles via Sol-gel method for industrial applications[J]. Materials today:Proceedings,2015,2(4/5):3575-3579.
[45] CHEN H Y,CUI Y H,LIU X,et al. Study on depositing SiO_2 nanoparticles on the surface of jute fiber via hydrothermal method and its reinforced polypropylene composites[J]. Journal of vinyl and additive technology,2020,26(1):43-54.
[46] 雷波. 热塑化改性剑麻纤维的制备加工及其性能研究[D]. 广州:华南理工大学,2020.
[47] LI H Y,LIEBSCHER M,CUROSU I,et al. Electrophoretic deposition of nano-silica onto carbon fiber surfaces for an improved bond strength with cementitious matrices[J]. Cement and concrete composites,2020,114:103777.
[48] FENG P,CHANG H L,LIU X,et al. The significance of dispersion of nano-SiO_2 on early age hydration of cement pastes[J]. Materials and design, 2020, 186: 108320.
[49] MALAISKIENE J,COSTA C,BANEVICIENE V,et al. The effect of nano SiO_2 and spent fluid catalytic cracking catalyst on cement hydration and physical mechanical properties[J]. Construction and building materials,2021,299:124281.
[50] LI J Q,ZHANG W X,MONTEIRO P J M. Preferred orientation of calcium aluminosilicate hydrate compacts:implications for creep and indentation[J]. Cement and concrete research,2021,143:106371.
[51] LU M Y,XIAO H G,LIU M,et al. Improved interfacial strength of SiO_2 coated carbon fiber in cement matrix[J]. Cement and concrete composites,2018,91:21-28.
[52] HUANG J L,ZHOU Y,YANG X,et al. A multi-scale study of enhancing mechanical property in ultra-high performance concrete by Steel-fiber@Nano-silica[J]. Construction and building materials,2022,342:128069.
[53] MENG J,ZHONG J,XIAO H,et al. Enhancement of strength and ductility of cement-based composites by incorporating silica nanoparticle coated polyvinylalcohol fibers[J]. AIP advances,2019,9(6):065108.

第 9 章　多功能超高性能混凝土

9.1　相变储热超高性能混凝土

面对全球能源危机和环境恶化，建筑节能是建筑业可持续发展的必然之路。相变材料(PCM)是一种典型的用于缓解建筑温度波动的节能材料，目前已成功应用于墙体、屋顶、楼板等各种建筑构件。由于相变材料具有在较窄温度范围内吸收和释放热能的特性，可以提高建筑的能源利用效率。随着相变材料与混凝土等建筑材料的结合，有望达到结构功能一体化的目的，从而消除多层墙体施工的缺陷。相变材料可通过直接掺入、定形处理和封装等技术集成到建筑材料中制备储能建筑材料，目前已被广泛研究并应用于工程实践中。UHPC 较普通预制混凝土或高性能混凝土成本高，但制造同样尺寸和形状的板材所用的材料量大大减少，因此在考虑综合成本的情况下，UHPC 具有制造更高性能但与普通混凝土或玻璃纤维增强混凝土(GRC)的综合成本相当的潜力。UHPC 的容重较普通混凝土略高，但超高的强度可以轻易生产出厚度仅为 16 mm 的 1 000 mm × 2 400 mm 或 1 200 mm × 3 000 mm 大尺寸板材，根据以往文献可知，UHPC 的抗压强度是普通混凝土的 3 ～ 4 倍。即使在低水胶比的情况下，UHPC 也具有良好的和易性，有望用作相变储能材料的水泥基体，可用于生产装配式板材。相变储热 UHPC 作为一种集结构和功能于一体的建筑功能材料，可同时具有适用的力学性能和蓄热性能。

9.1.1　适宜 UHPC 的相变材料

最早相变材料被加入到墙体中以存储太阳能，可实现电力的调峰填谷、建筑暖通空调的节能、热量的回收。后大量学者将相变材料加入地板以及围护结构，发现可明显改善房间温度，提高舒适性，同时也可运用于大体积混凝土，以降低早期水化热及用于冬季沥青混凝土道路中以缓解冻融破坏。目前已有大量针对储能建筑的研究成果，其中相变材料与建筑基体的多元结合已成为研究热点，而在这些研究中仍然存在一些问题亟待解决，例如相变材料的封装、过冷、相容性、腐蚀性等。相变储能材料按不同的分类方法有不同的分类方式。① 按照材料性质，分为有机相变材料、无机相变材料及共晶体 3 大类，如图 9.1 所示。无机相变材料主要包括无机盐、金属合金，具有储能密度高、导热率高和体积变化率小等优点，缺点是易出现过冷和相分离现象。有机相变材料主要包括脂肪酸和多元醇，优点是腐蚀性小、循环性能稳定，缺点是导热系数小，密度小，单位体积储能密度低。② 相变温度，分为低温相变材料(120 ℃ 以下)、中温相变材料(120 ～< 800 ℃) 和高温相变材

料(800 ℃ 及以上),低温相变材料更接近于人类生活需求温度,因此具有更高的应用价值。

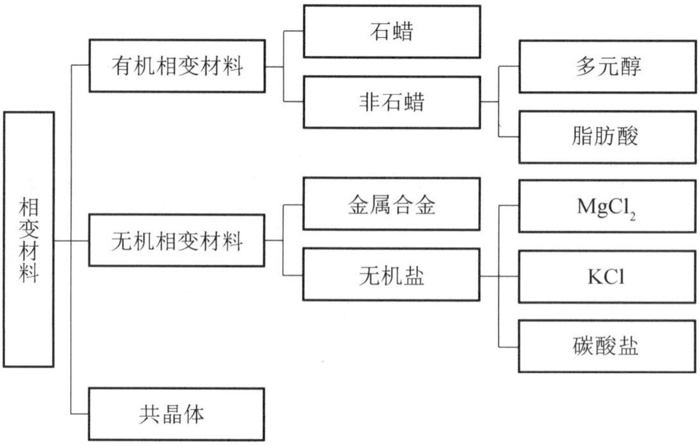

图 9.1　PCM 的分类

自然界中可以作为相变储能材料的物质有 20 000 多种,但只有 1% 的材料在实际使用过程中具有应用价值。因此,可以发生相变的材料并不是都可以用来进行能源存储和温度的控制,并且在不同的使用环境下,对相变材料的要求也不尽相同。因此,根据使用环境的差异,选择理想相变材料要遵循的性能标准见表 9.1。

表 9.1　相变材料的筛选原则

分类	条件
热物理性质	① 相变温度适合建筑应用; ② 每单位体积的熔化潜热高,因此可以使用更小的容器; ③ 高导热率,有助于在有限的时间内对 PCM 进行充电和放电; ④ 高比热,因此显热形式的附加能量可用于热能存储系统; ⑤ 相变过程中体积变化小,工作温度下蒸汽压小,从而避免密封性问题; ⑥ PCM 在相变过程中应完全熔化,以便固相和液相均匀; ⑦ 具有热可靠性(即循环稳定性),因此 PCM 在相变温度和聚变潜热方面很稳定,可以长期使用
动力学性质	① 高成核速率,以避免 PCM 在液相中过冷; ② 晶体生长速率高,因此从存储系统中回收热量是最佳的
化学性质	① 与建筑 / 封装材料化学相容; ② 经过大量的热(冻结 / 融化)循环后不会降解,以确保较长的使用寿命; ③ 无毒,不易燃,不爆炸,确保安全; ④ 耐建筑 / 封装材料腐蚀
经济属性	① 具有成本效益; ② 市售
环境特性	① 使用寿命长,对环境影响小,无污染; ② 具有回收潜力

在实际材料选择过程中，很难找到理想的相变储能材料，因此，首先考虑选择具有高储能密度和合适相变温度的材料，然后再根据该材料在实际使用过程中的其他影响因素来进行优化。

9.1.2 相变储热水泥基材料制备技术

相变材料可通过直接浸渍，宏、微封装，形状稳定技术等形成稳定的相变储热泥基复合材料[1]。

1. 直接加入法

直接加入法是最简单、可行和经济的方法，在制备过程中 PCM 直接与建筑材料如石膏、水泥膏、砂浆或混凝土混合。相变材料被要求不应参与水化过程和与水化产物发生反应、不应影响浆体与骨料之间的黏结，以及不应影响力学性能和耐久性。然而，PCM 可能会干扰水化产物，且 PCM 的渗漏可能影响体系的力学性能和耐久性。

2. 浸渍法

浸泡技术是将建筑构件（混凝土和砖块、墙板）浸入 PCM 液体中，通过毛细管作用吸收 PCM。据报道，PCM 在经过大量的热循环后，可能会泄漏。此外，它还可能影响建筑构件的机械性能和耐久性。值得一提的是，直接加入法和浸渍技术都是将 PCM 直接与建筑材料接触。

3. 微胶囊技术

微胶囊技术是一种对材料具有保护性质的技术。它采用成膜材料将一些具有反应活性、敏感性或者挥发性的液体或固体包覆形成微小粒子，其直径为纳米级、微米级，甚至于毫米级。成膜材料一般称为壁材，壁材可以是天然物质，也可以是合成物质，目前相变微胶囊的囊壁材料主要有聚乙烯、聚苯乙烯、聚脲、聚酰胺、环氧树脂、脲醛树脂、三聚氰胺甲醛树脂等高分子聚合物。被包覆的材料通常称为芯材，也称囊芯，相变微胶囊的囊芯主要有脂肪族烃类（液态石蜡、正十六烷、正十八烷、正二十烷等）、醇类（十二醇、十四醇、环己醇、叔丁醇等）、酯类（硬脂酸丁酯、硬脂酸辛酯等）、脂肪酸类（辛酸、癸酸、十二烷酸等）和无机水合盐类（$Na_2HPO_4 \cdot 12H_2O$）等相变材料。通过胶囊技术可以改善芯材的物理性质，提高物质的稳定性，降低有害物质的负面影响，从而突破相变材料的应用瓶颈。

人们对微胶囊技术的研究约始于 20 世纪 30 年代，D. E. Wurster 教授利用流化床及干燥鼓，将悬浮在空气中的粉末进行包覆，制备了微胶囊，这就是最早的空气悬浮法。B. K. Green 于 1953 年通过相分离法制备了包覆油性芯材的明胶微胶囊。20 世纪 50 年代末至 60 年代，人们开始通过高分子聚合法来进行微胶囊技术的制备，这大大加速了微胶囊技术的发展。1958 年 6 月，NCR 公司首次通过原位聚合法将单体聚合形成微胶囊，并提出了有关含油的聚苯乙烯微胶囊制备方法的专利申请。20世纪80年代以来,微胶囊技术得到了高速发展,其应用范围已经扩展至食品、医药、化工、农业、纺织等行业中,成为研究热点之一。与此同时,微胶囊制备的新工艺、微胶囊性能分析的新方法、微胶囊形貌结构和孔结构的表征方法等,都得到了迅速的发展。根据微胶囊制备的原理及方法,相变微胶囊的制备方法可以分为物理法、物理化学法和化学法,主要包括原位聚合法、界面聚合法、悬浮聚合法、乳液聚合法、喷雾干燥法等。近年来,一些商用PCM微胶囊也已被生产出来,用于食品、医药、化工、农业、建筑等。

通过微胶囊技术将相变材料作为芯材制成相变微胶囊,可以克服相变材料在单独使用过程中存在的易泄漏、相容性差和腐蚀性等问题。将相变微胶囊与其他材料进行复合,通过微胶囊芯材的相变行为来调节复合材料周围环境的温度,可以有效提高能源的利用效率。同时,直接在基体中掺入量产的微胶囊,从而调节温差的施工方法简便、效率高、稳定性好、成本低,具有广阔的应用前景。

4. 定形封装技术

在定形封装技术中,PCM在被用于建筑构件前必须被封装。PCM的封装应满足强度的要求,具有耐用性、热稳定性和可靠性。PCM封装应满足以下几点要求:① 间隔了与周围环境的交互;② 有足够的高效传热表面积;③ 结构稳定,并易于处理。目前已有两种PCM封装方法:微封装和宏封装。

近年来,出现了利用多孔介质的特殊结构做载体的方法,该方法运用其内部丰富孔道将相变材料分散在一个个基本结构单元中,借助毛细管效应和表面相互作用提高相变材料在多孔介质中储藏的可靠性,实现相变材料结构微纳化,形成多孔介质定型复合相变材料,为有效解决相变材料泄漏导致稳定性差的问题提供新的途径。多孔封装载体的性质包括组分、尺寸、形状、孔隙特征(孔隙率、孔径分布、比表面积和孔体积)、表面与界面性质和导热性等,对提高定型复合相变材料的封装容量和改善其热物性能(相变温度、潜热、导热率、热容和过冷度等)起着重要作用。目前,已报道的多孔封装载体有:天然矿物材料(膨胀石墨、膨胀蛭石、硅藻土、蒙脱石、海泡石、高岭土和凹凸棒石等)、多孔陶瓷(氧化铝、氧化钛、碳化硅)和合成多孔材料(SiO_2、氧化钛纳米结构)等。封装容量决定复合相变材料的储热容量,是非常重要的参数之一。多孔介质中相变材料的封装容量通常在50%~90%(质量分数)。除膨胀石墨外,其他的多孔介质定形复合相变材料封装容量相对较低,还需进一步提高。膨胀石墨基复合相变材料除成本较高外,还存在一些不足,比如膨胀石墨机械强度低且容易出现渗漏问题。近年来,利用具有独特孔隙和高比表面积的天然多孔矿物来封装相变材料,构筑具有优异形态稳定性的复合相变材料成为研究热点。该方法的显著储热优势有:① 丰富的孔道结构,以保证高储热量;② 对相变材料相变行为影响较小;③ 骨架具有较高导热率;④ 具有化学惰性,不易与相变材料发生反应,且与其他基体相容性优良;⑤ 热稳定性好;⑥ 与基体化学兼容性好;⑦ 价格低廉、来源广泛。

9.1.3 微胶囊相变储热超高性能混凝土的制备及性能

1. 试验材料

水泥、硅灰、石英砂、减水剂和钢纤维性能及主要参数同前文所述，相变微胶囊(MPCM)的核心为石蜡，外壳为聚氨酯和聚脲材料组成的交联化合物。本节研究了微胶囊在 90 ℃ 下处理 3 d后的微观结构和热性能，为进一步制备 UHPC样品提供依据。如图 9.2 所示，球形微胶囊粒径为1 ～ 20 μm，90 ℃ 处理后保持稳定。此外，差式扫描量热分析(DSC)结果(图 9.3)表明，微胶囊的熔点约为41.4 ℃，原始样品和处理样品的焓分别达到 192.8 J/g 和 190.0 J/g。

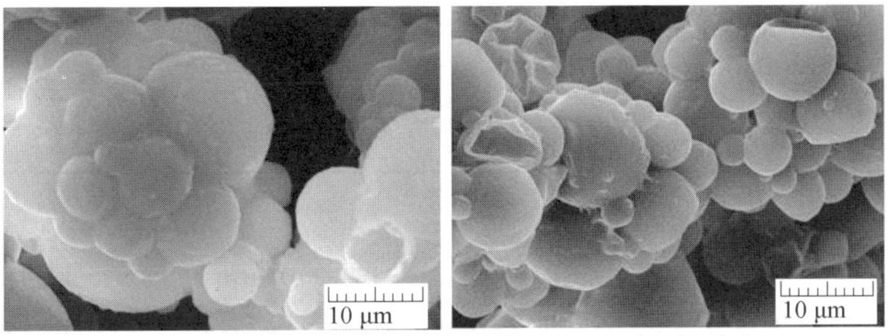

(a) 常温　　(b) 90 °C处理后

图 9.2　微胶囊微观结构

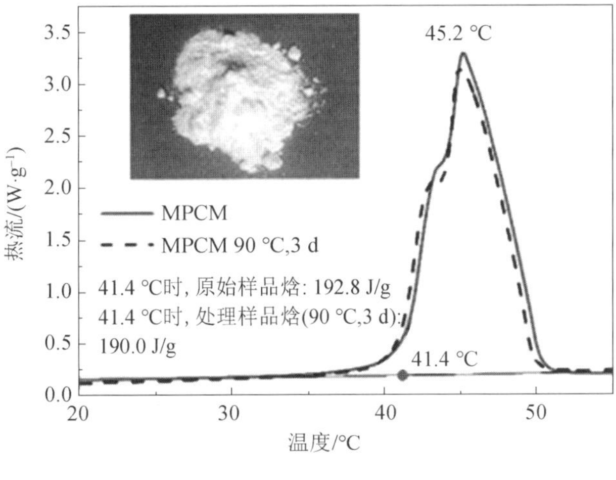

图 9.3　DSC 试验结果

2. 配合比设计

本节试验的配合比设计见表 9.2，表中净浆用来测试微观结构，UHPC 试件用来测试力学性能和热性能，试件制作过程如前文所述。

表 9.2　配合比设计　kg/m³

组别	水灰比	水泥	硅灰	细砂	粗砂	钢纤维体积分数/%	聚羧酸减水剂质量分数/%(胶凝材料)	微胶囊质量分数/%(胶凝材料)
净浆	0.22	230	70	—	—	—	0.8	0
净浆－5%	0.22	230	70	—	—	—	0.95	5
净浆－10%	0.22	230	70	—	—	—	1.3	10
砂浆	0.22	920	276	202	810	1	1.1	0
砂浆－5%	0.22	874	262	202	810	1	1.3	5
砂浆－10%	0.22	828	248	202	810	1	1.8	10

3. 测试方法

力学性能测试方法均同前文所述，采用 40 mm×40 mm×160 mm 的棱柱体试件。在直径为7.5 cm、厚度为 2.5 cm 的圆形 MPCM－UHPC 板上测量热性能。如图 9.4 所示，MPCM－UHPC 面板固定在聚苯乙烯泡沫板中心。带有 UHPC 面板的聚苯乙烯泡沫板可以自然冷却放置 24 h，然后安装在 80 ℃ 的测试室内作为墙壁进行测试。整个试验室保持在25 ℃ 的室内环境中。使用红外成像系统记录外表面温度，进行 2.5 h 测试。进行自收缩试验时，对初始尺寸为 25 mm×25 mm×280 mm 的每个试件在 1 d、3 d、7 d、14 d 和 28 d 时的收缩应变进行测量。测试前用铝箔密封，防止室温下失水，用接触式混凝土收缩测量仪记录每个试件的长度。

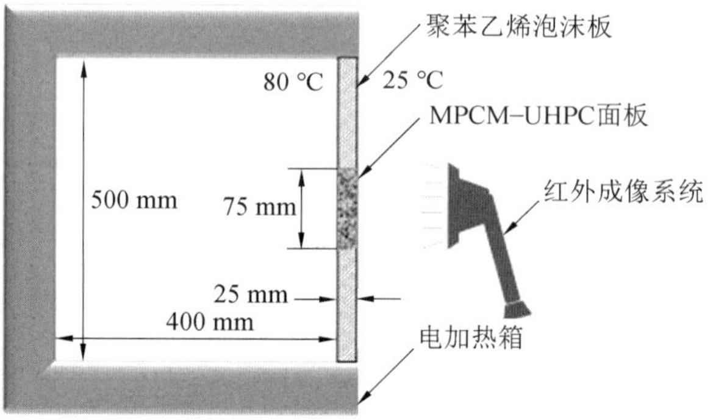

图 9.4　热性能测试示意图

4. 热性能试验结果

本节通过室内试验监测面板温度变化，评价了 MPCM－UHPC 的蓄热性能。从图 9.5 的表面红外图像可以看出，在加热过程中，MPCM－UHPC－5 和 MPCM－UHPC－10 的表面温度低于控制面板。

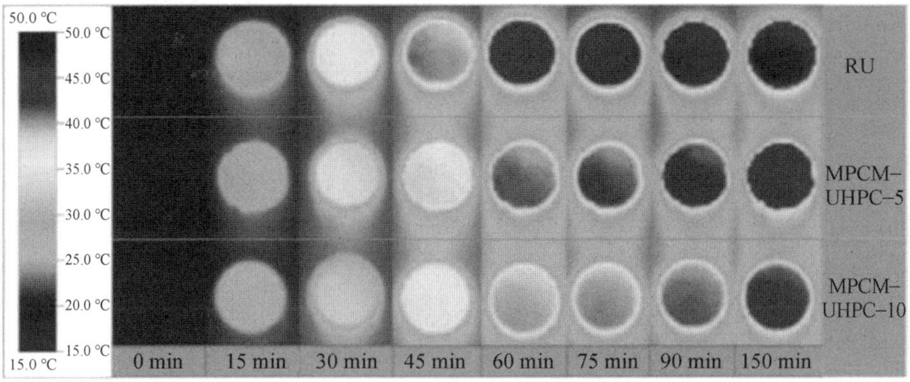

图 9.5　表面红外图像

图 9.5

从红外图像结果中提取 MPCM－UHPC 板表面中心温度值，如图 9.6 所示。

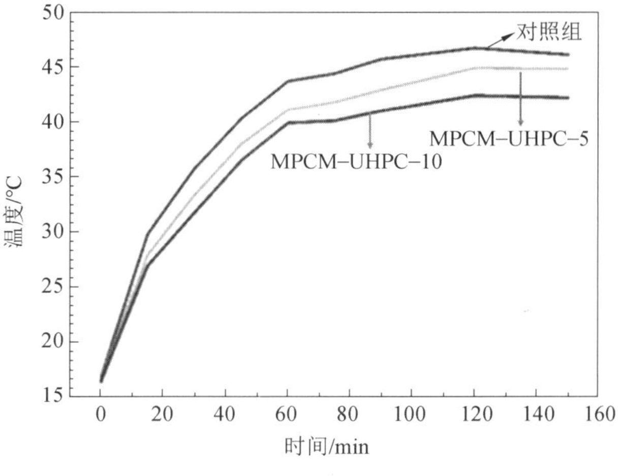

图 9.6　MPCM－UHPC 板表面中心温度值

可以看出，与对照组混合料相比，MPCM－UHPC－5 和 MPCM－UHPC－10 试样的最高温度分别降低了 1.3 ℃ 和 3.9 ℃。随着 MPCM 含量的增加，升温速率和最终温升也随之降低，主要原因是 MPCM 在 UHPC 中具有蓄热潜热作用。因此，这证明了 MPCM－UHPC 作为结构与蓄热一体化建筑材料具有良好的蓄热特性和保温性能。

5. 力学性能试验结果

图 9.7 展示了 MPCM－UHPC 的抗压强度和抗折强度。添加质量分数为 5% 和 10% 的 MPCM 的 UHPC 抗压强度分别为 88 MPa 和 78 MPa，比对照组降低 27% 和 35%。这

与前面的结果是一致的，归因于微胶囊的低强度[2]。此外，其他缺陷如机械搅拌导致的PCM泄漏、附加的不规则空隙、界面弱、团聚等也对抗压强度产生有害影响。而MPCM－UHPC－5和MPCM－UHPC－10的抗折强度分别为19.8 MPa和15.4 MPa，前者比对照组高24％，后者比对照组低4％。微胶囊由于具有界面强化作用，低掺量有利于提高抗折强度。但MPCM－UHPC－10中大剂量的微胶囊可能会增加裂纹扩展的风险，从而严重影响其抗折强度。

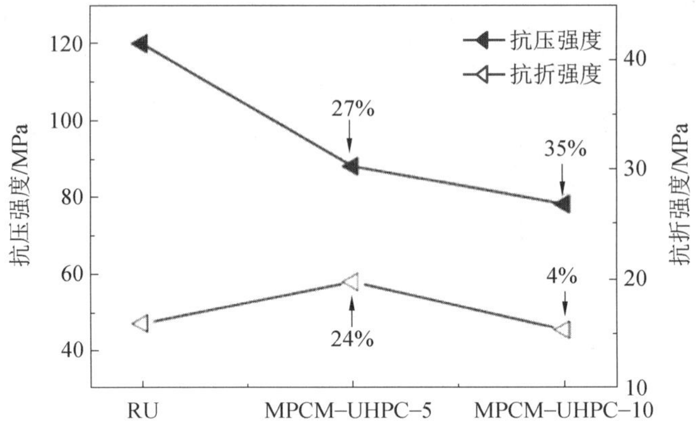

图 9.7　力学性能试验结果

6. 自收缩试验结果

RU、MPCM－UHPC－5和MPCM－UHPC－10的自收缩发展情况如图9.8所示。可以清楚地看到，随着MPCM的加入，UHPC的自收缩应变明显增加。与RU混合料相比，MPCM－UHPC－5和MPCM－UHPC－10在28 d时的自收缩应变分别提高了23.7％和41.9％。特别是在早期，MPCM－UHPC自收缩应变的增长速度比RU混合料快。这一方面是由于MPCM的掺入产生的额外孔隙加速了微裂纹的扩展并促进了变形；另一方面，MPCM的掺入导致了试件中自由水的不均匀分布和相对湿度的差异。然而，MPCM－UHPC－10在28 d的自收缩值约为700×10^{-6}，这在混凝土应用中是可以接受的。

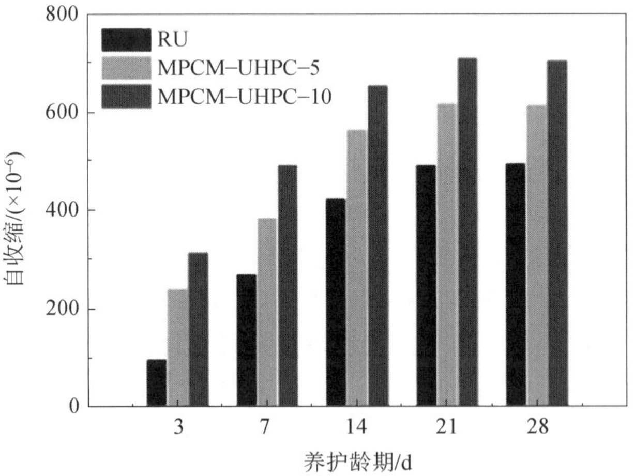

图 9.8　自收缩试验结果

9.1.4　定形相变储热超高性能混凝土的制备及性能

1. 试验材料

定形相变储热超高性能混凝土的组成材料包括水泥、硅灰、石英砂、减水剂、钢纤维及定形相变储热骨料。水泥、硅灰、石英砂、减水剂和钢纤维性能及主要参数同前文所述。定性相变储热骨料由硅藻土真空浸渍有机相变材料正十八烷得到。正十八烷熔点约为 25 ℃，密度为 0.78 g/cm^3，比热容为 1.90 J/(kg·℃)。为避免泄露，采用石墨烯对定形相变材料进行二次封装。石墨烯是由机械剥离法制备，其外观为灰黑色粉末，堆积密度为 0.01 ～0.02 kg/L。单层石墨烯的片层数量为 1 ～ 3 层，含碳量(质量分数)98%，比表面积 50 ～ 200 m^2/g，导热系数高达 5 300 W/(m·K)。

硅藻土颗粒如图 9.9 所示，颗粒直径0.2 ～0.8 mm。硅藻土颗粒中含有大量的桶状微颗粒，表面孔隙丰富，含有大量的纳米孔，是存储相变材料的优良骨架；且颗粒间形成的内部孔道也可作为相变材料的储存空间。硅藻土的孔径分布测试结果如图 9.10 所示。累计孔体积在 1 500 nm 处急剧增长，说明硅藻土的孔径大多是小于 1 500 nm 的。从微分曲线来看，硅藻土的孔径大多在 100 nm ～ 1 500 nm 之间。硅藻土的化学成分见表 9.3。

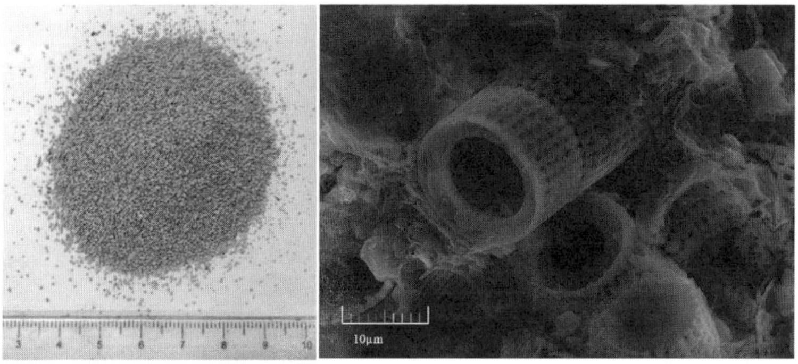

图 9.9　硅藻土颗粒及其微观形貌

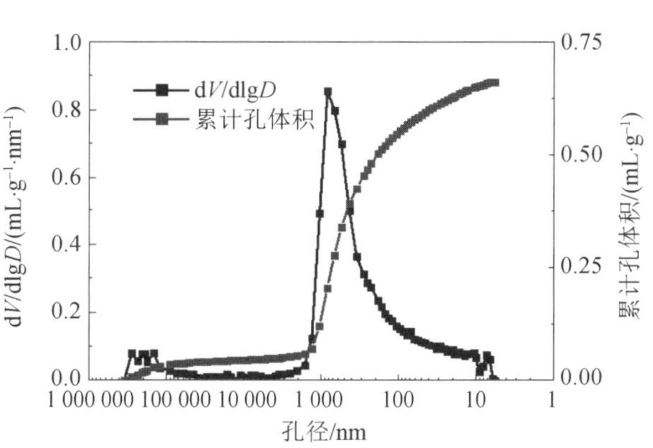

图 9.10　硅藻土孔结构特征

表 9.3　硅藻土化学成分(质量分数)　%

组分	SiO_2	Al_2O_3	Fe_2O_3	K_2O	TiO_2	MgO	CaO	Na_2O	MnO	P_2O_5
硅藻土	69.09	17.76	7.51	2.33	1.01	0.99	0.53	0.41	0.14	0.09

2. 定形相变储热骨料制备方法

(1) 硅藻土酸化处理。

将去离子水和浓硫酸加入烧杯中,配得质量分数为 10% 的稀硫酸溶液;然后,将稀硫酸溶液在 80 ℃ 恒温水浴中搅拌,并在其中加入一定量的硅藻土,持续搅拌 2 h;最后将含有硅藻土的混合溶液过滤、洗涤并在 80 ℃ 烘箱中干燥 48 h 得到酸化硅藻土。

(2) 正十八烷 / 石墨烯 / 硅藻土复合定形相变储热骨料的制备。

将酸化后的硅藻土用于吸附定形相变材料。定形相变储热骨料的制备流程如图 9.11 所示。具体实验过程如下:首先将正十八烷在 80 ℃ 的烧杯中水浴加热至温度均匀,然后进行真空浸渍。具体的操作流程是将相变材料和酸化硅藻土颗粒放入锥形瓶中,开启真空泵,降低锥形瓶压力低至 0.09 MPa,在浸渍过程中始终保持水浴温度 80 ℃,真空浸渍 50 min,打开压力阀让空气进入,然后取出定形相变材料(SSPCM)。浸渍后,SSPCM 用滤纸反复过滤,直到表面清洁。然后将定形相变材料放入 60 ℃ 烘箱 30 min,取出并将质量分数为 1.5% 的石墨烯加入定形相变材料颗粒中,反复搅拌,使石墨烯可以与表层相变材料形成一体,待冷却结束后形成相变储热封装骨料。最终制备的石墨烯 / 正十八烷 / 硅藻土定形相变储热骨料的熔化温度为 25.61 ℃,熔化焓为 55.68 J/g,凝固温度为 25.38 ℃,凝固焓为 54.16 J/g。

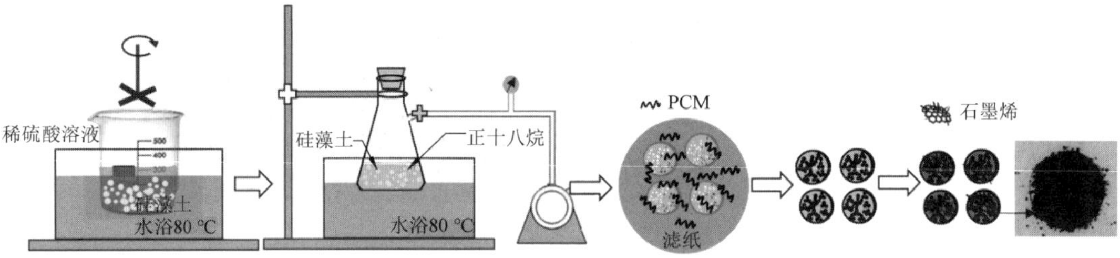

图 9.11　定形相变储热骨料的制备流程

3. 配合比设计

将定形相变储热骨料以细骨料的形式取代粗砂掺入超高性能混凝土中,具体配合比见表 9.4。水灰比采用 0.2,其中 OC/D－UHPC－0 砂浆是不含定形相变材料的对照组,OC/D－UHPC－25,OC/D－UHPC－50 和 OC/D－UHPC－75 分别表示砂浆中定形相变储热骨料(无石墨烯)的代砂体积分数分别是 25%、50% 和 75%。D－UHPC－0,D－UHPC－25,D－UHPC－50,D－UHPC－75 分别是采用未吸附定形相变材料的硅藻土颗粒以代砂体积分数 0%、25%、50% 和 75% 的形式掺入作为对比。G－OC/D－UHPC－25,G－OC/D－UHPC－50 和 G－OC/D－UHPC－75 分别表示砂浆中石墨烯包覆定形相变储热骨料的代砂体积分数分别是 25%、50% 和 75%。

表 9.4　储热—结构一体化水泥基材料的配合比　kg/m³

组编号	水	水泥	硅灰	细砂	粗砂	钢纤维	SP	OC/D	D	G
OC/D－UHPC－0	239	920	276	202	810	79	21.53	0	—	—
OC/D－UHPC－25	239	920	276	202	608	79	22.72	107	—	—
OC/D－UHPC－50	239	920	276	202	405	79	25.12	214	—	—
OC/D－UHPC－75	239	920	276	202	203	79	27.51	320	—	—
D－UHPC－0	239	920	276	202	810	79	20.86	—	0	—
D－UHPC－25	239	920	276	202	608	79	20.86	—	63	—
D－UHPC－50	239	920	276	202	405	79	20.86	—	126	—
D－UHPC－75	239	920	276	202	203	79	20.86	—	189	—
G－OC/D－UHPC－0	239	920	276	202	810	79	21.53	—	—	0
G－OC/D－UHPC－25	239	920	276	202	608	79	22.72	—	—	107
G－OC/D－UHPC－50	239	920	276	202	405	79	25.12	—	—	214
G－OC/D－UHPC－75	239	920	276	202	203	79	27.51	—	—	320

4. 测试方法

力学性能测试方法均同前文所述。所有待测储热板在养护室中养护直至测试当天。储热箱体模型如图 9.12 所示，该模型包括一个内部尺寸为 300 mm×300 mm×150 mm 的聚苯乙烯板保温室和一个固定在聚苯乙烯泡沫板中心的储热砂浆板材。热电偶位于房间的中心和角落，用以记录温度。除了带有储热砂浆板的墙壁，整个设置都暴露在室温条件下。同时，带有储热砂浆板的墙面面对一台可编程式的恒温恒湿箱。安装前，将储热砂浆板的墙壁在 15 ℃ 下自然冷却 24 h，以确保所有正十八烷处于固态。整个室内试验中一个循环包括：① 在 50 ℃ 下加热的持续时间为 4 h；② 在 10 ℃ 下冷却的持续时间为 4 h。中间设置 20 min 将恒温恒湿箱体内的环境温度从 50 ℃ 调节到 10 ℃。

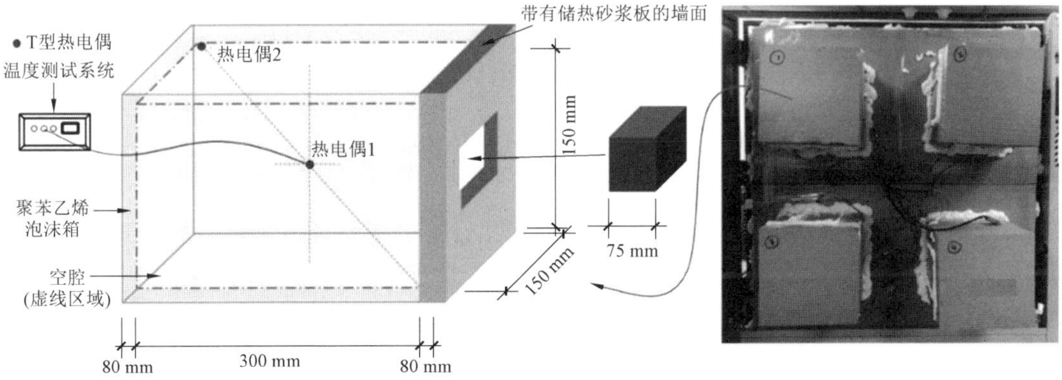

图 9.12　储热箱体模型

5. 热性能试验结果

将 G－OC/D－UHPC－0、G－OC/D－UHPC－25、G－OC/D－UHPC－50 及

G－OC/D－UHPC－75 的面板镶嵌在保温箱的一面墙体的中心，这面墙体一面面对的恒温恒湿箱从 15 ℃ 加热到 50 ℃，然后冷却到 10 ℃；墙体的另一面面对保温箱体。用温度测试仪记录 4 个房间中心的温度变化，分别是含 G－OC/D－UHPC－0 面板房（对照组）、含 G－OC/D－UHPC－25 面板房、含 G－OC/D－UHPC－50 面板房及含 G－OC/D－UHPC－75 面板房。测试的原始结果如图 9.13 所示。结果表明，随着加热时间的增长，所有试验组的温度逐渐上升，且上升幅度高于普通砂浆组，这是由于高性能储热砂浆组的导热系数更高，传热能力更强。

在加热阶段，当面板暴露于恒温恒湿箱时，4 个房间的温度在开始加热阶段几乎保持一致，这主要因为超高性能混凝土的导热系数都较大，各组板材的传热性能较好，能及时将热量传输到房间内。随着加热时间的增加，4 个房间开始表现出区别，并在加热时间结束时表现出最大差异。开始出现差异时室内的温度几乎在 27 ℃ 附近，与实测的储热砂浆相变温度接近，说明面板内部温度已达到正十八烷的相变温度；加热期间曲线上出现温度增长减缓的趋势，这是因为相变材料对于温升的抵抗作用。冷却阶段，4 个房间在开始阶段都出现降低，但就冷却速率而言，G－OC/D－UHPC－75 ＜ G－OC/D－UHPC－50 ＜ G－OC/D－UHPC－25 ＜ G－OC/D－UHPC－0，这主要是导热系数决定的。而当温度继续降低达到正十八烷的相变温度，含相变材料组的温度降低趋势更加缓慢，这反映了 PCMs 的削峰填谷作用[3]。

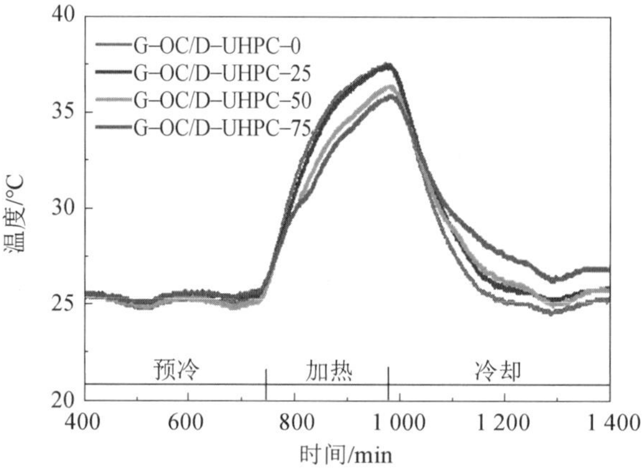

图 9.13

图 9.13　G－OC/D－UHPC 组墙体房间中心点温度变化

6. 力学性能试验结果

图 9.14 是 D－UHPC 组及 OC/D－UHPC 组计算的抗折强度结果。对于 D－UHPC 组，掺入硅藻土使得抗折强度先升高再降低。当掺量较低时，抗折强度略微增加，这可能是由于多孔硅藻土的加入实现了吸水、反水作用，加上轻骨料与水泥基材料几乎不存在界面过渡区，导致基体的性能有所提升。但是当掺量较高时，由于骨料的硬度始终低于取代的那一部分石英砂，导致总体抗折强度降低。对于 OC/D－UHPC 组，养护 28 d 后，随着 OC/D 定形相变储热骨料的增加，抗折强度是逐渐降低的。相比于对比组，储热骨料体积分数为 25％、50％ 及 75％ 的高性能储热混凝土抗折强度分别降低了 10.8％、20.3％ 及 42.9％。可见，OC/D 定形相变储热骨料对于 UHPC 的抗折强度影响作用较大。

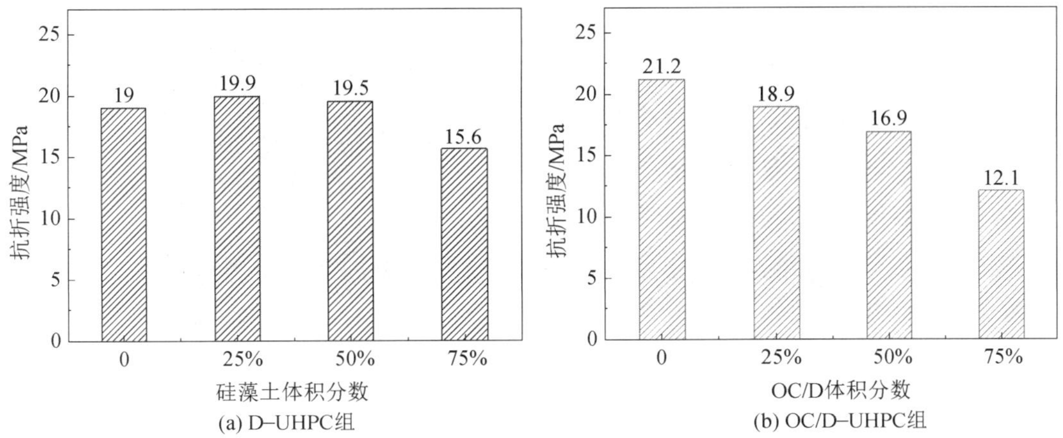

图 9.14　D－UHPC 组及 OC/D－UHPC 组的抗折强度

相似的影响规律也可以在OC/D－UHPC组发现。图9.15是G－OC/D－UHPC组的抗折强度结果。与OC/D－UHPC组不同的是,G－OC/D－UHPC组中对于储热骨料采用了纳米材料石墨烯封装,且其具备良好的封装性。同样相比于对照组,储热骨料体积分数为25%、50%及75%的高性能储热混凝土抗折强度分别降低了2.6%、12.9%及28.4%。采用石墨烯封装的定型相变储热骨料对于抗折强度的影响作用小于直接采用OC/D定型相变储热骨料组。尤其是当体积分数达到75%时,G－OC/D－UHPC组几乎比同等掺量下的OC/D－UHPC组高出约2 MPa。G－OC/D－UHPC的破坏断裂面如图9.16所示。

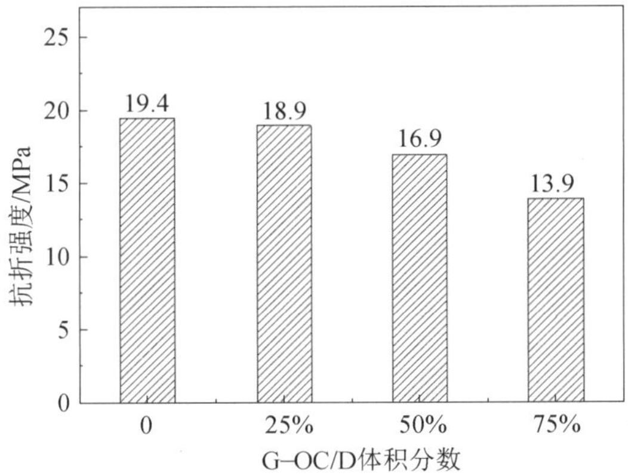

图 9.15　G－OC/D－UHPC 组的抗折强度

图9.17给出了D－UHPC组、OC/D－UHPC组及G－OC/D－UHPC组的抗压强度结果。对于D－UHPC组,掺入0%、25%、50%及75%的0.2～0.8 mm硅藻土颗粒的超高性能混凝土强度为134.2 MPa、126.8 MPa、108.3 MPa及98.0 MPa。可见掺入多孔硅藻土会使得抗压强度逐渐降低,随着掺量的增加,降低幅度分别为5.5%、19.3%及27.0%。但即使以高掺量硅藻土颗粒取代石英砂,材料的强度也能达到100 MPa。对于OC/D－UHPC组,掺入0%、25%、50%及75% OC/D相变储热骨料的混凝土组,28 d抗

图 9.16　破坏断裂面

压强度分别达到 127.0 MPa、104.4 MPa、85.1 MPa 及 65.1 MPa。相比于对照组，随着相变储热骨料掺量的增加，试件抗压强度的降低幅度分别为 17.8%、33.0% 及 48.7%。可见当硅藻土吸附相变材料后，对于 UHPC 强度的影响更大。与普通砂浆相比，甚至超过了以 100% 取代普通砂浆中石英砂所引起的强度降低(41.4%)。然而，高掺量硅藻土高性能砂浆的强度也能达到 65 MPa。

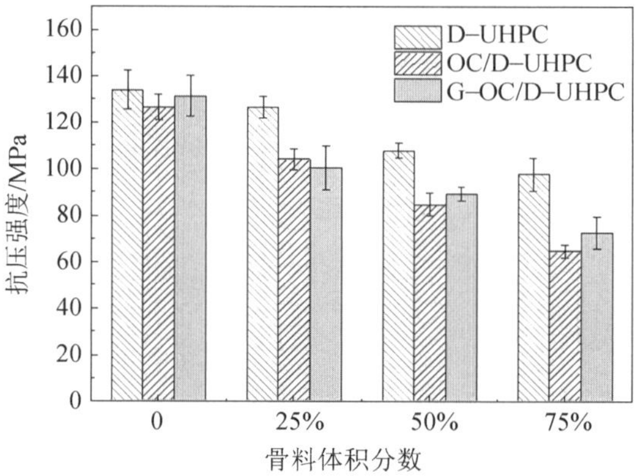

图 9.17　抗压强度

对于 G－OC/D－UHPC 组，蒸汽养护 3 d 后，随着 G－OC/D 定形相变储热骨料掺量的增加，抗压强度也是逐渐降低的。G－OC/D－UHPC－0、G－OC/D－UHPC－25、G－OC/D－UHPC－50 及 G－OC/D－UHPC－75 的强度分别为 131.7 MPa、100.7 MPa、89.6 MPa 及 73.1 MPa。相比于对照组，随着相变储热骨料掺量的增加，试件抗压强度的降低幅度分别为 23.5%、32.0%、44.5%。相比于未经过石墨烯包覆的 OC/D－UHPC 组(除了相变储热骨料体积分数为 25% 的组)其力学性能更优异，体积分数为 50% 及 75% 的 G－OC/D－UHPC 组比 OC/D－UHPC 组对应的抗压强度提高了 4.5 MPa 及 8 MPa。总体来说，以 UHPC 作为基体，储热砂浆的抗压强度可以达到普通混凝土材料标准。

9.2　电热除冰超高性能混凝土

超高性能混凝土(UHPC)中加入低电阻率的纤维材料能使混凝土具有良好的导电

性能，这样的导电混凝土可以在融雪化冰、电气接地、阴极保护、结构监测和电磁屏蔽等方面加以应用。

在严寒地区，大坝面板常与水库冰层黏结在一起，然而由于水库冰层在升温膨胀过程中受到周界构筑物的影响，导致构筑物受力显著，而由此产生的静冰压力作用下的移位变形是静冰冰害的主要形式。通过保持冰盖界面与混凝土界面处于不冻状态或弱化界面冻结强度可以削弱因静冰压力产生的不利影响。长期的冻融循环条件对于水坝表层混凝土的强度及耐久性性能要求极高。因此，开发集电热及高强结构于一体的混凝土对于解决此类问题很有必要。目前国内外针对电热除冰的应用只局限于道路除冰，并且已形成了多种方法。其中碳纤维材料具有较高的电热转换率，高达 98%，且与水泥基材料兼容性良好，有潜力作为电热材料用于混凝土各种结构。将碳纤维布添加到大坝面板结构中，碳纤维混凝土在通电状态下会产生热量，也可以起到抗凝冰的作用。

9.2.1　电热除冰原理

1. 水泥基材料导电及电热除冰原理

目前较为流行的复合材料导电理论主要有 3 种：导电通路学说、隧道效应学说及场致发射理论。导电通路学说认为，当导电粒子相互搭接形成链状网络，或导电粒子间距离小于 100 nm 时，可形成导电通路；单位体积内导电粒子越多，粒子间接触比例越大，复合材料的电导率就越高。隧道效应学说认为，复合材料的导电现象不仅仅依靠粒子直接接触组成的导电通路，复合材料中还存在由热振动引起的电子在导电粒子间空隙中迁移所产生的导电现象，这种现象在导电粒子间距离远大于 100 nm 时发生。Beek 等人提出场致发射理论，认为复合材料存在界面效应，当电压增大到特定值，导电粒子间的强电场引发发射电场，从而使得电子穿越阻隔（绝缘体或间隔）产生电流效应，这导致电流增加并偏离线性关系。

水泥基材料的导电包括电子导电、离子导电及空穴导电。电子导电是电流通过彼此搭接或接触形成的导电网络进行传导。空穴导电是指导电颗粒或纤维分散在水泥基体时受绝缘的水泥基体阻隔，形成势垒；当间隔距离减小，使水泥基体形成的势垒足够小，或电子和空穴从外界获得足够的能量时，就会跃过势垒，从一个导电体到达另一个导电体上实现导电。离子导电是通过水泥石液相水中的 Ca^{2+}、OH^-、SO_4^{2-}、Na^+、K^+ 等离子在外加电场作用下产生定向移动而导电。导电混凝土与导电高分子复合材料一样，存在电导渗流现象。在导电相与基体相进行复合时，当导电相的体积分数小于某一临界值时，复合材料的电阻率随导电相体积分数的增加而缓慢减小；当导电相的体积分数达到临界值时，复合材料的电阻率急剧减小，电阻率的减小达几个甚至十个数量级左右；当导电材料的体积分数超过临界值后，随掺量的进一步增加，复合材料电阻率的减小速率又放慢。导电材料的临界体积分数称为渗滤阈值，其值主要取决于导电组分材料的种类、形状和尺寸。Weber 在 1997 年曾推导过渗滤阈值公式(9.1)：

$$\sigma_f = \sigma_0(\phi - \phi_c)^t \tag{9.1}$$

式中，σ_f 为复合材料的电阻率，S/cm；σ_0 为导电相的电阻率，S/cm；ϕ 为导电相的体积分数；ϕ_c 为主要纤维的渗滤阈值；t 为与材料微观结构无关的常数。

Liu Xiaoming 等研究了石墨在沥青混凝土中的分布情况，尝试用分形理论分析导电路径的分布特性及渗滤阈值理论，发现分形维数和电阻率的变化与石墨含量的变化趋势相似，当分形维数和电阻率变化时，存在一个渗滤阈值，一旦石墨含量超过阈值，分形维数（图 9.18）和电阻率变化不大。Álvaro García 在沥青砂浆中添加石墨和钢丝绒，分析了渗滤阈值与导电路径的关系，在未渗流区域，导电填料中导电路径较短且不完整；在渗流区，随着掺量的增加，导电路径曲线逐渐变短，在过渗流区导电填料的导电路径完整且距离最短，如图 9.19 所示。

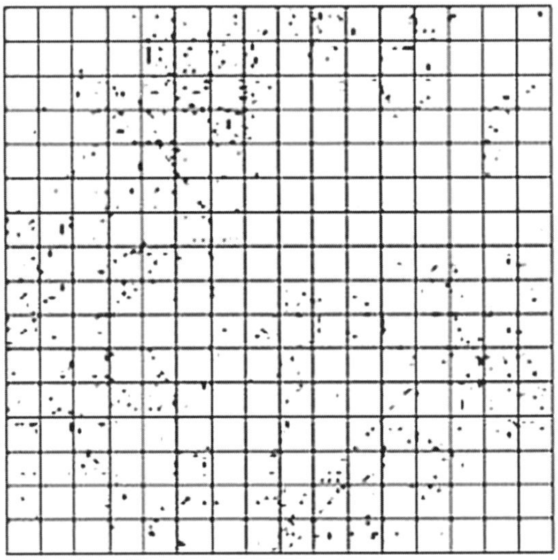

图 9.18　Matlab 处理石墨水泥基边缘分形维数

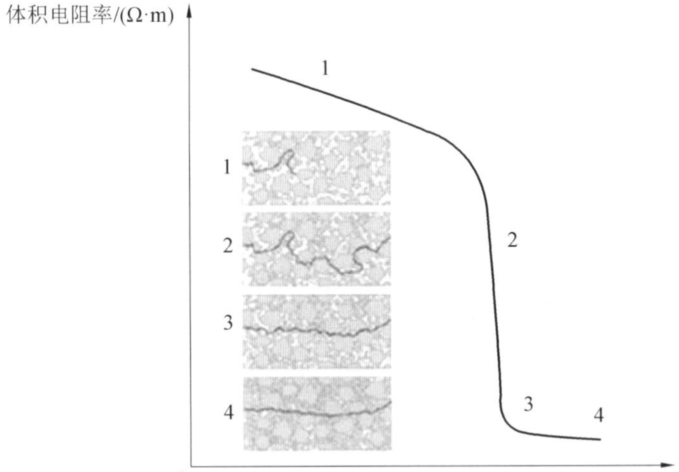

图 9.19　渗滤阈值与导电路径关系（小图 1 ～ 4 代表导电路径）

干燥的普通混凝土电阻率为 6.54 ～ 11.4 kΩ·m，而作为电热体的导电混凝土电阻率应在 $10 \sim 10^2$ Ω·cm 范围内。这是因为导电混凝土电阻率在该范围内时，导电混凝土内导电网络已经形成的电阻率比较稳定。而电热除冰超高性能混凝土的配制方法主要是在超高性能混凝土中添加导电材料，通过导电材料形成导电网络，再通过导电材料的电热性能将电能转化为热能，从而达到除冰的目的。

2. 导电填料种类及性能

目前常见的导电导热填料较多，主要包括以下 4 类：金属单质、石墨类、无机化合物类及纳米纤维类，但这些填料并非都适用于混凝土。金属单质类填料造价高，容易在水泥基材料中发生电化学腐蚀，耐久性差；石墨类导电填料对水泥基材料强度影响很大；无机化合物类导电性能较差。研究表明纤维类填料的物理化学性能稳定且与水泥基材料相容性较好，常用作导电填料。

导电填料根据其宏观及微观形貌主要包括两大类：颗粒类及纤维类。常见导电填料见表 9.5。以炭黑、石墨为代表的颗粒类导电水泥基材料，由于这类导电填料本身强度较低，颗粒为粉末状，吸水性较强，常常需要增加用水量及导电填料量来保证和易性及导电性，对复合材料的强度影响较大，性能较差。纤维类导电填料主要包括碳纤维（CF）、铝纤维、钢纤维、纳米碳纤维（CNFs）及碳纳米管（CNT）等，长径比较大，渗滤阈值低且电热效率非常高，常用于智能混凝土中，但纤维在掺量过少时不容易形成导电网络，掺量过多时容易发生团聚，影响混凝土导电性。

表 9.5　常见导电填料

导电材料	性能
银粉	化学稳定性好、防腐蚀性强、导电性好、价格昂贵
铜粉	导电性好、成本低、易氧化、导电性能不稳定
铝粉	导电性好、导电性能不稳定、价格低、耐化学腐蚀性差
天然石墨	化学性质比较稳定、耐高温、导电导热性能较好
膨胀石墨	耐腐蚀、导热导电性良好、电热转换率 97% 以上、吸附性好
石墨烯	强度及韧性高、导热导电性高、空气中易氧化、价格昂贵
炭黑	类石墨结构、炭黑填充量越大其导电性越强、价格低廉
碳化硅	化学性能稳定、导热系数高、硬度大、半导体
氮化硼	硬度高、抗化学侵蚀、纳米材料、导热系数很高、电阻率较大
碳纤维	强度高、导电导热性好、电热效应、电热转换率高
钢纤维	高性能、耐腐蚀、导电导热良好
碳纳米管	高强度、导电性良好、热导率较高、价格昂贵

Lukáš Fiala 探究了长度为 30 mm，宽度为 0.6 mm 的钢纤维添加到混凝土后的性能，发现水含量影响了混凝土的电阻，当钢纤维体积分数达到 1% 时，混凝土电阻值最低。Yashwanth Pamulapati 在沥青材料中添加金属纤维（钢纤维、铝纤维），并通过电磁感应放热愈合裂缝，验证了在没有接触试样的金属纤维中诱导涡流的可行性，其中钢纤维的感

应热效应优于铝纤维，显像图像分析也证实了裂缝是可以愈合的。

碳纤维作为一种智能材料，具备良好的电学性能。碳纤维的轴向强度和模量非常高，在非氧化环境下耐超高温且耐疲劳，物理化学性质非常稳定，电阻率一般为 5 000 $\mu\Omega \cdot$ cm 左右，同时也是电热的良导体。碳纤维的微观结构类似于石墨，呈现出多晶乱层石墨的特性。纳米碳纤维是一种直径为 50 ～ 200 nm，长径比为100 ～500 的纳米级碳纤维，同样具有较高的强度、模量、长径比、热稳定性、化学活性、导电性、导热性等特点，通常可用化学气相沉积法制备，采用过渡金属、稀有金属或金属氧化物作为催化剂，低碳氢化合物为碳源，用氩气、氮气或氢气作为载气，并在高温环境下分解制备。碳纤维在电一热转换过程中，可见光很小，电热转换效率达 95% 以上，这也是它能作为水泥基电热材料的优选条件之一。纳米碳纤维混凝土具有离子导电、电子导电以及空穴导电 3 种导电形式，纳米碳纤维水泥石的导电主要为电子导电与空穴导电。

3. 电热性能评价方法

(1) 导电性能。

水泥基材料的导电性能测试试验主要是测试水泥砂浆的电导率。混凝土中电阻系统的电阻主要由 4 个部分构成：导电混凝土体电阻、电极自身电阻、电极与混凝土体间的接触电阻以及电极与外接导线间的接触电阻。电阻率的大小往往与以下几个因素有关。

① 直流电源与交流电源选择。

水泥水化过程会产生大量的 Ca^{2+}、OH^{-1} 等离子，在外加电压作用下，阳离子向负极集聚，阴离子向正极集聚，从而形成一定大小的反向电压，促使整个导电通路的电流减小，产生极化效应，导致测试电阻结果不准确，所以交流电源更加适合水泥基材料。

② 电极铺设方式。

目前电阻率的测试方法可分为二电极法和四电极法两大类(图 9.20)。四电极法可以消除接触电阻，是公认测试电阻率较好的方法，但制作麻烦；相比之下，二电极法虽然误差相对较大但仍完全可以满足电阻率的测试。因此，电热除冰试验往往布设两电极，用于测试电阻率和通电升温。

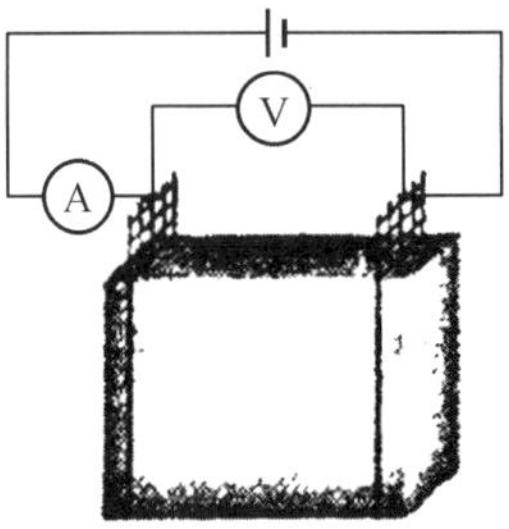

(a) 二电极法

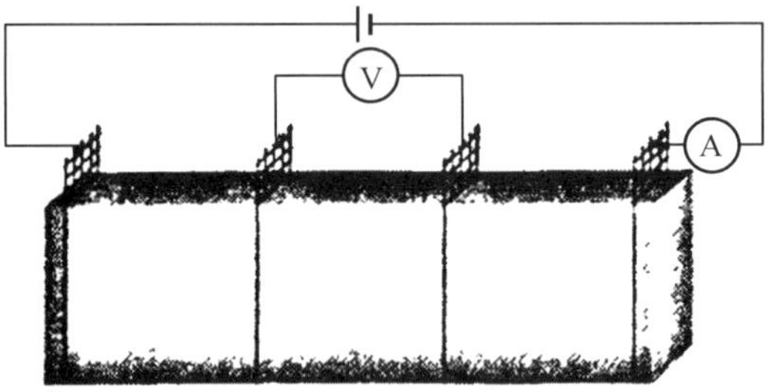

(b) 四电极法

图 9.20　二电极法及四电极法电极铺设方式图

③ 电极材料。

电阻率越小，单位时间内消耗的电能越少，单位面积的功率密度越大，融电热效果也就越好。常见的电极材料包括不锈钢网、铁网、铁片、铜片、铜网、银片等。银质电极造价高、铁片电极易生锈、成片电极黏结性不好，综合考虑造价、可操作性及电极性能，不锈钢丝网更适宜做混凝土材料的电极材料。

(2) 电热除冰性能。

混凝土的电热除冰性能通常是通过评价其除冰效率来体现。国内，侯作富等研究了碳纤维导电混凝土融雪化冰的可行性，利用融雪化冰试验结合计算机模拟推导出适合融雪化冰的电功率。Zhao Hongming 提出了一种将碳纤维加热丝(CFHWs)嵌入混凝土板内的方法，同时采用有限元法和试验确定了碳纤维加热丝间距的最大值，在冰冻低温 −25 ℃ 的条件下，输入功率 1 134 W/m^2，混凝土表面温度在 2.5 h 内可以上升到 0 ℃。长安大学武建民制备了三元复合导电混凝土，以钢纤维、碳纤维及石墨填充混凝土，制备的试件电阻值可达到 322 Ω，同样满足道路除冰的电阻热效应要求。国外，P. J. Tumidajski 提出了一种用普通波特兰水泥覆盖导电水泥的导电融雪方法，覆盖层的电阻率和厚度影响了电势的衰减以及电流的叠加，试验也验证了覆盖层中因离子导电出现微弱电流从而达到融雪目的的可行性。在电热除冰领域，除了直接外接电源产热，许多学者还研究了电磁感应放热及太阳能自热设备。哈尔滨工业大学李惠提出了一种利用太阳能实现自除冰的道路系统，包括碳纳米聚合物热源、ALN 陶瓷绝缘封装层、多壁碳纳米管/水泥基导热层及热绝缘基板，并据此提出了自行除冰道路系统融雪化冰性能评价指标及相应指标参数。国外，Álvaro García 在沥青砂浆中添加石墨和钢丝绒，验证了该材料能通过电磁感应放热，沥青砂浆的渗透阈值是砂与沥青质量比和纤维含量的函数，且不同砂与沥青质量比对应不同的最优纤维掺量，并通过纳米计算机扫描成像监测纤维。Jong-PilWon 设计了一种早期路面融雪系统，是由铜板层、导电水泥复合层及混凝土保护层组成，铜片间距作为自变量，当间距为 1 000 mm 时，加热性能最好、散热均匀性优良且在 1 h 后系统表面温度可以达到 4.1 ～ 4.5 ℃。

9.2.2　有限元模拟(大坝面板应用)

1. 有限元模型

本小节针对大坝面板所处环境，采用 ANSYS 软件建立碳纤维导电混凝土电热除冰模型，分析在两种工况下不同输入功率下的面板表面温度场分布，通过有限元模型验证可行性。

(1) 基本假定。

在对抗凝冰路面进行热分析时，在垂直于大坝方向的一个横断面建立了二维有限元模型。并做如下假设：

① 各结构层均匀、连续，为各向同性的连续弹性体系；

② 不计自重，层间连续，水平方向约束，底面完全约束；

③ 忽略接触热阻，各层材料间结合紧密，层间温度和热流连续；

④ 忽略导热系数随温度的变化；

⑤ 忽略太阳能辐射(冬季太阳辐射弱)。

(2) 有限元模型的建立。

按照抗凝冰大坝面板实际结构建立几何模型,如图 9.21 所示。考虑碳纤维导电混凝土尺寸为2 000 mm×2 000 mm×50 mm,外界温度环境取哈尔滨冬季 12 月份温度数据(图 9.22),两种工况建模如图 9.23 所示,各单元材料参数见表 9.6。研究表明当水体某点距离导电混凝土板面位置较远时,碳纤维导电混凝土的电热升温对其传热作用影响较小,因此研究对象仅取覆盖导电混凝土板一定范围内的水体。

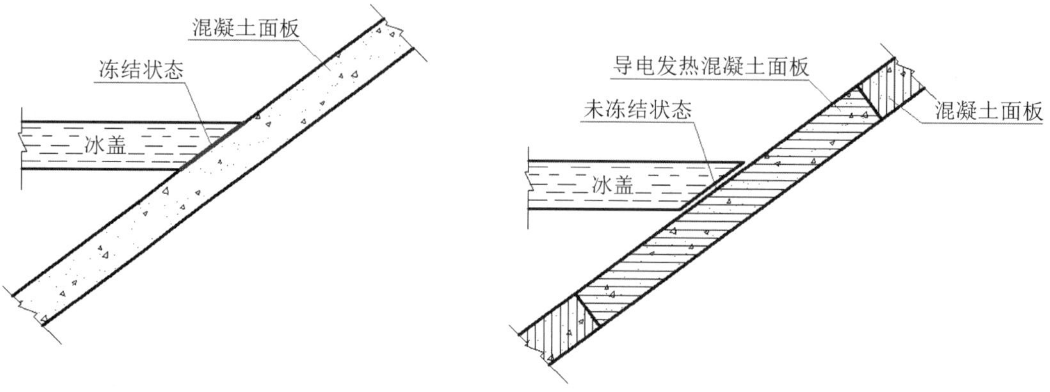

图 9.21　导电发热混凝土防冻害导电除冰板设计

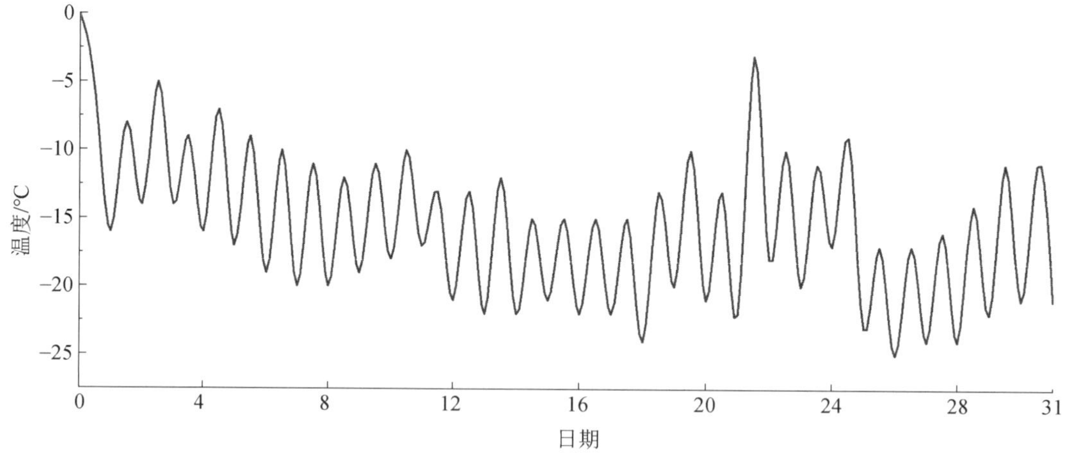

图 9.22　哈尔滨 12 月份的外界环境温度

采用非线性瞬态分析法,初始温度场取在不添加热荷载时的恒温 0 ℃ 温度场,碳纤维导电混凝土及水体两侧考虑对称边界,热流率为 0,其余侧面根据实际情况取对流系数。上表面的传热主要包括环境与导电混凝土面板、环境与水面的热对流传热,对流换热系数与环境温度(大气、水)、碳纤维导电混凝土面板温度和风速有关,本例取空气自然对流系数 10 W/(m^2·s)。导电发热混凝土加载的热荷载为生热率,以输入电功率及体积计算得到体积生热率(输入功率为 50 W,100 W,200 W)。

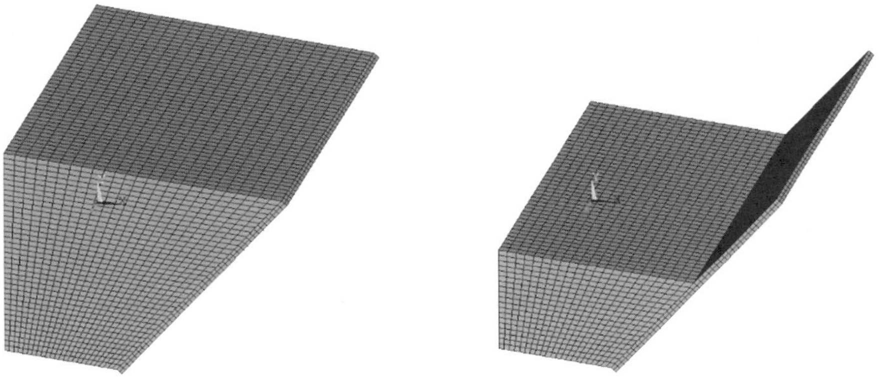

图 9.23　工况一及工况二碳纤维导电混凝土大坝面板及冰盖有限元模型

表 9.6　各单元材料参数

材料	密度 /($kg \cdot m^{-3}$)	比热 /($W \cdot (m \cdot ℃)^{-1}$)	导热系数 /($J \cdot (kg \cdot ℃)^{-1}$)
混凝土	2 500	970	1.51
水	1 000	4 200	0.6

2. 有限元结果分析

计算时间为 31 d。图 9.24 是水与面板的侧面温度场结果，每个工况温度标尺统一（工况一：－21 ～ 60 ℃；工况二：－21 ～ 40 ℃），随着输入功率的增加，板表面的最高温度逐渐增大，且正温温度场面积逐步增大。工况一，当输入功率为 50 W 时，3/4 接触处面积的水温度达到 0 ℃ 及以上，其余 1/4 接触处面积的水凝结成冰，形成静冰压力；当输入功率为 100 W 时，4/5 接触处面积的水温度达到 0 ℃ 及以上；当输入功率为 200 W 时，仅仅 100 ～200 mm 深度范围内存在低于 0 ℃ 的情况。工况二与工况一所得结果相似，但由于空气自然对流作用，超出水面的导热板一直处于冻结状态。

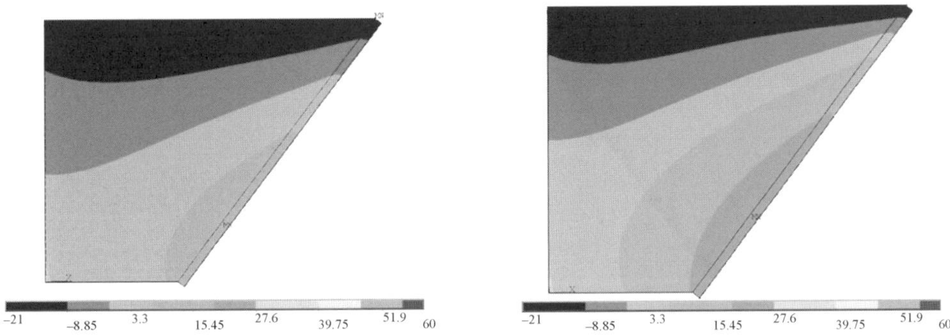

(a) 工况一, 50 W侧面温度场　　(b) 工况一,100 W侧面温度场

图 9.24　温度场分布情况（单位：℃）

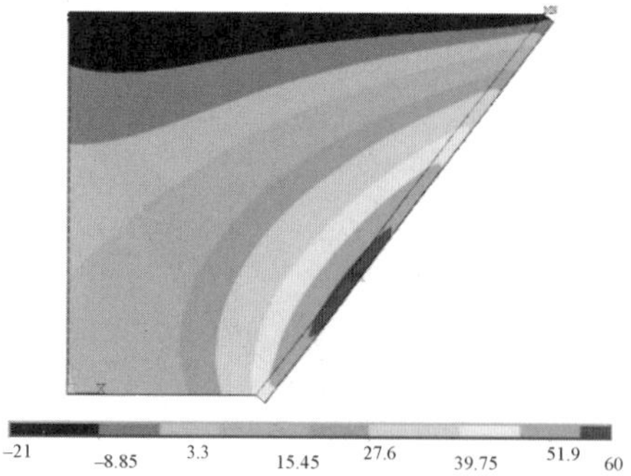

(c) 工况一, 200 W侧面温度场

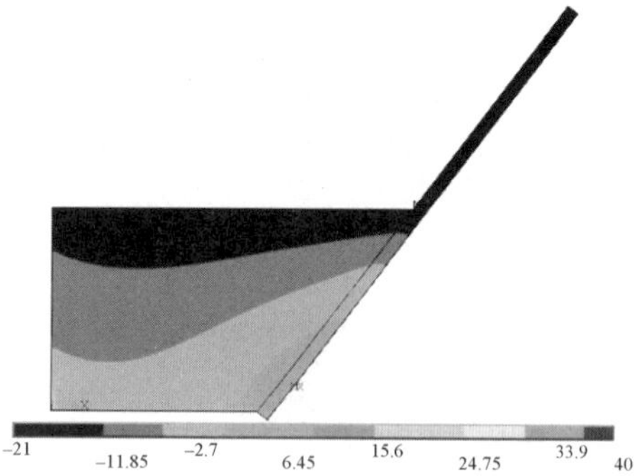

(d) 工况二,50 W侧面温度场

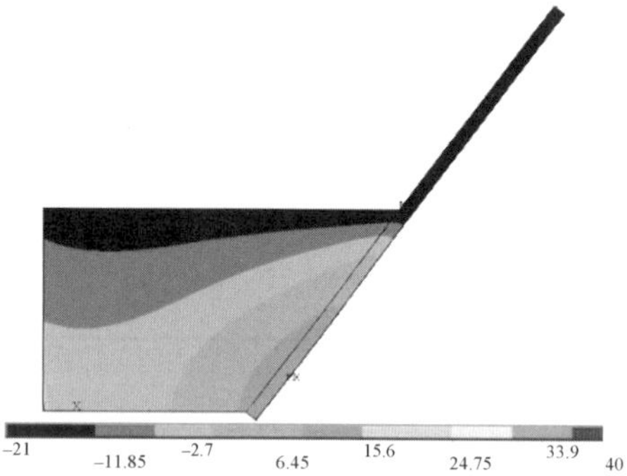

(e) 工况二, 100 W侧面温度场

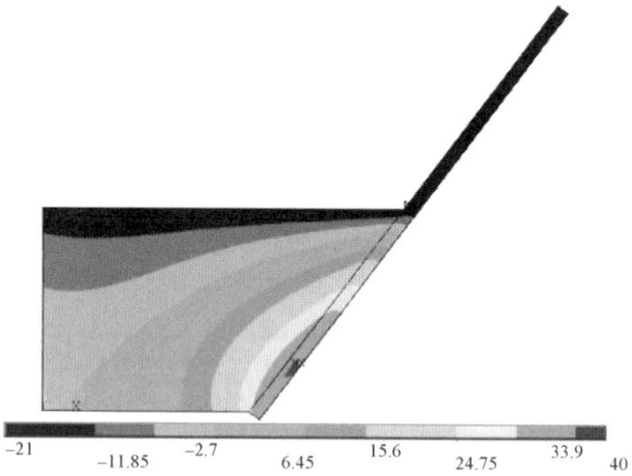

(f) 工况二,200 W侧面温度场

图 9.24

续图 9.24

对于工况一,选取点 1(0.8,0,1)、点 2(1.1,0.4,1)、点 3(1.4,0.8,1)、点 4(1.7,1.2,1)、点 5(2.0,1.6,1),参考温度点的位置如图 9.25(a)(b) 所示,位于板与水接触面的中心线上,分别距离板底 0 m、0.4 m、0.8 m、1.2 m 及 1.6 m;对于工况二,选取点 1(0.8,0,1)、点 2(1.1,0.4,1)、点 3(1.4,0.8,1),如图 9.25(c)(d) 所示。采集温度数据。

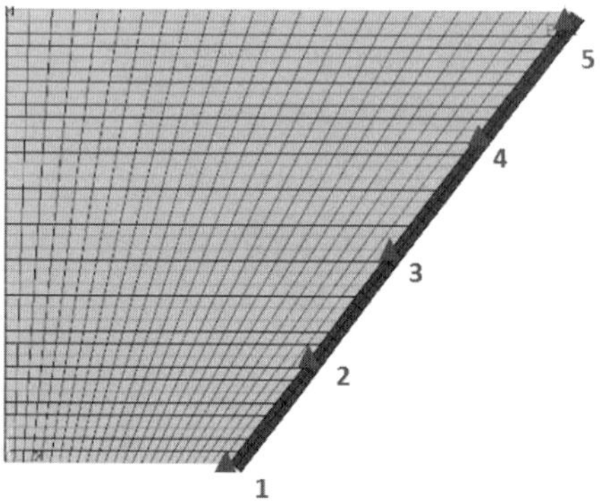

(a) 工况一正视图

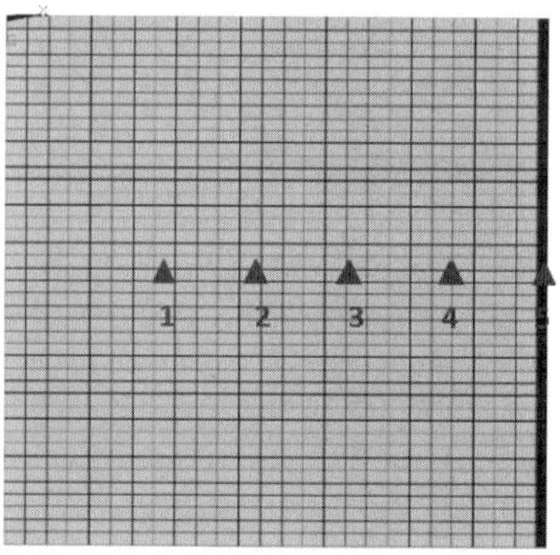

(b) 工况一俯视图

图 9.25　测点位置

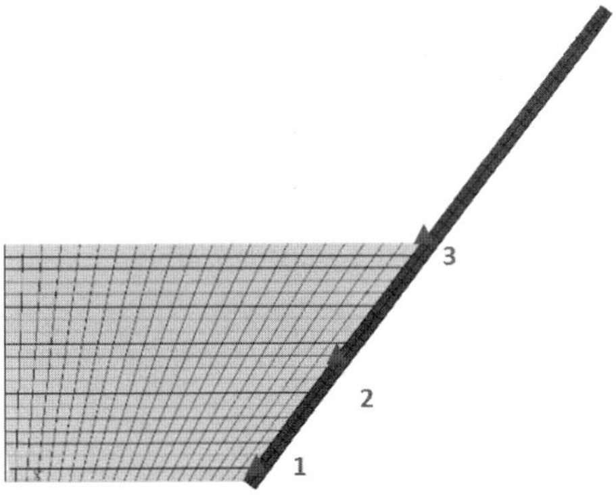

(c) 工况二正视图

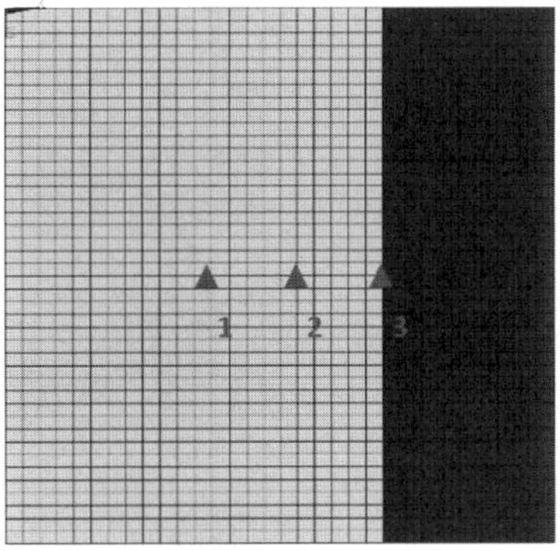

(d) 工况二俯视图

续图 9.25

图 9.26 为两种工况不同测点的温度时程曲线，工况一，点 1,2,3 的温度在 50 W、100 W 及 200 W 输入功率下均能够保持在零上，且随着功率增大，温度升高，而点 4 在 50 W 输入功率下始终在 0 ℃ 附近变化，说明 50 W 的输入电压能保证点 4 处水不结冰，而点 5 温度始终与环境温度近似，表明自然对流消耗了一部分热量。工况二，同样在 50 W 的输入功率下依然只有 3/4 接触面积内的水处于正温，各测点结果与工况一近似。

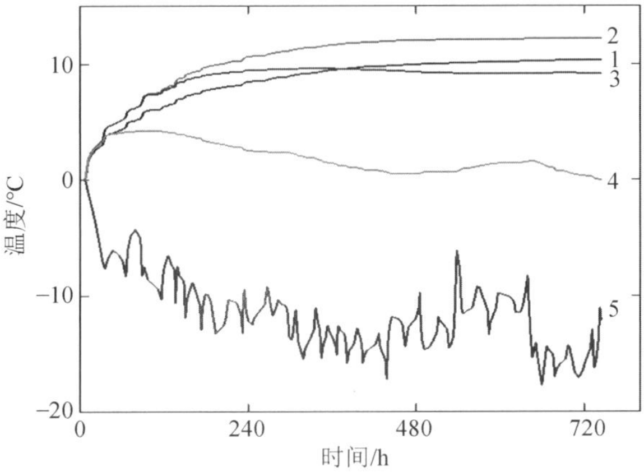

(a) 工况一，50 W

图 9.26　不同测点温度时程曲线

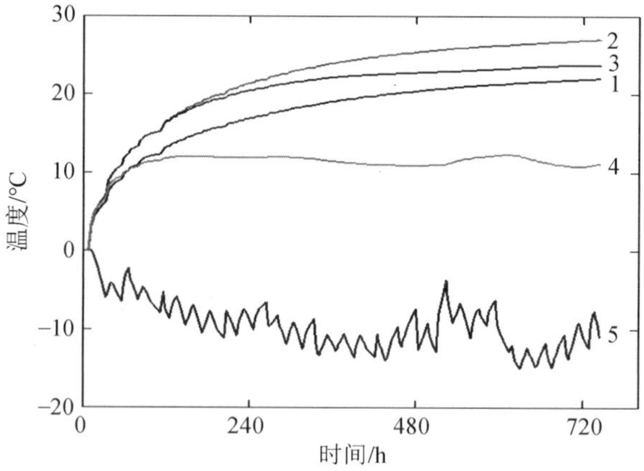

(b) 工况一, 100 W

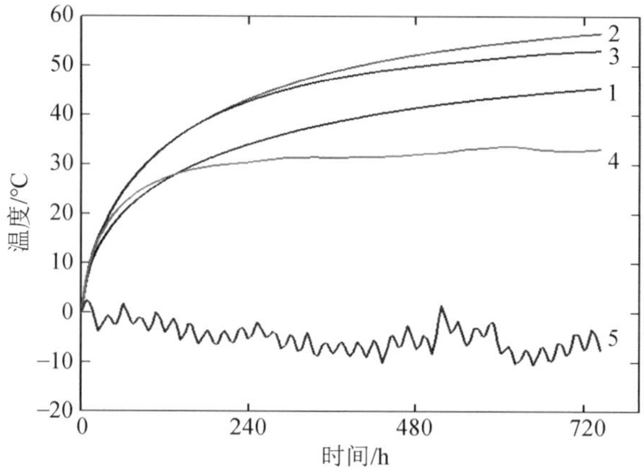

(c) 工况一, 200 W

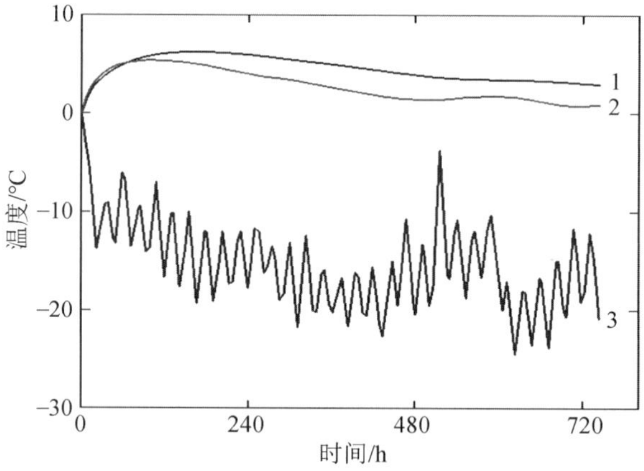

(d) 工况二, 50 W

续图 9.26

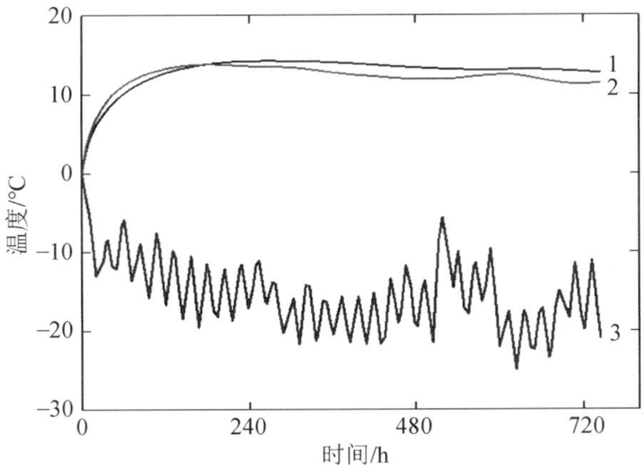

(e) 工况二, 100 W

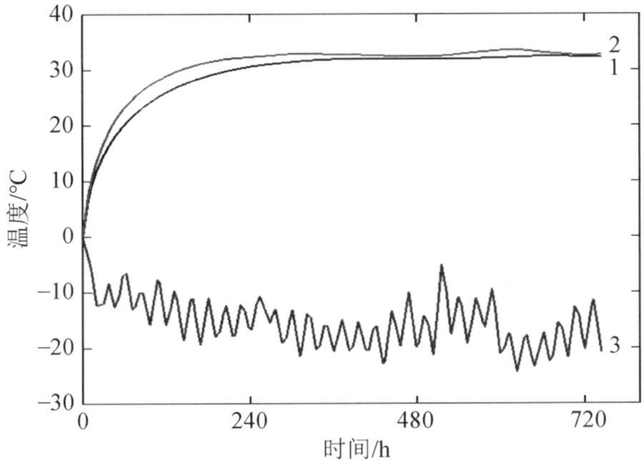

(f) 工况二, 200 W

续图 9.26

同样将不同功率下的导电混凝土面板上表面(与水接触的表面)中心点(工况一:点3;工况二:点2)的温度结果提取出来得到图 9.27 的分析结果:随着输入功率的增加,面板中心的升温梯度及终值温度逐渐增加。但当功率为50 W时,无论是工况一还是工况二面板温度后期变化较缓,且有下降趋势,说明该输入功率不能满足在该环境温度下的融冰需求,因此在该环境下应考虑提高功率。

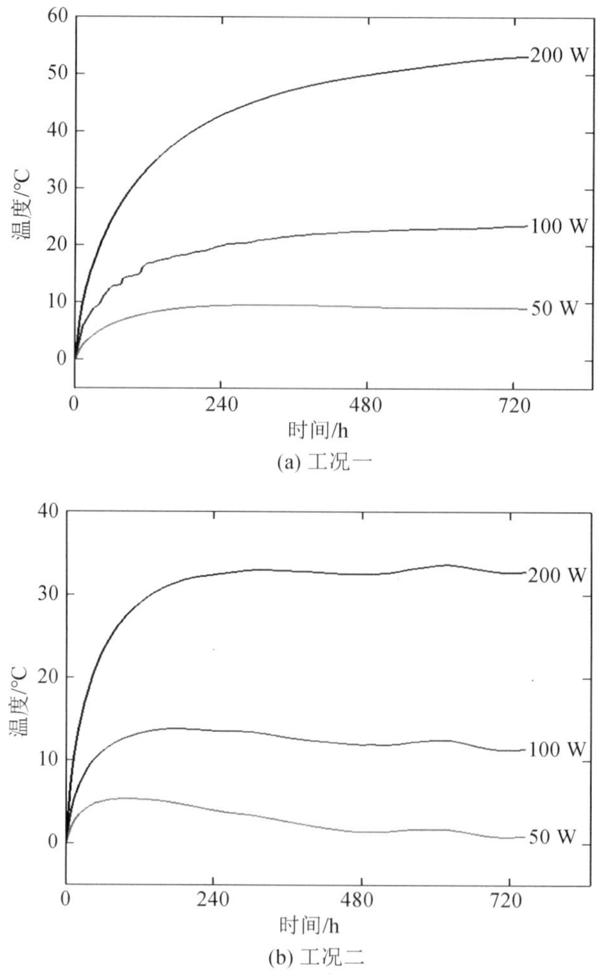

图 9.27 面板中心温度时程曲线

总体来说，采用碳纤维导电混凝土在一定输入功率下可以实现大面积的导热除冰，减小静冰压力产生的破坏。本例模拟仅考虑在冬季 12 月份大坝面板表面温度场分布，初始温度仅考虑理想状态的 0 ℃，若温度计算结果低于 0 ℃，则此表面处水将结冰；同时，模型忽略了水流速度的影响，使得结果计算值偏大。当输入功率为 50 W 时，面板温度增长速度较慢，且仅有 3/4 面板处于零上；而随着输入功率的增加，表面的温度逐渐增加，且在输入功率为 200 W 时，1/10 的接触面（面板与水接触面）以下区域均已经达到 0 ℃ 以上。

同时根据有限元模拟所得结果，要使得碳纤维导电混凝土（2 000 mm × 2 000 mm × 50 mm）输入功率达到 100 W 及以上，根据欧姆定律，当输入电压为 110 V 时，所制备预制板电阻值必须低于 121 Ω；当输入电压为 60 V 时，所制备预制板电阻值必须低于 36 Ω，而根据前期试验，采用短切碳纤维混凝土组的电阻值很难达到要求，而碳纤维布夹层混凝土板组的电阻值能满足要求。

9.2.3　电热除冰超高性能混凝土配合比设计及性能评价

1. 试验材料

试验材料采用密度为 2.1 g/cm^3 的 CNF。CNF 的表面由生产商用氧化剂处理，以使其易于分散在水泥基体中。这种类型的 CNF 显像平均直径为 149 nm，平均长度为 19 μm，如图 9.28 所示。使用符合国标《通用硅酸盐水泥》(GB 175—2023) 的强度等级为 42.5 MPa 的普通硅酸盐水泥作为胶凝材料。比表面积为 15 m^2/g 的硅粉作为矿物掺合料，硅粉根据国标《电炉回收二氧化硅微粉》(GB/T 21236—2007) 要求，SiO_2 质量分数大于 96%。

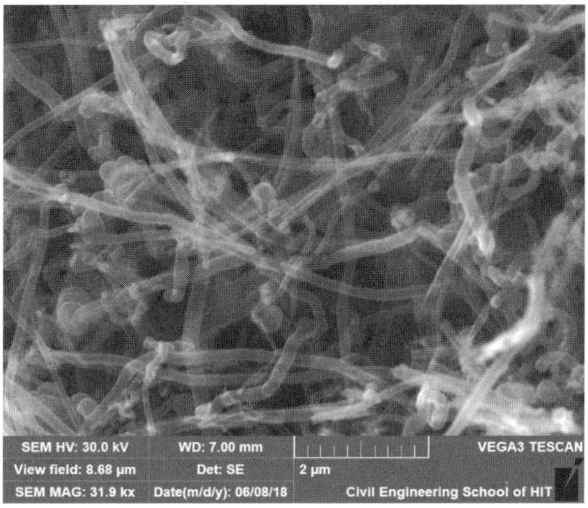

图 9.28　CNF 微观形貌

制备电热除冰超高性能混凝土时采用了 0.35 ~ 0.59 mm 和 0.15 ~ 0.297 mm 两种粒径的石英砂(石英砂含 99.6% SiO_2、0.02% Fe_2O_3 等成分)。其中，细度模数为 2.82 的河砂用于制备砂浆样品。制备过程中，通过添加不同剂量的聚羧酸系、高效减水剂(SP)来调节新水泥基材料的流动性。胶凝材料的粒度分布和化学成分见表 9.7、表 9.8。在表 9.6 中，$R_2\ddot{O}$ 表示 Na_2O 和 K_2O。

表 9.7　原料的粒度分布

类型	粒度分布 /%						
	$d \leqslant 0.3$	$d \leqslant 0.6$	$d \leqslant 1$	$d \leqslant 4$	$d \leqslant 8$	$d \leqslant 64$	$d \leqslant 360$
水泥	0	0.33	2.66	15.01	28.77	93.59	100
硅粉	31.2	58.3	82.3	100	100	100	100

注：粒径 d 单位为 μm。

表 9.8　胶凝材料的化学成分

类型	化学成分(质量分数)/%						
	SiO_2	Al_2O_3	Fe_2O_3	MgO	CaO	SO_3	$R_2\ddot{O}$
水泥	20.86	5.47	3.94	1.73	62.23	2.66	0.48
硅粉	90	0.8	0.6	0.8	0.4	0	7.4

2. 试件制作及配合比设计

为了确定电热除冰超高性能混凝土的力学和电热性能，一共制备 6 组试件。在这项研究中，水与黏合剂的质量比保持在 0.20。每组硅粉、细石英砂和粗石英砂的添加量分别为水泥质量的 0.3、0.22 和 0.88。CNF 的体积分数分别为胶凝材料总量的 0%、0.25%、0.5%、1.0%、1.5% 和 2.0%。减水剂的添加量为胶凝材料总重量的 1.2% ~ 2.5%。这些对应于不同 CNF 剂量的混合物类型，分别以 M1、M2、M3、M4、M5 和 M6 命名，见表 9.9。同时还制备了 CNF 添加的砂浆和浆体样品，水与黏合剂的质量比为 0.4，砂浆的水泥与砂的比例与 RPC 相同。减水剂用于调节 CNF－RPC 混合物和砂浆的坍落度，使其达到 180 mm 左右，以获得 CNF 的良好分散。出于同样的目的，将含有 CNF 的水泥浆体的坍落度设计为 200 mm 左右。

表 9.9　CNF－RPC 的混合参数

类型	减水剂质量分数 /%	CNF 体积分数 /%	CNF 质量分数 /%
M1	1.2	0	0
M2	1.3	0.25	0.17
M3	1.5	0.5	0.34
M4	1.8	1.0	0.68
M5	2.0	1.5	1.02
M6	2.5	2.0	1.35

将减水剂在混合水中混合均匀，然后加入 CNF 高速搅拌 3 min，得到均匀溶液。使用 Hobart A200C 行星式搅拌机以相同的程序制备新鲜砂浆。首先，将水泥(如果硅粉适用的话也加入硅粉)加入含有 CNF 和减水剂的均匀溶液中，以约140 rad/min 的速度混合 3 min。然后，加入沙子并以大约 285 rad/min 的速度再混合 3 min。砂浆搅拌完成后，将混合物倒入涂油模具中，制成尺寸为 35 mm × 35 mm × 55 mm 和 210 mm × 100 mm × 50 mm 的棱柱试件。尺寸为 35 mm × 35 mm × 55 mm 的样品用于测量电阻和压阻率，尺寸为 210 mm × 100 mm × 50 mm 的板状试件用于进行除冰性能研究。使用混凝土振动器来促进压实并减少气泡。固化后的试件用塑料片覆盖，在室温中固化 2 d，之后脱模。然后将样品转移到温度为 20 ℃、相对湿度大于 95% 的标准雾室中再放置 26 d。

在交流电压为 1 V，频率为 10 kHz 的条件下，使用嵌入式双极布局法对每组 8 个试件进行电阻率测量。电极垂直于试样的纵轴，嵌入的电极由耐腐蚀的 304 不锈钢网制成：将尺寸为 30 mm×50 mm、厚度为 0.4 mm 的钢网嵌入尺寸为 35 mm×35 mm×55 mm 的试件中，每个样品的这两个电极之间的距离约为 45 mm；尺寸为 80 mm×65 mm，厚度为 0.4 mm 的钢网用于尺寸为210 mm×100 mm×50 mm 的试样。TH2810D LCR 数字电桥测试频率为 100 Hz～10 kHz，用于确定交流电阻，如图 9.29 所示。电热除冰测试示意图如图 9.30 所示。

图 9.29　电阻测试

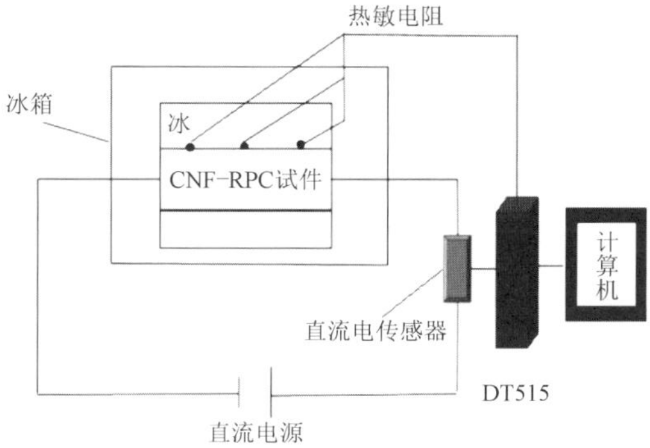

图 9.30　电热除冰测试示意图

试验总测试电阻包括导电水泥基电阻、电极自身电阻、电极与混凝土体间的接触电阻以及电极与外接导线间的接触电阻，为了使总测试电阻结果更接近导电水泥基本身电阻，应尽量减少其他电阻值对实际电阻的影响。以下是电阻率与电阻的计算公式(9.2)、电阻值变异系数计算公式(9.3) 及电阻变化率的计算公式(9.4)：

$$\rho = RS/L \tag{9.2}$$

式中，ρ 为试件的电阻率，Ω·cm；S 为试件的横截面面积，cm^2；L 为电极片之间的距离，cm。

$$C_{\mathrm{V}} = \frac{\sqrt{\sum (R_i - \bar{R})^2 / n}}{\bar{R}} \tag{9.3}$$

式中，C_{V} 为每组试件的电阻值变异系数；R_i 为第 i 个试件的电阻值，Ω；$\bar{R}$ 为每组试件电阻值的平均值，Ω；n 为每组试件个数。

$$F = \frac{R_i - R_{i-1}}{R_{i-1}} \tag{9.4}$$

式中，F 为电阻值相对增量；R_{i-1} 为第 $i-1$ 个试件的电阻值，Ω。

使用最大电压为 60 V 的直流电源系统来确定 CNF－RPC 的除冰性能。本试验中使用的电压为 30 V。在除冰试验期间，使用直流电流传感器和热敏电阻来收集电流和温度数值。用于除冰性能的 CNF－RPC 板样品被聚苯乙烯泡沫板包围，只有顶面暴露在空气中。

3. 试验结果与讨论

(1) 力学性能。

图 9.31 为 CNF－RPC 样品的抗弯强度和抗压强度测试结果，固化时间为 28 d。可以发现，随着 CNF 掺量的增加，抗弯强度和抗压强度均先增加后降低。当 CNF 体积分数达到 0.5% 时，试样呈现出最大的机械强度。力学强度的增加可归因于 CNF 桥接微裂纹、填充孔隙和加速水泥基材料水化反应的作用。此外，CNF 可以防止微裂纹的发生及其自由膨胀。一方面，CNF 的加入降低了复合材料的孔隙率并细化了孔径，从而提高了 CNF－RPC 的机械性能，因此 CNF－RPC 的机械强度随着 CNF 体积分数在 0% 到 0.5% 的范围内增加而增加。但另一方面，相关论文称，CNF 薄弱区域的存在和碳纳米材料对水泥水化的抑制作用可能导致强度减弱。由于纤维或纳米材料的掺入，更多的气泡被困在水泥浆中。这可以用来解释 CNF 体积分数从 0.5% 增加到 2.0% 时的强度下降。

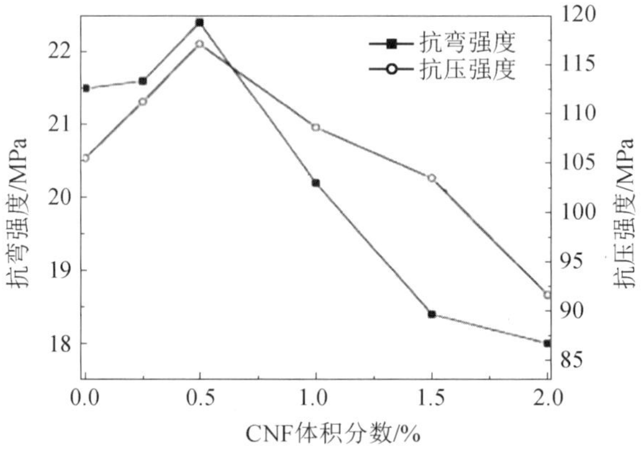

图 9.31　电热除冰超高性能混凝土的力学性能

(2) 电阻。

图 9.32 显示了 CNF－RPC、CNFM(掺 CNF 的砂浆试件)和 CNFP(掺 CNF 的净浆试件)样品的导电性能。对于每组水泥基材料，由于 CNF 的掺入量增加，电阻率会降低。CNF－RPC、CNFM 和 CNFP 的电阻率在 CNF 用量范围分别为 0% ～ 0.5%、0% ～ 1.5% 和 0% ～ 1.5% 的情况下缓慢下降。在这些掺入水平下，CNF 间被互相隔离并且在水泥基体中没有形成导电链。导电主要依赖于电解质离子的转移，因此这些范围内 CNF 的可变剂量对电导率几乎没有影响。当 CNF 继续增加到较高水平时，CNF 形成导电链，进而形成导电路径。此外，相邻填料之间的间距减小，也改善了导电网络。因此，随着 CNF 掺量的增加，电阻率明显下降。如图 9.32 所示，CNF－RPC 展示了这 3 种 CNF 水泥基材料的最佳电导率，电导率按 CNF－RPC ＞ CNFM ＞ CNFP 的顺序降低。与 CNFM 相比，较低的水灰比导致 CNF－RPC 的孔隙率降低，一部分原因是 CNF－RPC 的导电网络得到了改善；此外 CNF－RPC 中的硅粉和石英砂也有助于分散 CNF 并改善导电网络。

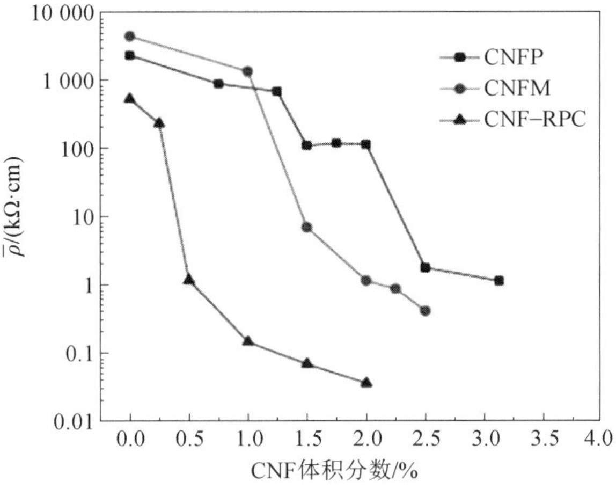

图 9.32　CNF 水泥基复合材料的电阻率

(3) 除冰性能。

传统的人工或机器除雪是劳动密集型和耗时的，而盐除冰法会对工程结构和生态环境造成破坏。自热混凝土具有良好的升温速率、较高的机械性能和稳定的导电性，是以上方法的潜在替代品。图 9.33 显示了当暴露于温度为 −20 ℃ 的冷冻室时，CNF－RPC 板上冰的形成和积累。可以观察到，对于 CNF 体积分数为 0.25% 的 CNF－RPC，冰积累到很高的厚度，表明获得的除冰能力很小；而对于 CNF 体积分数为 1.0% 的 CNF－RPC，冰被完全融化，没有延迟，这一结果与 CNF 体积分数为 1.0% 的 CNF－RPC 具有令人满意的电导率一致。因此，在 RPC 中加入体积分数为 1.0% 的 CNF 可获得优异的除冰性能，在我国华北地区具有巨大的实际应用潜力。

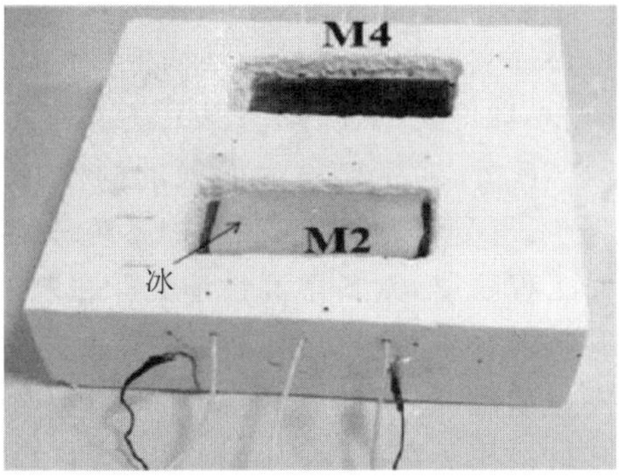

图 9.33　CNF－RPC 板上冰的形成和积聚的图像

图 9.34(a) 给出了含有不同剂量 CNF 的 CNF－RPC 样品的除冰质量。可以发现，CNF 体积分数为 0.25% 的样品没有除冰性能；当 CNF 的体积分数高于 0.5% 时，就会出现除冰效果；随着 CNF 体积分数增加至 1.0%，除冰质量明显增加；当 CNF 体积分数在 1.0% ～ 1.5% 之间变化时，发现除冰质量仅略有增加。CNF－RPC 的电导率 σ 由离子电导率 σ_i、空穴电导率 σ_h 和电子电导率 σ_e 组成。CNF－RPC 的温度会随着融化时间的增加而升高，因此会产生更多的孔隙溶液，可知环境温度的升高可诱导含水 CNF－RPC 的

载流子传导和流动电流。因此传导增强导致电阻率下降，如图 9.34(b) 所示。如式(9.5)所述，电热与电阻成反比。

$$Q = U^2/R \tag{9.5}$$

式中，Q 为电热；U 为被测样品的电压；R 为被测样品的电阻。

根据该方程，阻力的降低导致 CNF－RPC 试样的除冰率提高。

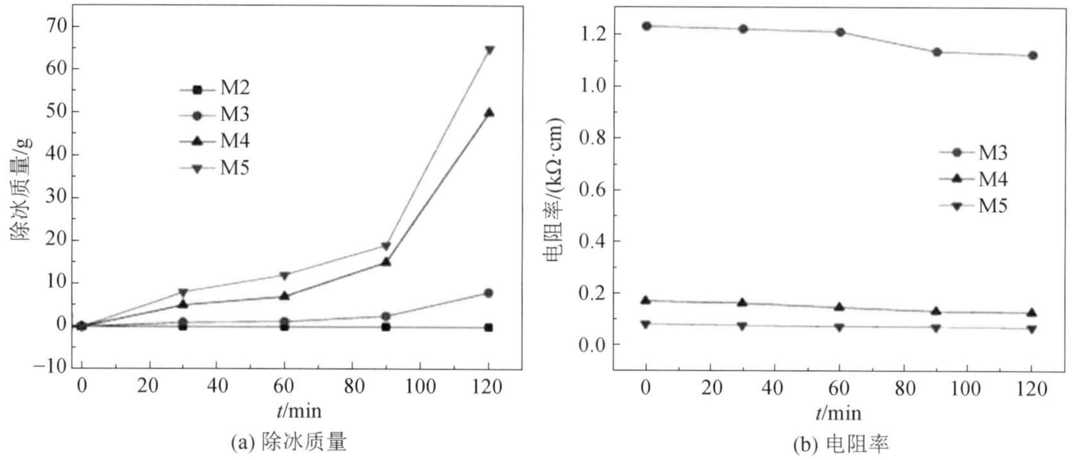

图 9.34　除冰量时程曲线及 CNF－RPC 在除冰期间的电阻率

9.3　阴极保护用超高性能混凝土

钢筋混凝土构件的防腐方法有：对混凝土及钢筋进行涂层处理、选择超高性能混凝土作为构件基体、添加化学外加剂如腐蚀抑制剂、电化学除氯，以及采用外加电流阴极保护方法(ICCP)等。而ICCP也被证实是钢筋混凝土结构保护的优秀方法，其电流可控，可适用于高阻环境，对混凝土影响小且可长期使用。ICCP为钢筋混凝土构件提供外加电流，从而保护构件长期不被腐蚀。此外，对于已发生腐蚀的构件，ICCP可以实现氯离子向外迁移，保证构件其他完好部分不再受侵蚀。ICCP保护系统分为3个部分，分别为阴极、外部阳极以及电源。对于海洋工程防腐，制备出高性能的阳极材料是非常必要的，许多传统的阳极材料如不锈钢网、镁网、锌合金材料等可以有效阻止钝化钢筋的锈蚀，但是金属阳极材料的使用面临着铺设操作困难、经济性差、易腐蚀以及耐久性差等问题。因此非金属复合材料尤其是导电水泥基材料作为阳极材料具有非常大的应用前景。导电水泥基材料制备难度低、成本低、可适应不同的混凝土表面并且具有可重复使用的可能性[4,5]。

阴极保护用超高性能混凝土(UHPC)是一种通过掺入导电材料并优化配合比和制造工艺，使其具备高强度、高导电性、高耐久性。UHPC具有非常致密的微观结构，能够显著降低氯离子、二氧化碳等腐蚀性物质的渗透，延缓腐蚀过程。将这种混凝土用于阴极保护系统的结构中作为阳极材料，除了与阴极保护电流相互作用，还能提供强大的物理屏障，有效提高结构的耐腐蚀性和使用寿命，特别适用于海洋环境或其他高腐蚀性环境中。

9.3.1　阴极保护用 UHPC 的工作原理

在钢筋混凝土结构中，钢筋与混凝土中的电解质（水分、氯离子等）接触，可能发生电化学反应。钢筋的某些区域（阳极）会发生氧化反应，失去电子并熔解，而其他区域（阴极）则接受这些电子，不发生腐蚀。这种不均匀的反应导致钢筋的局部腐蚀，影响结构的耐久性。

1. UHPC 作为结构的物理防护材料方面

①UHPC 的抗压强度远远高于普通混凝土，这使得 UHPC 防护层具有非常优异的抗裂性能，能够有效抵御外界荷载引发的结构变形和裂缝，从而保护内部普通混凝土结构不受侵害。

②UHPC 的致密微观结构大大降低了水分、氯离子和其他腐蚀性物质的渗透性，这种低渗透性使得 UHPC 防护层在极端环境下（如海洋环境、高湿度地区）具有优异的耐久性，延缓了腐蚀过程。

③ 在钢筋混凝土结构中，UHPC 防护层能够有效隔离钢筋与外界腐蚀性物质的接触，防止钢筋发生电化学腐蚀。尤其在含盐环境或化工厂等腐蚀性强的场合，UHPC 防护层提供了极高的抗腐蚀保护。

UHPC 的超长使用寿命意味着一旦应用，其防护效果可以持续数十年，减少了结构的维护需求和成本，具有显著的经济效益。此外，经过长时间服役后，当外部有害离子穿过表面防护层对钢筋产生锈蚀威胁时，可以采用 ICCP 对钢筋进行保护。

2. UHPC 作为阴极保护系统中阳极材料方面

UHPC 作为阴极保护系统中的阳极材料，主要利用其优异的耐久性和导电性能来实现电化学保护。阴极保护系统通过施加外部电流，使金属结构的电势负移，从而减轻金属的腐蚀。

①UHPC 中掺入的导电材料（如碳纤维、碳纳米纤维等）使其具有一定的导电能力。当外部电流通过阳极材料时，UHPC 可以有效传导电流，将电流均匀地分布在金属结构表面，形成保护电场。UHPC 具有极高的抗渗性和耐久性，能够长期抵抗环境中的化学侵蚀和机械损伤，这保证了 UHPC 在阴极保护系统中的阳极作用能够长期稳定发挥，不易发生降解或失效。

② 金属腐蚀是一个电化学过程，涉及阳极（发生氧化反应）和阴极（发生还原反应）的反应。在外加电流阴极保护系统中，通过一个外部电源，将外加电流引入被保护的结构（如钢筋）。电源的正极连接到阳极材料 UHPC，负极连接到被保护的金属结构。电流通过电解质流动，UHPC 阳极发生氧化反应，而在钢筋表面，外部电流的电子抵消了阳极材料产生的电子，抑制了腐蚀过程。

9.3.2　阴极保护用 UHPC 的制备

本小节制备的两种阳极材料分别为由碳纤维（CF）与碳纳米纤维（CNF）混杂的碳纤

维导电砂浆与内嵌碳纤维网格布的碳纤维导电砂浆，养护方式为 90 ℃ 蒸汽养护 3 d。

碳纤维、碳纳米纤维以及碳纤维网格布的性能参数分别见表 9.10、表 9.11、表 9.12。碳纤维导电砂浆中碳纤维(体积分数为 0、1.0%、1.5%、2.0%)、碳纳米纤维(体积分数为 0、0.6%、0.9%、1.2%)混杂。碳纤维网格布层数为单层，其网格尺寸为 5 mm×5 mm，垂直于试件表面放置，内嵌单层碳纤维网格布试件模具如图 9.35 所示。

表 9.10　碳纤维性能

含碳量 w/%	抗拉强度 /MPa	抗拉弹性模量 /GPa	密度 /(g·cm^{-3})	电阻率 /(Ω·cm)	直径 /μm	长度 /mm
95	3 500	227	1.75	1.0 ~ 1.6	7	6

w：质量分数。

表 9.11　碳纳米纤维性能

纯度 /%	直径 /nm	长度 /μm	比表面积 /(m^2·g^{-1})	生产方法
>99.9	50 ~ 300	5 ~ 15	15 ~ 30	化学气相沉积法

表 9.12　碳纤维网格布性能

抗拉强度 /MPa		抗拉弹性模量 /GPa		断裂伸长率 /%	
垂直	水平	垂直	水平	垂直	水平
2 580	3 160	219	310	1.2	1.3

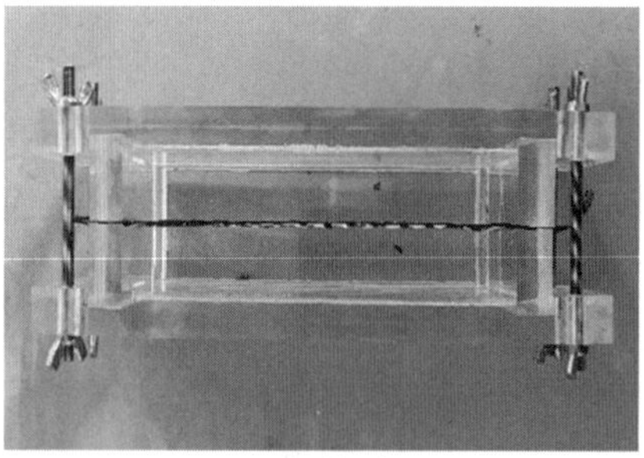

(a) 顶面视角

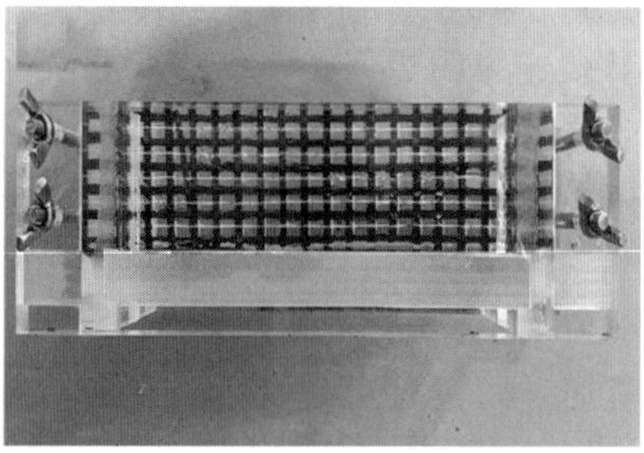

(b) 正面视角

图 9.35　内嵌单层碳纤维网格布模具

9.3.3　阴极保护用 UHPC 的导电性能及抗渗性能

1. 碳纤维作为导电材料

(1) 导电性能。

各试验组的电阻率的变化情况表现出相似的趋势(图 9.36)：当试件脱模后蒸汽养护 1 d 时，电阻率大幅度增加；而在蒸汽养护 1 d 后电阻率变化不明显。出现这种现象的原因是蒸汽养护过程提高了水化反应速率。而水泥基材料的导电作用依赖于孔溶液的电导率以及基体的孔隙率，在蒸汽养护 1 d 后试件内部水化反应不再剧烈，内部结构不再发生显著变化。

随着 CF 与 CNF 的掺入，碳纤维导电砂浆材料的电阻率显著下降。通过分析蒸汽养护 3 d 的电阻率数据，纤维体积分数最高组（2.0% 碳纤维 + 1.2% 碳纳米纤维）的电阻率为160 Ω·cm，电阻率降低至未掺纤维试验组的近万分之一。当纤维掺量增加时，砂浆试件内部形成了由 CF 和 CNF 相互连接而形成的导电网络。这种导电网络的完善程度增加，电子的传导路径变得更畅通，因此试件的导电性能也相应提高。但当纤维掺量增加到一定数量时，在渗流阈值处已经构建了完善的导电通路，电阻率不再明显下降。

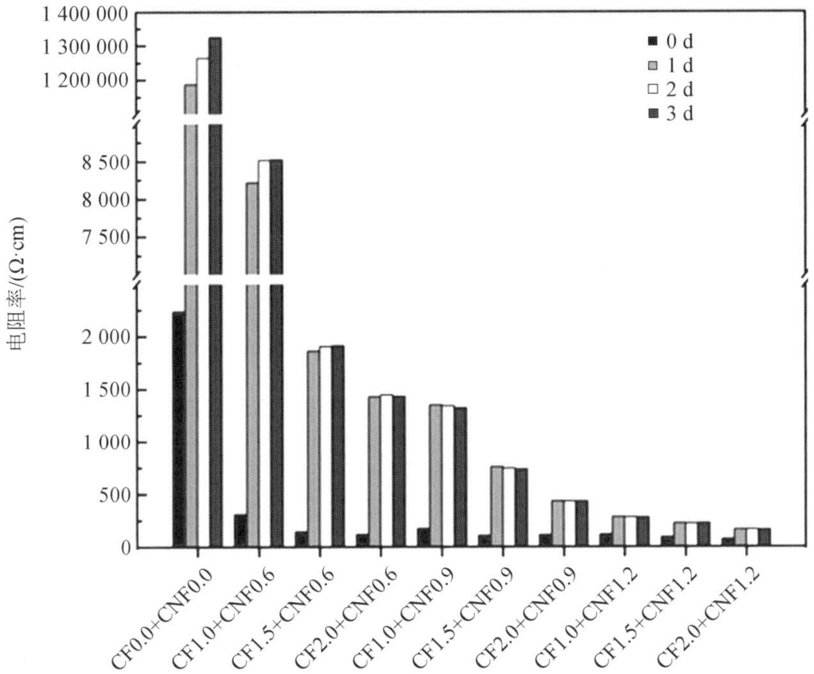

图 9.36　不同养护时间各组碳纤维导电砂浆电阻率

(2) 抗渗性能。

材料应用于海洋环境中时，需要具有抵御海水中有害离子的能力，即具有优异的抗渗性。气体渗透性试验（通过本征气体渗透率 k_0 表征）与单面吸水试验（通过表面毛细吸水速率 S 表征）可以表征抗渗性。

图 9.37 为气体渗透试验拟合结果。不同组别的碳纤维导电砂浆试件显示出类似的 k_0，在 0.16×10^{-17} m^2 到 0.28×10^{-17} m^2 范围内变化。相比之下，普通混凝土的 k_0 的数值范围在 1×10^{-17} m^2 到 1×10^{-15} m^2 之间。各组砂浆试件表面的毛细吸水率线性拟合图像及数据如图 9.38 所示，该材料的 S 在 0.007 ～ 0.01 mm/min$^{0.5}$ 之间变化，表面毛细吸水率为普通混凝土的 10% 左右，对海工结构具有优异的物理防护功能。

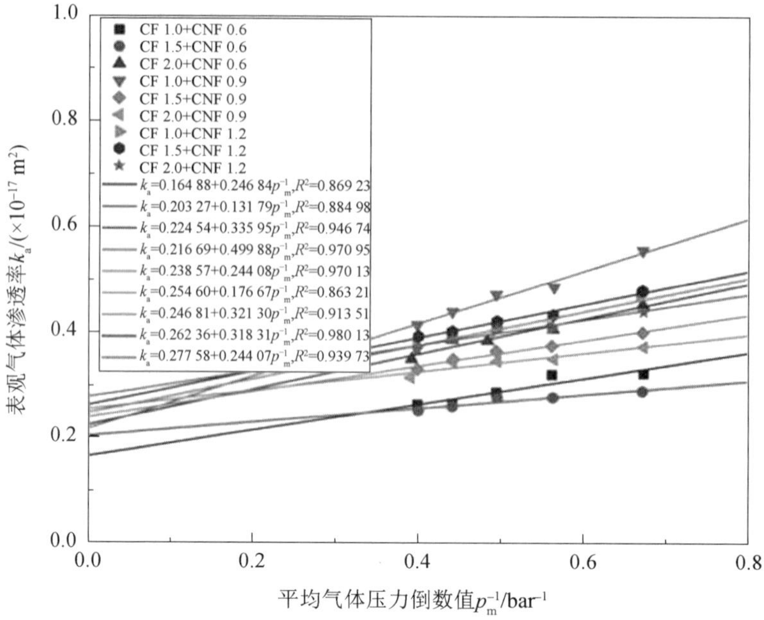

图 9.37

图 9.37　碳纤维导电砂浆的气体渗透试验拟合结果

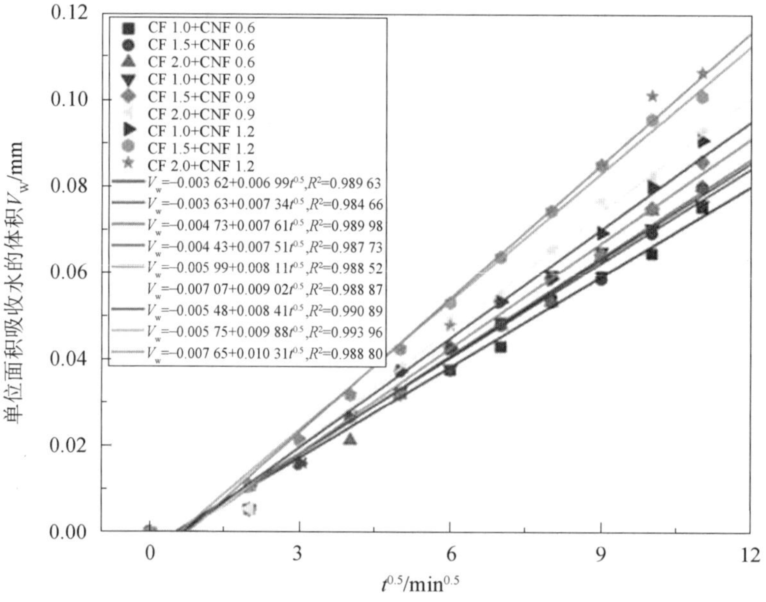

图 9.38

图 9.38　碳纤维导电砂浆表面毛细吸水率线性拟合图像

2. 内嵌碳纤维网格布协同碳纤维作为导电材料

碳纤维网格布是使用碳纤维编织而成的，它不仅具备出色的导电性能，而且在力学性能方面表现优异。综合碳纤维导电砂浆的性能，本节选择 4 组掺量（碳纤维：1.0%、1.5%。碳纳米纤维：0.6%、0.9%）作为内嵌碳纤维网格布的碳纤维导电砂浆基体配比。

（1）导电性能。

该复合砂浆材料的电阻率（图 9.39）仍然在蒸汽养护 2 ～ 3 d后稳定，引入碳纤维网格布后，材料的电阻率随着导电纤维 CF 与 CNF 掺量的增加而降低。在 1.5% 碳纤维 + 0.9% 碳纳米纤维复掺时，电阻率降至最低 584 Ω · cm。碳纤维网格布是由碳纤维编织而成，纤维之间的电流传导通路更为完整，碳纤维网格布与两种导电纤维 CF、CNF 协同作用，大幅度提高了复合砂浆材料的导电性能。

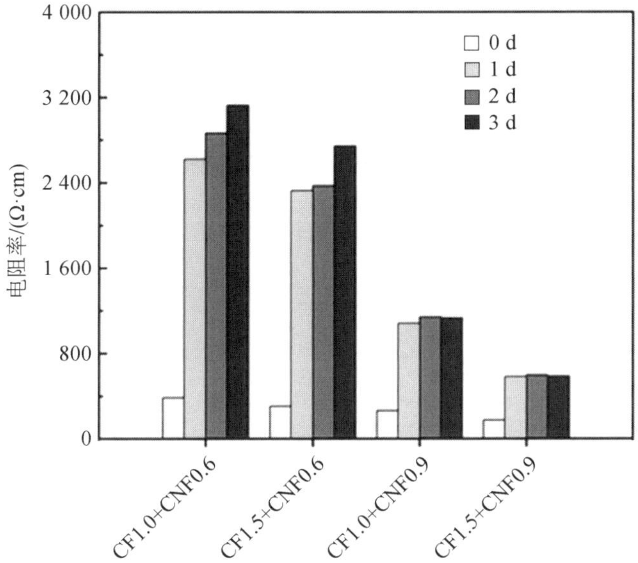

图 9.39　复合砂浆的电阻率

（2）抗渗性能。

引入碳纤维网格布后，复合砂浆材料的抗渗性测试结果分别如图 9.40、图 9.41 所示。该种复合砂浆材料的 k_0 范围为 0.08×10^{-17} m^2 至 0.11×10^{-17} m^2，S 范围为 0.006 6 $mm/min^{0.5}$ 至 0.084 $mm/min^{0.5}$ 之间，并且仍然呈现了随着导电纤维体积掺量增加，抗渗性下降的趋势。引入碳纤维网格布后，复合砂浆的抗渗性略有提高，这是由于碳纤维网格布具有高抗拉强度及弹性模量，可以抑制收缩引起的裂纹的生长与扩展，从而提高材料的抗渗性。类似地，本种材料也对海工结构具有优异的物理防护功能。

图 9.40

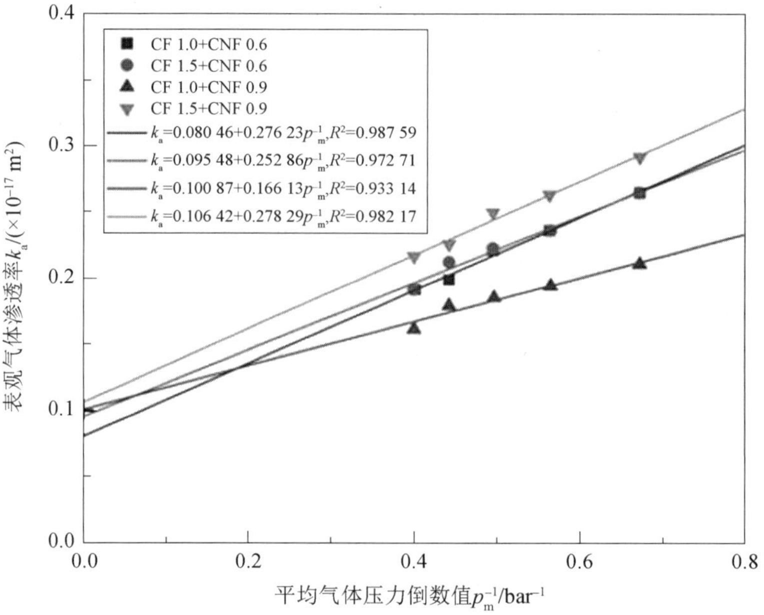

图 9.40　复合砂浆的气体渗透线性拟合图像

图 9.41

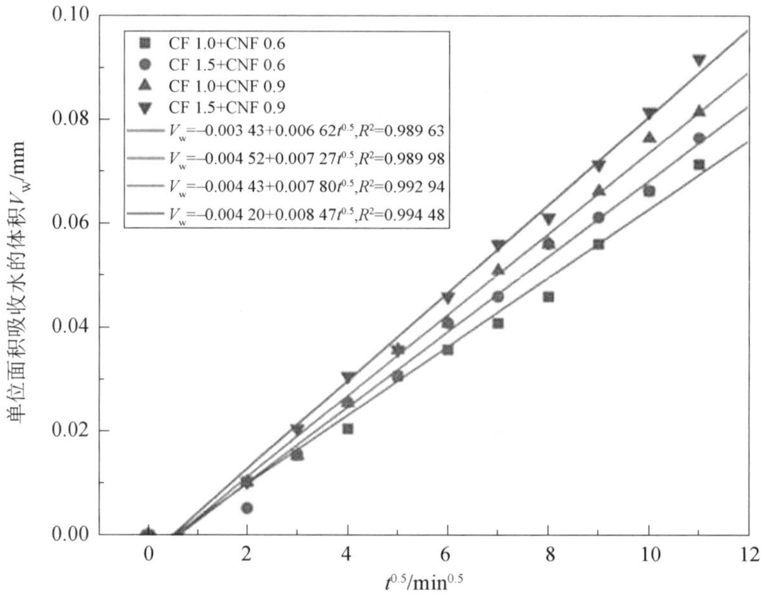

图 9.41　复合砂浆的单面吸水线性拟合结果

9.3.4　ICCP 加速试验对 UHPC 性能劣化的影响

1. ICCP 加速试验方法

ICCP 加速试验方法是通过阴极保护加速试验测试阳极材料在电流作用下性能劣化程度。在实际工程应用中，外加电流的密度设计为 20 mA/m^2，扩大电流密度至 100 倍（2 000 mA/m^2）与 150 倍（3 000 mA/m^2）进行加速试验，根据式(9.6)可计算出通电时间：

$$Q_{设计} = Q_{试验} = i_a \cdot t \tag{9.6}$$

式中，$Q_{设计}$ 为设计累计电荷密度，mA·d/m^2；$Q_{试验}$ 为 ICCP 加速试验累计电荷密度，(mA·d)/m^2；i_a 为钢筋表面电流密度，mA/m^2；t 为通电时长，d。

为了降低阳极材料与混凝土表面的接触电阻，将海绵置于钢筋混凝土构件的预留凹槽中，阳极材料置于混凝土构件下部，与海绵表面充分接触，保证电连续性，连接方式示意图如图 9.42 所示，利用导线和直流电源将钢筋混凝土构件（钢筋作为阴极）与所制备的阳极材料进行连接，各试验组的 ICCP 加速试验设计条件见表 9.13，试件浸泡在海水中。对照组为未通电组，仅浸泡于海水中。模拟海水溶液按标准 *Standard Practice for the Preparation of Substitute Ocean Water*（ASTM D1141—98(2021)）配制，配比见表 9.14。

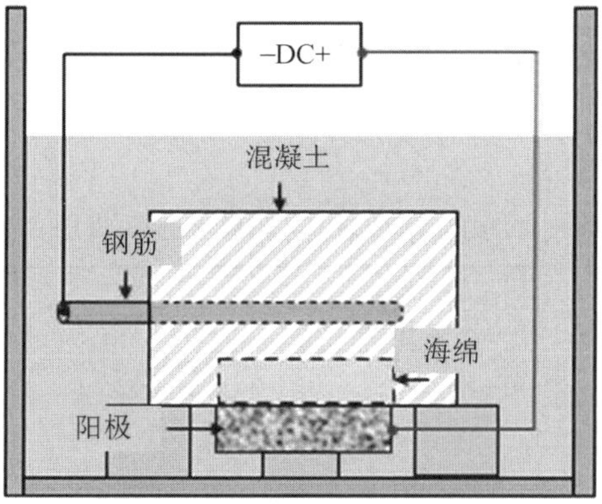

图 9.42　ICCP 试验电路连接方式示意图

表 9.13　ICCP 加速试验设计条件

通电条件	测试中的电流密度/(mA·m^{-2})	通电时间 /d
未通电	—	—
2 000 mA/m^2(5 年)	2 000	18
3 000 mA/m^2(5 年)	3 000	12
2 000 mA/m^2(10 年)	2 000	36
3 000 mA/m^2(10 年)	3 000	24

表 9.14 模拟海水溶液配比 g/L

NaCl	$MgCl_2$	Na_2SO_4	$CaCl_2$	KCl	$NaHCO_3$
24.53	5.20	4.09	1.16	0.695	0.20

通过 *Standard Test Method for Corrosion Potentials of Uncoated Reinforcing Steel in Concrete*(ASTM C876—09)来确定钢筋的腐蚀状态并判断阳极材料在阴极保护试验中的有效性。在钢筋已经出现了初步的腐蚀情况后，为钢筋施加 100 mA/m^2 的电流，7 d 后测量钢筋瞬时关闭电位。

对 ICCP 加速试验后阳极材料的微观形貌进行扫描电镜(TESCAN VEGA3)拍摄，加速电压为 30.0 kV。

本试验条件下碳纤维导电砂浆最优体积分数为 1.5% 碳纤维 + 1.2% 碳纳米纤维，内嵌碳纤维网格布的碳纤维导电砂浆最优体积分数为 1.5% 碳纤维 + 0.9% 碳纳米纤维。所以 ICCP 加速试验中的阳极材料选择该两组材料作为阳极进行试验。

2. 试验结果

(1) 电化学电位测量。

在对钢筋混凝土构件进行 ICCP 加速试验之前，钢筋电位都大约在 −380 mV，这意味着钢筋没有得到有效的保护，存在腐蚀现象，这是由于氯离子导致了钢筋的腐蚀。瞬时关闭电位测量结果显示，钢筋瞬时关闭电位约为 880 mV，这也说明 ICCP 的有效性是显而易见的，即证明制备的两种阳极材料在 ICCP 方法中的有效性，通过施加外部电流成功地保护了钢筋。

(2) 导电性能。

两种阳极材料 ICCP 加速试验后的电阻率如图 9.43，通电后电阻率增大即导电性能下

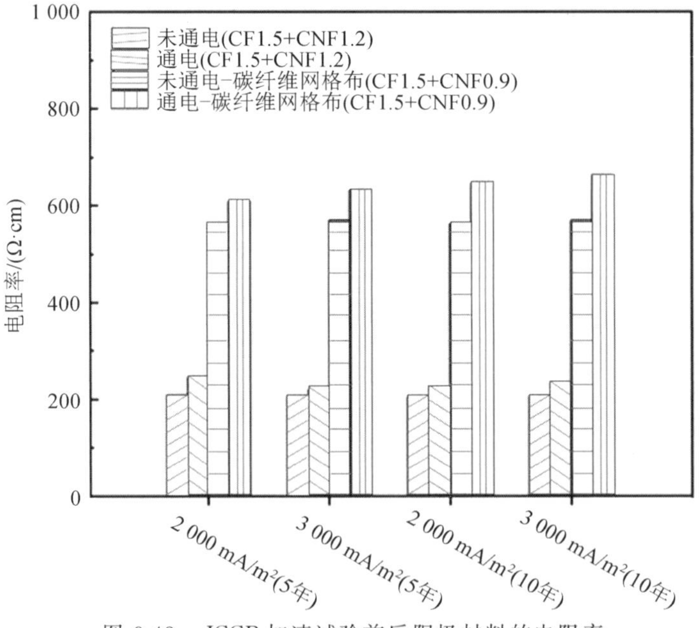

图 9.43 ICCP 加速试验前后阳极材料的电阻率

降。并且当模拟ICCP通电时长为10年并且电流密度为3 000 mA/m^{2}时导电性能下降最显著,两种阳极材料的电阻率分别提高了 11.6% 与 18.1%。说明导电介质(碳纤维、碳纳米纤维、碳纤维网格布)在通电后发生劣化,导电通路受到破坏。

(3) 抗渗性能。

在电流密度为 3 000 mA/m^2 的不同通电时间条件下,对进行 ICCP 加速试验后的阳极材料进行单面吸水测试,两种材料的试验结果分别如图 9.44 与图 9.45 所示。在模拟 ICCP 时长为 5 年时,相较于未通电的对照组,通电后的两种阳极材料表面毛细吸水率分别增加了 6.1%、降低了 1.3%。当模拟 ICCP 通电时长为 10 年时,两种阳极材料的表面吸水率分别增加了 12.5% 和 1.4%,这说明碳纤维导电砂浆抗渗性发生一定程度的劣化,但内嵌碳纤维网格布的碳纤维导电砂浆阳极的抗渗性并没有发生明显变化,这是因为碳纤维网格布在通电时承担了更大的电流作用,从而保护了基体。

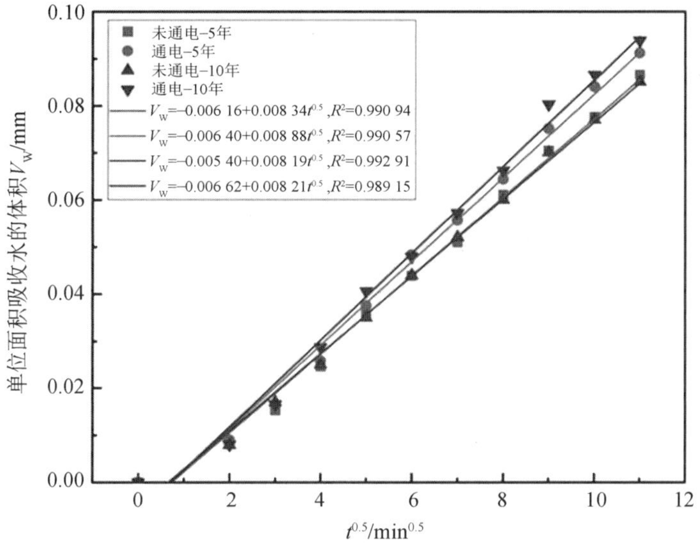

图 9.44　ICCP 试验前后碳纤维导电砂浆阳极材料的单面吸水试验结果(CF1.5 + CNF1.2)

图 9.44

(4)ICCP 加速试验前后试件的微观形貌。

对3 000 mA/m^2(10年)试验组中阳极材料的微观形貌进行扫描电镜拍摄,图9.46为基体通电前后微观形貌。由图可见,碳纤维导电砂浆阳极(简称:导电砂浆阳极)材料的基体发生了很严重的劣化,密实度降低,产生大量缺陷,导致抗渗性大幅度降低,这是由于通电后会产生离子迁移、聚集等现象,引起导电砂浆阳极基体内部产生化学反应,从而使基体产生破坏、开裂等现象;内嵌碳纤维网格布的碳纤维导电砂浆阳极(简称:复合砂浆阳极)的基体微观形貌未发生显著差异,这种现象也可以解释为什么复合砂浆阳极抗渗性未明显降低。

由于阴极保护过程中电流会对碳纤维的性能产生不利影响,通电时碳纤维与电解质溶液中的离子发生反应会产生电化学腐蚀,而在电化学腐蚀过程中,纤维表面成分会发生改变,形成氧化物、酸或碱等化学物质,原有结构发生破坏,表面粗糙、脱落,导致碳纤维的

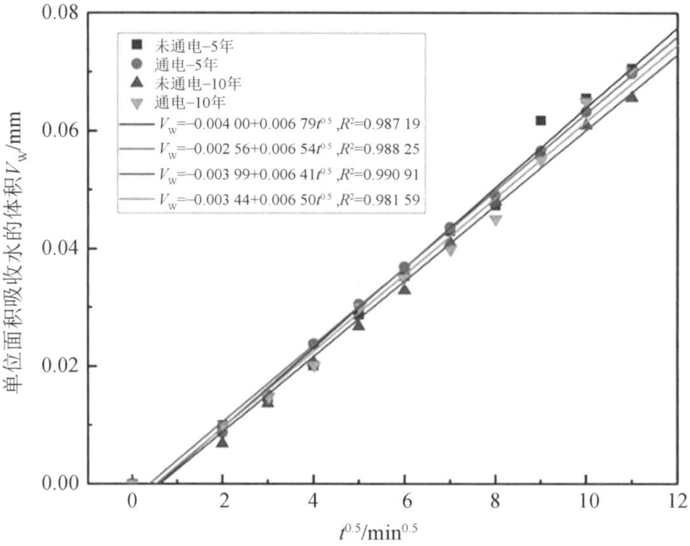

图 9.45

图 9.45　ICCP 试验前后内嵌碳纤维网格布的碳纤维导电砂浆阳极的单面吸水试验结果(CF1.5＋CNF0.9)

(a) 通电前导电砂浆中的碳纤维

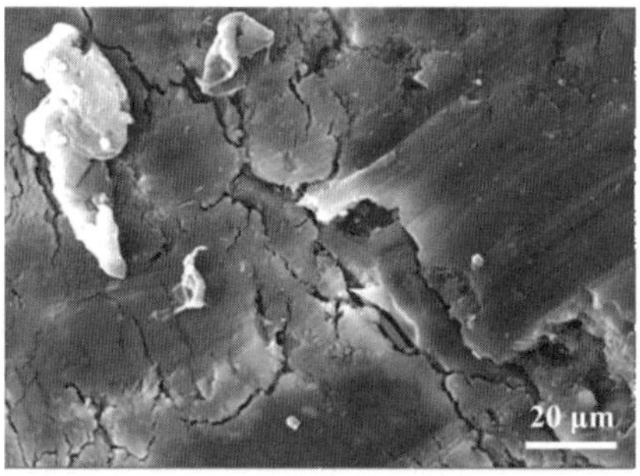

(b) 通电后导电砂浆中的碳纤维

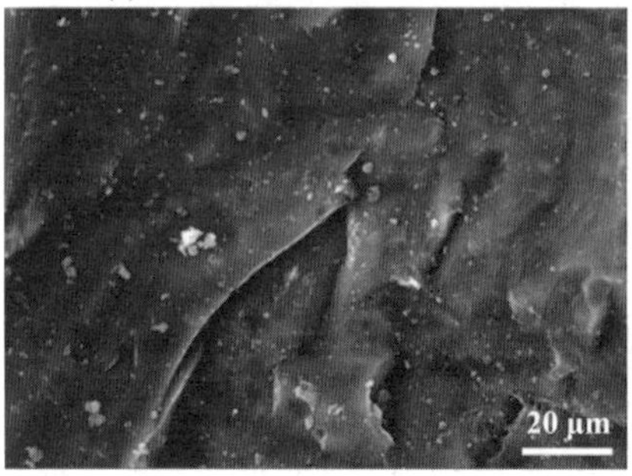

(c) 通电前复合砂浆中的碳纤维

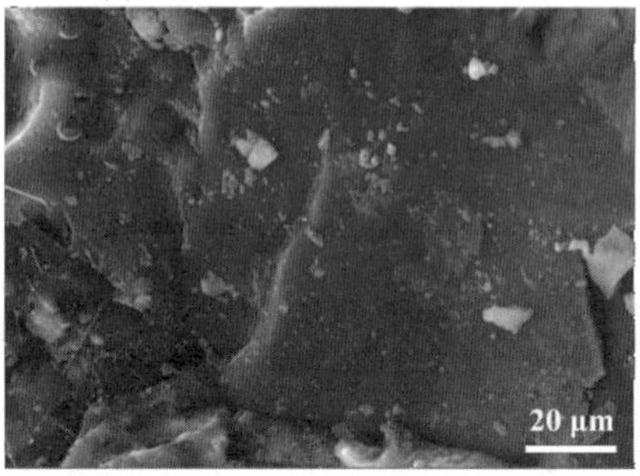

(d) 通电后复合砂浆中的碳纤维

图 9.46　基体通电前后微观形貌

力学性能以及导电性能降低。

对通电前后的导电砂浆阳极材料基体中碳纤维、复合阳极内碳纤维网格布中的碳纤维进行扫描电镜拍摄(图 9.47),导电砂浆阳极材料基体中碳纤维通电后发生了一定程度的劣化,所以 CF 与 CNF 在通电后导电搭接性能与对裂纹桥接性能降低,从而降低了导电

(a) 通电前导电砂浆中的碳纤维　(b) 通电后导电砂浆中的碳纤维

(c) 通电前复合砂浆中的碳纤维　(d) 通电后复合砂浆中的碳纤维

图 9.47　通电前后碳纤维微观形貌

性能；碳纤维网格布中碳纤维发生了较为明显的破损，这也可解释为碳纤维网格布起到主要导电作用，受到电流影响更严重，从而保护了基体，基体没有发生严重破坏。

本章参考文献

[1]肖力光，李赫.相变储能材料在建筑围护结构领域的应用及研究进展[J].化工新型材料，2024，52(4)：228-232.

[2] PILEHVAR S，SZCZOTOK A M，RODRÍGUEZ J F，et al.Effect of freeze-thaw cycles on the mechanical behavior of geopolymer concrete and Portland cement concrete containing micro-encapsulated phase change materials[J]. Construction and building materials，2018，200：94-103.

[3] REN M，CHEN T F，GAO X J，et al. Long term properties of cement-based material incorporated with n-octadecane/diatomite composite SSPCM[J]. Cement and concrete composites，2023，142：105156.

[4]卜颖.用于阴极保护的高性能阳极材料制备及性能研究[D]. 哈尔滨：哈尔滨工业大学，2022.

[5] 黄加义.基于 ICCP-SS 双重修复方法的钢筋混凝土短柱性能与设计方法研究[D]. 深圳：深圳大学，2018.

名词索引